国家职业资格培训教材
技能型人才培训用书

食品检验工（中级）

第 2 版

国家职业资格培训教材编审委员会　组编

黄高明　黄秀锦　主编

机械工业出版社

本书是依据《国家职业标准　食品检验工》（中级）的知识要求和技能要求，按照岗位培训需要的原则编写的。主要内容包括：检验的前期准备及仪器设备的维护，粮油及其制品的检验，糕点、糖果的检验，乳及乳制品的检验，白酒、果酒、黄酒的检验，啤酒的检验，饮料的检验，罐头食品的检验，肉蛋及其制品的检验，调味品、酱腌制品的检验，茶叶的检验。每章末有复习思考题，书末附有与之配套的试题库和答案，以便于企业培训、考核鉴定和读者自测自查。

　　本书主要用作企业培训部门、职业技能鉴定培训机构、再就业和农民工培训机构的教材，也可作为技校、中职及各种短训班的教学用书，还可作为大专院校的食品工程、食品检验及相关轻化工类专业学生的参考用书。

图书在版编目（CIP）数据

食品检验工：中级/黄高明，黄秀锦主编．—2 版．
—北京：机械工业出版社，2016.1（2023.7重印）
国家职业资格培训教材
技能型人才培训用书
ISBN 978-7-111-52684-1

Ⅰ.①食…　Ⅱ.①黄…　②黄…　Ⅲ.①食品检验—技术培训—教材　Ⅳ.①TS207.3

中国版本图书馆 CIP 数据核字（2016）第 006600 号

机械工业出版社（北京市百万庄大街 22 号　邮政编码 100037）
策划编辑：陈玉芝　责任编辑：陈玉芝　王振国
封面设计：路恩中　责任校对：张晓蓉
责任印制：郜　敏
北京富资园科技发展有限公司印刷
2023 年 7 月第 2 版第 6 次印刷
169mm×239mm·20.75 印张·440 千字
标准书号：ISBN 978-7-111-52684-1
定价：39.80 元

国家职业资格培训教材(第2版)

编 审 委 员 会

第2版 序

在"十五"末期,为贯彻落实"全国职业教育工作会议"和"全国再就业会议"精神,加快培养一大批高素质的技能型人才,机械工业出版社精心策划了与原劳动和社会保障部《国家职业标准》配套的《国家职业资格培训教材》。这套教材涵盖41个职业工种,共172种,有十几个省、自治区、直辖市相关行业200多名工程技术人员、教师、技师和高级技师等从事技能培训和鉴定的专家参加编写。教材出版后,以其兼顾岗位培训和鉴定培训需要,理论、技能、题库合一,便于自检自测,受到全国各级培训、鉴定部门和广大技术工人的欢迎,基本满足了培训、鉴定和读者自学的需要,在"十一五"期间为培养技能人才发挥了重要作用。本套教材也因此成为国家职业资格鉴定考证培训及企业员工培训的品牌教材。

2010年,《国家中长期人才发展规划纲要(2010—2020年)》《国家中长期教育改革和发展规划纲要(2010—2020年)》和《关于加强职业培训促就业的意见》相继颁布和出台,2012年1月,国务院批准了"七部委"联合制定的《促进就业规划(2011—2015年)》。在这些规划和意见中,都重点阐述了加大职业技能培训力度、加快技能人才培养的重要意义,以及相应的配套政策和措施。为适应这一新形势,同时也鉴于第1版教材所涉及的许多知识、技术、工艺、标准等已发生了变化的实际情况,我们经过深入调研,并在充分听取了广大读者和业界专家意见的基础上,决定对已经出版的《国家职业资格培训教材》进行修订。本次修订,仍以原有的大部分作者为班底,并保持原有的"以技能为主线,理论、技能、题库合一"的编写模式,重点在以下几个方面进行了改进:

1. 新增紧缺职业工种——为满足社会需求,又开发了一批近几年比较紧缺的以及新增的职业工种教材,使本套教材覆盖的职业工种更加广泛。

2. 紧跟国家职业标准——按照最新颁布的《国家职业技能标准》(或《国家职业标准》)规定的工作内容和技能要求重新整合、补充和完善内容,涵盖职业标准中所要求的知识点和技能点。

3. 提炼重点知识技能——在内容的选择上,以"够用"为原则,提炼出应重点掌握的必需的专业知识和技能,删减了不必要的理论知识,使内容更加精练。

4. 补充更新技术内容——紧密结合最新技术发展,删除了陈旧过时的内容,补充了新的技术内容。

5. 同步最新技术标准——对原教材中按旧的技术标准编写的内容进行更新,所有内容均与最新的技术标准同步。

6. 精选技能鉴定题库——按鉴定要求精选了职业技能鉴定试题,试题贴近教材、贴近国家试题库的考点,更具典型性、代表性、通用性和实用性。

7. 配备免费电子教案——为方便培训教学，我们为本套教材开发了配套的电子教案，免费赠送给选用本套教材的机构和教师。

8. 配备操作实景光盘——根据读者需要，部分教材配备了操作实景光盘。

一言概之，经过精心修订，第 2 版教材在保留了第 1 版教材精华的同时，内容更加精练、可靠、实用，针对性更强，更能满足社会需求和读者需要。全套教材既可作为各级职业技能鉴定培训机构、企业培训部门的考前培训教材，又可作为读者考前复习和自测使用的复习用书，也可供职业技能鉴定部门在鉴定命题时参考，还可作为职业技术院校、技工院校、各种短训班的专业课教材。

在本套教材的调研、策划和编写过程中，曾经得到许多企业、鉴定培训机构有关领导和专家的大力支持和帮助，在此表示衷心的感谢！

虽然我们已经尽了最大努力，但教材中仍难免存在不足之处，恳请专家和广大读者批评指正。

国家职业资格培训教材第 2 版编审委员会

第1版 序一

当前和今后一个时期是我国全面建设小康社会、开创中国特色社会主义事业新局面的重要战略机遇期。建设小康社会需要科技创新，离不开技能人才。"全国人才工作会议"和"全国职教工作会议"都强调要把"提高技术工人素质、培养高技能人才"作为重要任务来抓。当今世界，谁掌握了先进的科学技术并拥有大量技术娴熟、手艺高超的技能人才，谁就能生产出高质量的产品，创出自己的名牌，谁就能在激烈的市场竞争中立于不败之地。我国有近一亿技术工人，他们是社会物质财富的直接创造者。技术工人的劳动是科技成果转化为生产力的关键环节，是经济发展的重要基础。

科学技术是财富，操作技能也是财富，而且是重要的财富。中华全国总工会始终把提高劳动者素质作为一项重要任务，在职工中开展的"当好主力军，建功'十一五'，和谐奔小康"竞赛中，全国各级工会特别是各级工会职工技协组织注重加强职工技能开发，实施群众性经济技术创新工程，坚持从行业和企业实际出发，广泛开展岗位练兵、技术比赛、技术革新、技术协作等活动，不断提高职工的技术技能和操作水平，涌现出一大批掌握高超技能的能工巧匠。他们以自己的勤劳和智慧，在推动企业技术进步，促进产品更新换代和升级中发挥了积极的作用。

欣闻机械工业出版社配合新的《国家职业标准》为技术工人编写了这套涵盖41个职业的172种"国家职业资格培训教材"。这套教材由全国各地技能培训和考评专家编写，具有权威性和代表性；将理论与技能有机结合，并紧紧围绕《国家职业标准》的知识点和技能鉴定点编写，实用性、针对性强，既有必备的理论和技能知识，又有考核鉴定的理论和技能题库及答案，编排科学，便于培训和检测。

这套教材的出版非常及时，为培养技能型人才做了一件大好事。我相信这套教材一定会为我们培养更多更好的高技能人才做出贡献！

（李永安　中国职工技术协会常务副会长）

第1版 序二

为贯彻"全国职业教育工作会议"和"全国再就业会议"精神，全面推进技能振兴计划和高技能人才培养工程，加快培养一大批高素质的技能型人才，我们精心策划了这套与劳动和社会保障部最新颁布的《国家职业标准》配套的《国家职业资格培训教材》。

进入21世纪，我国制造业在世界上所占的比重越来越大，随着我国逐渐成为"世界制造业中心"进程的加快，制造业的主力军——技能人才，尤其是高级技能人才的严重缺乏已成为制约我国制造业快速发展的瓶颈，高级蓝领出现断层的消息屡屡见诸报端。据统计，我国技术工人中高级以上的技工只占3.5%，与发达国家40%的比例相去甚远。为此，国务院先后召开了"全国职业教育工作会议"和"全国再就业会议"，提出了"三年50万新技师的培养计划"，强调各地、各行业、各企业、各职业院校等要大力开展职业技术培训，以培训促就业，全面提高技术工人的素质。

技术工人密集的机械行业历来高度重视技术工人的职业技能培训工作，尤其是技术工人培训教材的基础建设工作，并在几十年的实践中积累了丰富的教材建设经验。作为机械行业的专业出版社，机械工业出版社在"七五""八五""九五"期间，先后组织编写出版了"机械工人技术理论培训教材"149种，"机械工人操作技能培训教材"85种，"机械工人职业技能培训教材"66种，"机械工业技师考评培训教材"22种，以及配套的习题集、试题库和各种辅导性教材约800种，基本满足了机械行业技术工人培训的需要。这些教材以其针对性和实用性强，覆盖面广，层次齐备，成龙配套等特点，受到全国各级培训、鉴定和考工部门和技术工人的欢迎。

2000年以来，我国相继颁布了《中华人民共和国职业分类大典》和新的《国家职业标准》，其中对我国职业技术工人的工种、等级、职业的活动范围、工作内容、技能要求和知识水平等根据实际需要进行了重新界定，将国家职业资格分为5个等级：初级（5级）、中级（4级）、高级（3级）、技师（2级）、高级技师（1级）。为与新的《国家职业标准》配套，更好地满足当前各级职业培训和技术工人考工取证的需要，我们精心策划编写了这套"国家职业资格培训教材"。

这套教材是依据劳动和社会保障部最新颁布的《国家职业标准》编写的，为满足各级培训考工部门和广大读者的需要，这次共编写了41个职业172种教材。在职业选择上，除机电行业通用职业外，还选择了建筑、汽车、家电等其他相近行业的热门职业。每个职业按《国家职业标准》规定的工作内容和技能要求编写初级、中级、高级、技师（含高级技师）四本教材，各等级合理衔接、步步提升，为高技能人才培养搭建了科学的阶梯型培训架构。为满足实际培训的需要，对多工种共同需求的基础知识我们还分别编写了《机械制图》《机械基础》《电工常识》《电工基础》《建筑装饰识图》等近20种公共基础教材。

在编写原则上，依据《国家职业标准》又不拘泥于《国家职业标准》是我们这套教材的创新。为满足沿海制造业发达地区对技能人才细分市场的需要，我们对模具、制冷、电梯等社会需求量大又已单独培训和考核的职业，从相应的职业标准中剥离出来单独编写了针对性较强的培训教材。

为满足培训、鉴定、考工和读者自学的需要，在编写时我们考虑了教材的配套性。教材的章首有培训要点、章末配复习思考题，书末有与之配套的试题库和答案，以及便于自检自测的理论和技能模拟试卷，同时还根据需求为20多种教材配制了VCD光盘。

为扩大教材的覆盖面和体现教材的权威性，我们组织了上海、江苏、广东、广西、北京、山东、吉林、河北、四川、内蒙古等地相关行业从事技能培训和考工的200多名专家、工程技术人员、教师、技师和高级技师参加编写。

这套教材在编写过程中力求突出"新"字，做到"知识新、工艺新、技术新、设备新、标准新"；增强实用性，重在教会读者掌握必需的专业知识和技能，是企业培训部门、各级职业技能鉴定培训机构、再就业和农民工培训机构的理想教材，也可作为技工学校、职业高中、各种短训班的专业课教材。

在这套教材的调研、策划、编写过程中，曾经得到广东省职业技能鉴定中心、上海市职业技能鉴定中心、江苏省机械工业联合会、中国第一汽车集团公司以及北京、上海、广东、广西、江苏、山东、河北、内蒙古等地许多企业和技工学校的有关领导、专家、工程技术人员、教师、技师和高级技师的大力支持和帮助，在此谨向为本套教材的策划、编写和出版付出艰辛劳动的全体人员表示衷心的感谢！

教材中难免存在不足之处，诚恳希望从事职业教育的专家和广大读者不吝赐教，提出批评指正。我们真诚希望与您携手，共同打造职业培训教材的精品。

国家职业资格培训教材编审委员会

前　言

为了落实国务院关于大力推进职业教育改革与发展的决定，适应国家加强职业技术教育的发展要求，满足企业对有真才实学的高技能技术人才的迫切需要，我们根据《国家职业标准　食品检验工》（中级）的知识要求和技能要求，按照岗位培训需要的原则编写了本书。

本书以"够用、实用"为宗旨，突出技能，将理论知识和操作技能有机地结合在一起。

本书的特点是：

（1）内容简明精练，覆盖面广，通用性强　内容涵盖了《国家职业标准　食品检验工》（中级）所要求的知识点，涉及食品检验的基本知识和 10 个检验类别，每个检验项目中介绍了多种检验方法，可供具有不同检验条件的企业或鉴定单位选用。

（2）突出"新"字，强调先进性　在编写各项目的检验方法、训练实例和技能题库时，我们参照了本行业的最新标准和相关资料，做到知识新、方法新、技术新、标准新和工艺新，以适应当前技术发展的需要。

（3）操作性强　本书是按照食品检验的类别分章编排的，每章后附有一定数量的技能训练实例，目的是提高检验人员运用所学知识解决问题和分析问题的能力，以期达到学以致用的效果。书末还附有针对本等级考工鉴定的试题库和模拟试题，用以帮助食品检验人员有针对性地进行练习。本书内容完全可以满足《国家职业标准　食品检验工》（中级）所规定培训时间在 300 标准学时以上的要求。

（4）实用性强　每个检验方法中都介绍了所用仪器设备的准备要求、试剂的制备方法、详细的操作步骤、具体的结果计算方法以及操作中应该注意的问题等。因此，本书不仅可以用于对食品检验人员参加国家职业技能鉴定的培训，也可以用于企业的产品分析与检测。

本书由江苏食品药品职业技术学院张安宁任主审，黄高明、黄秀锦任主编并统稿，孙林超和吴君艳参加编写。本书的第一、四、九章及模拟试卷样例由黄高明编写，第二、五、七、十一章由孙林超编写，第三、六、八、十章由黄秀锦编写，书末试题库由黄高明、孙林超、吴君艳共同编写。在编写本书的过程中，得到了江苏食品药品职业技术学院谭佩毅教授和机械工业出版社的大力支持和热情帮助，谨在此表示衷心感谢。

由于编者水平有限，经验不足，再加上编写时间仓促，书中难免有错漏和不妥之处，欢迎广大读者批评指正。

编　者

目　　录

第 一 章

检验的前期准备及仪器设备的维护

培训学习目标 掌握常用玻璃器皿的使用方法；掌握组织捣碎机、恒温水浴箱、培养箱、超净工作台、显微镜及分光光度计的使用方法；掌握溶液配制方法及相关计算方法；掌握培养基配制原则、方法；掌握无菌操作技术；掌握微生物的形态、结构；掌握食品微生物检验的采样方法；掌握食品微生物试验室的基本技术；掌握误差和检验结果的数据处理方法。

◇◇◇ 第一节 常用玻璃器皿及仪器的使用

一、常用玻璃器皿的使用

1. 容量瓶的使用

容量瓶是用来准确测量容纳液体体积的量器。它是一种带有磨口玻璃塞的细长颈、梨形的平底玻璃瓶，颈上有标线。当瓶内液体在所指定温度下达到标线处时，其体积即为瓶上所注明的容积数。容量瓶有多种规格，小的有 5mL、25mL、50mL、100mL，大的有 250mL、500mL、1000mL、2000mL 等。它主要用于采用直接法配制标准溶液和准确稀释溶液。

（1）使用前的准备　容量瓶在使用前要试漏和洗涤。试漏的办法是将瓶中装水至标线附近，塞紧塞子并将瓶子倒立 2min，用滤纸片检查是否有水渗出。如不漏水，将瓶直立，再将塞子旋转 180°后，倒立 2min 再检查是否有水渗出。洗涤的方法一般是先用自来水洗涤，再用蒸馏水洗净。污染较重时可用铬酸洗液洗涤，洗涤时将瓶内水尽量倒空，然后倒入铬酸洗液 20~30mL，盖上瓶塞，边转动边向瓶口倾斜，至洗液充满全部内壁。放置数分钟，倒出洗液，用自来水、蒸馏水淋洗后备用。

（2）定量转移溶液　如果是用固体物质配制标准溶液，应先将准确称量好的固体溶质放在烧杯中，用少量蒸馏水或溶剂溶解，然后一手将玻璃棒插入容量瓶，底端靠近瓶壁，另一手拿着烧杯，让烧杯嘴靠紧玻璃棒，使溶液沿玻璃棒慢慢流下。溶液流完后将烧杯沿玻璃棒向上提，并逐渐竖直烧杯，将玻璃棒放回烧杯，但玻璃棒不能碰烧杯嘴。用洗瓶冲水洗玻璃棒和烧杯壁数次,每次约5mL。将洗涤液用相同方法定量转入容量瓶中(见图1-1a)。如果是把浓溶液定量稀释,则可用移液管或吸量管直接吸取一定体积的溶液移入容量瓶中。

(3) 稀释溶液并定容 定量转移完成后用蒸馏水或溶剂进行稀释。当蒸馏水或溶剂加至容量瓶的3/4处时,塞上塞子,用右手食指和中指夹住瓶塞,将瓶拿起,轻轻摇转,使溶液初步混合均匀,注意不能倒转。当液面接近标线时,等1~2min后再用滴管滴加蒸馏水或溶剂至刻度。滴加时,不能手拿瓶底,应拿瓶口处。眼睛平视弯液面下部,当与标线重合时,停止滴加,盖好瓶塞。

(4) 混合均匀 塞紧瓶塞,左手食指顶住瓶塞,其余四指拿住瓶颈标线以上部分,用右手指尖托住瓶底(注意不要用手掌握住瓶塞瓶身),将容量瓶倒转使气泡上升到顶,如此反复十余次使溶液充分混匀(见图1-1b)。

使用容量瓶时应注意以下几点:

1) 不能在容量瓶里进行溶质的溶解。

2) 容量瓶不能进行加热,如果溶质在溶解过程中放热,要待溶液冷却后再进行转移。

3) 容量瓶只能用于配制溶液。

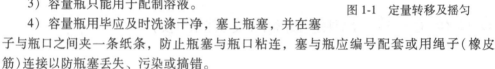

图1-1 定量转移及摇匀

4) 容量瓶用毕应及时洗涤干净,塞上瓶塞,并在塞子与瓶口之间夹一条纸条,防止瓶塞与瓶口粘连,塞与瓶应编号配套或用绳子(橡皮筋)连接以防瓶塞丢失、污染或搞错。

2. 滴定管的使用

滴定管是滴定操作时准确测量放出标准溶液体积的一种量器。滴定管的管壁上有刻度线和数值,最小刻度为0.1mL,"0"刻度在上,自上而下数值由小到大,可准确读到0.01mL。滴定管根据其构造分为酸式滴定管和碱式滴定管两种。酸式滴定管下端有玻璃旋塞,用以控制溶液的流出。碱式滴定管下端连有一段橡胶管,管内有玻璃珠,用以控制液体的流出。橡胶管下端连一尖嘴玻璃管。酸式滴定管只能用来盛装酸性溶液或氧化性溶液,碱式滴定管只能用来盛装碱性溶液或非氧化性溶液,凡能与橡胶起作用的溶液均不能使用碱式滴定管。

(1) 使用前的准备

1) 洗涤:一般可直接用自来水冲洗或用肥皂水、洗衣粉水泡洗,但不可用去污粉刷洗。若油污严重,洗涤时可用铬酸洗液洗涤。洗涤时将酸式滴定管内的水尽量除去,关闭活塞,倒入10~15mL洗液于滴定管中,两手端住滴定管,边转动边向管口倾斜,直至洗液布满全部管壁为止,立起后打开活塞,将洗液放回原瓶中。如果滴定管油垢较严重,必须用较多洗液充满滴定管浸泡十几分钟或更长时间,甚至用温热洗液浸泡一段时间。洗液放出后,先用自来水冲洗,再用蒸馏水淋洗3~4次。碱式滴定管的洗涤方法与酸式滴定管基本相同,但要注意铬酸洗液不能直接接触橡胶管,否则橡胶管会变硬损坏。简单方法是将橡胶管连同尖嘴部分一起拔下,在滴定管下端套上一个滴瓶塑料帽，然后装入洗液洗涤，浸泡一段时间后放回原瓶中，然后先用自来水冲洗，再用蒸馏水淋洗3~4次备用。

2）试漏：酸式滴定管使用前应检查玻璃活塞配合是否紧密。如不紧密将会出现漏水现象，则不宜使用。为了使玻璃活塞转动灵活并防止漏水，需在活塞上涂以凡士林。为了防止在滴定过程中活塞脱出，可用橡皮筋将活塞扎住。碱式滴定管不需涂凡士林，主要是要检查橡胶管是否已老化、玻璃珠的大小是否合适，必要时要进行更换。

3）装标准溶液：先用待装标准溶液淋洗滴定管2~3次，即可装入标准溶液至"0"刻线以上。检查尖嘴内是否有气泡。如有气泡，将影响溶液体积的准确测量。排除气泡的方法是：用右手拿住滴定管无刻度部分使其倾斜约30°，左手迅速打开旋塞，使溶液快速冲出，将气泡带走。碱式滴定管应按图1-2所示的方法，将橡胶管向上弯曲，用力捏挤玻璃珠外橡胶管使溶液从尖嘴喷出，以排除气泡。碱式滴定管的气泡一般是藏在玻璃珠附近，必须对光检查橡胶管内气泡是否完全赶尽。赶尽后再调节液面至0.00mL处，或记下初始读数。

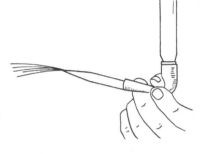

图1-2 碱式滴定管赶气泡方法

装标准溶液时应从盛标准溶液的容器内直接将标准溶液倒入滴定管中，以免浓度发生改变。

（2）滴定 进行滴定操作时，应将滴定管夹在滴定管架上。对于酸式滴定管，左手控制活塞，大拇指在管前，食指和中指在后，三指轻拿活塞柄，手略微弯曲，向内扣住活塞，避免产生使活塞拉出的力，然后向里旋转活塞使溶液滴出，如图1-3a所示。

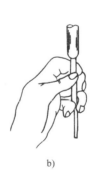

a)   b)

图1-3 滴定管的操作方法

对于碱式滴定管，用左手拇指和食指捏住玻璃珠靠上部位，向手心方向捏挤橡胶管，使其与玻璃珠之间形成一条缝隙，溶液即可流出，如图1-3b所示。

滴定前，先记下滴定管液面的初始读数，滴定时，应使滴定管尖嘴部分插入锥形瓶口（或烧杯）下2cm处。滴定速度不能太快，以3~4滴/s为宜，切不可成液杜流下。边滴边摇

（或用玻璃棒搅拌烧杯中的溶液），并向同一方向作圆周旋转（不应前后振动以免溶液溅出）。临近终点时，应一滴或半滴地加入，并用洗瓶加入少量水，冲洗锥形瓶内壁，使附着的溶液全部流下，然后摇动锥形瓶，观察终点是否已达到，至终点时停止滴定。

（3）读数 读取滴定管的读数时，视线要使滴定管垂直，且与弯月面下沿最低点在同一水平面上（在装液或放液后 1~2min 进行）。如果滴定液颜色太深，不能观察下缘时，可以读取液面两侧最高点的读数。

（4）滴定操作注意事项

1）滴定管在装满滴定液后，管外壁的溶液要擦干，以免流下或溶液挥发而使管内溶液降温（在夏季影响尤大）。手持滴定管时，也要避免手心紧握装有溶液部分的管壁，以免手温高于室温（尤其在冬季）而使溶液的体积膨胀（特别是在非水溶液滴定时），造成读数误差。

2）每次滴定必须从零刻度开始，以使每次测定结果能抵消滴定管的刻度误差。

3）滴定管用毕，应倒去管内剩余溶液，用水洗净。装入蒸馏水至刻度线以上，用大试管套在管口上。这样，下次使用前可不必再用洗液清洗。

4）滴定管长时不用时，酸式滴定管活塞部分应垫上纸；否则，时间一久，塞子不易打开。碱式滴定管不用时橡胶管应拔下，蘸些滑石粉保存。

3. 移液管与吸量管的使用方法

移液管是准确移取并放出溶液的量器。它是一根两端细长、中间膨大的玻璃管，在管的上端有刻线。膨大部分标有它的容积和标定时的温度。移液管有 10mL、25mL、50mL 等规格。吸量管是带有分刻度的吸管，用它可以移取不同体积的溶液，常用规格有 1mL、2mL、5mL、10mL 等。

（1）使用前的准备 移液管和吸量管使用前均要先用自来水洗涤，再用蒸馏水洗净。较脏时（内壁挂水珠时）可用铬酸洗液洗净。其洗涤方法是：右手拿移液管或吸量管的下口插入洗液中，左手拿洗耳球，先把球内空气压出，然后把球的尖端接在移液管或吸量管的上口，慢慢松开左手手指，将洗液慢慢吸入管内直至上升到刻度以上部分，等待片刻后，将洗液放回原瓶中。如果需要较长时间浸泡在洗液中时，应准备一个高型玻璃筒或大量筒（筒底铺些玻璃毛），将吸量管直立于筒中，筒内装满洗液，筒口用玻璃片盖上，浸泡一段时间后，取出移液管或吸量管，沥尽洗液，用自来水冲洗，再用蒸馏水淋洗干净。干净的移液管和吸量管应放置在干净的移管架上。

（2）吸取溶液 移液时为保证溶液移取时浓度保持不变，应先使用滤纸将管口外水珠擦去，再用被移溶液润洗 2~3 次，润洗操作类似常量滴定管的洗涤操作。吸取溶液时，用右手大拇指和中指拿在管子的刻度上方，插入溶液中，左手用吸耳球将溶液吸入管中。当液面上升至标线以上，立即用右手食指（用大拇指操作不灵活）按住管口。管尖靠在瓶内壁，稍放松食指，液面下降。当弯液面与刻线相切时，立即用食指按紧管口（见图1-4a）。将移液管放入锥形瓶中，将锥形瓶倾斜成 45°，管尖靠瓶内壁（管尖放到瓶底是错误的），移液管垂直，松开食指，液体自然沿瓶壁流下，液体全部流出后停留 15s，取出移液管(见图1-4b)。留在管口的液体不要吹出，因为校正时未将这部分体积计算在内。使用吸量管时，通常是液面由某一刻度下降到另一刻度，两刻度之差就是放出溶液的体积，注意目光与刻度线平齐。

（3）使用时的注意事项

1）移液管及吸量管一定用橡皮吸球（洗耳球）吸取溶液，不可用嘴吸取。

2）移液时，移液管不要伸入太浅，以免液面下降后造成吸空；也不要伸入太深，以免移液管外壁附有过多的溶液。

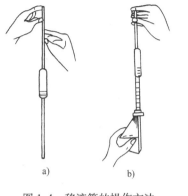

3）需精密移取 5mL、10mL、20mL、25mL、50mL

图 1-4　移液管的操作方法

等整数体积的溶液时，应选用相应大小的移液管，不能用两个或多个移液管分取相加的方法来精密移取整数体积的溶液。同一试验中应尽可能使用同一吸量管的同一区段。

4）移液管和吸量管在试验中应与溶液一一对应，不应混用，以避免沾染。

5）使用同一移液管移取不同浓度溶液时要充分注意荡洗 3 次，应先移取较稀的一份，然后移取较浓的。在吸取第一份溶液时，高于标线的距离最好不超过 1cm，这样吸取第二份不同浓度的溶液时，可以吸得再高一些荡洗管内壁，以消除第一份的影响。需要强调的是，容量器皿受温度影响较大，切记不能加热，只能自然沥干，更不能在烘箱中烘烤。另外，容量仪器在使用前常需校正，以确保测量体积的准确性。

二、食品检验常用的仪器设备

1. 高温马弗炉

高温马弗炉，常用于质量分析中灼烧沉淀、测定灰分等工作。电阻丝结构的高温马弗炉，最高使用温度为950℃，短时间可以用到1000℃。

高温马弗炉的炉膛是由耐高温而无涨缩碎裂的氧化硅结合体制成。炉膛内外壁之间有空槽，电阻丝穿在空槽中，炉膛四周都有电阻丝，通电后，整个炉膛周围被均匀加热而产生高温。

炉膛的外围包有耐火砖、耐火土、石棉板等，外壳包上带角铁的骨架和铁皮。炉门是用耐火砖制成，中间开一小孔，嵌一块透明的云母片，以观察炉内升温情况。

炉内用温度控制器控温，一般在灼烧前将控温指针拨到预定温度的位置，从到达预定温度开始计算灼烧时间。

2. 组织捣碎机

组织捣碎机用于将某些动植物样品捣碎成匀浆，以利于提取其中某些成分。组织捣碎机的使用方法如下：

1）将已去除果壳、果核、骨、筋膜等样品用小刀或剪刀切碎并放入玻璃缸中，加入适量水。

2）检查电动机转动轴的转动是否灵活，连接是否牢固可靠，转动轴和刀片不能与橡胶盖或玻璃缸接触。

3）接通电源，电动机轴和刀片转动时应平稳且无跳动现象。待捣碎1~2min后，间歇5min，如果需要，再继续捣碎。

4）捣碎完毕，要切断电源，松开转动轴连接接头，取下玻璃缸倒出匀浆，洗净、晾干玻璃缸和刀片，以备下次使用。

5）使用中切勿让电动机空转，否则容易烧毁电动机，每次旋转最多不得超过5min。

3. 电热恒温水浴锅

（1）构造　水浴箱分为内外两层，内层用铝板制成，槽底安装铜管，内装电阻丝，用瓷接线柱连通双股导线至控制器。控制器由热开关及电路组成，外壳用薄钢板制成。表面烤漆覆盖，内壁用隔热材料制成。控制器的全部电器部件均装在电器箱内。控制器表面有电源开关、调温旋钮和指示灯。在水箱左下侧有放水阀门，在水箱后上侧可插温度计。

（2）使用方法

1）关闭放水阀门，将水浴箱内注入清水至适当深度。

2）安装地线，接电源线。

3）顺时针调节调温旋钮到适当位置。

4）开启电源，红灯亮显示电阻丝通电加热。

5）电阻丝加热后温度计的指数上升到离预定温度约2℃时，应反向转动调温旋钮至红灯熄灭，此后红灯不断熄灭和闪亮，表示水浴箱在起温度控制作用，这时再略微调节调温旋钮即可达到预定温度。

（3）注意事项

1）水位要保持不低于电热管，否则会立即烧坏电热管。

2）水浴箱内部不可受潮湿，以防漏电。

3）使用时注意水箱是否有渗漏现象。

4. 培养箱

培养箱又称为保温箱，是培养微生物的主要仪器（见图1-5）。

（1）构造　培养箱一般为方形或长方形，以铁皮喷漆制成外壳，铅板作内壁，夹层充以石棉或玻璃棉等绝缘材料以防温度扩散。内层底下安装电阻丝用以加热，利用空气对流，使箱内温度均匀。箱内设有金属孔架数层，用以搁置培养材料。箱门双重，内有玻璃门，便于观看箱内标本，外为金属门。每次取放培养物时，均应尽快进行，以免影响恒温。箱顶装有一支温度计，可以测知箱内温度。箱壁装有温度调节器可以调节温度。根据使用需要，检验室可常设37℃、44℃、28℃恒温箱各一个。

（2）操作方法与维护

1）先关箱门，接通电源，加热到所需的温度后待用。

2）箱内不应放入过热或过冷之物，取放物品时，应随手

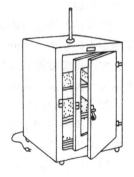

图1-5　培养箱

关闭箱门，以维持恒温。

3）箱内可放入装水容器一只，以维持箱内湿度和减少培养物中的水分大量蒸发。

4）培养箱最低层温度较高，培养物不宜与之直接接触。箱内培养物不应放置过挤，以保证培养和受温均匀。各层金属孔上放置物品不应过重，以免将金属孔架压弯滑脱，打碎培养标本。

5）可每月进行箱内消毒一次。消毒方法是断电后，先用3%（体积分数）的来苏水溶液涂布消毒，再用清水抹布擦净。

6）培养用恒温箱，不准作烘干衣帽等其他用途。

5. 超净工作台

超净工作台是一种局部层流（平行流）装置，它能在局部造成高洁净度的环境。超净工作台的操作方法与注意事项如下：

1）超净工作台用三相四线380V电源，通电后检查风机转向是否正确，风机转向不对，则风速很小，将电源输入线调整即可。

2）使用前30min打开紫外线杀菌灯，对工作区域进行照射，把细菌病毒全部杀死。

3）使用前10min将通风机起动。台面用海绵或白纱布擦干净。

4）操作时把开关拨在照明处，操作室杀菌灯即熄灭。

5）操作区为层流区，因此物品的放置不应妨碍气流正常流动，工作人员应尽量避免能引起扰乱气流的动作，以免造成人身污染。

6）操作者应穿着洁净工作服、工作鞋、戴好口罩。

7）工作完毕后停止风机运行，把防尘帘放下。

8）使用过程如发现问题应立即切断电源，报修理人员检查修理。

9）超净工作台安装地方应远离有振动及噪声大的地方，以防止振动对它的影响，若周围有振动，应采取措施。

10）每3~6个月用仪器检查超净工作台性能有无变化，测试整机风速时，采用热球式风速仪（QDF—2型）。如操作区风速低于0.2m/s，应对初、中、高三级过滤器逐级做清洗除尘处理。一般连续使用6个月后，定期将泡沫塑料进行清洗，用10%纯碱溶液（质量分数）浸泡8h后，用清水漂洗干净。测试振动时采用CZI晶体管测振仪。

11）搬运时必须十分小心，防止碰击，并注意将通风机底座托起，以免损伤。

6. 显微镜

（1）光学显微镜的结构 显微镜的基本结构包括光学部分和机械部分。

1）光学部分：

① 目镜：装在镜筒上端，其上刻有放大倍数，常用的有5倍（5×）、10倍（10×）及15倍（15×）。为了指示物像，镜中可自装黑色细丝一条，通常使用一段头发作为指针。

② 物镜：显微镜最主要的光学装置位于镜筒下端。普通光学显微镜一般装有三个物镜，分别为低倍镜（4~10倍）、高倍镜（40~45倍）和油镜（90~100倍）。各物镜的放大倍数也可由外形辨认，镜头长度越长，放大倍数越大；反之，放大倍数越小。

③ 集光器：位于载物台下方，可上下移动，起调节和集中光线的作用。

④ 反光镜：装在显微镜下方，有平凹两面，可自由转动方向，以便将最佳光线反射至集光器。

2）机械部分：

① 镜座：是用来支持显微镜，呈马蹄形，在显微镜的底部。

② 镜臂：在镜座上面和镜筒后面，呈圆弧形，为显微镜移动时的握持部分。

③ 镜筒：在显微镜的前方上部，是一个金属制空心圆筒，光线可从此通过。圆筒的上端可插入接目镜。

④ 旋转器：在镜筒下端与螺纹口相接，有 3~4 个孔，用于装备不同放大倍数接物镜。

⑤ 载物台：在镜筒下方，呈方形或圆形，中间有孔可透过光线。台上有用来固定标本的弹簧夹，弹簧夹连接推进器，捻动其上螺旋，能使标本前后左右移动。

⑥ 升降调节器：在镜筒后方两侧，分粗、细调节两组，用来调节镜筒高低位置，使物镜焦距准确。

⑦ 倾斜开关：介于镜壁和镜座之间，为镜筒作前后变位时的支持点。

⑧ 光圈：在集光器下方，可以任意开闭，用来调节射入集光器的光线。

⑨ 次台：位于载物台下，次台上安有集光器、光圈。

（2）光学显微镜的工作原理　普通光学显微镜利用目镜和物镜两组透镜系统来放大成像。一般微生物学使用的显微镜有三个物镜，其中油镜对微生物学研究最为重要。油镜的分辨力可达到 $0.2\mu m$ 左右。大部分细菌的直径在 $0.5\mu m$ 以上，所以油镜更能看清细菌的个体形态。

（3）暗视野显微镜的工作原理　暗视野显微镜的名称源于它使用一种特殊的暗视野聚光器。在此聚光器中央有一光挡，使光线仅由周缘进入并汇聚于载玻片上，斜照物体，使物体表面的反射光进入物镜。所以我们在黑暗的背景中看到的只是物体受光的侧面，是它边缘发亮的轮廓。

使用暗视野显微镜时，只需将光学显微镜上的聚光器取下，换上暗视野聚光器即可。暗视野显微镜的分辨力比普通光学显微镜大。暗视野显微镜适于观察视野中由于反差过小不易观察而折射率很强的物体，以及观察一些小于显微镜分辨极限的微小颗粒或鞭毛等。故常用于观察未染色活菌的运动和鞭毛。

（4）显微镜的使用

1）观察前的准备：显微镜的使用应按以下顺序进行：安置→调光源→调目镜→调聚光器→低倍镜→高倍镜→油镜→擦镜→复原。

① 显微镜的安置：置显微镜于平整的试验台上，镜座距试验台边缘约 10cm。镜检时姿势要端正。

② 光源调节：安装在镜座内的光源灯可通过调节电压以获得适当的照明亮度，若使用反光镜采集自然光或灯光作为照明光源时，应根据光源的强度及所用物镜的放大倍数选用凹面或平面反光镜并调节其角度，使视野内的光线均匀，亮度适宜。

③ 双筒显微镜的目镜调节：根据使用者的个人情况，双筒显微镜的目镜间距可以

适当调节，而左目镜上一般还配有屈光度调节环，可以适应眼距不同或两眼视力有差异的不同观察者。

④ 聚光器数值孔径值的调节：正确使用聚光镜才能提高镜检的效果。聚光镜的主要参数是数值孔径，它有一定的可变范围。一般聚光镜边框上的数字代表它的最大数值孔径，通过调节聚光镜下面可变光栏的开放程度，可以得到各种不同的数值孔径，以适应不同物镜的需要。

2）显微观察：进行显微观察时应遵守从低倍镜到高倍镜再到油镜的观察程序。

① 低倍镜观察：将金黄色葡萄球菌染色标本玻片置于载物台上，用标本夹夹住，移动推进器使观察对象处在物镜的正下方。下降10倍物镜，使其接近标本，用粗调节器慢慢升起镜筒，使标本在视野中初步聚焦，再用细调节器调节使物像至清晰。通过玻片夹推进器慢慢移动玻片，认真观察标本各部位，找到合适的目的物，仔细观察并记录所观察到的结果。

② 高倍镜观察：在低倍镜下找到合适的观察目标，并将其移至视野中心后，将高倍镜移至工作位置。对聚光器光圈及视野亮度进行适当调节后微调细调节器使物像清晰，利用推进器移动标本找到需要观察的部位，并移至视野中心仔细观察或准备用油镜观察。

③ 油镜观察：在高倍镜或低倍镜下找到要观察的样品区域后，用粗调节器将镜筒升高，然后将油镜转到工作位置。在待观察的样品区域加滴香柏油，从侧面注视，用粗调节器将镜筒小心地降下，使油镜浸在油中，几乎与标本接触时停止下降（注意：切不可将油镜压到标本，否则不仅压碎玻片，还会损坏镜头）。将聚光器升至最高位置并开足光圈（若所用聚光器的数值孔径值超过1.0，还应在聚光镜与载玻片之间滴加香柏油，保证其达到最大的效能），调节照明使视野的亮度合适，用粗调节器将镜筒徐徐上升，直至视野中出现物像并用细调节器使其清晰准焦为止。

3）显微镜用后的处理及维护：

① 上升镜筒，取下载玻片。先用擦镜纸擦去镜头上的油，再用擦镜纸蘸取少许二甲苯擦去镜头上的残留油迹，然后用擦镜纸擦去残留的二甲苯，最后用绸布清洁显微镜的金属部件。将各部分还原，反光镜垂直于镜座，将物镜转成"八"字形，再向下旋。同时把聚光镜降下以免接触物镜与聚光镜发生碰撞危险，套上镜套，放回原处。

② 显微镜是很贵重和精密的仪器，使用时要十分爱惜，各部件不要随意拆卸。搬动显微镜时应一手托镜座，一手握镜臂，放于胸前，以免损坏。

③ 显微镜放置的地方要干燥，以免镜片生霉；还要避免灰尘，在箱外暂时放置不用时，要用纱布等盖住镜体。显微镜应避免阳光暴晒，必须远离热源。

7. 分光光度计

（1）分光光度计的工作原理 物质对光的吸收有选择性，不同的物质有其特定的吸收波长，根据朗伯-比尔定律，当一束单色光透过均匀溶液时，其吸光度与溶液的浓度和液层厚度的乘积成正比，通过测定溶液的吸光度就可以确定被测组分的含量。

（2）分光光度计的构造

1）光源：紫外线可见分光光度计常用两种光源，在可见区（350~800nm）用钨丝灯；紫外区（185~350nm）用氢或氘放电管，放电管带石英窗，内充低压氢气或氘气，在两电极间施以一定压力，激发气体分子，引起气体分子发射连续的紫外光。

2）单色器：单色器是将混合光分离为单色光的装置，一般包括棱镜和狭缝两部分。当光线射入棱镜，光的传播方向发生改变，即发生折射，其折射角度因波长不同而异，可将光源发出的混合光分散成单色光。

狭缝的作用在于分离所需要的单色光，固定狭缝的宽度，转动棱镜，可使各个所需的波长的光穿过狭缝照射在测定溶液上，棱镜转动的位置用校正过的波长标尺指示，波长范围与狭缝的宽度有关。紫外线可见分光光度计用棱镜或用光栅作色散元件。玻璃棱镜仅适用于可见光区，天然水晶棱镜适用于紫外区。

3）比色皿：用硅石或石英制成，每一套的大小尺寸必须严格一致。

4）光电管：光电管具有一个阴极和一个阳极，阴极由对光敏感的金属（多为碱土金属的氧化物）做成，当光照射到阴极达到一定能量时，金属原子中的电子即发射出来，光越强，发射出的电子越多，如果阴极有电压则电子被吸引到阳极，因而产生电流。

5）记录器：光电管因光照而产生的光电流很微弱，必须经过放大才能测量，仪器中都带有光电流放大系统，再由读数电位计记录，例如国产751型紫外光分光光度计，用石英棱镜分光。测量波长范围为200~1000nm，透光度为0%~110%，吸光度为0.04~2。仪器装有两个光电管，红敏氧化铯光电管适用于625~1000nm（主要为红外光和部分可见光），蓝敏铯锑光电管适用于200~625nm（主要为可见光和紫外光）。不同波长范围时，光电管与光源灯配合条件见表1-1。

表1-1　不同波长时、光电管与光源灯配合条件

波长/nm	光 电 管	光 源 用 灯
625~1000	红敏	钨灯
400~625	蓝敏	钨灯
320~400	蓝敏	钨灯和滤光片
200~320	蓝敏	氘灯

（3）分光光度计的维护

1）仪器应安置在干燥、无污染的地方。

2）仪器内的防潮硅胶应定期更换或再生。

3）仪器停止工作时，必须切断电源，应按开关机顺序关闭主机和稳流稳压电源开关。

4）比色皿使用完毕，应立即用蒸馏水或有机溶液冲洗干净，并用柔软清洁的纱布把水渍擦净，以防止表面光洁度受损，影响正常使用。

5）仪器经过搬动时，应及时检查并纠正波长精度，确保仪器的正常使用。

6）光源灯、光电管通常在使用一定时期后，会衰老和损坏，必须按规定换新。

7）仪器的内光路系统一般不会发生故障，请勿随便拆动。

（4）分光光度计的使用

1）首先安装调试好仪器，根据测试的要求，选择合适的光源灯，氘灯的适用波长为 200～320nm，钨灯适用波长为 320～1000nm。

2）接通电源，开启电源开关，预热 20min 左右。

3）把光门杆推到底，使光电管不见光，用波长选择钮选定测试波长。

4）用光电管选择杆选择测试波长所对应的光电管，625nm 以下，选用蓝敏管；625nm 以上，选用红敏管。

5）选择合适的比色皿，在紫外波段用 1cm 石英比色皿；在可见光、近红外波段使用 0.5cm、1cm、2cm、3cm 玻璃比色皿。一般在 350nm 以下，就可选用石英比色皿。

6）将测试液和空白液（或蒸馏水）倒入比色皿中，放入比色皿架上，然后再放入试样室，盖好暗盒盖。

7）校正仪器，把空白液置于光路之中，使透光率达 100%，吸光度为零。

8）将拉杆轻轻拉出一格，使第二个比色皿内的待测溶液进入光路，读出吸光度，其余的待测溶液依此类推。

9）测试完毕，取出比色皿，洗净后倒置于滤纸上晾干，各旋钮置于原来位置，电源开关置于"关"，拔下电源插头。

（5）分光光度计的故障排除

1）仪器在接通电源后，如指示灯及光源灯都不亮，电流表也无偏转，这可能是：电源插头内的导线脱落；电源开关接触不良，更换同样规格开关；熔体熔断，更换新的熔体。

2）电表指针不动或指示不稳定，可能是波段开关接触不好。如果在所有的位置都不动，检查表头线圈是否断路；如果电表指针左右摇晃不定，光门开启时比关闭时晃动更厉害，可能仪器的光源灯处有较严重的气浪波动，可将仪器移置于室内空气流通又无流速较大的风吹到的地方；也可能是仪器光电管暗盒内受潮，应更换干燥处理过的硅胶，并用电吹风从硅胶筒送入适量的干燥热风。

8. 高压蒸汽灭菌锅

高压蒸汽灭菌锅是应用最广、效果最好的灭菌器，可用于培养基、生理盐水、废弃的培养物以及耐高热药品、纱布、玻璃等的灭菌。其种类有手提式、直立式两种，它们的构造与灭菌原理基本相同。手提式高压蒸汽灭菌锅，如图 1-6 所示。

（1）构造　高压蒸汽灭菌锅为一双层金属圆筒，两层之间盛水，外壁坚厚，其上或前方有金属厚盖，盖上装有螺旋，借以紧固盖门，使蒸汽不能外溢，因而锅内蒸汽压

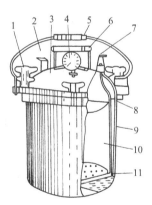

图 1-6　手提式高压
蒸汽灭菌锅
1—翼形螺母　2—溢流阀
3—锅盖　4—压力表
5—提环　6—提手
7—排气阀　8—放气软管
9—锅身　10—盛物桶　11—筛板

力升高，随之温度也相应升高。锅盖上还装有排气阀、溢流阀，用以调节锅内蒸汽压力与温度以保障安全。锅盖上还装有温度计与压力表，用来测量内部的温度和压力。

（2）操作方法与注意事项

1）使用前，先打开锅盖，向锅内加入适量的水。

2）将待灭菌物品放入锅内。一般不能放得太多、太挤，以免影响蒸汽的流通和降低灭菌效果，然后关严锅盖，可采用对角式均匀拧紧锅盖上的翼形螺母，勿使其漏气。

3）打开排气阀，加热，产生蒸汽5~10min后，关紧排气阀门，则温度随蒸汽压力升高而升高。待压力上升至所需压力时控制热源，维持所需时间。灭菌完毕后，关闭热源。

4）待压力降至"0"时，打开排气阀，然后打开锅盖取出待灭菌物品。

5）灭菌结束，打开水阀门，排尽锅内剩水。

（3）工作状态及灭菌效果的检验

1）灭菌效果检验常用方法：将有芽孢的细菌放在培养皿内，用纱布包好，按常法灭菌。灭菌后取出培养皿，经培养后若无细菌生长，即表示灭菌效果良好。

2）灭菌工作状态检验方法：

① 化学检验方法：利用某些化学药品的特定熔点可检查灭菌室内是否达到预定的温度，即利用药品作温度指示剂。取少量药品，封于安瓿中，然后夹在灭菌物品内，进行常规灭菌。灭菌后取出观察，如药品呈现出溶解后再结晶状态，即表示灭菌器的温度已达到或超过它的熔点。实际操作时，常将两种指示剂结合使用，以便确切地了解器内温度。常用的指示剂有：焦性儿茶酚（104℃）、氨基比林（107~109℃）、氨替比林（110~112℃）、乙酰苯胺（113~114℃）、化学纯硫磺粉S8B（119.25℃）及S8Y（120℃）、苯甲酸（121℃）β-萘酚（121℃）等。

② 温度计检查法：用一支150℃的水银结点温度计（其结构原理与体温温度计相似），使用前先将其水银柱甩到100℃以下，插入灭菌物品内层，按常规方法灭菌，灭菌完毕后，取出观察，确定是否达到要求的温度。

◇◇◇ 第二节 溶液的配制

一、溶液浓度的表示方法

表示溶液浓度大小的物理量有物质的量浓度、质量分数、滴定度等。

1. 物质的量浓度

物质的量浓度指单位体积溶液中所含溶质的物质的量。物质 B 的物质的量浓度，用符号 $c(B)$ 表示，即

$$c(B) = \frac{n(B)}{V} \tag{1-1}$$

式中 $n(B)$——物质 B 的物质的量（mol）；

V——溶液的体积(dm^3 或 L);

$c(B)$——物质 B 的物质的量浓度(mol/dm^3 或 mol/L)。

物质的量浓度 $c(B)$、物质 B 的质量 $m(B)$,摩尔质量 $M(B)$ 的关系为

$$c(B) = \frac{m(B)}{M(B)V} \tag{1-2}$$

2. 质量分数

物质 B 的质量分数是指物质 B 的质量与混合物的质量之比,一般用符号 $w(B)$ 表示,即

$$w(B) = \frac{m(B)}{m} \tag{1-3}$$

其中 m 为混合物的质量。物质的质量分数无量纲,一般用百分率表述其结果。

3. 滴定度

滴定度是滴定分析中的专用表示法,它是指每克标准溶液可滴定的或相当于可滴定的物质的质量,用符号 $T(B/A)$ 表示,A 为滴定剂,B 为被测物质,单位为 g/mL 或 mg/mL。如高锰酸钾标准溶液对铁的滴定度用 $T(Fe/KMnO_4)$ 来表示,当 $T(Fe/KMnO_4) = 0.005682g/mL$ 时表示每毫升 $KMnO_4$ 标准溶液可以把 0.005682 克的 Fe^{2+} 滴定为 Fe^{3+}。

有时滴定度也可以用每毫升标准溶液中所含溶质的克数来表示,记为 $T(M)$。

二、溶液的配制方法

1. 一般溶液的配制方法

一般溶液的浓度不需要十分准确。配制时固体试剂用托盘天平称量;液体试剂及溶剂用量筒、量杯量取。称出的固体试剂,于烧杯中先用适量水溶解,再稀释至所需的体积。试剂溶解时若有放热现象或需加热溶解,应待冷却后,再转入试剂瓶中。配好的溶液,应马上贴好标签,注明溶液的名称、浓度和配制日期。

一般溶液的配制应注意如下几个问题:

1)用易水解的盐配制溶液时,需加入适量的酸后再用水或稀酸稀释。有些易被氧化或还原的试剂,常在使用前临时配制,或采取措施防止氧化或还原。

2)易腐蚀玻璃的溶液,不能盛放在玻璃瓶内,如氟化物需要保存在聚乙烯瓶中,装苛性碱的玻璃瓶应用橡胶塞,最好也盛于聚乙烯瓶中。

3)配制指示剂溶液时,需称取的指示剂量可用分析天平称量,但只要读取两位有效数字即可。要根据指示剂的性质,采用合适的溶剂,必要时还要加入适当的稳定剂,并注意其保存期。配好的指示剂一般贮存于棕色瓶中。

4)经常并大量使用的溶液,可先配制成使用浓度 10 倍的储备液,需要用时取储备液直接稀释即可。

2. 标准溶液的配制方法

(1)直接配制法 这种配制法适合用基准物质配制标准溶液。具体方法是准确称取一定量的基准物质置于小烧杯中,溶解后定量转移到容量瓶中,用蒸馏水稀释至刻度、摇匀。根

据称取物质的质量和容量瓶的体积，计算出该标准溶液的准确浓度。

基准物质必须具备以下条件：

1）试剂的纯度足够高（或质量分数为99.9%以上），一般可以用基准试剂或优级纯试剂。

2）物质的组成应与化学式相符，若含结晶水，其结晶水的含量应与化学式相符。

3）试剂稳定，如不易吸收空气中的水分和二氧化碳，不易被空气氧化。

4）摩尔质量尽可能大。

（2）间接配制法　由于大多数物质不能满足基准物质的条件，可采用间接配制法。

这种配制法就是先配制近似浓度的溶液然后再标定的方法。具体方法是粗略地称取一定量物质或量取一定体积溶液，配制成接近于所需浓度的溶液，然后用基准物或另一种物质的标准溶液通过滴定的方法来确定它的准确浓度。这种确定浓度的操作称为标定。

基准物标定法比标准溶液标定法准确度高。在具体检验工作中，为了保证标准溶液浓度的准确性，标准溶液由厂中心试验室或标准溶液室统一配制、标定，然后分发各车间使用。在实际工作中，特别是在工厂的试验室中，还常常采用"标准试样"来标定标准溶液的浓度。"标准试样"的含量是已知的，它的组成与被测物质相近。这样，标定标准溶液浓度与被测物质的条件相同，分析过程中的系统误差可以抵消，结果准确度较高。

在具体的检验工作中欲配制指定浓度的标准溶液而不能用直接配制法时，可采用先配制后标定，然后根据标定浓度与指定浓度的关系进行加水或加浓溶液的方法进行调整，如此反复，直到配制溶液的浓度与指定浓度一致为止。常见标准溶液的配制和标定见附录G。

3. 标准溶液的配制与标定的注意事项

1）配制中所用的水及稀释液，在没有注明其他要求时，是指其纯度能满足分析要求的蒸馏水或离子交换水。

2）工作中使用的分析天平砝码、滴定管、容量瓶及移液管均需校正。

3）标准溶液浓度为20℃时的标定浓度（否则应进行换算）。

4）在标准溶液的配制中规定用"标定"和"比较"两种方法测定时，不要略去其中任何一种，而且两种方法测得的浓度值的相对误差不得大于0.2%，以标定所得数字为准。

5）标定时所用基准试剂应符合要求，配制标准溶液所用药品应符合化学试剂分析纯级。

6）配制的标准溶液浓度与规定浓度相对误差不得大于5%。

◇◇◇ 第三节　培养液的配制

一、培养基的基础知识

1. 微生物的营养

微生物必须不断地从外部环境中吸取所需的各种物质，以合成本身的细胞物质和提供机体进行各种生理活动所需要的能量，使机体能进行正常的生长发育。那些能满足其生理活动所需要的物质，称为营养物质。微生物获得与利用营养物质的过程称为营养。

2. 微生物细胞的化学组成

微生物细胞由碳、氢、氧、氮、磷、硫、钾、钠、镁、钙、铁、锰、铜、钴、锌、钼等化学元素组成。其中碳、氢、氧、氮、磷、硫六种元素占细胞干重的97%。

组成微生物细胞的化学元素分别来自微生物生长所需要的营养物质，除有特殊要求的微生物外，只要提供必需的碳源物质、氮源物质和无机盐，即可满足一般微生物的正常生长、发育与繁殖。

3. 微生物的营养来源

微生物的营养物质主要是碳素、氮素、无机盐及少量生长辅助物质。在人工培养微生物时，则需要配制人工合成的含有各种微生物进行生命活动所需要的营养物质。

（1）碳源　凡是能供给微生物碳素营养的物质都可称为碳源。碳源是构成微生物细胞的主要物质，同时又是化能异养型微生物的能量来源。

（2）氮源　凡是能被微生物利用的含氮物质都可称为氮源，其来源于无机氮化合物和有机氮化合物。

（3）无机盐　无机盐是微生物生命活动所不可缺少的物质，其主要作用是：构成菌体的成分，作为酶活性中心的组成部分或维持酶的活性，调节渗透压、pH值、氧化还原电位，作为自养菌的能源。

（4）微量元素　微生物对其需要量极少，一般在培养基中含有千万分之一或更少即可满足需要，过量的微量元素反而会起毒害作用，特别是单独一种微量元素过量毒害更严重。因此在各种微量元素之间需要恰当的配比。

（5）生长素　某些微生物不能利用普通的碳源、氮源合成，而需要另外加入少量的有机物质才能满足机体生长的需要，这种有机物质叫作生长素。凡不能合成生长所需要的生长素类物质的微生物称为营养缺陷型，自然界有天然存在的营养缺陷型，但也可人工将不是缺陷型的菌种诱变成缺陷型。

4. 微生物对营养物质的吸收

微生物吸收营养物质与细胞膜的通透性关系十分密切，营养物质需透过细胞膜才能被微生物吸收。细胞膜是一种有特殊生物活性、高度选择性及生命力的生物膜，它能够保证微生物营养物的不断吸收和废物的排泄。

营养物质透过细胞膜的方式，已经证实的有单纯扩散、促进扩散、主动运输和基团移位四种。

5. 微生物的营养类型

根据微生物对碳源的要求及供氢体和能量的来源不同，可将微生物分为四种类型，见表1-2。

表1-2 微生物的营养类型

类　型	能　源	供氢体	碳　源	归属的生物
光能自养	光	无机物	CO_2	某些细菌
化能自养	无机物氧化	无机物	CO_2	细菌（少数）
光能异养	光	有机物	CO_2	细菌（少数）
化能异养	有机物氧化	有机物	有机物	酵母菌、霉菌、多数细菌

　　表中四大营养类型微生物的划分在自然界中并不是绝对的，还存在着许多过渡类型。有的既能以化能自养生活，又能以化能异养生活，即化能兼性营养型；有的视环境条件的不同既能光能异养又能化能异养。

　　病毒的营养特性有所不同，病毒是专性寄生微生物。

二、微生物的代谢

　　1. 微生物的酶

　　酶是由活的微生物体产生的、具有特殊催化能力的蛋白质。它能在常温、常压下促进微生物体内一系列的分解代谢与合成代谢的各种反应。

　　2. 微生物的能量代谢

　　微生物所需能量的来源和外界的能源物质如何变成微生物可利用的形式，以及如何被微生物利用等，都是微生物能量代谢的基本问题。

　　（1）ATP 的生成　　ATP 是腺嘌呤核苷三磷酸（简称腺三磷）的缩写，是生物体中最重要的高能磷酸化合物，通常以 A—P～P～P 表示。"A"为腺嘌呤，"P"为磷酸根，"～"代表高能键。

　　但 ATP 生成的过程需要供应能量，能量来自光能或化学能，以光能生成 ATP 的过程称为光合磷酸化作用，以化学能生成 ATP 的过程称为氧化磷酸化作用。

　　微生物的氧化作用可根据最终电子受体的性质，分为有氧呼吸作用、无氧呼吸作用和发酵作用三种。

　　上述三种生物氧化的方式，获得能量的水平不同，如以葡萄糖作为氧化的底物时，它们放出能量的反应见表1-3。

表1-3 不同氧化方式的放能反应

生物氧化方式	电子受体	举　例
有氧呼吸作用	氧	$C_6H_{12}O_6 + 6O_2 \Longrightarrow 6CO_2 + 6H_2O + 2880kJ$
无氧呼吸作用	无机物	$C_6H_{12}O_6 + 12KNO_3 \Longrightarrow 6CO_2 + 6H_2O + 12KNO_2 + 1796kJ$
发酵作用	有机物	$C_6H_{12}O_6 \Longrightarrow 2CO_2 + 2C_2H_5OH + 226kJ$

　　氧化过程中所释放出的大部分能量，只有通过磷酸化作用转移至 ATP 中，才能成

为微生物可利用的能量。

（2）微生物的呼吸类型 根据微生物与分子态氧的关系，即微生物在生活中是否需要氧，可将微生物分为以下几个类型。

1）好氧性微生物：凡是生活中需要氧的微生物称为好氧性微生物或好气性微生物。大多数细菌、所有的放线菌和霉菌都属于此类型。在自然界中，好氧性微生物的种类和数量都是最多的。

2）厌氧性微生物：凡生活中不需要氧的微生物称为厌氧性微生物。某些细菌，如某些梭状芽孢杆菌。

3）兼性厌氧性微生物：凡在有氧或无氧的条件下都能生活的微生物称为兼性厌氧性微生物。它们可在有氧或无氧的情况下以不同的氧化方式产生能量，有两种类型：

① 在有氧的条件下进行有氧呼吸作用，在无氧的条件下进行发酵作用，如酵母菌，在有氧时进行有氧呼吸，产生二氧化碳和水，基质被彻底氧化，释放较多能量，而在无氧条件下则进行发酵作用，产生酒精和二氧化碳，即酒精发酵。

② 在有氧的条件下进行有氧呼吸，在无氧的条件下进行无氧呼吸。如反硝化细菌，在有氧时，以氧作为最终电子受体进行有氧呼吸，在无氧时，以无机物 NO_3 中的氧作为电子受体进行无氧呼吸。

4）微好氧性微生物：只需要在微量氧的条件下生活的微生物称为微好氧性微生物，如固氮螺菌。

3. 微生物的物质代谢及其产物

（1）糖的代谢 糖的种类很多，多数糖能被微生物利用。而微生物能否利用某些糖类，主要决定于微生物所具有的酶系统的性质。

糖在有充分氧的环境中，被微生物利用时一般可以彻底分解为二氧化碳和水，而无中间产物的积累。糖在缺氧环境中被微生物利用时，可形成多种不完全的代谢产物如乙醇、乳酸等。无论是在有氧或缺氧的条件下，微生物利用糖类所产生的代谢产物是多种多样的。

因此，可根据不同微生物在一定条件下进行糖代谢过程中所具有的代谢产物的特点，来鉴别微生物。

（2）蛋白质的代谢 蛋白质是微生物的有机氮源。但大部分微生物不能利用纯粹的蛋白质，因为蛋白质不能透过细胞膜，必须由胞外酶把它分解为简单的产物，如氨基酸等，然后才能被微生物吸收而利用来构成菌体本身的成分。

细菌分解蛋白质的能力，如液化明胶和酪蛋白的胨化等，可用于鉴别细菌。

此外，有些细菌在分解氨基酸时，还可产生一些特殊的产物，根据这些产物可以用作细菌的鉴别。例如，大肠杆菌可以分解色氨酸而产生吲哚。

有些细菌如变形杆菌能分解胱氨酸等氨基酸而产生硫化氢。通常在培养基中加入乙酸铅，硫化氢遇乙酸铅，变成棕黄色或黑色的硫化铅。这种方法也常用于微生物分解氨基酸的生理生化鉴定。

（3）脂类代谢 虽然微生物也能利用脂类，但从量上来看，脂类不是微生物的主要养料。有些细菌能分泌脂肪酶，可以把脂肪分解为甘油及脂肪酸。甘油的分解代谢按照糖的代谢方式进行。而脂肪酸则是通过 β 氧化作用进入三羧酸循环的过程进行分解，最终被分解为二氧化碳和水。

4. 微生物的特殊代谢产物

（1）毒素　微生物在物质代谢过程中，能产生对人或动物有毒害的物质，称为毒素。微生物所产生的毒素可分为外毒素和内毒素两大类。

1）外毒素是由菌体内向菌体外分泌出来的一种有毒物质，毒力较强。

2）内毒素存在于细菌体内，不分泌到菌体外，只能在菌体裂解时，毒素才被释放出来。

（2）抗菌素　有些微生物在代谢过程中可产生具有抑制或杀死他种微生物的物质，这种物质称为抗菌素，例如点青霉和产黄青霉能够产生青霉素。

三、微生物的生长

1. 微生物的生长曲线及其应用

微生物群体生长是指细胞数量的增加，是细胞生长和繁殖的结果。现以单细胞的分裂方式进行繁殖的细菌为对象考察其群体生长的规律。

将少量细菌接种到一恒定容积的新鲜液体培养基中，在适宜的温度下进行培养时，它的生长具有一定的规律性。在矮生长过程中，定时取样计算细菌细胞数，然后以细菌细胞数的对数为纵坐标，以生长时间为横坐标，绘制所得的曲线叫作生长曲线。生长曲线代表了细菌在新的适宜的环境中生长繁殖至衰老死亡过程的动态变化。我们根据细菌生长繁殖速率的不同，将细菌的生长曲线大致分为四个时期，如图1-7所示。

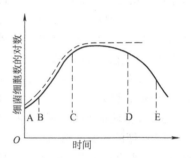

图1-7　细菌的生长曲线
A~B—延迟期　B~C—对数期
C~D—稳定期　D~E—衰亡期

（1）延迟期　当少量细菌接种到新鲜的液体培养基后，一般不立即进行繁殖，生长速度等于零，这段时间称为延迟期。处于延迟期的细菌细胞分裂迟缓、代谢活跃，细胞体积增长较快，但对不良的环境因素如高温、低温和高浓度的盐溶液等比较敏感，容易死亡。

延迟期时间的长短，因细菌种类和培养条件从几分钟到几小时不等，若用生命活动旺盛的细菌接种，且接种量大，则延迟期时间短。

（2）对数期　在此期间，代谢活动最强，组成新细胞物质最快，所有分裂形成的新细胞都生活旺盛。这一阶段细菌数以几何级数增加，所以称为对数期。

由于处于对数期的微生物的个体形态、化学组成和生理特性等均较一致，代谢旺盛、生长迅速，所以是研究基本代谢的良好材料，也是发酵工业的良好种子。如果用作菌种，则延迟期很短，以至检查不出延迟期，可在短时间内获得大量微生物以缩短发酵周期。

（3）稳定期　在这一时期，活细胞数目达到高峰，但它的总数不会再增加。这是因为必需的营养物质逐渐耗尽，同时某些有毒代谢产物在积累，以及其他外界因素都会使生长受到限制，死亡率和繁殖率两者达到平衡，活菌数保持相对稳定，在曲线上表现为平稳。如果为了大量获得菌体，就应在此阶段收获。这一时期也是发酵过程积累代谢产物的主要阶段。

由此可以看出，稳定期的微生物，在数量上达到了最高水平，产物的积累也达到了最高峰。稳定期的长短与菌种和外界环境条件有关，生产上常常通过补料、调节 pH 值、调整温度等措施来延长稳定期，以积累更多的代谢产物。

（4）衰亡期　稳定期后如果再继续培养，细菌死亡率就会逐渐增加，以致死亡数大大超过新生数，菌体中活菌数急剧下降，出现了"负生长"，此时期为衰亡期。

2. 测量微生物生长的方法

（1）测定细胞物质增长的方法

1）干重法：取一定容量的培养物，用离心或过滤的方法，将菌体从培养基中分离出来，洗净烘干、称重，求出培养物中的菌体质量，作为生长量的指标。霉菌生长量的测定常用此法。

2）含氮量测定法：此法只适用于细胞浓度较高的样品，由于操作过程比较麻烦，故主要用于科学研究。

3）比浊法：这是测定菌悬液中细胞数的快速方法。其工作原理是：菌悬液中细胞浓度与混浊度成正比，与透光度成反比。此法较简便，但使用时须注意样品颜色不宜太深，样品中不要混杂其他物质，同时菌悬液浓度必须在 10^7 个/mL 以上才能显示可信的混浊度。

（2）测定微生物群体数目的方法

1）计算器测定法：用特制的细菌计数器或血球计算器进行计数。本方法很简便，可以立即得出结果，但也有一些局限性，主要表现在死、活细胞不易区分。

2）涂片染色法：将已知体积的待测微生物均匀地涂布在载玻片的已知面积内，经固定染色后，在显微镜下借助目镜测微尺测得视野的半径和面积，得知其视野中菌的总数；然后根据几个视野的平均细胞数计算每毫升原菌液的细菌数。该法适用于细菌、酵母菌和霉菌的孢子全菌数量的测定，故常称为全菌测定法。

3）平板菌落计数法：取一定容量的菌悬液，作一系列的倍比稀释，然后将定量的稀释液进行平板培养，根据培养出的菌落数，计算出培养物中的活菌数，故此法又称为活菌测定法。

4）稀释法：将待测样品作一系列稀释，如 10^{-1}、10^{-2}、10^{-3} 等，取 1mL 接种到新鲜培养基中，然后根据生长的稀释度与出现生长的最高稀释度（即临界级数），再用"或然率"理论，就可计算出样品单位体积中细菌的近似值。

5）滤膜法：该法主要用于生活饮用水中细菌数的测定，一般用硝酸纤维制成滤膜，量取 500mL 水从滤膜上过滤，过滤后的滤膜培养一定时间（24～48h）后取出，计算滤膜上的菌落数，根据菌落数即可计算出每毫升液体的菌体数。

四、培养基的配制

1. 原理

大多数微生物均可用人工方法培养。以人工方法配制成的适合微生物生长繁殖或积累代谢产物的营养基质，称为培养基。培养基中一般含有微生物所必需的碳源、氮源、无机盐、生长素以及水分等。另外，培养基还应具有适宜的 pH 值、一定的缓冲能力、一定的氧化还原电位及合适的渗透压。

2. 培养基的种类

培养基按物理状态分为固体、半固体和液体培养基；按组成成分分为天然、合成和半合成培养基；按其作用分为基础、加富、选择、鉴别、厌氧及活体培养基等。

（1）基础培养基　含有微生物所需要的基本营养成分，如肉汤培养基。

（2）加富培养基　在基础培养基中再加入葡萄糖、血液、血清或酵母浸膏等物质，可供营养要求较高的微生物生长，如血平板、血清肉汤等。

（3）选择培养基　它是根据某一种或某一类微生物的特殊营养要求或对一些物理、化学条件的抗性而设计的培养基。利用这种培养基可以把所需要的微生物从混杂的其他微生物中分离出来。

（4）鉴别培养基　在培养基中加入某种试剂或化学药品，使培养后发生某种变化，从而鉴别不同类型的微生物。如伊红-美蓝（EMB）培养基、糖发酵管、乙酸铅培养基等。

（5）厌氧培养基　专性厌氧菌不能在有氧的情况下生长，所以必须将培养基与环境中的空气隔绝，或降低培养基中的氧化还原电位，如在液体培养基的表面加盖凡士林或蜡，或在液体培养基中加入碎肉块制成庖肉培养基等。此外，也可以利用物理或化学方法除去培养环境中的氧，以保证厌氧环境。

（6）活体培养基　有一些微生物可以在活的动植物体或离体的活组织细胞内生长繁殖，因此，某些活的动植物体或离体的活组织细胞对这些微生物来说，是很好的培养基。

3. 培养基的主要成分

（1）营养物质　有蛋白胨、肉浸汁和牛肉膏、糖（醇）类、血液、鸡蛋与动物血清、生长因子、无机盐类。

（2）水分　制备培养基常用蒸馏水（因蒸馏水中不含杂质），也可用自来水、井水等，但需先经煮沸，使部分盐类沉淀，再经过滤方可使用。

（3）凝固物质　配制固体培养基的凝固物质有琼脂、明胶和卵白蛋白及血清等。琼脂是从石花菜等海藻中提取的胶体物质，是应用最广的凝固剂。其化学成分主要是多糖，加琼脂制成的培养基在 98~100℃下溶化，于 45℃以下凝固。但多次反复溶化，其凝固性降低。琼脂对细菌本身无营养价值，自然界中仅有极少数的细菌能分解它。

根据琼脂含量的多少，可配制成不同性状的培养基。另外，由于各种牌号琼脂的凝固能力不同，以及当时气温的不同，配制时用量应酌情增减，夏季可适当多加。

（4）抑制剂　在制备某些培养基时需要加入一定的抑制剂，来抑制非检出菌的生长或使其少生长，以利于检出菌的生长。抑制剂种类很多，常用的有胆盐、煌绿、玫瑰红酸、亚硫酸钠、某些染料及抗菌素等。这些物质具有选择性抑菌作用。

（5）指示剂　为便于了解和观察细菌是否利用和分解糖类等物质，常在某些培养基中加入一定种类的指示剂，如酸碱指示剂、氧化还原指示剂等。

4. 培养基的制备

培养基的制备过程可表示为：

称量药品→溶解→调节 pH 值→溶化琼脂→过滤分装→包扎标记→灭菌。

（1）称量药品 根据培养基配方依次准确称取各种药品，放入适当大小的烧杯中，琼脂不要加入。蛋白胨极易吸潮，故称量时要迅速。

（2）溶解 用量筒取一定量(约占总量的1/2)蒸馏水倒入盛有药品的烧杯中，在放有石棉网的电炉上小火加热，并用玻璃棒搅拌，以防液体溢出。待各种药品完全溶解后，停止加热，补足水分。如果配方中有淀粉，则先将淀粉用少量冷水调成糊状，并在火上加热搅拌，然后加足水分及其他原料，待完全溶化后，补足水分。

（3）调节 pH 值 根据培养基对 pH 值的要求，用 50g/L 氢氧化钠或 5%（体积分数)盐酸溶液调至所需 pH 值。测定 pH 值时可用 pH 试纸或 pH 计等。

（4）溶化琼脂 固体或半固体培养基中必须加入一定量琼脂，将盛有培养基的器皿置于电炉上，一边搅拌一边加热，直至琼脂完全溶化后才能停止搅拌，并补足水分（水需预热)。注意控制火力不要使培养基溢出或烧焦。

（5）过滤分装 先将过滤分装装置(见图1-8)安装好。如果是液体培养基，玻璃漏斗中放一层滤纸，如果是固体或半固体培养基，则需在漏斗中放多层纱布，或两层纱布夹一层薄薄的脱脂棉趁热进行过滤。过滤后立即进行分装。分装时注意不要使培养基沾染在管口或瓶口，以免浸湿棉塞，引起污染。液体分装高度以试管高度的 1/4 左右为宜。固体分装量为管高的 1/5，半固体分装量一般以试管高度的 1/3 为宜；分装三角瓶，以不超过三角瓶容积的 1/2 为宜。

（6）包扎标记 培养基分装后加好棉塞或试管帽，再包上一层防潮纸，用棉绳系好。在包装纸上标明培养基名称、制备组别和试验者姓名、日期等。

（7）灭菌 上述培养基应按培养基配方中规定的条件及时进行灭菌。普通培养基为 121℃，20min，以保证灭菌效果和不损伤培养基的有效成分。如需要做斜面固体培养基，则灭菌后立即摆放成斜面(见图1-9)，斜面长度一般以不超过试管长度的 1/2 为宜；半固体培养基灭菌后，垂直冷凝成半固体深层琼脂。

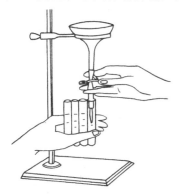

图 1-8 培养基分装装置

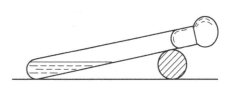

图 1-9 试管斜面摆放

◆◆◆◆ 第四节　无 菌 操 作

一、消毒与灭菌

1. 灭菌

杀灭物体中或物体上所有微生物（包括病原微生物和非病原微生物）的繁殖体和芽孢的过程称为灭菌。灭菌的方法分为物理灭菌法和化学灭菌法两大类。

2. 消毒

用物理、化学或生物学的方法杀死病原微生物的过程称为消毒。具有消毒作用的药物称为消毒剂。一般消毒剂在常用浓度下，只对细菌的繁殖体有效，对于细菌芽孢则无杀灭作用。

3. 防腐

防止或抑制微生物生长繁殖的方法称为防腐。用于防腐的药物称为防腐剂。某些药物在低浓度时是防腐剂，在高浓度时则为消毒剂。

4. 无菌及无菌操作

无菌是指物体中没有活的微生物存在。防止微生物进入人体或物体的操作方法，称为无菌技术或无菌操作。

食品微生物的检验操作，必须在无菌环境中用无菌操作进行。

二、常用的灭菌方法

1. 加热灭菌

加热灭菌是通过加热高温使菌体内蛋白质变性凝固，酶失去活性，从而达到杀菌目的。蛋白质的凝固变性与其自身含水量有关，含水量越高，其凝固所需要的温度越低。

加热灭菌法包括湿热灭菌和干热灭菌两种。在同一温度下，湿热的杀菌效力比干热大，湿热的穿透力比干热强，可增加灭菌效力；湿热的蒸汽有潜热存在，这种潜热，能迅速提高被灭菌物品的温度。

（1）干热灭菌法　通过使用干热空气杀灭微生物的方法叫作干热灭菌法。一般是把待灭菌的物品包装后，放入干燥箱中加热至160℃，维持2h。常用于玻璃仪器、金属器具的灭菌。凡带有橡胶的物品、液体及固体培养基等都不能用此法灭菌。

1）灭菌前的准备：玻璃仪器等在灭菌前必须经正确包裹和加塞，以保证玻璃仪器灭菌后不被外界杂菌所污染。

常用玻璃仪器的包扎和加塞方法：平皿用纸包扎或装在金属平皿筒内；三角瓶在棉塞与瓶口外再包以厚纸，用棉绳以活结扎紧，以防灭菌后瓶口被外部杂菌所污染；吸管用拉直的曲别针将棉花轻轻捅入管口，松紧必须适中，管口外露的棉花可统一通过火焰烧去，灭菌时将吸管装入金属管筒内进行灭菌，也可用纸条斜着从吸管尖端包起，逐步向上卷，头端的纸卷捏扁并拧几下，再将包好的吸管集中灭菌。

2）干燥箱灭菌：将包扎好的物品放入干燥箱内，注意不要摆放太密，以免妨碍空气流通；不得使器皿与干燥箱的内层底板直接接触。将干燥箱的温度升至160℃并恒温2h，注意勿使温度过高，若超过170℃，器皿外包裹的纸张、棉花会被烤焦燃烧。如果是为了烤干玻璃仪器，温度达120℃持续30min即可。当温度降至50~60℃时方可打开箱门，取出物品，否则玻璃仪器会因骤冷而爆裂。

另外，被污染的纸张、试验用动物尸体等无经济价值的物品可以通过火焚烧掉；对于接种环、接种针或其他金属用具等耐燃烧物品，可用火焰灼烧灭菌法直接在酒精灯火焰上烧至红热进行灭菌；直接用火焰灼烧灭菌，迅速彻底。此外，在接种过程中，试管或三角瓶口也采用灼烧灭菌法通过火焰灼烧而达到灭菌的目的。

（2）湿热灭菌法　常用的湿热灭菌法有巴氏消毒法、煮沸消毒法、流通蒸汽消毒法及高压蒸汽灭菌法。

1）巴氏消毒法：某些物质在高热下易被破坏。巴斯德首先提倡把液体物质在较低的温度下消毒，这样既可杀死液体中致病菌的繁殖体，又不破坏液体物质中原有的营养成分。牛奶或酒类常用此法消毒。典型的温度时间组合有两种：一种是61.1~62.8℃，30min；另一种是72℃，15~30s。现多用后一种。

2）煮沸消毒法：此方法适用于器材、器皿、衣物及小型日用物品的消毒。

3）间歇灭菌法：此方法适用于不宜高温灭菌的物质，如不耐热的药品、含血清的培养基等。

为了消灭其中的芽孢，必须用间歇灭菌法。具体方法是：用阿诺氏灭菌器、水浴锅或蒸笼加热约100℃维持30min，每日进行一次，连续两天。为了达到彻底灭菌，按照上述方法再进行第三次加热，这样所有的芽孢将被全部杀死。必要时，加热温度可低于100℃（如75~95℃），而延长每次加热的时间至30~60min，或增多加热次数，也可收到同样效果。

4）高压蒸汽灭菌法：高压蒸汽灭菌是微生物试验中最常用的灭菌方法。这种灭菌方法是利用水的沸点随着蒸汽压力的升高而升高的原理。当蒸汽压力达到103.4kPa时，水蒸气的温度升高到121℃，经15~20min，可全部杀死锅内物品上的各种微生物和它们的孢子或芽孢。此方法适用于耐高温而又不怕蒸汽的物品的灭菌，一般培养基和敷料、生理盐水、耐热药品、金属器材、玻璃仪器以及传染性标本和工作服等都可应用此法灭菌。

2. 过滤除菌法

凡不能耐受高温或化学药物灭菌的药液、毒素、血液等，可使用过滤除菌法除菌。

3. 紫外线杀菌法

日光中杀菌的主要成分是紫外线。紫外线波长200~300nm，具有杀菌作用，其中以253.7nm最强，这与DNA的吸收光谱范围一致。紫外线的穿透力不强，普通玻璃、尘埃、水蒸气均能阻拦紫外线，故只能用于手术室、无菌室等空气消毒，也可用于不耐热物品或包装材料的表面消毒。在消毒照射时，工作人员应佩戴保护眼镜，以防紫外线损害角膜而引起急性角膜炎。

三、常用的消毒方法

试验室中常用的消毒灭菌化学试剂见表 1-4。

表 1-4 试验室中常用的消毒灭菌化学试剂

类别	试　　剂	常用浓度	用　　　途
烷化剂	福尔马林(甲醛)	370~400g/L	熏蒸空气(接种室、培养室),2~6mL/m³
去污剂	新洁尔灭肥皂	1g/L	皮肤及器皿消毒;浸泡用过的载片、盖片;皮肤清洁剂
碱类	烧碱(氢氧化钠)	40g/L	病毒性传染病
	石灰水(氢氧化钙)	10~30g/L	粪便消毒、畜舍消毒
	无机酸(如盐酸)	2% (质量分数)	玻璃器皿的浸泡
酸类	有机酸(如乳酸)	80% (体积分数)	熏蒸空气,1mL/m³
	乙酸	20% (质量分数)	熏蒸空气,3~5mL/m³
	食醋	20% (质量分数)	熏蒸空气,预防流感
酚类	石炭酸	3%~5% (质量分数)	室内喷雾消毒,擦洗被污染的桌、地面
	来苏水	3%~5% (体积分数)	皮肤消毒、浸泡用过的吸管等玻璃器皿
醇类	乙醇	70%~75% (体积分数)	皮肤消毒(对芽孢无效)或器具表面消毒
氧化剂	高锰酸钾	1~30g/L	皮肤、水果、茶具消毒
	漂白粉	10~50g/L	洗刷培养室,饮水消毒(对噬菌体有效)
染料	结晶紫	20~40g/L	体表及伤口消毒

四、影响灭菌与消毒的因素

1. 微生物的特性

不同的微生物对热的抵抗力和对消毒剂的敏感性不同,细菌、酵母菌的营养体、霉菌的菌丝体对热较敏感,放线菌、酵母、霉菌的孢子比营养细胞抗热性强。

不同菌龄的细胞,其抗热性、抗毒力也不同,在同一温度下,对数生长期的菌体细胞抗热力、抗毒力较小,稳定期的老龄细胞抗性较大。

2. 灭菌处理剂量

灭菌处理剂量是指处理强度和处理方法对微生物的作用时间。所谓强度，在加热灭菌中指灭菌的温度；在辐射灭菌中指辐射的剂量；在化学药剂消毒中指的是药物的浓度。一般来说，强度越高，作用时间越长，对微生物的影响越大，灭菌程度越彻底。

3. 微生物污染程度

待灭菌的物品中含菌数越多时，灭菌越是困难，灭菌所需的时间和强度均应增加。这是因为微生物群集在一起，加强了机械保护作用，而且抗性强的个体增多，也增加了灭菌的难度。

4. 温度

温度越高，灭菌效果越好。菌液被冰冻时，灭菌效果则显著降低。

5. 湿度

熏蒸消毒，喷洒干粉，喷雾都与空气的相对湿度有关。相对湿度合适时，灭菌效果最好。此外，在干燥的环境中，微生物常被介质包被而受到保护，使电离辐射的作用受到限制，这时必须加强灭菌所需的电离辐射剂量。

6. 酸碱度

大多数的微生物在酸性或碱性溶液中，比在中性溶液中容易被杀死。

7. 介质

微生物所依附的介质对灭菌效果的影响较大。介质成分越复杂，灭菌所需的强度越大。

8. 穿透条件

杀菌因子只有同微生物细胞相接触，才可发挥作用。在灭菌时，必须创造穿透条件，保证杀菌因子的穿透。例如，固体培养基不易穿透，灭菌时所需时间应比液体培养基长；湿热蒸气的穿透能力比干热蒸气强；环氧己烷的穿透力比甲醛强。

9. 氧

氧的存在能加强电离辐射的杀菌作用。当有氧存在时，H 可与氧产生有强氧化作用的 H_2O 和 H_2O_2，与无氧照射时相比，杀灭作用要强 2.5~4 倍。

五、微生物的接种和培养

将微生物的纯种或含有微生物的材料(如水、食品、空气、土壤、排泄物等)转移到培养基上的过程叫微生物接种。经微生物接种后的培养基被放置在一定环境条件下，使微生物在培养基上生长繁殖，这一过程叫作微生物的培养。

1. 微生物的接种方法

(1) 涂布法　将纯菌或含菌材料(包括固形物或液体)均匀地分布在固体培养基表面，或者将含菌材料在固体培养基的表面仅作局部涂布，然后再用划线法使它分散在整个培养基的表面。

(2) 划线法　将纯种或含菌材料用微生物接种法在固体培养基表面进行划线，使微生物细胞能分散在培养基表面，并使接种量在培养基表面起着稀释的作用，即在培养基的单位面积内的接种量从多量逐渐依次减少为少量。划线法是进行微生物分离时的一种常规接种法。

（3）倾注法　取少许纯菌或少许含菌材料（一般是液体材料），先放入无菌的培养皿中，而后倾入已溶化并冷却至46℃左右含有琼脂的灭菌培养基上，使它与含菌材料均匀混合后，冷却使其凝固。

（4）点植法　将纯菌或含菌材料用接种针在固体培养基表面的几个点接触一下。点植法常用于霉菌的接种。

（5）穿刺法　用接种针将微生物纯种经穿刺而进入到培养基中去。穿刺法常应用于半固体深层培养基，通过穿刺进行培养，可以有助于探知这种菌种对氧的需要情况以及有无动力产生。

（6）浸洗法　用接种针挑取含菌材料后，即插入液体培养基中，将菌洗入培养基内。有时也可将某些固形含菌材料直接浸入培养液中，把附着在表面的菌体洗下。

（7）活体接种　活体接种应用于病毒培养，因为病毒必须接种在生活的组织细胞中才能生长繁殖。如果要分离某些病原微生物或检查某些病原微生物的致病特性以及毒力测定时，一般用活的动物进行接种。

2. 微生物的培养

人工培养微生物的过程中，除了供给一定的营养物质外，还必须提供微生物生长繁殖的条件，但因不同种类的微生物需要的条件不完全相同，所以就有需氧培养、厌氧培养等不同方式。

（1）需氧培养　对需氧微生物的培养必须在有氧的环境中进行。在试验室中，液体或固体培养基经接种微生物后，一般将其置于保温箱中在有氧的条件下培养。有时为了加速繁殖的速度或进行大量液体培养时，可用通气搅拌或振荡方法来充分供氧，但通入的空气必须经过净化或无菌处理。

（2）厌氧培养　培养厌氧性微生物时，要除去培养基中的氧或使氧化还原电位降低，并在培养过程中一直保持与外界氧隔绝以使厌氧微生物生长。在培养中保持无氧环境的方法有物理法除氧、化学法除氧和生物法除氧。

◈◈◈ 第五节　食品检验的基本知识

一、滴定分析法

1. 滴定分析法的原理与分类

（1）原理　滴定分析法是将一种已知准确浓度的试剂溶液，滴加到被测物质的溶液中，直到所加的试剂与被测物质按化学计量定量反应为止，根据试剂溶液的浓度和消耗的体积，计算被测物质的含量。其中已知准确浓度的试剂溶液称为滴定液。将滴定液从滴定管中加到被测物质溶液中的过程叫作滴定。当加入滴定液中物质的量与被测物质的量按化学计量定量反应完成时，反应达到了计量点。在滴定过程中，指示剂发生颜色变化的转变点称为滴定终点。滴定终点与计量点不一定恰恰符合，由此所造成的分析误差叫作滴定误差。适合滴定分析的化学反应应该具备以下几个条件：

1）反应必须按方程式定量地完成，通常要求在99.9%以上。

2）反应能够迅速地完成。

3）共存物质不干扰主要反应或可用适当的方法消除其干扰。

4）有比较简便的方法确定化学计量点。

（2）滴定分析法的分类

1）直接滴定法：用标准溶液直接滴定被测物质，是滴定分析法中最常用的基本的滴定方法。凡能满足滴定分析要求的化学反应都可用直接滴定法。

2）返滴定法：又称为剩余滴定法或回滴法。当反应速度较慢或反应物是固体时，滴定剂加入样品后反应无法在瞬间定量完成，可先加入一定过量的标准溶液，待反应定量完成后用另外一种标准溶液滴定剩余的标准溶液。

3）置换滴定法：对于不按确定化学计量关系反应的物质，有时可以通过其他化学反应间接进行滴定，即加入适当试剂与待测物质反应，使其被定量地置换成另外一种可直接滴定的物质，再用标准溶液滴定此生成物。

4）间接滴定法：对于不能与滴定剂直接起反应的物质，有时可以通过另一种化学反应，以滴定法间接进行滴定，这种方法称为间接滴定法。

另外，根据所利用的化学反应类型的不同，滴定分析法可以分为酸碱滴定法、沉淀滴定法、络合滴定法和氧化还原滴定法等。

2. 滴定分析计算

滴定分析计算是以化学反应中各物质的质量之间的关系为基础的，因而标准溶液（或滴定剂）与被测物质在反应中的化学计量关系是解决一系列滴定分析计算的关键。

化学反应中的计量关系　对于确定的化学反应，如：

$$aA+bB \Longrightarrow gG+hH$$

当 $a$mol A 恰好与 $b$mol B 反应完全时，有　$n(A):n(B)=a:b$，则：

$$n(B)=\frac{b}{a}n(A) \quad 或 \quad n(A)=\frac{a}{b}n(B) \tag{1-4}$$

式（1-4）是滴定分析计算的基础，在滴定分析中，这里的 B 为被测物质，若滴定剂 A 与被测物质溶液的体积分别为 $V(A)$、$V(B)$，浓度分别为 $c(A)$、$c(B)$，根据 n、c 与 V 的关系可得关系式为

$$c(B)V(B)=\frac{b}{a}c(A)V(A) \tag{1-5}$$

若被测物质用质量表示，则被测物质 B 的质量与滴定剂 A 间的关系为

$$m(B)=\frac{b}{a}c(A)V(A)M(B) \tag{1-6}$$

如果标准溶液的浓度用滴定度表示，根据化学计量关系可得，滴定剂 A 的物质的量浓度与它对物质 B 的滴定度之间的关系式为

$$T(B/A) = \frac{b}{a} c(A) \frac{M(B)}{1000} \tag{1-7}$$

3. 酸碱滴定法

（1）酸碱滴定法的基本原理　酸碱滴定法是以酸碱反应为基础的滴定分析法。常用强酸或强碱作为标准溶液测定一般的酸碱以及能与酸碱直接或间接发生质子传递反应的物质。它所依据的反应是

$$H_3O^+ + OH^- \rightleftharpoons 2H_2O$$

$$H_3O^+ + A^- \rightleftharpoons HA + H_2O$$

在酸碱滴定中，随着滴定反应的进行，溶液的 pH 值不断发生变化，为了正确地完成滴定，一方面要了解滴定过程中溶液 pH 值的变化规律；另一方面还要了解酸碱指示剂的性质、变色原理及变色范围，以便能正确地选择指示剂来判断滴定终点，从而获得准确的分析结果。

（2）酸碱指示剂

1）指示剂的变色原理：酸碱指示剂是一些有机弱酸或弱碱，这些弱酸或弱碱与其共轭碱或酸具有不同的颜色。以 HIn 代表弱酸指示剂，其离解平衡表示如下：

$$HIn \rightleftharpoons In^- + H^+$$

酸式色　　碱式色

由此可见，酸碱指示剂的变色和其本身的性质有关，也和溶液的 pH 值相关。

2）指示剂的变色范围：溶液 pH 值的变化使指示剂共轭酸碱的离解平衡发生移动，致使颜色变化。只有当溶液的 pH 值改变到一定范围，才能明显看到指示剂的颜色变化。理论证明，对于弱酸型指示剂（HIn）的变色范围为：$pH = pK_{HIn} \pm 1$。

当溶液中 $[HIn] = [In^-]$ 时，溶液中 $[H^+] = K_{HIn}$，即 $pH = pK_{HIn}$，这是两者浓度相等时的 pH 值，即为理论变色点，此时溶液的颜色是酸式色和碱式色的中间色。根据理论上推算，指示剂的变色范围是 2 个 pH 单位。但试验测得的指示剂变色范围并不都是 2 个 pH 单位，而是略有上下。这是由于试验测得的指示剂变色范围是人目视确定的，人的眼睛对不同颜色的敏感程度不同，观察到的变化范围也不同。例如甲基红的 $pK_{HIn} = 5.1$，其理论变色范围应是 4.1~6.1，试验测得，甲基红变色范围的 pH 值 = 4.4~6.2。

3）混合指示剂：在某些酸碱滴定中，pH 值突跃范围很窄，使用一般的指示剂难以判断终点，此时可以采用混合指示剂，具有变色范围窄，变色明显等优点。混合指示剂常用在某种指示剂中加入一种惰性染料或用两种以上的指示剂混合配制而成。

4）酸碱滴定过程中指示剂的选择：在酸碱滴定过程中，溶液的 pH 值随着标准溶液的加入而呈规律性变化，在化学计量点前后 0.1%误差范围内有明显的突跃，可作为选择指示剂的依据。凡是变色点 pH 值处于滴定突跃范围内的指示剂都可以用来指示滴定的终点，同时考虑指示变色的灵敏性。如酸滴碱可选择甲基红、甲基橙作为指示剂，如碱滴酸则可选择酚酞类指示剂。

4. 氧化还原滴定法

（1）概述　氧化还原滴定法是以氧化还原反应为基础的滴定分析法。根据所用标准溶液的不同常分为高锰酸钾法、重铬酸钾法、碘量法、铈量法、溴酸盐法等。

氧化还原滴定法应用十分广泛，不仅可以直接测定氧化还原性物质，还可间接测定不具有氧化还原性的物质。但氧化还原反应的过程复杂，副反应多，反应速度慢，条件不易控制。

（2）氧化还原滴定指示剂　氧化还原滴定法是滴定分析方法的一种，其关键仍然是化学计量点的确定。在氧化还原滴定中，除了用电位法确定终点外，还可以根据所使用的标准溶液不同选择不同的指示剂来确定终点。

1）氧化还原指示剂：氧化还原指示剂是具有氧化性或还原性的有机化合物，且它们的氧化态或还原态的颜色不同，在氧化还原滴定中也参与氧化还原反应而发生颜色变化。

2）自身指示剂：在氧化还原滴定中，利用标准溶液或被滴定物质本身的颜色来确定终点方法，叫作自身指示剂。例如在高锰酸钾法中就是利用 $KMnO_4$ 自身指示剂。$KMnO_4$ 溶液呈紫红色，当用 $KMnO_4$ 作为标准溶液来测定无色或浅色物质时，在化学计量点前，由于高锰酸钾是不足量的，故溶液不显 $KMnO_4$ 的颜色，当滴定到达化学计量点时，稍过量的 $KMnO_4$ 就使溶液呈现粉红色，从而指示终点。

3）专属指示剂：有些物质本身不具有氧化还原性质，但它能与氧化剂、还原剂或其产物作用产生特殊颜色以确定反应的终点，这种指示剂叫作专属指示剂。如可溶性淀粉能与碘在一定条件下生成蓝色络合物。因此在碘量法中可以采用淀粉作指示剂，根据溶液中蓝色的出现或消失就可以判断滴定的终点。

（3）常用氧化还原滴定法

1）高锰酸钾法：高锰酸钾法是以 $KMnO_4$ 作为标准溶液进行滴定的氧化还原滴定法。$KMnO_4$ 是氧化剂，其氧化能力和溶液的酸度有关。在强酸性溶液中具有强氧化性，与还原性物质作用可获得 5 个电子被还原为 Mn^{2+}，即

$$MnO_4^- + 8H^+ + 5e^- \Longleftrightarrow Mn^{2+} + 4H_2O$$

在微酸性、中性或弱碱性溶液中，则获得 3 个电子被还原为 MnO_2，即

$$MnO_4^- + 4H^+ + 3e^- \Longleftrightarrow MnO_2\downarrow + 2H_2O$$

$$MnO_4^- + 2H_2O + 3e^- \Longleftrightarrow MnO_2\downarrow + 4OH^-$$

在强碱性溶液中，则获得 1 个电子被还原为 MnO_4^{2-}，即

$$MnO_4^- + e^- \Longleftrightarrow MnO_4^{2-}$$

由于在微酸性或中性溶液中反应均有 MnO_2 棕色沉淀生成，影响终点观察，故一般只在强酸性溶液中滴定。常用硫酸控制酸度，尽量避免用盐酸，不用硝酸。特殊情况下用其在碱性溶液中的氧化性测定有机物含量，还原产物为绿色的锰酸钾。

高锰酸钾法的优点是 $KMnO_4$ 氧化能力强，应用广泛，且一般不需另加指示剂。缺点是试剂中常含有少量杂质，溶液不够稳定，且能与许多还原性物质发生反应，干扰现象严重。

2）重铬酸钾法：重铬酸钾法是以 $K_2Cr_2O_7$ 为标准溶液，利用它在强酸性溶液中的强氧化性进行滴定。在酸性溶液中，$Cr_2O_7^{2-}$ 与还原性物质作用可获得 6 个电子被还原为 Cr^{3+}，反应式为

$$Cr_2O_7^{2-}+14H^++6e^-\!=\!=\!=\!Cr^{3+}+7H_2O$$

与高锰酸钾法一样，重铬酸钾法也必须在强酸性溶液中进行测定。酸度控制可用硫酸或盐酸，不能用硝酸。利用重铬酸钾法可以测定许多无机物和有机物。

与高锰酸钾法相比重铬钾法有如下优点：

① $K_2Cr_2O_7$ 易提纯，是基准物，可用直接法配制溶液。

② $K_2Cr_2O_7$ 溶液非常稳定，可长期保存。

③ $K_2Cr_2O_7$ 对应电对的标准电极电位比高锰酸钾的小，可在盐酸溶液中测定铁。

④ 应用广泛，可直接、间接测定许多物质。

重铬钾法的缺点是反应速度很慢，条件难以控制，必须外加指示剂。另外，$K_2Cr_2O_7$ 有毒，使用时应注意废液的处理，以免污染环境。

重铬酸钾法测定铁是测定矿石中全铁量的标准方法。另外，可用 $Cr_2O_7^{2-}$ 和 Fe^{2+} 的反应间接测定 NO_3^-、ClO_3^- 和 Ti^{3+} 等多种物质。

3）碘量法：碘量法是利用 I_2 的氧化性和 I^- 的还原性进行滴定的氧化还原滴定法。这是一种应用比较广泛的分析方法，既可测定还原性物质也可以测定氧化性物质，还可以测定一些非氧化还原性物质。碘量法根据所用的标准溶液的不同可分为直接碘量法和间接碘量法。

直接碘量法又叫作碘滴定法。它是以 I_2 溶液为标准溶液，可以测定电极电位较小的还原性物质，如 S^{2-}、Sn^{2+}、$S_2O_3^{2-}$、AsO_3^{3-} 等。

间接碘量法又叫作滴定碘法。它是以 $Na_2S_2O_3$ 为标准溶液间接测定氧化性物质，如 $Cr_2O_7^{2-}$、IO_3^-、MnO_4^-、AsO_4^{3-}、NO_2^-、Pb^{2+}、Ba^{2+} 等。测定时，氧化性物质先在一定条件下与过量的 KI 反应生成定量的 I_2，然后用 $Na_2S_2O_3$ 标准溶液滴定生成的 I_2。

由于碘量法中均涉及 I_2，可利用碘遇淀粉显蓝的性质，以淀粉作为指示剂。根据蓝色的出现或褪去判断终点。碘遇淀粉显蓝反应的灵敏度与温度、酸度和有无 I^- 密切相关。

碘量法的误差主要来自两个方面：一是 I_2 的挥发，二是在酸性溶液中空气中的 O_2 氧化 I^-。可采取相应措施以减少误差的产生。

防止 I_2 挥发的方法有：在室温下进行，加入过量的 KI，滴定时不能剧烈摇动溶液，最好使用碘量瓶。

防止空气中的 O_2 氧化 I^- 的方法有：设法消除日光、杂质 Cu^{2+} 及 NO_2^- 对 I^- 被 O_2 氧化的催化作用，立即滴定生成的 I_2，且速度可适当加快。

5. 络合滴定法

（1）概述　利用生成络合物的反应为基础的滴定分析方法叫作络合滴定法。能形成络合物的反应很多，但可用于络合滴定的并不多。

由于大多数无机络合物存在稳定性不高、分步络合、终点判断困难等缺点，限制了

它在滴定分析中的应用，利用有机络合剂（多基络合体）的络合滴定方法已成为广泛应用的滴定方法之一。目前应用最为广泛的络合滴定法是以乙二胺四乙酸（简称 EDTA）标准溶液的滴定分析法，简称 EDTA 法。

（2）EDTA 与金属离子络合物的稳定性

1）EDTA 的结构及性质：EDTA 的化学名称叫作乙二胺四乙酸，从结构上看 EDTA 是四元酸，常用 H_4Y 式表示，在水溶液中易形成双极分子，在电场中不移动。

$$HOOCH_2C \diagdown \qquad \qquad \diagup CH_2COOH$$
$$N-CH_2-CH_2-N$$
$$HOOCH_2C \diagup \qquad \qquad \diagdown CH_2COOH$$

EDTA 是一种白色无水结晶粉末，无毒无臭，具有酸味，熔点为 241.5℃，常温下 100g 水中可溶解 0.2g EDTA，难溶于酸和一般有机溶剂，但易溶于氨水和氢氧化钠溶液中，故常将 EDTA 溶于氢氧化钠溶液中制成它的二钠盐（$Na_2H_2Y \cdot 2H_2O$）再使用，$Na_2H_2Y \cdot 2H_2O$ 也称为 EDTA。

EDTA 分子中含有两个氨基和四个羧基，它可作为四齿配体，也可作为六齿配体。所以 EDTA 是一种络合能力很强的螯合剂，在一定条件下，EDTA 能够与周期表中绝大多数金属离子形成多个五元环状的络合比为 1:1 的螯合物，结构相当稳定，且易溶于水，便于在水溶液中进行分析。

2）EDTA 的离解平衡：EDTA 是四元酸（H_4Y），在酸性溶液中可再接受两个质子形成六元酸（H_6Y^{2+}），所以它在溶液中有六级离解，H_6Y^{2+} 在溶液中可能有 7 种存在型体，且溶液的 pH 值不同，则各种型体的分布系数不同，在 EDTA 的 7 种存在型体中，只有 Y^{4-} 有络合能力，它既可以作为四基配体，也可以作为六基配体进行络合，且 pH 值越大，Y^{4-} 的分布系数越大，其络合能力越强。所以，溶液的酸度就成为影响金属离子和 EDTA 络合物稳定性的一个重要条件。

3）EDTA 与金属离子的络合平衡：金属离子能与 EDTA 形成 1:1 的多元环状螯合物，为方便讨论，略去 EDTA 和金属离子的电荷，分别简写为 Y 和 M，则其络合平衡为

$$M+Y \Longleftrightarrow MY$$

$$K_{MY} = \frac{[MY]}{[M][Y]}$$

其中，K_{MY} 为 EDTA 金属离子络合物的稳定常数。它的数值反映了 M-EDTA 络合物的稳定性的大小。络合物的稳定性主要取决于金属离子的性质和络合体的性质。在实际测定过程中，常存在各种副反应，使得 EDTA 金属离子络合物的稳定性改变。在络合体系中，若不存在干扰离子，也没有其他络合剂，金属离子的水解效应较小时，条件稳定常数和稳定常数及酸效应系数的关系为

$$\lg K'_{MY} = \lg K_{MY} - \lg \alpha_{Y(H)}$$

（3）络合滴定中的指示剂　络合滴定通常用 EDTA 标准溶液滴定金属离子 M，与其他滴定方法相似，随着 EDTA 标准溶液的不断加入，溶液中金属离子浓度呈现规律性变

化。可用金属指示剂确定反应终点。

1）金属指示剂的作用原理：金属指示剂是一种有机络合剂，它能与金属离子形成与其本身颜色显著不同的络合物。利用化学计量点前后溶液中被测金属离子浓度的突变，造成的指示剂两种存在形式（游离和络合）的转变，引起颜色变化从而指示滴定终点的到达。

由于测定不同的金属离子要求的酸度不同，而且指示剂本身也大多是多元的有机酸，只有在一定条件下才能正确指示终点，所以要求指示剂与金属离子形成络合物的条件与 EDTA 测定金属离子的酸度条件相符合。

2）金属指示剂应具备的条件：要准确地指示络合滴定的终点，金属指示剂应具备下列条件：

① 在滴定的 pH 值范围内，游离指示剂与其金属络合物之间应有明显的颜色差别。

② 指示剂与金属离子生成的络合物应有适当的稳定性。一方面，稳定性不能太小，否则未到终点时就游离出来，使终点提前到达。一般要求 $\lg K'_{MIn} > 4$；另一方面，稳定性不能太大，应能够被 EDTA 置换出来，一般要求 $\lg K'_{MY} - \lg K'_{MIn} > 2$。

③ 指示剂有良好的选择性和广泛性。

④ 指示剂与金属离子的反应迅速，变色灵敏，可逆性强，生成的络合物易溶于水，稳定性好，便于贮存和使用。

3）指示剂在使用过程中常出现的问题：

① 由于指示剂与金属离子生成了稳定的络合物（$\lg K'_{MY} \leq \lg K'_{MIn}$），以至于到化学计量点时，滴入过量的 EDTA 也不能把指示剂从其金属离子的络合物中置换出来，看不到颜色变化这种现象叫指示剂的封闭。如测 Ca^{2+}、Mg^{2+} 时，Fe^{3+}、Al^{3+}、Ni^{2+}、Cu^{2+} 对 EBTA 有封闭作用，可用三乙醇胺、KCN 掩蔽。有时，指示剂的封闭现象是由于有色络合物的颜色变化为不可逆反应所引起，这时虽然 $\lg K'_{MIn} \leq \lg K'_{MY}$，但由于颜色变化为不可逆，有色化合物不能很快被置换出来，可采用返滴定法。

② 由于指示剂与金属离子生成的络合物的溶解度很小，使EDTA与指示剂金属离子络合物之间的置换反应缓慢，终点延长，这种现象叫指示剂的僵化。例如，PAN 指示剂在温度较低时易发生僵化，可通过加有机溶剂或加热的方法避免。

③ 指示剂在使用或贮存过程中，由于受空气中的氧气或其他物质（氧化剂）的作用发生变质而失去指示终点作用的现象。可配成固体或配成有机溶剂的溶液的方法消除；配成水溶液时可加入一定量的还原剂如盐酸羟胺等。

6. 沉淀滴定法

（1）概述　沉淀滴定法是以沉淀溶解平衡为基础的滴定分析法。沉淀反应很多，但能用于沉淀滴定的并不多，主要原因是很多沉淀组成不稳定、易形成过饱和溶液、共沉淀现象严重等。目前，应用较广泛的是生成难溶银盐的沉淀滴定法，称为银量法。根据所用指示剂的不同，银量法分为莫尔法、佛尔哈德法和法扬司法。用银量法可以测定 Cl^-、Br^-、I^-、CN^-、SCN^-、Ag^+ 等离子。

（2）莫尔法　莫尔（Mohl）法是以铬酸钾为指示剂，在中性或弱碱性溶液中，用 $AgNO_3$ 标准溶液直接滴定 Cl^- 或 Br^-。溶液中的 Cl^- 与 CrO_4^{2-} 能分别和 Ag^+ 形成白色的 AgCl

及砖红色的 Ag_2CrO_4。根据分步沉淀的原理，首先生成的是 AgCl 沉淀，随着 Ag^+ 的不断加入，溶液中的 Cl^- 越来越少，Ag^+ 相应增多，至等计量点时，砖红色的 Ag_2CrO_4 沉淀出现，指示滴定终点到达。其反应式为

$$Ag^+ + Cl^- \Longleftrightarrow AgCl\downarrow（白色）$$
$$2Ag^+ + CrO_4^{2-} \Longleftrightarrow Ag_2CrO_4\downarrow（砖红色）$$

莫尔法中指示剂的用量和溶液的酸度是两个主要问题。

一般常用的 CrO_4^{2-} 浓度为 $5.0\times10^{-3}\,mol/L$，在试验室中，100mL 溶液中加入 1mL 质量分数为 5% 的 K_2CrO_4。

溶液的酸度应控制在中性或弱碱性（pH 值 = 6.5~10）。在酸性溶液中，Ag_2CrO_4 沉淀出现过迟，甚至不会沉淀。但若碱性太高，又将会析出 Ag_2O 沉淀。

若溶液中有铵盐存在则需将酸度控制在 6.5~7.2，以防止有 NH_3 生成。

莫尔法能测 Cl^-、Br^-，但不能测定 I^- 和 SCN^-。因为 AgI 或 AgSCN 沉淀强烈吸附 I^- 或 SCN^-，使终点过早出现，且变化不明显。在滴定 Cl^-、Br^- 时必须强烈摇晃，防止 AgCl、AgBr 吸附 Cl^-、Br^-。

（3）佛尔哈德法　用铁铵矾（$NH_4Fe(SO_4)_2 \cdot 12H_2O$）作指示剂的银量法称为佛尔哈德（Volhard）法。按照滴定方式的不同，可分为两类：

1）直接滴定法（测定 Ag^+）：在含有 Ag^+ 的酸性溶液中，加入铁铵矾作指示剂，用 NH_4SCN 标准溶液来滴定。溶液中首先产生白色 AgSCN，当 Ag^+ 全部与 SCN^- 结合沉淀后，当过量的一滴 NH_4SCN 溶液与 Fe^{3+} 生成血红色 $[Fe(SCN)]^{2+}$ 配离子时，即为终点。其反应式为

$$Ag^+ + SCN^- \Longleftrightarrow AgSCN\downarrow（白色）$$
$$Fe^{3+} + SCN^- \Longleftrightarrow [Fe(SCN)]^{2+}（血红色）$$

2）返滴定法（测定卤素及 SCN^-）：在含有卤素离子的硝酸溶液中，加入一定量过量的 $AgNO_3$，以铁铵矾为指示剂，用 NH_4SCN 标准溶液返滴定过量的 $AgNO_3$。

由于滴定是在 HNO_3 介质中进行的，许多弱酸如 H_3PO_4、H_3AsO_4、H_2S 等都不干扰卤素离子的测定，因此该法选择性较高。

测定 Cl^- 的含量时，终点的判断会遇到困难，因为会发生 AgCl 向 AgSCN 的转化，使得到终点时多消耗了 NH_4SCN 标准溶液，引入较大的滴定误差。为了避免上述现象的发生，通常采用下列措施：

① 试液中加入过量的 $AgNO_3$ 后，将溶液加热煮沸，使 AgCl 沉淀凝聚，以减少 AgCl 沉淀对 Ag^+ 的吸附，滤去沉淀，并用稀硝酸洗涤沉淀，洗涤液并入滤液中，然后用 NH_4SCN 标准溶液返滴定滤液中过量的 $AgNO_3$。

② 在滴加标准溶液 NH_4SCN 前，加入有机溶剂如硝基苯或邻苯二甲酸二丁酯等有机覆盖剂 1~2mL，用力摇动后，硝基苯将 AgCl 沉淀包住，使它与溶液隔开，不再与滴定溶液接触。这就阻止了上述现象的发生。此法很方便，但硝基苯有毒，使用时应注意安全。

3）应用佛尔哈德法需要注意以下几点：

① 应当在酸性介质中进行，一般酸度大于 $0.3mol/L$。若酸度太低，Fe^{3+} 将水解成

[Fe(OH)]²⁺等深色络合物，影响终点的观察。

② 测定碘化物时，必须先加 $AgNO_3$ 后加指示剂，否则会发生如下反应而影响准确度。其反应式为

$$2Fe^{3+}+2I^- =\!=\!= 2Fe^{2+}+I_2$$

③ 强氧化剂和氮的氧化物以及铜盐、汞盐都与 SCN^- 作用，因而必须事先除去干扰。

（4）法扬司法　用吸附指示剂指示终点的银量法称为法扬司(Fajans)法。吸附指示剂是一些有机染料。它的阴离子在溶液中容易被正电荷的胶状沉淀所吸附，吸附后结构变形而引起颜色变化，从而指示终点。

二、称量分析法

1. 原理及分类

称量分析法是通过称量物质的质量来确定被测组分含量的一种方法。在称量分析中，一般是将被测组分从试样中分离出来，经过处理后再称量，由称得的质量计算被测组分的含量。根据使被测组分与试样中其他组分分离手段的不同，称量分析法可分为沉淀法、挥发法和提取法。称量分析法可进行干燥失重、灼烧残渣、灰分及不挥发物的测定，相对偏差不得超过 0.5%。

2. 结果计算

样品中被测组分质量分数的计算公式为

$$w(B)=\frac{m_c F}{m}\times100\% \tag{1-8}$$

式中　$w(B)$——样品中被测组分 B 的质量分数；

$\qquad m$——样品的质量(g)；

$\qquad m_c$——称量形式的质量(μg)；

$\qquad F$——换算因数，为 1g 称量形式相当于被测组分的质量。

三、误差和检验结果的数据处理

在食品检验中，误差是客观存在的，因此，有必要先了解试验过程中误差产生的原因及误差出现的规律。

1. 误差的分类

试验误差是指测定结果与真实值之间的差值，根据误差产生的原因与性质，误差可以分为系统误差和偶然误差两类。

（1）系统误差　系统误差是指在分析过程中由于某些固定的原因所造成的误差，具有单向性和重现性。根据系统误差的性质及产生的原因，系统误差可分为：

1）方法误差：由于实验方法本身不够完善而引起的误差，例如：在质量分析中，由于沉淀溶解损失而产生的误差；在滴定分析中，化学反应不完全、指示剂选择不当以及干扰离子的影响等原因而造成的误差。

2）仪器误差：仪器本身的缺陷所造成的误差，如天平两臂长度不相等，砝码、滴定管、容量瓶等未经过校正而引起的误差。

3）试剂误差：试剂不纯、蒸馏水中有被测物质或干扰物质所造成的误差。

4）个人误差：个人误差是指由于操作人员的个人主观原因造成的误差。例如，个人对颜色的敏感程度不同，在辨别滴定终点颜色时，偏深或偏浅等都会引起误差。

（2）偶然误差　偶然误差是指在分析过程中由于某些偶然的原因所造成的误差，也叫作随机误差或不可定误差。通常是测量条件（如试验室温度、湿度或电压波动等）有变动而得不到控制，使某次测量值异于正常值。偶然误差的特征是大小和正负都不固定，在操作中不能完全避免。

除了会产生上述两类误差外，往往还可能由于工作上的粗心、不遵守操作规程等而造成过失误差，例如：器皿不干净、丢失试液、加错试剂、看错砝码、记录及计算错误等，这些都属于不应有的过失，会对试验结果带来严重的影响，必须注意避免。

2. 误差的表示方法

（1）准确度与误差　准确度表示分析结果与真实值接近的程度。准确度的大小，用绝对误差或相对误差表示。若以 x 表示测量值，以 μ 代表真实值，则绝对误差和相对误差的表示方法如下：

$$\begin{cases} 绝对误差 = x - \mu \\ 相对误差 = \dfrac{x - \mu}{\mu} \times 100\% \end{cases} \tag{1-9}$$

同样的绝对误差，当被测定物的质量较大时，相对误差就比较小，测定的准确度就比较高。因此用相对误差来表示各种情况下测定结果的准确度更为确切些。

绝对误差和相对误差都有正值和负值。正值表示试验结果偏高，负值表示试验结果偏低。

（2）精密度与偏差　对于不知道真实值的场合，可以用偏差的大小来衡量测定结果的好坏。偏差是指测定值 x_i 与测定的平均值 $\bar{x}$ 之差，它可以用来衡量测定结果的精密度。精密度是指在同一条件下，对同一样品进行多次重复测定时各测定值相互接近的程度，偏差越小，说明测定的精密度越高。

精密度可以用绝对偏差、相对平均偏差、标准偏差与相对标准偏差来表示。

1）绝对偏差和平均偏差：测量值与平均值之差称为绝对偏差。绝对偏差越大，精密度越低。若令 $\bar{x}$ 代表一组平行测定的平均值，则单个测量值 x_i 的绝对偏差 d 为

$$d = x_i - \bar{x}$$

d 值有正有负。各单个偏差绝对值的平均值称为平均偏差，即

$$\bar{d} = \frac{\sum\limits_{i=1}^{n} |x_i - \bar{x}|}{n} \tag{1-10}$$

其中 n 表示测量次数。

2）相对平均偏差：平均偏差在平均值中所占的百分率称为相对平均偏差，即

$$\frac{\bar{d}}{\bar{x}} \times 100\% = \frac{\sum_{i=1}^{n} |x_i - \bar{x}| / n}{\bar{x}} \times 100\% \qquad (1\text{-}11)$$

3）标准偏差：使用标准偏差是为了突出较大偏差的存在对测量结果的影响，其计算公式为

$$S = \sqrt{\frac{\sum_{i=1}^{n} (x_i - \bar{x})^2}{n - 1}} \qquad (1\text{-}12)$$

4）相对标准偏差又称为变异系数，其计算公式为

$$RSD = \frac{S}{\bar{x}} \times 100\% \qquad (1\text{-}13)$$

5）最大相对偏差：

① 相对偏差：用来表示测定结果的精密度，根据分析工作的要求不同而制定的最大值（也称为允许差）。

② 误差限度：指根据生产需要和实际情况，通过大量实践而制定的测定结果的最大允许相对偏差。

③ 相对相差：两次测定的结果之差占其平均值的百分率。

3. 误差的减免

（1）选择恰当的分析方法 首先需要了解不同方法的灵敏度和准确度。根据分析对象、样品情况及对分析结果的要求，选择适当的分析方法。

（2）减小测量误差 为了保证分析结果的准确度，必须尽量减小各步骤的测量误差。一般分析天平的取样量要大于 0.2g，滴定应消耗标准溶液的体积要大于 20mL。

（3）增加平行测定次数 偶然误差的出现服从统计规律，即大偶然误差出现的概率小，小偶然误差出现的概率大；绝对值相等的正、负偶然误差出现的概率大体相等；多次平行测定结果的平均值趋向于真实值。因此在消除了系统误差的情况下，增加平行测定次数，可以减少偶然误差对分析结果的影响。

（4）消除测量中的系统误差

1）方法校正：有些方法误差可以用其他方法进行校正。例如，质量分析法中未完全沉淀出来的被测组分可以用其他方法（通常用仪器分析）测出，这个测出结果加入质量分析结果内，即可得到可靠的分析结果。

2）校准仪器：如对砝码、移液管、滴定管及分析仪器等进行校准，可以减免系统误差。

3）对照试验：用含量已知的标准试样或纯物质，以同一方法对其进行定量分析，由分析结果与已知含量的差值，求出分析结果的系统误差。以此误差对实际样品的定量结果进行校正，便可减免系统误差。

4）空白试验：在不加样品的情况下，用测定样品相同的方法、步骤进行定量分析，把所得结果作为空白值，从样品的分析结果中扣除。这样可以消除由于试剂不纯或

溶剂等干扰造成的系统误差。

4. 定量分析结果的数据处理

为了得到准确的分析结果，不仅要准确地测量而且还要正确地记录和计算数据。

（1）有效数字及运算规则

1）有效数字：在分析工作中实际能测量到的数字称为有效数字。在记录有效数字时，规定只允许数的末位欠准，可有 ±1 的误差。

2）有效数字修约规则：用"四舍六入五成双"规则舍去过多的数字。即当尾数小于或等于 4 时，则舍；尾数大于或等于 6 时，则入；尾数等于 5 时，若 5 前面为偶数则舍，为奇数时则入；当 5 后面还有不是零的任何数时，无论 5 前面是偶或奇皆入。

3）有效数字运算法则：在加减法运算中，每数及它们的和或差的有效数字的保留，以小数点后面有效数字位数最少的为标准。在加减法中，因是各数值绝对误差的传递，所以结果的绝对误差必须与各数中绝对误差最大的那个相当。

在乘除法运算中，每数及它们的积或商的有效数字的保留，以每数中有效数字位数最少的为标准。在乘除法中，因是各数值相对误差的传递，所以结果的相对误差必须与各数中相对误差最大的那个相当。

（2）可疑值的取舍　在一组平行测定数值中，常发现有个别测定值比其余测定值明显偏大或偏小，这种明显偏大或偏小的数值称为可疑值。如查明的确是由于"过失"原因造成，则这一数据必须舍去；如果不能确定是由"过失"引起，则不能随便舍去或轻易保留，特别是当测量数据较少时，可疑值的取舍对分析结果产生很大的影响，必须慎重对待。可借助于统计学方法来决定取舍。统计检验方法有多种，各有其优缺点，比较简单的处理方法有 Q 检验法和 $4\bar{d}$ 法。

1）Q 检验法：Q 检验法又叫作舍弃商法。它是将多次测定的数据，按其数据的大小顺序排列为：x_1，x_2，$\cdots$，x_n，设 x_n 或 x_1 为可疑值，根据统计量 Q 进行判断，确定可疑值的取舍。统计量 Q 为

$$Q=\frac{x_2-x_1}{x_n-x_1} \quad 或 \quad Q=\frac{x_n-x_{n-1}}{x_n-x_1} \tag{1-14}$$

式中分子为可疑值与相邻的一个数值之差，分母为整组数据的极差。Q 值越大，说明可疑值偏离其他值越远。Q 称为舍弃商，将 $Q_计$ 值与 $Q_{理论}$ 值比较，若 $Q_计$ 值大则应舍弃可疑值，否则应保留。

2）$4\bar{d}$ 法：$4\bar{d}$ 法是先求出除可疑值外的其余数据的算术平均值 $\bar{x}$ 及平均偏差 $\bar{d}$，然后，将可疑值与平均值之差的绝对值与 $4\bar{d}$ 比较，若其绝对值大于或等于 $4\bar{d}$，则可疑值应舍弃，否则应保留。

Q 检验法符合数理统计原理，比较严谨，方法也简便，置信度可达 90% 以上，适用于测定 3~10 次的数据处理。$4\bar{d}$ 法计算简单，不必查表，但数据统计处理不够严密，适用于处理一些要求不高的试验数据。

四、微生物的形态

微生物分为细胞型和非细胞型两类。具有细胞结构形态的微生物称为细胞型微生物。这

类微生物又因细胞结构的不同而分为原核微生物和真核微生物。原核微生物的特点是细胞内有明显的核区，但无核膜包围，如细菌、放线菌等均属于此类。真核微生物的细胞含有具体的细胞核，有核膜包围。这类微生物包括原生动物、单细胞藻类和真菌界中的霉菌、酵母菌和大型真菌。病毒则属于非细胞型的微生物。

1. 细菌

细菌(Bacteria)是微生物的一大类群，在自然界中分布广、种类多，与人类生活和食品生产关系十分密切。细菌菌体一般很小，大多数为 1μm 左右。通常要用光学显微镜和电子显微镜进行观察。

（1）细菌的形态

1）细菌的个体形态：虽然细菌的种类繁多，就单个细胞而言，其基本形态可分为球状、杆状、螺旋状三种，分别被称为球菌、杆菌、螺旋菌。

2）细菌的群体形态：细菌的群体形态特征主要是指菌落。把纯种的细菌用无菌操作的方式接种到另一种培养基上，置于一定的温度下，经过一定的时间培养后，在培养基的表面或里面，由一个菌体繁殖而积累了许多菌体细胞，出现肉眼可见的群体，这种菌体称为菌落。

细菌的菌落形态取决于组成菌落的细胞结构和生长行为。所以菌落的形态特征可以作为鉴别细菌和分类的依据之一。

（2）细菌的大小 细菌细胞的大小通常是以 μm 为单位。虽然各种细菌大小不同，但一般相差不大，其平均大小为 1~3μm。球菌的大小以其直径来表示，一般为 0.5~2μm，杆菌的大小以长×宽来表示，一般长度是 1~5μm，宽度是 0.15~1.5μm，螺旋菌的大小也以长×宽来表示。

（3）细菌的细胞结构 细菌的细胞虽小，但内部结构相当复杂。所有的细菌都具有的结构称为基本结构，包括细胞壁、细胞膜、细胞质、核质体和内含物。而像芽孢、荚膜、鞭毛等是某些细菌在一定条件下所具有的结构，属于特殊结构，如图1-10所示。

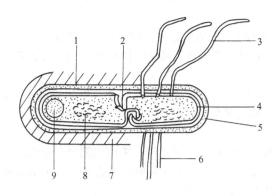

图 1-10　细菌的结构
1—粘液层　2—中质体　3—鞭毛　4—细胞膜
5—细胞壁　6—纤毛　7—荚膜　8—核质体　9—异染粒

1）细菌细胞的基本结构：

① 细胞壁：细胞壁是包在细胞表面较为坚韧略具弹性的结构，一般厚为 10 ~ 80nm。用于维持细胞外形，并使细胞免受机械损伤和渗透压的破坏。

细菌细胞壁的主要成分是肽聚糖。1884 年，Gram 发现一种染色方法，可将所有细菌分为两种类型，这种方法称为革兰氏染色法，即用草酸铵结晶紫液再加碘液使菌体着色，继而用乙醇脱色，再用番红复染。经此法染色后的细菌分为两类：一类经乙醇处理后仍然保持初染的深紫色，称为革兰氏阳性菌，以 "G^+" 表示；另一类经乙醇脱色后迅速脱去原来的着色，称为革兰氏阴性菌，以 "G^-" 表示。造成这种差别的主要原因是细菌的细胞壁的结构与组成不同。

② 细胞膜：细胞膜又称为细胞质膜或原生质膜，是紧靠在细胞壁内侧的、柔软而富有弹性的薄膜。细胞膜的主要成分是磷脂（约 40%）、蛋白质（约 60%）及多糖（约 2%）。磷脂形成膜的基本结构，构成双分子层，蛋白质镶嵌于其中。

细胞膜是具有选择性的半渗透膜，控制细胞内外一些物质的交换渗透作用，同时还是许多酶系统的主要活动场所。

③ 细胞质及其内含物：细胞质是指包在细胞膜以内除核质体以外的物质，它是一种无色透明、粘稠的胶体。细胞质是细胞的内在环境，含有多种酶系统，是细胞新陈代谢的主要场所。

细菌细胞质内常含有各种物质，它们大多数是细胞的贮藏物质，有些是细胞的代谢物质，统称为内含物。化学成分主要是糖类、脂类、含氮化合物以及无机物等。但同一菌种在同一条件下，常含有一定的内含物。这一点有助于鉴定细菌。

④ 核质体：细菌是原核生物，核的结构不完善，没有核膜包裹，没有核仁，仅是紧密结集的丝状染色质，称为核质体或拟核。它的主要成分是 DNA，用于记录和传递遗传信息。

2）细菌细胞的特殊结构：

① 荚膜：有些细菌生活在一定营养条件下，可向细胞壁表面分泌出一层疏松透明、粘液状或胶质状的物质，形成较厚的膜，称为荚膜。

② 芽孢：某些细菌，在其生长的一定阶段，细胞质浓缩聚集在细胞内形成一个圆形、椭圆形或圆柱形的特殊结构，称为芽孢。

芽孢含水量低，又具有厚而致密的壁，所以对化学药品、干燥、高温等具有很强的抵抗力。由于芽孢具有这种特性，因而对食品工业的灭菌就有一定的影响。

③ 鞭毛：运动性细菌细胞的表面，首先有一根或数根由细胞内伸出的细长、弯曲、毛发状的丝状物，称为鞭毛。鞭毛是细菌的运动器官，非常细，因此只有用特殊的鞭毛染色法，使染料沉积在鞭毛上，加大直径，方可在光学显微镜下看到。它的着生状态，决定细菌运动的特点。

（4）细菌的繁殖方式 微生物的繁殖方式分为有性繁殖和无性繁殖两种。一般以二分分裂法的无性繁殖方式为主进行繁殖。

（5）细菌的染色 很多微生物，尤其是细菌，个体微小而透明，非经染色否则不易观察清楚，用染料使微生物着色后，就能使微生物细胞与其背景的色差较大，色差越大，则其物象的轮廓显示越清楚，因此染色技术是观察微生物形态的基本技术。

2. 酵母菌

酵母菌是人类较早应用于制作面包、酿酒等的一类微生物。近年来的应用越来越广，酵母菌体可供食用和作饲料，并可提取核酸、辅酶A、细胞色素C、凝血质等贵重药品，利用其代谢产物，制取维生素、有机酸和酶制剂等；同时，也可用于石油发酵和石油脱蜡等。

（1）酵母菌的形态及其大小　大多数酵母菌为单细胞，一般呈圆形、卵圆形或柠檬形，大小为$(1 \sim 5) \mu m \times (5 \sim 30) \mu m$，最长的可达$100 \mu m$，各种酵母菌有一定的大小和形态，如图1-11所示。

图1-11　酵母菌的基本形态

a) 圆形　b) 椭圆形　c) 卵圆形　d) 柠檬形　e) 香肠形

酵母菌的菌落形态特征与细菌的菌落相似，但较细菌菌落大而厚，多数不透明，一般为圆形，表面光滑、湿润、粘稠，多数为乳白色，少数为粉红色或红色。

（2）酵母菌的细胞结构　酵母菌的细胞结构与细菌细胞的基本结构很相似，有细胞壁、细胞膜、细胞质、细胞核及其内含物。

酵母菌与细菌的一个重要区别在于酵母菌有明显的核。

（3）酵母菌的繁殖方式　酵母菌的繁殖方式分为无性繁殖和有性繁殖两种，以无性繁殖为主。无性繁殖又分为芽殖和裂殖。

3. 霉菌

霉菌（Mold）为"丝状真菌"的统称。凡是在基质上长成绒毛状、棉絮状或蜘蛛网状菌丝体的真菌均称为霉菌。

（1）霉菌的形态与结构　霉菌菌体均由分枝或不分枝结构菌丝构成，许多菌丝交织在一起称为菌丝体。菌丝平均直径为$2 \sim 10 \mu m$，比一般细菌和放线菌的菌丝大几倍到几十倍，与酵母菌相似。

霉菌的菌丝有两种，一种菌丝中无横隔，如毛霉和根霉；另一种菌丝有横隔，如木霉、青霉、曲霉等就属于此类。

霉菌菌丝细胞由细胞壁、细胞膜、细胞质、细胞核及各种内含物组成。

（2）霉菌的菌落特征　霉菌的菌落是由分枝状菌丝组成。因菌丝较粗且长，形成的菌落较疏松，呈绒毛状、棉絮状或蜘蛛网状，一般比细菌菌落大几倍到几十倍。菌落特征也是鉴定霉菌的主要依据之一。

（3）霉菌的繁殖　霉菌主要依靠各种孢子进行繁殖。形成孢子的方式，分为有性繁殖和无性繁殖两种。

4. 病毒

（1）病毒的一般形状 病毒是超显微的专性活细胞内寄生的分子生物，它们在活细胞外，具有一般化学大分子特征，一旦进入寄主细胞，又具有生命特征。

病毒按寄主范围可分为动物病毒、植物病毒、昆虫病毒、微生物病毒四类。

（2）噬菌体（Phage） 它是微生物细菌病毒的一种，在食品发酵工业的生产中，具有危害性。

1）噬菌体的形态和结构 噬菌体有三种形态：蝌蚪形、球形和杆形。绝大多数为蝌蚪形。

噬菌体大小不一，头部直径为 20~100nm，尾长 0~300nm 不等。

噬菌体的主要化学成分是核酸和蛋白质。核酸被包围在头部的蛋白质衣壳中，约占噬菌体总量的 50%，尾部由蛋白质组成。

2）噬菌体的繁殖 噬菌体侵入寄主细胞进行繁殖的过程如下：吸附→侵入→复制→装配→释放。

噬菌体对寄主细胞的危害，实质上就是它繁殖的结果。噬菌体裂解寄主细胞的现象表现在液体培养基中，能使混浊的菌液变清；若在固体琼脂培养基上，就可出现噬菌斑。

五、食品微生物检验

（一）样品的采样

1. 采样原则

1）根据检验目的、食品特点、批量、检验方法、微生物的危害程度等确定采样方案。

2）采用随机原则进行采样，确保所采集的样品具有代表性。

3）采样过程严格遵循无菌操作程序，防止一切可能的外来污染。

4）样品在保存和运输过程中，应采取必要措施防止样品中原有微生物的数量发生变化，保持样品的原有状态。

2. 采样方案

（1）类型 采样方案分为二级采样和三级采样。二级采样方案设有 n，c 和 m 值，三级采样方案设有 n、c、m 和 M 值。n：同一批次产品应采集的样品件数；c：最大可允许超出 m 值的样品数；m：微生物指标可接受水平的限量值；M：微生物指标的最高安全限量值。

注 1：按照二级采样方案设定的指标，在 n 个样品中，允许有不多于 c 个样品其相应微生物指标检验值大于 m 值。

注 2：按照三级采样方案设定的指标，在 n 个样品中，允许全部样品中相应微生物指标检验值小于或等于 m 值；允许有不少于 c 个样品其相应微生物指标检验值在 m 值和 M 值之间；不允许有样品相应微生物指标检验值大于 M 值。

例如：$n=5$，$c=2$，$m=100CFU/g$，$M=1000CFU/g$。它的含义是从一批产品中采集 5 个样品，若 5 个样品的检验结果均小于或等于 m 值（≤100CFU/g），则这种情况是允许的；若≤2个样品的结果(X)位于 m 值和 M 值之间（100CFU/g<X≤1000CFU/g），则这种情况也是允许的；若有3个及以上样品的检验结果介于 m 和 M 之间，则这种情况是不允许的；若有任一样品的检验结果大于 M 值（>1000CFU/g），则这种情况也是不允许的。

（2）各类食品的采样方案　按相应产品标准中的规定执行，见表1-5。

表1-5　我国的食品样品取样方案

检样种类	取样方案	备　注
进口粮油	粮：按三层五点采样法进行（表、中、下三层） 油：重点采取表层及底层油	每增加1万t，增加一个混样
肉及肉制品	生肉：取屠宰后两腿内侧肌或背最长肌100g/只 脏器：根据检验目的而定 家禽：家禽用棉拭子取样50cm²	要在容器的不同部位采取
乳及乳制品	生乳：1瓶 奶酪：1个 消毒乳：1瓶 奶粉：1袋或1瓶，大包装200g 奶油：一包，大包装200g 酸奶：一瓶或一罐 炼乳：一瓶或一罐 淡炼乳：一罐	每批样品按千分之一采样，不足千件者抽件
蛋品	全蛋粉：每件200g 巴氏消毒全蛋粉：每件200g 蛋黄粉：每件200g 冰全蛋：每件200g 冰蛋黄：每件200g 冰蛋白：每件200g	一日或一班生产为一批，检验沙门氏菌按5%抽样，但每批不少于3个检样。测菌落总数、大肠菌群：每批按装听过程前、中、后流动取样3次，每次取样50g 每批合为一个样品 在装听时流动采样，检验沙门氏菌，每250kg取样一件
	巴氏消毒冰鸡全蛋：每件200g	检验沙门氏菌，每500kg取样一件 测定菌落总数和大肠菌群时，每批按装听过程前、中、后取样3次，每次50g
水产品	鱼：一条 虾：200g 蟹：2只 贝壳类：按检验目的而定 鱼松：1袋	不足200g者加量

（续）

检样种类	取样方案	备注
罐头	a. 按生产班（批）次取样，取样数为1/6000，尾数超过2000罐者增取1罐，每班（批）每个品种不得少于3罐 b. 若此产品生产量较大，则以30000罐为基数，取样数为1/6000；超过30000罐以上的按1/20000，尾数超过4000罐者，增取1罐 c. 个别产品生产量过少，同品种、同规格者可合并班次取样，但并班总罐数不应超过5000罐。每生产班次取样数不少1罐，并班后取样不少于3罐 d. 按杀菌锅取样，每锅采取1罐、但每批每个品种不得少于3罐，违反操作规程或卫生制度生产的罐头，应适当增加抽样数量 e. 在仓库或商店贮存的成批罐头中有变形、膨胀、凹陷、罐壁裂缝、生锈和破损等可疑情况时，应根据情况决定抽样数量	
清凉饮料	冰棍：每批不得少于3件，每件不得少于3支 冰淇淋：原装4杯为一件，散装200g 汽水、果子汁等：原装2瓶为一件，散装500mL 食用冰块：500g为一件 散装饮料：500mL为一件 固体饮料：原装一袋	班产量20万支以下者，一班为一批，以上者以工作台为一批，每批3件，每件2瓶
调味品	酱油、酱类、醋等，原装1瓶，散装500mL；味精：100g 1袋	
冷食菜、豆制品	取200g	
糕点、果脯、糖果等	糖果：100g 糕点、果脯：取200g 糖果：100g	
酒类	取2瓶为一件，散装500mL	

（3）食源性疾病及食品安全事件中食品样品的采集

1）由工业化批量生产加工的食品污染导致的食源性疾病或食品安全事件，食品样品的采集和判定原则按采样方案（1）、（2）执行。同时，确保采集现场剩余食品样品。

2）由餐饮单位或家庭烹调加工的食品导致的食源性疾病或食品安全事件，食品样品的采集按 GB 14938 中卫生学检验的要求，以满足食源性疾病或食品安全事件病因判定和病源确证的要求。

3. 各类食品的采样方法

采样应遵循无菌操作程序，采样工具和容器应无菌、干燥、防漏，形状及大小适宜。

（1）即食类预包装食品　取相同批次的最小零售原包装，检验前要保持包装的完整，避免污染。

（2）非即食类预包装食品　原包装小于 500g 的固态食品或小于 500mL 的液态食品，取相同批次的最小零售原包装；大于 500mL 的液态食品，应在采样前摇动或用无菌棒搅拌液体，使其达到均质后分别从相同批次的 n 个容器中采集 5 倍或以上检验单位的样品；大于 500g 的固态食品，应用无菌采样器从同一包装的几个不同部位分别采取适量样品，放入同一个无菌采样容器内，采样总量应满足微生物指标检验的要求。

（3）散装食品或现场制作食品　根据不同食品的种类和状态及相应检验方法中规定的检验单位，用无菌采样器现场采集 5 倍或以上检验单位的样品，放入无菌采样容器内，采样总量应满足微生物指标检验的要求。

（4）食源性疾病及食品安全事件的食品样品　采样量应满足食源性疾病诊断和食品安全事件病因判定的检验要求。

4. 采集样品的标记

应对采集的样品进行及时、准确的记录和标记，采样人应清晰填写采样单（包括采样人、采样地点、时间、样品名称、来源、批号、数量、保存条件等信息）。

5. 采集样品的贮存和运输

采样后，应将样品在接近原有贮存温度条件下尽快送往实验室检验。运输时应保持样品完整。如不能及时运送，应在接近原有贮存温度条件下贮存。

（二）样品处理

1）实验室接到送检样品后应认真核对登记，确保样品的相关信息完整并符合检验要求。

2）实验室应按要求尽快检验。若不能及时检验，应采取必要的措施保持样品的原有状态，防止样品中目标微生物因客观条件的干扰而发生变化。

3）冷冻食品应在 45℃ 以下不超过 15min，或 2~5℃ 不超过 18h 解冻后进行检验。

（三）检验方法的选择

1）应选择现行有效的国家标准方法。

2）食品微生物检验方法标准中对同一检验项目有两个及两个以上定性检验方法时，应以常规培养方法为基准方法。

3）食品微生物检验方法标准中对同一检验项目有两个及两个以上定量检验方法时，应以平板计数法为基准方法。

六、食品微生物实验室的基本技术

1. 玻璃器皿的洗涤

微生物学试验中，常用的玻璃器皿、三角烧瓶、试管、吸管等洗涤是否干净，灭菌是否彻底，对试验结果的正确性有直接的影响。洗涤后的器皿应达到玻璃壁能被水均匀湿润而无条纹和水珠。

（1）新玻璃器皿的洗涤　新玻璃器皿常略带碱性，使用前应先用 1%~2% 盐酸水溶液（体积分数）浸泡数小时或过夜，再用洗衣粉或洗洁精洗涤，然后用清水洗净，必要时再用蒸馏水冲洗，倒立于晾干架上或烘干。

（2）一般玻璃器皿的洗涤　一般器皿用完后，立即用洗洁精浸泡，用毛刷刷洗，并用清水冲净。如粘污有细菌培养物的器皿应进行高压灭菌后再刷洗。灭菌前不能任意堆放。

（3）难洗器皿的洗涤　难洗的器皿不要与易洗涤的器皿混在一起。有油的器皿不要与无油的器皿混在一起，否则使本来无油的器皿也沾上油垢，浪费洗涤剂和洗涤时间。

2. 器皿的包扎

为了使灭菌后仍保持无菌状态，各种玻璃器皿均需包扎。

（1）培养皿　洗涤烘干后的培养皿每 5~8 套作为一包，用牢固的纸卷成一筒，外面用绳子捆扎，以免散开，然后进行灭菌。至使用时才能在无菌室中打开取出。

（2）吸管　洗净烘干后的吸管，在吸管的粗头顶端用尖头镊子或针塞入少许脱脂棉花，约 1.5cm 长，以防止菌体误吸入口中及口中的微生物吹入吸管而进入培养物中造成污染。塞入棉花的量要适宜，棉花不宜露在吸管外面，多余的棉花可用酒精灯的火焰把它烧掉。每支吸管用一条宽 4~5cm 的纸条，以 45°左右的角度螺旋形卷起来，如图 1-12 所示。吸管的尖端在头部，吸管的另一端用剩余的纸条折叠打结以免散开，标上容量。灭菌后，要在使用时才从吸管中间拧断纸条抽取吸管，或用双层白棉布做成长度适宜的袋子，若干支吸管装为一袋，吸管的尖端在布袋的封口处，吸口在袋口处，装好后将袋口扎紧，灭菌。

注意：布袋装吸管时不宜用干热灭菌法灭菌。

（3）试管和三角烧瓶　试管要用合适的棉花塞，棉花塞起过滤作用，避免空气中的微生物进入试管。棉花塞的制作过程如图 1-13 所示，要求使棉花塞紧贴玻璃壁，没有皱纹和缝隙，不能过紧也不能过松。过紧易挤破管口和不易塞入，过松易掉落和污染。棉花塞的长度不小于管口直径的两倍，约 2/3 塞进管中，如图1-14所示。

若干支试管用绳扎在一起，在棉花塞部分用牛皮纸包裹，在纸外用绳扎紧后灭菌，如图 1-15 所示。每个三角瓶用双层牛皮纸将瓶口包裹然后用棉绳扎紧。

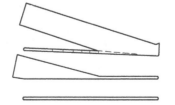

图 1-12　用纸条包扎吸管

图 1-13　棉花塞的制作过程

3. 无菌操作的基本原则

1）无菌室应经常打扫，用来苏水擦洗桌面、台面及墙壁。无菌室在使用前，用紫外线灯照射30min进行空气消毒。

2）进入无菌室前先洗手，在缓冲间内换上洗净并经紫外线灯照射过的工作衣、工作

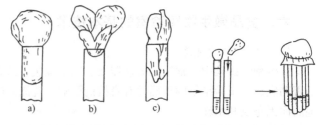

图1-14 棉花塞的长度
a）正确 b）、c）不正确

图1-15 用牛皮纸包裹

帽、口罩及工作鞋。工作鞋只准在无菌室内使用，不准穿到其他地方去。

3）样品及无菌物打开后，操作者在操作时应与样品及无菌物保持一定距离；未经消毒的手及物品不可直接接触样品及无菌物品；样品及无菌物不可在空气中暴露过久，操作要正确、迅速；取样时必须用无菌钳或无菌镊子，手臂不可从样品及无菌物面上横过；从无菌容器中或样品中取出的物品即使未被污染，也不能放回原处。

4）无菌物品应分类放置于固定地点，并定期检查，不可与未灭菌的物品混放在一起。

5）不能在无菌室内谈笑，尽量少走动。

6）无菌室应定时熏蒸灭菌。

复习思考题

1. 试说明下列各种误差是系统误差还是偶然误差？

1）砝码被腐蚀。

2）容量瓶和移液管不配套。

3）在称量时试样吸收了少量水分。

4）试剂里含有微量的被测成分。

5）滴定管读数时，最后一位数字估计不准。

2. 要提高分析结果的准确度应当采取哪些方法？所采用的方法哪些是消除系统误差的方法？哪些是减少偶然误差的方法？

3. 将下列数据处理成4位有效数字：①28.751；②35.436；③15.045；④5.2345×10^{-4}；⑤0.075065。

4. 某分析天平的称量误差为±0.2mg，如果称取试样0.05g，相对误差是多少？如果称样1g，相对误差是多少？这些值说明了什么问题？

5. 滴定管的读数误差为±0.1mL，如果滴定时用去标准溶液2.50mL，相对误差是多少？如果滴定时用去标准溶液25.00mL，相对误差是多少？这些数值说明了什么？

6. 简述组织捣碎机、恒温水浴箱、培养箱、超净工作台、显微镜、分光光度计的使用方法。

7. 简述消毒、防腐、灭菌、无菌的基本概念。

8. 简述影响灭菌与消毒的因素。

9. 简述微生物的形态、结构及大小。

10. 简述微生物检验采样方法及样品处理。

11. 简述容量瓶、滴定管、移液管及吸量管的使用方法。

第 二 章

粮油及其制品的检验

培训学习目标 掌握天平称量，样品灼烧、灰化、恒重的操作技能；熟练掌握电热干燥箱、干燥器、高温炉、坩埚、恒温水浴锅、罗维朋比色计、滴定管、容量瓶的正确使用方法；熟练掌握粮油及其制品酸度、过氧化值、羰基价、碘价、皂化价，以及其中淀粉、蛋白质的测定原理、方法及操作技能。

◇◇◇ 第一节　粮油及其制品酸度的测定

一、粮食及其制品酸度的测定

粮食及其制品中含有的磷酸、酸性磷酸盐、脂肪酸、乳酸、乙酸等水深性酸性物质的总量称为酸度，以中和 10g 样品中水溶性酸性物质所需 0。1mol/L 氢氧化钾或氢氧化钠标准溶液的毫升数来表示。

1. 测定原理

在室温下用水浸提试样中水溶性酸性物质(如磷酸及其酸性盐、乳酸、乙酸等)，用氢氧化钾或氢氧化钠标准溶液滴定，计算酸度。

2. 仪器

1）具塞磨口锥形瓶：250mL。

2）量筒：50mL、250mL。

3）玻璃漏斗和漏斗架。

4）移液管：10mL、20mL。

5）天平：感量 0.01g。

6）锥形瓶：100mL。

7）滴定管：10mL，最小刻度为 0.05mL。

8）粉碎机：可使粉碎的样品 95% 以上通过 CQ16 筛(相当于 40 目)，粉碎样品时磨膛不应发热。

9）振荡器：往返式，振荡频率为 100 次/min。

10) 中速定性滤纸。

3. 试剂

1) 0.01mol/L KOH 或 NaOH 标准溶液。

2) 氯仿(有毒,操作时应在通风良好的通风橱内进行)。

3) 10g/L 酚酞指示剂:10g 酚酞溶解于 1L 95%乙醇溶液中。

4) 不含二氧化碳的蒸馏水:将水煮沸 15mm,逐出二氧化碳,冷却、密闭。

4. 操作方法

称取粉碎试样15g(准确至0.01g,粉碎试样通过40目筛,磨后立即测定),置于250mL 具塞磨口锥形瓶中,加入不含 CO_2 的蒸馏水150mL(先用少量水将试样调和成稀糊状,再将水全部加入),滴入三氯甲烷5滴,加塞后摇匀,在室温下放置2h,每隔15min 摇动一次(或置于振荡器不振荡 70min),浸提完毕后静置数分钟,用干燥滤纸过滤,再用移液管移取滤液10mL,注入100mL 锥形瓶中,加入20mL 蒸馏水和10g/L 酚酞指示剂3滴,用0.01mol/L KOH 标准溶液滴定至微红色 0.5min 内不消失为止,记下所消耗碱液毫升数。

另用 30mL 蒸馏水做空白试验,记下所消耗的 0.01mol/L KOH 标准溶液的毫升数。

5. 结果计算

$$X = (V_1 - V_2) \times \frac{c}{0.1} \times \frac{V_3}{V_4} \times \frac{10}{m} \qquad (2-1)$$

式中 X——试样酸度,以10g样品所消耗的0.1mol/L KOH 毫升数计(mL/10g);

V_1——试样滤液消耗的碱液体积(mL);

V_2——空白试验消耗的碱液体积(mL);

V_3——浸泡试样加水体积(mL);

V_4——用于滴定的滤液体积(mL);

c——KOH 标准溶液浓度(mol/L);

m——试样质量(g)。

在重复性条件下获得的两次独立测定结果的绝对差值不得超过算术平均值的10%。

将符合重复性要求的两次独立测定结果的算术平均值作为测定结果,结果保留一位小数。

二、油脂酸价和酸度的测定

酸价是指中和1g油脂中游离脂肪酸所需氢氧化钾的毫克数,用毫克每克表示。

酸度是指测定出的游离脂肪酸的含量,用质量分数表示。

注意:当结果写的是"酸度"而无详细说明时,这个"酸度"通常是用油酸来表示的;当样品含有矿物酸时,通常测定的是脂肪酸。

(一) 热乙醇测定法

1. 测定原理

试样溶解在热乙醇中,用氢氧化钠或氢氧化钾水溶液滴定。

2. 试剂

1) 乙醇(≥95%)。

2）0.1mol/L 氢氧化钠或氢氧化钾标准溶液。

3）0.5mol/L 氢氧化钠或氢氧化钾标准溶液。

4）10gL 酚酞指示剂：10g 酚酞溶解于 1L 95% 乙醇溶液中（在测定颜色较深的样品时，每 100mL 酚酞指示剂溶液可加入 1mL 的 0.1% 次甲基蓝溶液观察滴定终点）。

5）20g/L 碱性蓝 6B 或百里酚酞（适用于深色油脂）：20g 碱性蓝 6B 或百里酚酞溶解于 1L 的 95% 乙醇溶液中。

3. 仪器

1）微量滴定管：10mL，最小刻度为 0.02mL。

2）分析天平：精确度参见表 2-1。

4. 操作方法

根据样品的颜色和估计的酸价按表 2-1 所示称样，装入 250mL 锥形瓶中。

表 2-1　试样称取质量

预估的酸价/（mg/g）	试样量/g	试样称重的精确度/g
<1	20	0.05
1~4	10	0.02
4~15	2.5	0.01
15~75	0.5	0.001
>75	0.1	0.002

注：试样的量和滴定液的浓度应使得滴定液的用量不超过 10mL。

将含有 0.5mL 10g/L 酚酞指示剂的 50mL 乙醇溶液置入 250mL 锥形瓶中，加热至微沸，当乙醇的温度高于 70℃ 时，用 0.1mol/L 氢氧化钠或氢氧化钾标准溶液滴定至溶液变色，并保持溶液 15s 不褪色，即为终点（当油脂的颜色深时，需加入更多量的乙醇和指示剂）。

将中和后的乙醇转移至装有测试样品的 250mL 锥形瓶中，充分混合，煮沸。用 0.1mol/L 或 0.5mol/L 氢氧化钠或氢氧化钾标准溶液滴定（取决于样品估计的酸值），滴定过程中要充分摇动。至溶液颜色发生变化，并且保持溶液 15s 不褪色，即为终点。

（二）冷溶剂法

1. 测定原理

试样溶解于混合溶剂中，用氢氧化钾乙醇溶液滴定。本法适用于浅色油脂。

2. 试剂

1）乙醚和 95% 乙醇混合溶剂：1+1 体积混合。临使用前，每 100mL 混合溶剂加入 10g/L 酚酞指示剂 0.3mL，用氢氧化钾乙醇溶液准确中和。

2）0.1mol/L 或 0.5mol/L 氢氧化钾乙醇标准溶液。

3）10g/L 酚酞指示剂。

4）20g/L 碱性蓝 6B 或百里酚酞。

3. 仪器

1）微量滴定管：10mL，最小刻度为 0.02mL。

2）分析天平：精确度参见表 2-1。

4. 操作步骤

根据样品的估计酸值按表 2-1 称样，装入 250mL 锥形瓶中。将样品溶解在 50～150mL 预先中和过的乙醚和 95% 乙醇混合溶剂中。用 0.1mol/L 或 0.5mol/L 氢氧化钾标准溶液滴定（取决于样品估计的酸值），滴定过程中要充分摇动。至溶液颜色发生变化，并且保持溶液 15s 不褪色，即为终点。

当酸价小于 1mg/g 时，溶液中需缓缓通入氮气流；滴定中溶液发生浑浊可补加适量混合溶剂至澄清。

（三）电位计法

1. 测定原理

在无水介质中，以氢氧化钾异丙醇溶液，采用电位滴定法滴定试样中的游离脂肪酸。

2. 试剂

1）4-甲基-2-戊酮（甲基异丁基酮）：临使用前用氢氧化钾标准溶液中和。

2）0.1mol/L 或 0.5mol/L 氢氧化钾异丙醇标准溶液。

3. 仪器

1）PH 计。

2）磁力搅拌器。

3）分析天平。

4. 操作步骤

称取 5～10g 样品，精确至 0.01g，装入 150mL 烧杯中。用 50mL 4-甲基-2-戊酮溶解样品，插入 pH 计电极，起动磁力搅拌器，用 0.1mol/L 或 0.5mol/L 氢氧化钾异丙醇标准溶液滴定至终点。

注意：终点通常近似地对应于某个 pH 值，可用图解法观察中和曲线的转折点来确定；也可用 pH 变化值（加入的氢氧化钾异丙醇标准溶液函数关系的一级微分求极大值，或二级微分等于零）计算终点。

5. 结果计算

$$S = \frac{c(\mathrm{KOH}) \times V(\mathrm{KOH}) \times 56.11}{m} \tag{2-2}$$

式中　S——样品的酸价（mg/g）；

$V(\mathrm{KOH})$——样品消耗氢氧化钾标准溶液的体积（mL）；

$c(\mathrm{KOH})$——氢氧化钾标准溶液的浓度（mol/L）；

　　m——样品质量（g）；

　56.11——氢氧化钾的毫摩尔质量（mg/mmol）。

◇◇◇◇ 第二节 粮油及其制品过氧化值的测定

定量测定油脂的过氧化值(或称过氧化物价)可以了解油脂自动氧化进行的程度。过氧化值有各种不同的表示方法,一般按规定操作条件下氧化碘化钾的物质的量,以每千克中活性氧的毫摩尔量(或毫克当量)表示。

1. 测定原理

试样溶解在乙酸和异辛烷溶液中,与碘化钾溶液发生化学反应,用硫代硫酸钠标准溶液滴定析出的碘,从而计算过氧化值。

2. 仪器

使用的所有器皿不得含有还原性或氧化性物质。磨砂玻璃表面不得涂油。

1)碘量瓶:250mL。

2)微量测定管(棕色)。

3)天平:感量0.01g。

4)量筒、移液管、容量瓶等。

3. 试剂

1)冰乙酸:用纯净、干燥的二氧化碳或氮气气流清除氧。

警告:冰乙酸对皮肤和组织有强刺激性,有中等毒性,不要误食或吸入。

2)异辛烷:用纯净、干燥的二氧化碳或氮气气流清除氧。

警告:异辛烷是易燃物,在空气中的爆炸极限为$1.1\% \sim 6.0\%$(体积分数)。异辛烷有毒,不要误食或吸入,相关操作应在通风橱中进行。

3)冰乙酸和异辛烷混合液(体积比60∶40):将3份冰乙酸与2份异辛烷混合。

4)碘化钾饱和溶液:新配制且不得含有游离碘和碘酸盐。

确保溶液中有结晶存在,存放于避光处。如果在30mL冰乙酸-异辛烷溶液中添加0.5mL碘化钾溶液和2滴淀粉溶液后出现蓝色,并需要硫代硫酸钠溶液1滴以上才能消除,则需重新配制此溶液。

5)硫代硫酸钠溶液:$c(Na_2S_2O_3) = 0.1mol/L$[将24.9g五水硫代硫酸钠($Na_2S_2O_3 \cdot 5H_2O$)溶解于蒸馏水中,稀释至1L],临使用前标定。

6)硫代硫酸钠溶液:$c(Na_2S_2O_3) = 0.01mol/L$(由0.1mol/L硫代硫酸钠溶液稀释而成),临使用前标定。

7)5g/L淀粉溶液:将1g可溶性淀粉与少量冷蒸馏水混合,在搅拌的情况下溶于200mL水杨酸防腐剂中并煮沸3min,立即从热源上取下并冷却。

此溶液在$4 \sim 10$℃的冰箱中可储藏$2 \sim 3$周,当滴定终点从蓝色到无色不明显时,需重新配制。

灵敏度验证方法:将淀粉溶液加入100mL水中,添加0.05%碘化钾溶液和1滴0.05%次氯酸钠溶液,当滴入硫代硫酸钠溶液0.025mL以上时,深蓝色消失,即表示灵敏度不够。

4. 操作方法

（1）称样 用纯净干燥的二氧化碳或氮气冲洗锥形瓶，根据估计的过氧化值，按表2-2称样，装入锥形瓶中。

表2-2 取样量和称量的精确度

估计的过氧化值/ [mmol/kg(mep/kg)]	样品质量/g	称量的精确度/g
0~6(0~12)	5.0~2.0	±0.01
6~10(12~20)	2.0~1.2	±0.01
10~15(20~30)	1.2~20.8	±0.01
15~25(30~50)	0.8~20.5	±0.001
25~45(50~90)	0.5~0.3	±0.001

（2）测定 将50mL冰乙酸-异辛烷溶液加入锥形瓶中，盖上塞子摇动至样品溶解。

加入0.5mL饱和碘化钾溶液，盖上塞子使其反应，时间为1min±1s，在此期间摇动锥形瓶至少3次，然后立即加入30mL蒸馏水。

用硫代硫酸钠溶液滴定上述溶液。逐渐地、不间断地添加滴定液，同时伴随有力的搅动，直到黄色几乎消失。添加约0.5mL淀粉溶液，继续滴定，临近终点时，不断摇动使所有的碘从溶剂层中释放出来，逐滴添加滴定液，至蓝色消失，即为终点。

异辛烷漂浮在水相的表面，溶剂和滴定液需要充分地混合，当过氧化值大于或等于35mol/kg(70meq/kg)时，用淀粉溶液指示终点，会滞后15~30s。为充分释放碘，可加入少量的0.5%~1.0%的高效HLB乳化剂（如Tween60）以缓解溶液的分层和减少碘释放的滞后时间。

当油样（如硬脂或动物脂肪）溶解性较差时，按下述步骤操作：在锥形瓶中加入20mL异辛烷，摇动使样品溶解，加入30mL冰乙酸，再按上述步骤测定。

（3）空白试验 测定必须进行空白试验，当空白试验消耗0.01mol/L硫酸钠溶液超过0.1mL，应更换试剂，重新对样品进行测定。

5. 结果计算

（1）过氧化值以每千克中活性氧的毫克当量表示(P)时，按式(2-3)计算。

$$P = \frac{1000 \times (V - V_0)c}{m} \qquad (2-3)$$

式中 V——用于测定硫代硫酸钠溶液的体积(mL)；

V_0——用于空白试验的硫代硫酸钠溶液的体积(mL)；

c——硫代硫酸钠溶液的浓度(mol/L)；

m——试样的质量(g)。

（2）过氧化值以毫摩尔每千克表示(P')时，按式(2-4)计算。

$$P' = \frac{1000 \times (V - V_0)c}{2m} \qquad (2-4)$$

6. 说明及注意事项

1）重复性。在很短的时间间隔内，由同一操作者，采用相同的测试方法，对同一份被测样品，在同一实验室，使用相同的仪器，获得两个独立的测定结果。在过氧化值小于或等于 5mmol/kg（10mep/kg）时，这两个独立测定结果的绝对差值大于其平均值 10%的事例，不得超过 5%。

2）再现性。由不同的操作者，采用相同的测试方法，对一份被测样品，在不同的实验室，使用不同的仪器，获得两个独立的测定结果。在过氧化值小于或等于 5mmol/kg（10meq/kg）时，这两个独立测定结果的绝对差值大于其平均值 75%的事例，不得超过 5%。

3）试验应在人工照明或散射日光下进行。

4）所取样品应具有代表性，而且在运输和储藏的过程中无损坏或变质现象。样品应装在深色玻璃瓶中，应充满容器，用磨口玻璃塞盖上并密封，样品的传递与存放应避免强光，放在阴凉干燥处。

5）试样制备。确认样品包装无损坏，且密封完好，如必须测定其他参数，从实验室样品中首先分出用于过氧化值测定的样品。

◇◇◇ 第三节　粮油及其制品粗纤维素的测定

粗纤维素的测定方法有介质过滤法、酸性洗涤剂法、碘量法、比色法和纤维素测定仪法。这里只介绍介质过滤法，该法为测定纤维素含量的经典方法，也是国家标准推荐的分析方法。

1. 测定原理

试样用沸腾的稀硫酸处理，残渣经过滤分离、洗涤，再用沸腾的氢氧化钾溶液处理。处理后的残渣经过滤分离、洗涤、干燥并称量，然后灰化。灰化中损失的质量相当于试样中粗纤维的质量。

2. 仪器

1）粉碎设备：将样品粉碎，使其能全部通过筛孔孔径为 1mm 的筛。

2）分析天平：感量为 0.1mg。

3）滤坩：石英、陶瓷或者硬质玻璃材质，带有烧结的滤板，孔径为40~100μm（按 ISO7493：1980,孔隙度 P100）。在初次使用前，将新滤坩小心地逐步加热，温度不超过 525℃，并在 500℃±25℃下保持数分钟。也可以使用具有同样性能的不锈钢坩埚，其不锈钢滤板的孔径为 90μm。

4）陶瓷筛板。

5）灰化皿。

6）烧杯或锥形瓶：容量 500mL，带有配套的冷却装置。

7）干燥箱：电加热，可通风，能保持温度在 130℃±2℃。

8）干燥器：盛有蓝色硅胶干燥剂，内有厚度为 2~3mm 的多孔板，最好为铝制或不锈钢材质。

9）马弗炉：电加热，可以通风，温度可以调控，在 475~525℃条件下能够保持滤埚周围温度准确至±25℃。

马弗炉的温度读数可能发生误差，因此对马弗炉中的温度要定期校正。因马弗炉的大小及类型不同，炉内不同位置的温度可能不同。当炉门关闭时，必须有充足的空气供应。空气体积流速不宜过大，以免带走滤埚中的物质。

10）冷提取装置：需带有滤埚支架，以及连接真空、液体排出孔的有旋塞排放管和连接滤埚的连接环等部件。

11）加热装置（适用于手工操作方法）：带有冷却装置，以保证溶液沸腾时体积不发生变化。

12）加热装置（适用于半自动操作方法）：用于酸碱消解。需包括：滤埚支架；连接真空和液体排出孔的有旋塞排放管；容积至少为 270mL 的消解圆筒，供消解用，并带有回流冷凝器；连接加热装置、滤埚和消解圆筒的连接环。压缩空气可以选配。使用前装置用沸水预热 5min。

3. 试剂

1）盐酸溶液：$c(HCl) = 0.50mol/L$。

2）硫酸溶液：$c(H_2SO_4) = (0.13\pm0.005)mol/L$。

3）氢氧化钾溶液：$c(KOH) = (0.23\pm0.005)mol/L$。

4）丙酮。

5）过滤辅料：海砂或硅藻土 545，或质量相当的其他材料。

使用前，海砂用沸腾的盐酸溶液[$c(HCl) = 4.0mol/L$]处理，用水洗涤至中性，然后在 500℃±25℃下至少加热 1h。其他滤器辅料在 500℃±25℃下至少加热 4h。

6）消泡剂：正辛醇。

7）石油醚：沸程为 30~60℃。

4. 操作方法

（1）样品处理　实验室的样品应具有代表性，并且在运输和保存过程中无损坏或变质现象。

用粉碎装置将实验室风干的样品粉碎，使其能完全通过筛孔为 1mm 的筛，然后将样品充分混合均匀。

称取 1g 制备好的试样，准确至 0.1mg(mL)。如果试样脂肪含量超过 100g/kg，或试样中的脂肪不能用石油醚提取，则将试样转移至滤埚中，在冷提取装置中，在真空条件下，试样用 30mL 石油醚脱脂后，抽吸干燥残渣，重复 3 次。将残渣转移至 500mL 烧杯中。如果试样脂肪含量不超过 100g/kg，则将试样转移至 500mL 烧杯中。

如果其碳酸盐（以碳酸钙计）含量超过 50g/kg，样品中加入 100mL 盐酸，连续振摇 5min，小心地将溶液倒入铺有过滤辅料的滤埚中，小心地用水洗涤两次，每次 100mL，充分洗涤使尽可能少的物质留在过滤辅料上。把滤埚中的物质转移至原来的烧杯里。

（2）酸消解　向样品中加入 150mL 硫酸，尽快加热至沸腾，并且保持沸腾状态 30min±1min。开始沸腾时，缓慢转动烧杯。如果起泡，加入数滴消泡剂。开启冷却装置，以保持溶液体积不发生变化。

（3）第一次过滤　在滤埚中铺一层过滤辅料，其厚度约为滤埚高度的 1/5，过滤辅料上可盖筛板以防溅起。当酸消解结束时，把液体通过搅拌棒倾入滤埚中，用弱真空抽滤，使 150mL 酸消解液几乎全部通过。若发生堵塞而无法抽滤时，用搅拌棒小心地拨开覆盖在过滤辅料上的粗纤维。残渣用热水洗涤 5 次，每次用水约10mL。注意使滤埚的筛板始终有过滤辅料覆盖，使粗纤维不接触筛板。停止抽气，加入一定体积的丙酮，使其刚好能覆盖残渣。静置数分钟后，慢慢抽滤除去丙酮，继续抽气，使空气通过残渣，使其干燥。如果试样中的脂肪不能直接用石油醚提取，在冷凝装置中，在真空条件下试样用 30mL 石油醚脱脂并抽吸干燥，重复3 次。

（4）碱消解　将残渣定量转移至酸消解用的同一烧杯中，加入 150mL 氢氧化钾溶液，尽快加热至沸腾，并且保持沸腾状态 30min±1min。开启冷却装置，以保持溶液体积不发生变化。

（5）第二次过滤　在滤埚中铺一层过滤辅料，其厚度约为滤埚高度的 1/5，过滤辅料上可盖一筛板，以防溅起。将烧杯中的物质过滤到滤埚里，残渣用热水洗涤至中性。残渣在负压条件下用丙酮洗涤三次，每次用丙酮 30mL，每次洗涤后继续抽气以干燥残渣。

（6）干燥　将滤埚置于灰化皿中，在 130℃ 干燥箱中至少干燥 2h。在加热或冷却的过程中，滤埚的烧结滤板可能会部分松散，从而导致分析结果错误，因此应将滤埚置于灰化皿中。滤埚和灰化皿在干燥器中冷却，从干燥器中取出后，立即对滤埚和灰化皿进行称量，称量准确至 0.1mg。

（7）灰化　把滤埚和灰化皿放到马弗炉中，在 500℃±25℃ 下灰化。每次灰化后，让滤埚和灰化皿在马弗炉中初步冷却，待温热时取出，置于干燥器中，使其完全冷却，再进行称量，直至冷却后两次的称量差值不超过 2mg，称量准确至 0.1mg。

（8）空白测定　用大约相同数量的滤器辅料按上述方法进行空白测定，但不加试样。灰化引起的质量损失不应超过 2mg。

5. 结果计算

$$w_f = \frac{m_1 - m_2}{m} \tag{2-5}$$

式中　w_f——试样中粗纤维的含量（g/kg）；

　　　m——试样质量（g）；

　　　m_1——灰化皿、滤埚以及在 130℃ 干燥后获得的残渣的质量（mg）；

　　　m_2——灰化皿、滤埚以及在 500℃±25℃ 干燥后获得的残渣的质量（mg）。

精密度：

1）重复性。用同一方法，对相同的试样材料，在同一实验室内，由同一操作人员使用同一设备，在短时间内获得的两个独立试验结果之间的绝对差值超过表 2-3 中列出的或由表 2-3 得出的重复性限（r）的情况不大于 5%。

表 2-3　重复性限（r）和再现性限（R）

样　品	粗纤维的含量/（g/kg）	重复性限（r）/（g/kg）	再现性限（R）/（g/kg）
向日葵饼粕粉	223.3	8.4	16.1
棕榈仁饼粕	190.3	19.4	42.5
牛颗粒饲料	115.8	5.3	13.8
玉米谷蛋白饲料	73.3	5.8	9.1
木薯	60.2	5.6	8.8
狗粮	30.0	3.2	8.9
猫粮	22.8	2.7	6.4

2）再现性。用同一方法，对相同的试样材料，在不同实验室内，由不同操作人员使用不同设备，获得的两个独立试验结果之间的绝对差值超过表 2-3 中列出的或由表 2-3 得出的再现性限（R）的情况不大于 5%。

6. 说明及注意事项

本方法适用于粗纤维含量高于 10g/kg 的谷物、豆类以及动物饲料中粗纤维素含量的测定。

◆◆◆◆ 第四节　粮油及其制品蛋白质的测定

蛋白质的测定方法一般是根据蛋白质的理化特性来确定的，主要分为两类：一类是利用蛋白质共性的方法，例如凯氏法、双缩脲法等；另一类是利用蛋白质中含有特定氨基酸残基的方法，例如酚试剂法、紫外光谱吸收法、色素结合法等。

在粮食品质分析中应用最普遍的是凯氏法。该法是 1883 年由丹麦化学家凯道尔（Kjedahl）创立的，适宜于测定任何形态的样品，而且具有很高的准确度和精密度，一直被作为蛋白质定量的标准方法。近几年来对凯氏法进行了多方面的改进，目前正向自动检测方面发展。

1. 测定原理

食品中的蛋白质在催化加热条件下发生分解，产生的氨与硫酸结合生成硫酸铵，碱化蒸馏使氨游离，用硼酸吸收后，以硫酸或盐酸标准滴定溶液滴定，根据酸的消耗量乘以换算系数，即为蛋白质的含量。

2. 仪器

1）天平：感量为 1mg。

2）凯氏烧瓶：100mL、250mL、500mL。

3）可调电炉：1000W。

4）酸式滴定管：50mL。

5）容量瓶：100mL。

6）移液管：10mL。

7）洗耳球、乳胶管、250mL 锥形瓶。

8）凯氏定氮消化装置，如图 2-1 所示；微量凯氏定氮装置，如图 2-2 所示。

3. 试剂

1）硫酸铜（$CuSO_4 \cdot 5H_2O$）。

2）硫酸钾（K_2SO_4）。

3）硫酸（H_2SO_4，密度为 1.84g/mL）。

4）硼酸（H_3BO_3）。

5）甲基红指示剂（$C_{15}H_{15}N_3O_2$）。

6）溴甲酚绿指示剂（$C_{21}H_{14}Br_4O_5S$）。

7）亚甲基蓝指示剂（$C_{16}H_{18}ClN_3S \cdot 3H_2O$）。

8）氢氧化钠（NaOH）。

9）95% 乙醇（C_2H_5OH）。

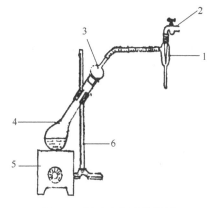

图 2-1　凯氏定氮消化装置
1—水力抽气管　2—水龙头
3—倒置的干燥管　4—凯氏烧瓶　5—电炉

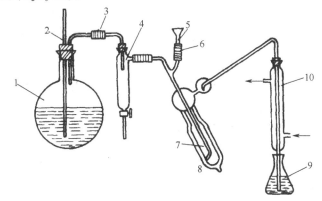

图 2-2　微量凯氏定氮装置
1—蒸汽发生器　2—安全管　3—导管　4—汽水分离器　5—进样口
6—玻璃珠　7—反应管　8—隔热套　9—接收瓶　10—冷凝管

10）硼酸溶液（20g/L）：称取 20g 硼酸，加水溶解后并稀释至 1000mL。

11）氢氧化钠溶液（400g/L）：称取 40g 氢氧化钠加水溶解后，放冷并稀释至 100mL。

12）硫酸标准滴定溶液（0.0500mol/L）或盐酸标准滴定溶液（0.0500mol/L）。

13）甲基红乙醇溶液（1g/L）：称取 0.1g 甲基红，溶于 95% 乙醇，用 95% 乙醇稀释至 100mL。

14）亚甲基蓝乙醇溶液（1g/L）：称取 0.1g 亚甲基蓝，溶于 95% 乙醇，用 95% 乙醇稀释至 100mL。

15）溴甲酚绿乙醇溶液（1g/L）：称取 0.1g 溴甲酚绿，溶于 95% 乙醇，用 95% 乙醇稀释至 100mL。

16）混合指示液：2 份甲基红乙醇溶液与 1 份亚甲基蓝乙醇溶液临用时混合，也可用 1 份甲基红乙醇溶液与 5 份溴甲酚绿乙醇溶液临用时混合。

4．操作方法

称取充分混匀的固体试样 0.2~2g、半固体试样 2~5g 或液体试样 10~25g（相当于 30~40mg 氮），精确至 0.001g，移入干燥的 100mL、250mL 或 500mL 定氮瓶中，加入 0.2g 硫酸铜、6g 硫酸钾及 20mL 硫酸，轻摇后于瓶口放一小漏斗，将瓶以 45°斜支于有小孔的石棉网上。小心加热，待内容物全部炭化，泡沫完全停止后，加强火力，并保持瓶内液体微沸，至液体呈蓝绿色并澄清透明后，再继续加热 0.5~1h。取下放冷，小心加入 20mL 水。放冷后，移入 100mL 容量瓶中，并用少量水洗定氮瓶，洗液并入容量瓶中，再加水至刻度，混匀备用。同时做试剂空白试验。

按图 2-2 装好定氮蒸馏装置，向蒸汽发生器内装水至 2/3 处，加入数粒玻璃珠，加甲基红乙醇溶液数滴及数毫升硫酸，以保持水呈酸性，加热煮沸蒸汽发生器内的水并保持沸腾。

向接收瓶内加入 10.0mL 硼酸溶液及 1~2 滴混合指示液，并使冷凝管的下端插入液面下，根据试样中氮含量，准确吸取 10.0mL 试样处理液由小玻璃杯注入反应室，以 10mL 水洗涤小玻璃杯并使之流入反应室内，随后塞紧棒状玻璃塞。将 10.0mL 氢氧化钠溶液倒入小玻璃杯，提起玻璃塞使其缓缓流入反应室，立即将玻璃塞盖紧，并加水于小玻璃杯以防漏气。夹紧螺旋夹，开始蒸馏。蒸馏 10min 后移动蒸馏液接收瓶，液面离开冷凝管下端，再蒸馏 1min，然后用少量水冲洗冷凝管下端外部，取下蒸馏液接收瓶。以硫酸或盐酸标准滴定溶液滴定至终点，其中 2 份甲基红乙醇溶液与 1 份亚甲基蓝乙醇溶液指示剂，颜色由紫红色变成灰色，pH = 5.4；1 份甲基红乙醇溶液与 5 份溴甲酚绿乙醇溶液指示剂，颜色由酒红色变成绿色，pH = 5.1。同时做试剂空白。

5．自动凯氏定氮仪法

称取固体试样 0.2~2g、半固体试样 2~5g 或液体试样 10~25g（相当于 30~40mg 氮），精确至 0.001g。按照仪器说明书的要求进行检测。

6．结果计算

试样中蛋白质的含量 w 为

$$w = \frac{(V_1 - V_2) \times c \times 0.014}{m \times \frac{10}{100}} \times F \times 100 \qquad (2\text{-}6)$$

式中 w——试样中蛋白质的含量（g/100g）；

V_1——样品消耗硫酸或盐酸标准液的体积（mL）；

V_2——试剂空白消耗硫酸或盐酸标准液的体积（mL）；

c——硫酸或盐酸标准滴定溶液的浓度（mol/L）；

m——样品的质量或体积（g 或 mL）；

0.014——1.0mL 硫酸[$c(1/2H_2SO_4)$ = 1.000mol/L]或盐酸[$c(HCl)$ = 1.000mol/L]标准滴定溶液相当的氮的质量（g/mmol）；

F——氮换算为蛋白质的系数。蛋白质中的氮含量一般为 15%~17.6%，按 16% 计算，乘以 6.25 即为蛋白质；纯乳与纯乳制品为 6.38；面粉为 5.70；玉米、高粱为 6.24；花生为 5.46；米为 5.95；大豆及其制品为 5.71；肉及肉制品为 6.25；大麦、小米、燕麦、裸麦为 5.83；芝麻、向日葵为 5.30；复合配方食品为 6.25。

以重复性条件下获得的两次独立测定结果的算术平均值表示，蛋白质含量≥1g/100g时，结果保留三位有效数字；蛋白质含量<1g/100g时，结果保留两位有效数字。

精密度：在重复性条件下获得的两次独立测定结果的绝对差值不得超过算术平均值的10%。

7. 说明及注意事项

1）所用试剂溶液应用无氨蒸馏水配制。

2）消化时应注意热源强度，先弱后强。注意不断转动凯氏烧瓶，以便利用冷凝酸液将附在瓶壁上的固体残渣洗下并促进其消化完全。

3）样品中若含脂肪或糖较多，则消化过程中易产生大量泡沫。为防止泡沫溢出瓶外，在开始消化时应用小火加热，并不断摇动；或者加入少量辛醇或液体石蜡或硅油消泡剂，并同时注意控制热源强度。

4）当样品消化液不易澄清透明时，可将凯氏烧瓶冷却，加入30%过氧化氢2~3mL后再继续加热消化。

5）在蒸馏时，蒸汽的发生要均匀充足，蒸馏过程中不得停火断气，否则将发生倒吸。

6）一般消化至呈透明后，继续消化30min即可，但对于含有特别难以消化的氮化合物的样品，如含赖氨酸、组氨酸、色氨酸、酪氨酸或脯氨酸等时，需适当延长消化时间。有机物如分解完全，消化液呈蓝色或浅绿色，但含铁量多时，呈较深绿色。

7）蒸馏装置不能漏气。

8）蒸馏前若加碱量不足，消化液呈蓝色不生成氢氧化铜沉淀，此时需再增加氢氧化钠用量。

9）硼酸吸收液的温度不应超过40℃，否则会因对氨的吸收作用减弱而造成损失，此时可置于冷水浴中使用。

10）蒸馏完毕后，应先将冷凝管下端提离液面清洗管口，再蒸1min后关掉热源，否则可能造成吸收液倒吸。

11）如果条件许可，可用消化炉进行样品消化，用定氮仪进行蒸馏，按仪器说明书正确使用。

◇◇◇◇ 第五节　粮油及其制品细度的测定

食用淀粉细度越细，品质越好。各种食用淀粉细度不得低于表2-4所规定的指标。

表2-4　食用淀粉细度

食用淀粉	指　标(%)		
	特级	一级	二级
食用小麦淀粉	99.8	99.5	99.0
食用玉米淀粉	99.9	99.0	98.0
食用马铃薯淀粉	99.5	99.5	90.0

1. 测定原理

将样品用分样筛进行筛分，测量通过分样筛的样品质量。

2. 仪器

（1）天平　感量0.1g。

（2）分样筛　100目筛(孔径为0.16mm)。

3. 操作方法

将样品充分混均。称取混均好的样品50g，准确至0.1g，倒入分样筛。均匀摇动分样筛，直至筛分不下为止。小心倒出分样筛上剩余物并称重，准确至0.1g。对同一样品进行二次测定。

4. 结果计算

细度的计算公式为

$$细度 = \frac{m_0 - m_1}{m_0} \times 100\% \tag{2-7}$$

式中　m_1——样品未过筛的筛上剩余物的质量(g)；

m_0——样品质量(g)。

分析人员同时或迅速连续进行二次测定，其结果之差的绝对值应不超过0.5%。

◇◇◇◇ 第六节　粮油及其制品斑点的测定

这里所说的斑点是指食用淀粉表面的细小色斑，它主要来自食用淀粉原料的皮层碎片。斑点不仅影响食用淀粉的品质，而且还影响到商品的外观。因此，对各种食用淀粉(食用小麦淀粉，食用玉米淀粉和食用马铃薯淀粉)的斑点要求在质量标准中都作了明确的规定，即不得超过表2-5中规定的指标。

表2-5　食用淀粉斑点指标

食 用 淀 粉	指　　标/（个/cm²）		
	特级	一级	二级
食用小麦淀粉	2	4	6
食用玉米淀粉	0.4	1	2
食用马铃薯淀粉	3	8	10

1. 测定原理

通过肉眼观察样品，读出斑点的数量。

2. 仪器

（1）透明板　刻有10个方形格(1cm×1cm)的无色透明板。

（2）平板　白色，能均匀分布待测样品。

3. 操作方法

将样品充分混匀。称取混好的样品10g，均匀分布在平板上。将透明板盖到已均匀分布的待测样品上，并轻轻压平。在较好的光线下，眼与透明板的距离保持30cm，用肉眼观察样品中的斑点，并进行计数，记下10个空格内淀粉中的斑点总数量。注意不要重复计数。

4. 结果计算

样品斑点数的计算公式为

$$X = \frac{C}{10} \tag{2-8}$$

式中　　X——样品斑点数（个/cm^2）；

　　　　C——10个空格内样品斑点的总数（个）；

　　　　10——10个空格的面积（cm^2）。

若允许差符合要求，取两次测定的算术平均值为结果。结果保留一位小数。

分析人员同时或迅速连续进行二次测定，其结果之差的绝对值应不超过1.0。

◆◆◆◆ 第七节　粮油及其制品色泽的测定

1. 测定原理

在同一光源下，由透过已知光程的液态油脂样品的光的颜色与透过标准玻璃色片的光的颜色进行匹配，用罗维朋色值表示其测定结果。

2. 仪器

（1）色度计　F（BS684）型和F/C型通用罗维朋比色计（Lovibond Universal Tintometer）均适用。

（2）色片支架　色片支架应在其底部配备无色补偿片，并包含下列罗维朋标准颜色玻璃片。

1）红色：0.1~0.9；1.0~9.0；10.0~70.0。

2）黄色：0.1~0.9；1.0~9.0；10.0~70.0。

3）蓝色：0.1~0.9；1.0~9.0；10.0~40.0。

4）中性色：0.1~0.9；1.0~3.0。

用棉球蘸含清洁剂的温水清理标准颜色玻璃片，然后用棉纱擦干，使其保持清洁、无油污，但不能使用各种溶剂进行清洁。

（3）玻璃比色皿　玻璃比色皿应由高质量光学玻璃制作，并且有良好的加工精度，具有如下光程：1.6mm（1/16in）；3.2mm（1/8in）；6.4mm（1/4in）；12.7min（1/2in）；25.4mm（1in）；76.2mm（3in）；133.4mm（$5\frac{1}{4}$in）。

3. 操作步骤

检测应在光线柔和的环境下进行，尤其是色度计不能面向窗口放置或受阳光直射。如果样品在室温下不完全是液体，可将样品加热，使其温度超过熔点10℃左右。玻璃比色皿必须保持洁净和干燥。如有必要，测定前可预热玻璃比色皿，以确保测定过程中样品无结晶析出。

将液体样品倒入玻璃比色皿中，使之具有足够的光程以便于色值在所指定的范围之内。把装有油样的玻璃比色皿放在照明室内，使其靠近观察筒。

　　关闭照明室的盖子，立刻利用色片支架测定样品的色值。为了得到一个近似的匹配，开始使用黄色片与红色片的罗维朋值的比值为 10∶1，然后进行校正，测定过程中不必总是保持上述这个比值，必要时可以使用最小值的蓝色片或中性色片（蓝色片和中性色片不能同时使用），直至得到精确的颜色匹配。使用中，蓝色值不应超过 9.0，中性色值不应超过 3.0。

　　警告：为避免眼睛疲劳，每观察比色 30s 后，操作者的眼睛必须移开目镜。

　　注意：由于玻璃表面的光损失，无色补偿片有助于平衡样品观察区域和色片的光亮度；为了使颜色精确匹配，或许需要使用中性色片或蓝色片，但不能同时使用，以降低与样品亮度相关的标准亮度。

　　本测定必须由两个训练有素的操作者来完成，并取其平均值作为测定结果。如果两人的测定结果差别太大，必须由第三个操作者进行再次测定，然后取三人测定值中最接近的两个测定值的平均值作为最终测定结果。

　　4. 结果表示

　　测定结果采用下列术语表达：

　　1）红值、黄值，若匹配需要，还可使用蓝值或中性色值。

　　2）所使用玻璃比色皿的光程。

　　只能使用标准玻璃比色皿的尺寸，不能用某一尺寸的玻璃比色皿测得的数值来计算其他尺寸玻璃比色皿的颜色值。

　　5. 精密度

　　（1）重复性　在同一实验室，由同一操作者使用相同设备，按相同的测试方法，并在短时间内对同一被测对象相互独立进行测试，获得的两次独立测试结果的绝对差值超过表 2-6 中所示的重复性限值（r）的概率应低于 5%。

　　（2）再现性　在不同的实验室，由不同的操作者使用不同的设备，按相同的测试方法，对同一被测对象相互独立地进行测试，获得的两次独立测试结果的绝对差值超过表 2-6 中所示的再现性限值（R）的概率应低于 5%。

表 2-6　重复性限值和再现性限值

颜色范围	水平	r	R
红	2	0.2	0.8
133.4mm 玻璃比色皿	5	0.7	2
黄	20	3	5
133.4mm 玻璃比色皿	50	6	12

　　6. 说明及注意事项

　　1）旧型号 AF905、AF900/C 及 E 型比色计可使用，但是目前已不再生产。而罗维朋 AF710 型、罗维朋斯科费特（Lovibond Schofleld）、维松（Wesson）和 AOCS 色度计不适合。

2）F（BS684）型和 F/C 型通用罗维朋比色计：按使用说明书的要求，比色计应安置在洁净而卫生的环境中。观察筒由 Skan 蓝色日光校正滤色片和漫射透镜组成，且有 2° 的观察视野。观察筒应安装在密闭的照明室内，以便于样品及白色参比区域以相对法线 60°视角进行观察。

3）AF905/E、AF900/C 及 E 型比色计：比色计内部漆成白色毛底，在背景玻璃散射屏后装有两只 60W 镀膜球形灯，在额定电压下工作，并分别安装在观察筒两侧以 45° 照射在白色反射参考平面上。

任何一只灯一旦出现变色或已使用 100h，就应该同时更换两只球形灯，并在设备手册上清楚记录其使用情况。

观察筒由 Skan 蓝色日光校正滤色片和漫射透镜组成，且有 2° 的观察视野。观察筒安装在密闭的照明室内，样品及白色参比区域以相对法线 90°视角进行观察。为避免受污渍，照明室、散射屏与反射平面应定期清理。

定期检查白色毛底的油漆状况，以防其老化或褪色。当油漆表面的色泽比孟塞尔色阶号 5Y9/（Munsell Notation5Y9/1）暗时，应该重新进行油漆。观察筒应根据生产厂商的要求进行维护。

4）比色皿托架：仅 E 型仪器要求配备样品比色皿托架。

5）操作者的要求：所有操作者都要有良好的颜色识别能力，并且在 5 年内需对操作者进行一次颜色识别测试。颜色识别测试必须由有资质的光学技术人员进行。

平时佩戴眼镜或隐形眼镜的操作者可继续佩戴，但不能佩戴有色或光敏的眼镜或隐形眼镜。

6）实验室收到的样品应具有代表性，在运输或储存过程中不得受损或改变。测定时，油样必须是十分干净、透明的液体。

◇◇◇ 第八节　粮油及其制品羰基价的测定

羰基化合物的测定可分为油脂总羰基直接定量和挥发性或游离羰基分离定量两种情况。挥发性或游离羰基分离定量可采用蒸馏法或杜色谱法。这里介绍总羰基的测定方法。

1. 测定原理

羰基化合物和 2，4-二硝基苯肼反应生成腙，在碱性溶液中呈褐红色或酒红色，在 440nm 波长下测定其吸光度，并可依此计算羰基价。

2. 仪器与用具

1）721 型分光光度计。

2）25mL 磨口具塞试管。

3）25mL 容量瓶。

4）5mL、10mL 移液管。

5）恒温水浴锅。

3. 试剂

（1）精制乙醇 取1000mL无水乙醇，置于2000mL圆底烧瓶中，加入5g铝粉、10g氢氧化钾，接上标准磨口的回流冷凝管，在水浴中加热回流1h，然后用全玻璃蒸馏装置蒸馏收集馏出液。

（2）精制苯 取500mL苯，置于1000mL分液漏斗中，加入50mL硫酸，小心振摇5min（开始振摇时注意放气），静置分层，弃除硫酸层；再加50mL硫酸重复处理一次，将苯层移入另一分液漏斗中，用水洗涤三次，然后经无水硫酸钠脱水，用全玻璃蒸馏装置蒸馏并收集馏出液。

（3）2,4-二硝基苯肼溶液 称取50mg2,4-二硝基苯肼溶于100mL精制苯中。

（4）三氯乙酸溶液 称取4.3g固体三氯乙酸，溶于100mL精制苯中。

（5）氢氧化钾乙醇溶液 称取4g氢氧化钾，加入100mL精制乙醇使其溶解，放置于冷暗处过夜，取上部澄清液备用。若溶液变为黄褐色，则应重新配制。

4. 操作方法

准确称取0.025~0.5g样品，置于25mL容量瓶中，加苯溶解并稀释至刻度。吸取5mL样液置于25mL具塞试管中，加入3mL三氯乙酸溶液及5mL2,4-二硝基苯肼溶液，仔细振摇均匀，在60℃水浴中加热30min，冷却后，沿试管壁慢慢加入10mL氢氧化钾乙醇溶液，使其成为二液层，塞好，剧烈振摇均匀，放置10min。以1cm比色杯，用试剂空白（以5mL精制苯代替样液）调节零点，于波长440nm处测定其吸光度。

5. 结果计算

羰基价（mmoL/kg）的计算公式为

$$羰基价 = \frac{A}{854 \times m(V_2/V_1)} \times 1000 \tag{2-9}$$

式中 A——测定时样液的吸光度；

$\qquad m$——样品质量（g）；

$\qquad V_1$——样品稀释后的总体积（mL）；

$\qquad V_2$——测定用样品稀释液的体积（mL）；

$\qquad 854$——各种醛的毫摩尔吸光系数的平均值。

6. 说明及注意事项

1）所用仪器必须洁净、干燥。

2）所用试剂在含有干扰试验的物质时，都必须精制后才能用于试验。

3）当空白试验管的吸收值（在波长440mm处，以水作对照）超过0.20时，表明试验所用试剂的纯度不够理想。

4）当油样过氧化值较高（超过20~30mmol/kg）时，将影响羰基价的测定，此时最好先把过氧化物还原为非羰基化合物。

5）结果的表述：报告算术平均值的两位有效数字。

6）允许差：平行样品测定允许的相对偏差为±10%。

7）当试样羰基值较高时，则取样量应当相应减少。

8）2，4-二硝基苯肼较难溶于苯，配制时应充分搅动，必要时过滤，使溶液中无固形物。

9）三氯乙酸是较强的有机酸，提供酸性环境，同时对生成腙有催化作用，故加入量应适宜。

10）经反复煎炸过的油脂，羰基化合物增加，质量降低。对食用油脂中羰基价的规定为：食用植物油小于或等于 20mmol/kg；食用煎炸油小于或等于 50mmol/kg。

11）由于油脂氧化过程中生成的羰基化合物是多种醛类的混合物，组成不确定，因此计算时采用各种醛的毫摩尔吸光系数的平均值进行计算，以求得样品的羰基价。

◇◇◇ 第九节　粮油及其制品淀粉的测定

淀粉在食品工业中用途广泛，常用作食品原料或辅料。淀粉的测定通常采用酸或淀粉酶将淀粉水解为还原性单糖，再按还原糖测定法测定还原糖量后折算为淀粉含量。由于淀粉不溶于冷水及有机溶剂，可用这些溶剂提取、浸泡、去除淀粉中的水溶性糖类及脂肪等杂质，然后再进行测定。

一、酶水解法

1. 测定原理

样品经脱脂处理，除去可溶性糖后，先用淀粉酶将淀粉水解为双糖，再用盐酸将双糖水解为单糖，按还原糖测定方法测定还原糖量，再乘以换算系数，即可得到淀粉含量。

2. 仪器和用具

1）水浴锅。

2）高速组织捣碎机。

3. 试剂

1）5g/L 淀粉酶溶液。

2）碘溶液：称碘化钾 3.6g，溶于 20mL 水中，加碘 1.3g，溶解后再加水至 100mL。

3）6mol/L 盐酸溶液：取盐酸（密度 1.19g/mL）100mL，加水至 200mL。

4）200g/L 氢氧化钠溶液。

5）甲基红指示液：1g/L 甲基红乙醇溶液。

6）碱性酒石酸铜甲液：称取 15g 硫酸铜（$CuSO_4 \cdot 5H_2O$）及 0.05g 四甲基蓝，溶于水中并稀释至 1000mL。

7）碱性酒石酸铜乙液：称取 50g 酒石酸钾钠及 75g 氢氧化钠，溶于水中，再加入 4g 亚铁氰化钾，完全溶解后，用水稀释至 1000mL，贮存于橡胶塞玻璃瓶内。

8）乙酸锌溶液：称取 21.9g 乙酸锌［$Zn(CH_3COO)_2 \cdot 2H_2O$］，加 3mL 冰乙酸，加水溶解并稀释至 100mL。

9）106g/L 亚铁氰化钾溶液。

10）葡萄糖标准液：准确称取 1.000g 经过 96℃±2℃ 干燥至恒重的纯葡萄糖，加水溶解后加入5mL盐酸，并以水稀释至1000mL。此溶液每1mL相当于1.0mg葡萄糖。

4. 操作方法

（1）样品处理　称取2~5g样品，置于放有折叠滤纸的漏斗内，先用50mL乙醚分5次洗涤脂肪，再用约100mL85%（体积分数）的乙醇洗去可溶性糖类，将残留物移入250mL烧杯内，并用50mL水洗涤滤纸及漏斗，将洗液并入烧杯内。

（2）酶解　将烧杯置于沸水浴上加热15min，使淀粉糊化，冷却至60℃以下，加20mL淀粉酶溶液，在55~60℃下保温1h，并不时搅拌。在白色点滴板上用碘液检查，取一滴淀粉液加1滴碘液应不显蓝色，若显蓝色，再加热糊化，冷却至60℃以下，加20mL淀粉酶溶液，继续保温，直至加碘不显蓝色为止。加热至沸，冷却后移入250mL容量瓶中定容，摇匀后过滤，弃去初滤液。

（3）水解　取50mL滤液置于250mL锥形瓶中，加5mL6mol/L盐酸，装上回流冷凝器，在沸水浴中回流1h，冷却后加2滴甲基红指示液，用200g/L氢氧化钠溶液中和至中性，溶液移入100mL容量瓶中，洗涤锥形瓶，将洗液并入100mL容量瓶中，加水至刻度，混匀，备用。

（4）标定碱性酒石酸铜溶液　吸取5.00mL碱性酒石酸铜甲液及5.00mL碱性酒石酸铜乙液，置于250mL锥形瓶中，加水10mL、玻璃珠3粒，从滴定管中滴约9mL标准葡萄糖液，使其在2min内加热至沸。趁沸以2s一滴的速度继续滴加标准葡萄糖液，直至溶液蓝色刚好褪去为终点。记录消耗葡萄糖液的体积，平行操作3次，取其平均值。

计算每10mL(甲、乙各5mL)碱性酒石酸铜溶液相当于葡萄糖的质量(mg)，其计算公式为

$$m = Vc \tag{2-10}$$

式中　c——葡萄糖标准溶液的浓度（mg/mL）；

V——标定时消耗葡萄糖标准溶液的总体积（mL）；

m——10mL碱性酒石酸铜溶液相当于葡萄糖的质量（mg）。

（5）样品预测　吸取碱性酒石酸铜甲液及乙液各5.00mL，置于250mL锥形瓶中，加水10mL、玻璃珠3粒，使其在2min内加热至沸。趁沸腾以先快后慢的速度从滴定管中滴加样品液，须始终保持溶液的沸腾状态，待溶液蓝色变浅时，以2s一滴的速度滴定，直至溶液蓝色刚好褪去为终点。记录消耗样品溶液的体积。

（6）样品测定　吸取碱性酒石酸铜甲液及乙液各5.00mL，置于250mL锥形瓶中，加玻璃珠3粒，从滴定管中加入比预测体积少1mL的样品液，使其在2min内加热至沸腾。趁沸腾以2s一滴的速度继续滴定，直至蓝色刚好褪去为终点。记录消耗样品液的体积。同法平行操作3次，得出平均消耗体积。同时取50mL水及与样品处理、酶解、酸解相同量的淀粉酶溶液、试剂，做空白试验。

5. 结果计算

淀粉质量分数的计算公式为

$$w(淀粉) = \frac{(m_1 - m_0) \times 0.9}{m \times \dfrac{50}{250} \times \dfrac{V}{100} \times 1000} \times 100\% \tag{2-11}$$

式中 m_1——样品水解液中还原糖的质量（mg）；

　　m_0——空白液中还原糖的质量（mg）；

　　m——样品质量（g）；

　　V——测定还原糖时取水解液的体积（mL）；

　0.9——还原糖换算为淀粉的系数。

6. 说明及注意事项

1）若样品中脂肪含量很少，可免去用乙醚清洗的步骤。

2）淀粉酶需事先了解其活力，以确定其水解时的加入量。可配制一定浓度的淀粉溶液少许，加一定量的淀粉酶液在 50~60℃ 水浴上加热 1h，用碘液检查。

3）若无淀粉酶，可用麦芽汁代替。取大麦粒 200g，加水浸泡 12h，平铺于搪瓷盘中约 1cm，使其发芽。待芽长约 1cm 时，取发芽麦粒 50g，磨细加 400mL 水，常温下浸泡 3h，过滤备用。保存时可加甲苯或氯仿数滴，防止其生霉，贮于冰箱中。

4）此法适于含有半纤维素等非淀粉多糖的样品，测定结果较准确。

二、酸水解法

1. 测定原理

样品经除去脂肪及可溶性糖类后，用酸将淀粉水解为具有还原性的单糖，然后按还原糖测定法测定还原糖量，再折算为淀粉含量。

2. 试剂

（1）乙醚。

（2）85%（体积分数）乙醇。

（3）6mol/L 盐酸。

（4）400g/L 氢氧化钠。

（5）100g/L 氢氧化钠。

（6）甲基红指示剂：2g/L 甲基红乙醇溶液。

（7）精密 pH 试纸。

（8）200g/L 乙酸铅溶液。

（9）100g/L 硫酸钠溶液。

其余试剂同酶水解法试剂中的 6）、7）、10）。

3. 仪器

（1）水浴锅。

（2）回流装置。

4. 测定方法

（1）样品处理　粮食、豆类、糕点、饼干等较干燥的样品：称取 2~5g 磨碎并过 40 目筛（孔径为 0.45mm）的样品，置于放有慢速滤纸的漏斗中，用 30mL 乙醚分三次洗去样品中的脂肪，再用 150mL85%（体积分数）乙醇分数次洗涤残渣以去除可溶性糖类。以

100mL 水洗涤漏斗中残渣并转移至 250mL 锥形瓶中。

（2）水解　往上述 250mL 锥形瓶中加入 30mL6mol/L 盐酸，装好冷凝管，于沸水浴中回流 2h，回流完毕后，立即置于流水中冷却，待样品水解液冷却后，加入 2 滴甲基红指示剂，先用 400g/L 氢氧化钠调至黄色，再用 6mol/L 盐酸调到刚好变为红色，若水解液颜色较深，可用精密试纸测试，使样品水解液 pH 值约为 7。加入 20mL 200g/L 乙酸铅，摇匀放置 10min，以除去蛋白质、单宁、有机酸、果胶及其他胶体，再加 20mL 100g/L 硫酸钠溶液，以除去过多的铅。摇匀后用蒸馏水转移至 500mL 容量瓶中，定容。过滤，弃去初滤液，收集滤液供测定用。

（3）其他步骤　按酶水解法中的(4)、(5)、(6)进行。

5. 结果计算

淀粉质量分数的计算公式为

$$w(淀粉) = \frac{(m_1 - m_2) \times 0.9}{m \times \dfrac{V}{500} \times 1000} \times 100\% \qquad (2\text{-}12)$$

式中　m_1——样品水解液中还原糖的质量（mg）；

　　　m_2——空白液中还原糖的质量（mg）；

　　　m——样品质量（g）；

　　　V——测定用样品水解液的体积（mL）；

　　500——样品液的总体积（mL）；

　　0.9——还原糖换算为淀粉的系数。

6. 说明及注意事项

此法适用于含淀粉量较多、不含其他能水解为还原糖的物质。测定含淀粉量较少而富含半纤维素、多缩戊糖的样品时，最好采用淀粉酶水解法。

◇◇◇ 第十节　粮油及其制品碘价的测定

一定质量的样品在规定的操作条件下吸收卤素的质量，用每 100g 油脂吸收碘的克数表示，即碘价。碘价的高低表示油脂中脂肪酸的不饱和程度。

1. 测定原理

在溶剂中溶解试样，加入韦氏（Wijs）试剂反应一定时间后，加入碘化钾和水，用硫代硫酸钠溶液滴定析出的碘。

2. 仪器

1）玻璃称量皿：与试样量配套并可置入 500mL 碘量瓶中。

2）500mL 碘量瓶：完全干燥。

3）分析天平：分度值为 0.001g。

3. 试剂

1）碘化钾溶液（KI）：100g/L，不含碘酸盐或游离碘。

2）淀粉溶液：将 5g 可溶性淀粉在 30mL 水中混合，加入 1000mL 沸水，并煮沸 3min，然后冷却。

3）硫代硫酸钠标准溶液：c（$Na_2S_2O_3 \cdot 5H_2O$）= 0.1mol/L，标定后 7 天内使用。

4）溶剂：将环己烷和冰乙酸等体积混合。

5）韦氏（Wijs）试剂：含一氯化碘的乙酸溶液。韦氏（Wijs）试剂中 I 与 Cl 的物质的量之比应控制在 1.10±0.1 的范围内。

含一氯化碘的乙酸溶液配制方法可按一氯化碘 25g 溶于 1500mL 冰乙酸中。韦氏（Wijs）试剂稳定性较差，为使测定结果准确，应做空白样的对照测定。

配制韦氏（Wijs）试剂的冰乙酸应符合质量要求，且不得含有还原物质。

鉴定是否含有还原物质的方法：取冰乙酸 2mL，加 10mL 蒸馏水稀释，加入 1mol/L 高锰酸钾 0.1mL，所呈现的颜色应在 2h 内保持不变。如果红色褪去，说明有还原物质存在，可用如下方法精制：取冰乙酸 800mL 放入圆底烧瓶内，加入 8~10g 高锰酸钾，接上回流冷凝器，加热回流约 1h，移入蒸馏瓶中进行蒸馏，收集 118~119℃ 的馏出物。

注：可以采用市售韦氏（Wijs）试剂。

4. 操作步骤

（1）称样及空白样品的制备　根据样品预估的碘值，称取适量的样品置于玻璃称量皿中，精确到 0.001g。推荐的称样量见表 2-7。

表 2-7　试样称取质量

预估碘值/（g/100g）	试样质量/g	溶剂体积/mL
<1.5	15.00	25
1.5~2.5	10.00	25
2.5~5	3.00	20
5~20	1.00	20
20~50	0.40	20
50~100	0.20	20
100~150	0.13	20
150~200	0.10	20

注：试样的质量必须能保证所加入的韦氏（Wijs）试剂过量 50%~60%，即吸收量的 100%~150%。

（2）测定　将盛有试样的称量皿放入 500mL 碘量瓶中，根据称样量加入表 2-7 中与之相对应的溶剂体积溶解试样，用移液管准确加入 25mL 韦氏（Wijs）试剂，盖好塞子，摇匀后将锥形瓶置于暗处。

警告：不可用嘴吸取韦氏（Wijs）试剂。

除不加试样外，其余同上，做空白溶液。

对碘值低于 150g/100g 的样品，锥形瓶应在暗处放置 1h；碘值高于 150g/100g 的、已聚合的、含有共轭脂肪酸的（如桐油、脱水蓖麻油）、含有任何一种酮类脂肪酸（如不同程度的氢化蓖麻油）的，以及氧化到相当程度的样品，置于暗处 2h。

到达规定的反应时间后，加20mL碘化钾溶液和150mL水。用标定过的硫代硫酸钠标准溶液滴定至碘的黄色接近消失。加几滴淀粉溶液继续滴定，一边滴定一边用力摇动锥形瓶，直到蓝色刚好消失。也可以采用电位滴定法确定终点。

同时做空白溶液的测定。

5. 结果计算

试样的碘价 w 为

$$w = \frac{(V_1 - V_2) \times c \times 0.1269}{m} \times 100 \qquad (2\text{-}13)$$

式中　w——试样的碘价，用每100g样品吸取碘的克数表示（g/100g）；

V_1——样品滴定用硫代硫酸钠标准溶液体积（mL）；

V_2——空白滴定用硫代硫酸钠标准溶液体积（mL）；

c——硫代硫酸钠标准溶液的浓度（mol/L）；

m——试样质量（g）；

0.1269——$1/2I_2$的毫摩尔质量（g/mmol）。

测定结果的取值方法见表2-8。

表2-8　测定结果的取值要求　　　　　　　　　　　　　　（单位：g/100g）

碘价	结果取值到
<20	0.1
20~60	0.5
>60	1

6. 说明及注意事项

（1）重复性　在同一实验室，由同一操作者使用相同设备，按相同的测试方法，并在短时间内对同一被测对象相互独立地进行测试获得的两次独立测试结果的绝对差值不超过表2-9中的规定重复性限值（r）。

（2）再现性　在不同的实验室，由不同的操作者使用不同的设备，按相同的测试方法，对同一被测对象相互独立地进行测试获得的两次独立测试结果的绝对差值不超过表2-9中规定的再现性限值（R）。

表2-9　重复性和再现性限度

碘价（g/100g）	r	R
<20	0.2	0.7
20~50	1.3	3.0
50~100	2.0	3.0
100~135	3.5	5.0

◇◇◇ 第十一节　粮油及其制品皂化价的测定

皂化价是指1g油脂完成皂化时所需氢氧化钾的毫克数。油脂的皂化就是皂化油脂中的甘油酯和中和油脂中所含的游离脂肪酸。因此，油脂的皂化价包含着酯价（皂化1g油脂内中性甘油酯和内酯时所需氢氧化钾的毫克数）与酸价。

1. 测定原理

利用油脂能被碱液皂化的特性，先在油样中加入过量的碱醇溶液共热皂化。

$$C_3H_5(OCOR)_3+3KOH \Longrightarrow C_3H_5(OH)_3+3RCOOK$$

皂化完全后，用盐酸标准溶液滴定剩余的碱，同时做空白试验。由所消耗碱液量计算出皂化价。

2. 仪器和用具

实验室常用仪器及以下仪器：

1）锥形瓶：容量250mL，耐碱玻璃制成，带有磨口。

2）回流冷凝管：带有连接锥形瓶的磨砂玻璃接头。

3）加热装置（如水浴锅、电热板或其他适合的装置）：不能用明火加热。

4）滴定管：容量为50mL，最小刻度为0.1mL，或者自动滴定管。

5）移液管：容量为25mL或者自动吸管。

3. 试剂

1）氢氧化钾-乙醇溶液：大约0.5mol氢氧化钾溶解于1L95%乙醇（体积分数）中。此溶液应为无色或淡黄色。通过下列任一方法可制得稳定的无色溶液。

方法一将8g氢氧化钾和5g铝片放在1L乙醇中回流1h后立刻蒸馏，将需要量（约35g）的氢氧化钾溶解于蒸馏物中，静置数天，然后倾出清亮的上层清液，弃去碳酸钾沉淀。

方法二加4g特丁醇铝到1L乙醇中，静置数天，倾出上层清液，将需要量的氢氧化钾溶解于其中，静置数天，然后倾出清亮的上层清液，弃去碳酸钾沉淀。

将此液贮存在配有橡胶塞的棕色或黄色玻璃瓶中备用。

2）盐酸标准溶液：$c(HCl)=0.5mol/L$。

3）酚酞溶液：$\rho=0.1g/100mL$，溶于95%乙醇（体积分数）。

4）碱性蓝6B溶液：$\rho=2.5g/100mL$，溶于95%乙醇（体积分数）。

5）助沸物。

4. 操作方法

（1）称样 于锥形瓶中称量2g试验样品，精确至0.005g。

以皂化价（以KOH计）170~200mg/g、称样量2g为基础，对于不同范围皂化值样品，以称样量约为1/2氢氧化钾-乙醇溶液被中和为依据进行改变。推荐的取样量见表2-10。

表2-10 推荐的取样量

估计的皂化价（以KOH计）/（mg/g）	取样量/g
150~200	2.2~1.8
200~250	1.7~1.4
250~300	1.3~1.2
>300	1.1~1.0

（2）测定 用移液管将25.0mL氢氧化钾-乙醇溶液加到试样中，并加入一些助沸

物，连接回流冷凝管与锥形瓶，并将锥形瓶放在加热装置上慢慢煮沸，不时摇动，油脂维持沸腾状态60min。对于高熔点油脂和难于皂化的样品需煮沸2h。

加0.5~1mL酚酞指示剂于热溶液中，并用盐酸标准溶液滴定到指示剂的粉色刚消失。如果皂化液是深色的，则用0.5~1mL的碱性蓝6B溶液作为指示剂。

空白试验：不加样品，用25.0mL的氢氧化钾-乙醇溶液进行空白试验。

5. 结果计算

试样中皂化价（mg/g）的计算公式为

$$\text{皂化价} = \frac{(V_1 - V_2)c \times 56.1}{m} \tag{2-14}$$

式中　V_1——滴定试样用去的盐酸标准滴定溶液的体积（mL）；

V_2——滴定空白用去的盐酸标准滴定溶液的体积（mL）；

c——盐酸溶液的浓度（mol/L）；

m——试样质量（g）；

56.1——氢氧化钾的摩尔质量（g/mol）。

6. 说明及注意事项

1）重复性。在同一实验室，由同一操作者使用相同设备，按相同的测试方法，并在短时间内对同一被测对象相互独立地进行测试获得的两次独立测试结果的绝对差值大于表2-11所示重复性限值（r）的情况不超过5%。

重复性符合表2-11要求的，取两次测定结果的算术平均值作为测定结果。

表2-11　测试结果统计分析

项　目	样品				
	菜籽油（C）	棕榈油（B）	椰子油（A）	60%A+40%MCT	含中碳链甘油三酯（MCT）的油
参加实验室数	22	22	22	22	20
去除偏离值后的测试实验室数	19	17	20	18	16
对每个样品有测试结果实验室数	38	34	40	36	32
平均值	190.2	199.5	256.8	287.5	334.1
重复性的标准偏差（S_r）	0.7	0.6	0.7	0.7	1.4
重复性的变异系数（%）	0.4	0.3	0.3	0.2	0.4
重复性限值（r）	2.1	1.6	2.0	2.0	3.9
再现性标准偏差 S_R	1.8	2.0	4.2	2.4	2.9
再现性变异系数（%）	0.9	1.0	1.6	0.8	0.9
再现性限值（R）	5.0	5.7	11.7	6.6	8.0

2）脂肪的皂化价反映组成油脂的各种脂肪酸混合物的平均相对分子质量的大小。皂化价越大，脂肪酸混合物的平均相对分子质量就越小，反之亦然。一般油脂的皂化价在200mg/g左右，皂化价较大的食用脂肪熔点较低，消化率较高。常见油脂的皂化价为：棉籽油189~198mg/g；花生油188~195mg/g；大豆油190~195mg/g；菜籽油170~180mg/g；芝麻油188~195mg/g；葵花籽油188~194mg/g；茶籽油188~196mg/g；核桃

油 189~198mg/g；棕榈油 195~205mg/g；可可脂 190~200mg/g；牛脂 190~199mg/g；猪油 190~202mg/g。

3）试样应澄清无显著杂质，若杂质过多，在测定前应加以过滤。试样的用量应视皂化价的大小而定，一般要求试样的质量调整到滴定试样所耗盐酸溶液的体积为滴定空白所耗盐酸溶液体积的 45%~55%。

4）皂化完毕后，应趁热迅速滴定，既可避免碱液吸收空气中的二氧化碳而影响测定结果，又可避免因冷却钾肥皂凝结（冬季时尤要注意）而无法滴定。

5）滴定过程中若溶液出现浑浊，可补加适当数量的无水乙醇后再进行滴定。

6）可根据植物油皂化价鉴定油脂的纯度。

◇◇◇◇ 第十二节　粮油及其制品不皂化物的测定

不皂化物是指用氢氧化钾皂化后的全部生成物用指定溶剂提取，在规定的操作条件下不挥发的所有物质。不皂化物包括甾醇、高分子脂肪醇、碳氢化合物、蜡、色素和维生素等，其中最重要组成部分是甾醇。一般植物油中约含 1% 的不皂化物。这里主要介绍用乙醚提取法测定油脂的不皂化物。

1. 测定原理

油脂与氢氧化钾乙醇溶液在煮沸回流条件下进行皂化，用乙醚从皂化液中提取不皂化物，蒸发溶剂并使残留物干燥后称量。

2. 仪器

1）圆底烧瓶：带标准磨口的 250mL 圆底烧瓶。

2）回流冷凝管：具有与 250mL 圆底烧瓶配套的磨口。

3）500mL 分液漏斗：使用聚四氟乙烯旋塞和瓶塞。

4）水浴锅。

5）电烘箱：可控制在 103℃±2℃。

3. 试剂

1）乙醚：新蒸过，不含过氧化物和残留物。

2）丙酮。

3）氢氧化钾-乙醇溶液：$c(KOH) \approx 1mol/L$。在 50mL 水中溶解 60g 氢氧化钾，然后用 95%（体积分数）乙醇稀释至 1000mL，溶液应为无色或浅黄色。

4）氢氧化钾水溶液：$c(KOH) \approx 0.5mol/L$。

5）酚酞指示剂溶液：10g/L 的 95%（体积分数）乙醇溶液。

4. 操作步骤

试样：称取约 5g 试样，精确至 0.01g，置于 250mL 烧瓶中。

皂化：加入 5mL 氢氧化钾-乙醇溶液和一些沸石。将烧瓶与回流冷凝管连接好后，小心煮沸回流 1h。停止加热，从回流管顶部加入 100mL 水并旋转摇动。

如果提取的不皂化物用于测定生育酚，则必须添加联苯三酚且尽快完成操作（30min 以内）。

不皂化物的提取：冷却后转移皂化液到 500mL 分液漏斗中，用 100mL 乙醚分几次洗涤烧瓶和沸石，并将洗液也倒入分液漏斗。盖好塞子，倒转分液漏斗，用力摇 1min，小心打开旋塞，间歇释放内部压力。静置分层后，将下层皂化液尽量完全放入第二只分液漏斗中。如果形成乳化液，可加少量乙醇或浓氢氧化钾或氯化钠溶液进行破乳。

采用相同的方法，每次用 100mL 乙醚再提取皂化液两次，收集三次乙醚提取液放入装有 40mL 水的分液漏斗中。

乙醚提取液的洗涤：轻轻转动装有提取液和 40mL 水的分液漏斗。

警告：剧烈的摇动可能会形成乳化液。

等待完全分层后弃去下面水层。用 40mL 水再洗涤乙醚溶液两次，每次都要剧烈震摇，且在分层后弃去下面的水层。排出洗涤液时需留 2mL，然后沿轴线旋转分液漏斗，等待几分钟让保留的水层分离。弃去下面的水层，当乙醚溶液到达旋塞口时关闭旋塞。

用 40mL 氢氧化钾水溶液、40mL 水相继洗涤乙醚溶液后，再用 40mL 氢氧化钾水溶液进行洗涤，然后用 40mL 水洗涤至少两次以上。

继续用水洗涤，直到加入 1 滴酚酞溶液至洗涤液后，不再呈粉红色为止。

蒸发溶剂：通过分液漏斗的上口，小心地将乙醚溶液全部转移至 250mL 烧瓶中。此烧瓶需预先于 103℃±2℃ 的烘箱中干燥，冷却后称量，精确至 0.1mg。在沸水浴上蒸馏回收溶剂。

加入 5mL 丙酮，在沸水浴上转动时倾斜握住烧瓶，在缓缓的空气流下，将挥发性溶剂完全蒸发。

残留物的干燥和测定：将烧瓶水平放置在 103℃±2℃ 的烘箱中，干燥 15min；然后放在干燥器中冷却，取出称量，准确至 0.1mg。

按上述方法间隔 15min 重复干燥，直至两次称量质量相差不超过 1.5mg。如果三次干燥后还不恒重，则不皂化物可能被污染，需重新进行测定。

注意：如果条件允许，尤其是不皂化物需要进一步检测时，可使用真空旋转蒸发器。

当需要对残留物中的游离脂肪酸进行校正时，将称量后的残留物溶于 4mL 乙醚中，然后加入 20mL 预先中和到使酚酞指示液呈淡粉色的乙醇。用 0.10mol/L 标准氢氧化钾醇溶液滴定到相同的终点颜色。

以油酸计算游离脂肪酸的质量，并以此校正残留物的质量。

测定次数：同一试样需进行两次测定。

空白试验：用相同步骤及相同量的所有试剂，但不加试样进行空白试验。如果残留物超过 1.5mg，需对试剂和方法进行检查。

5. 结果计算

试样中不皂化物的质量分数为

$$w(\text{不皂化物}) = \frac{m_1 - m_2 - m_3}{m_0} \times 100\% \tag{2-15}$$

式中 w——试样中不皂化物的质量分数；

  m_0——油样质量(g)；

  m_1——残留物质量(g)；

  m_2——空白试验残留物质量(g)；

  m_3——游离脂肪酸的质量，如果需要，等于 $0.28Vc$，单位为克(g)；

  V——滴定所消耗的氢氧化钾溶液体积(mL)；

  c——氢氧化钾溶液的浓度(mol/L)；

 0.28——每毫摩尔的油酸质量(g)。

用两次测定数据的算术平均值作为结果。

◇◇◇ 第十三节 粮油及其制品熔点的测定

熔点是指固体油脂完全转变成液体状态时的温度，也就是固态和液态的蒸气压相等时的温度。

1. 仪器和用具

1) 冰箱。

2) 磁力搅拌器或小量鼓风装置。

3) 温度计：刻度为 0~100℃，分度值为 0.1℃。

4) 开口式玻璃毛细管：内径为 1mm 左右，外径最大为 2mm，长度为 80mm。

5) 烧杯：500mL。

6) 可调电炉。

2. 操作方法

(1) 样品处理　取试样约 20g，在电热板温度低于 150℃ 时搅拌加热，使油相和水相分层，然后取上层油相于 40~50℃ 下保温过滤，使油相透明、清亮。

用洁净、干燥的玻璃毛细管 3 支，分别吸取试样至 10mm 高度，立即用冷水冷冻脂肪，至使其固化为止。将毛细管置于冰箱内在 4~10℃ 下过夜(16h)。从冰箱中取出玻璃毛细管，并用橡皮筋将毛细管系在温度计上，毛细管末端要与温度计的水银球底部齐平。

(2) 测定　将温度计浸入盛有蒸馏水的 500mL 烧杯中，温度计的水银球要置于液面下约 30mm 处。调节水浴温度，在低于试样熔点 8~10℃ 时应用磁力搅拌器或吹入少量空气等其他方法搅拌水浴，调节升温速度为 1℃/min，至快到熔点前调节升温速度为 0.5℃/min。继续加热，直至每个玻璃毛细管的油面都浮升，观察并记录每个玻璃毛细管内的油样完全变成透明的液体时的温度，计算其平均值，即为试样的熔点。

双试验结果允许差不超过 0.5℃，取其平均值作为测定结果，测定结果取小数点后一位数字。

◆◆◆ 第十四节　粮油及其制品的检验技能训练实例

● 训练1　粮食酸度的测定

1. 仪器及试剂

（1）仪器　250mL锥形瓶、25mL移液管、100mL量筒、500mL烧杯、25mL或50mL滴定管、漏斗、感量为0.01g的天平。

（2）试剂　80%（体积分数）乙醇溶液、1%（质量分数）酚酞乙醇溶液、0.1mol/L KOH标准溶液。

2. 操作步骤

称取粉碎试样15g[准确至0.01g，粉碎试样通过40目筛（孔径为0.45mm），磨后立即测定]，置于250mL锥形瓶中，加入75mL80%（体积分数）乙醇溶液，摇匀，加塞，在室温下放置16h或24h，并不断加以振荡，到时过滤，用移液管移取25mL滤液注入另一250mL锥形瓶中，加入不含CO_2的蒸馏水100mL，滴加1%（质量分数）酚酞乙醇溶液3滴，以0.1mol/LKOH标准溶液滴定至呈现微红色，0.5min内不消失为止，记下所耗KOH溶液的毫升数。

3. 数据记录及处理

1）数据记录：将试验数据填入下表中。

测定次数	试样质量/g	浸泡试样所耗乙醇体积/mL	用于滴定的滤液体积/mL	$c(KOH)$/(mol/L)	样品滴定所耗KOH的体积/mL	空白滴定所耗KOH的体积/mL
1						
2						

2）按式(2-1)计算粮食的酸度，在重复性条件下获得的两次独立测定结果的绝对差值不得超过算术平均值的10%。测定结果保留一位小数。

● 训练2　食用植物油脂过氧化值的测定

1. 仪器及试剂

（1）仪器　250mL碘量瓶、微量滴定管（棕色）、量筒、移液管、容量瓶等。

（2）试剂　异辛烷-冰乙酸混合液、饱和碘化钾溶液、0.010mol/L硫代硫酸钠标准溶液、5g/L淀粉指示剂。

2. 操作步骤

用纯净干燥的二氧化碳或氮气冲洗锥形瓶，根据估计的过氧化值，按表2-2称样，装入锥形瓶中。

将50mL乙酸-异辛烷溶液加入锥形瓶中，盖上塞子摇动至样品溶解。加入0.5mL饱和碘化钾溶液，盖上塞子使其反应，时间为1min±1s。在此期间至少摇动锥形瓶3次，然后立即加入30mL蒸馏水。用硫代硫酸钠溶液滴定上述溶液。逐渐地、不间断地添加滴定液，同时伴随有力的搅动，直到黄色几乎消失。添加约0.5mL淀粉溶液，继续滴定，临近终点时，不断摇动使所有的碘从溶剂层释放出来，逐滴添加滴定液，至蓝色消失，即为终点。

测定时必须进行空白试验，当空白试验消耗0.01mol/L硫代硫酸钠溶液超过0.1mL时，应更换试剂，重新对样品进行测定。

3. 数据记录及处理

1）数据记录：将试验数据填入下表中。

测定次数	样品质量 /g	$c(Na_2S_2O_3)$ /(mol/L)	样品滴定所耗 $Na_2S_2O_3$ 的体积 /mL	空白滴定所耗 $Na_2S_2O_3$ 的体积 /mL
1				
2				

2）按式(2-3)、式(2-4)计算食用植物油脂的过氧化值。

● 训练3　面粉中粗纤维素的测定

1. 仪器及试剂

（1）仪器　500mL烧杯、130mL古氏坩埚、直径为1cm的玻璃棉吸滤管、抽滤瓶、抽气泵、250mL量筒、500mL平底烧瓶、500mL容量瓶、15mL移液管、万用电炉、高温炉、电恒温箱、备有变色硅胶的干燥器、冷凝管等。

（2）试剂　95%（体积分数）乙醇、乙醚、石蕊试纸、酸洗石棉、1.25%（体积分数）硫酸溶液、12.5g/L氢氧化钠溶液。

2. 操作步骤

（1）称取试样　取面粉试样2~3g倒入500mL烧杯中。

（2）用酸液处理　向装有试样的烧杯中加入事先在回流装置下煮沸的1.25%（体积分数）硫酸溶液200mL，记录烧杯中的液面高度，盖上表面皿，置于电炉上，在1min内煮沸，再继续慢慢煮沸30min（在煮沸过程中，要加沸水保持液面高度，经常转动烧杯），取下烧杯待沉淀下沉后，用玻璃棉抽滤管吸去上层清液，吸净后立即加入100~150mL沸水洗涤沉淀，再吸去清液，用沸水如此洗涤沉淀，至用石蕊试纸试验呈中性为止。

（3）用碱液处理　将抽滤管中的玻璃棉并入沉淀中，加入事先在回流装置下煮沸的12.5g/L氢氧化钠溶液200mL，按照用酸液处理的方法加热微沸30min，取下烧杯，使沉淀下沉后，趁热用处理到恒重的古氏坩埚抽滤，用沸水将沉淀无损失地转入坩埚中，洗至中性。

（4）用乙醇和乙醚处理　沉淀先热至50~60℃的乙醇20~25mL分3次或4次洗涤，然后用乙醚20~25mL分3次或4次洗涤，最后抽净乙醚。

（5）烘干与灼烧　将装有沉淀的古氏坩埚在105℃温度下烘至恒重，然后送入

600℃高温炉中灼烧30min，取出冷却，称重，再灼烧20min，至恒重为止。

在重复性条件下，获得的两次独立测定结果的绝对差值不得超过算术平均值的10%。

3. 数据记录及处理

1）数据记录：将试验数据填入下表中。

测定次数	样品质量/g	坩埚、粗纤维、残渣中灰分的总质量/g	坩埚、残渣中灰分的总质量/g
1			
2			

2）按式（2-5）计算面粉中粗纤维素的含量，双试验结果允许差不超过平均值的1%，测定结果取小数点后一位数字。

● 训练4 大豆中蛋白质的测定

1. 仪器及试剂

（1）仪器 500mL凯氏烧瓶、250mL锥形瓶、50mL滴定管、50mL移液管、100mL量筒、定氮蒸馏装置。

（2）试剂 浓硫酸、硫酸铜、硫酸钾、400g/L氢氧化钠溶液、甲基红-溴甲酚绿混合指示剂、40g/L硼酸吸收液、0.1000mol/L盐酸标准溶液。

2. 操作步骤

准确称取固体样品0.2~2g，小心地移入干燥洁净的500mL凯氏烧瓶中，加入研细的硫酸铜0.5g、硫酸钾10g和浓硫酸20mL，轻轻摇匀，按图2-1a所示安装消化装置，并将凯氏烧瓶以45°斜支于有小孔的石棉网上。用电炉以小火加热，待内容物全部炭化、泡沫停止产生后，加大火力，使瓶内液体微沸，液体变蓝绿色透明后，再继续加热微沸30min。冷却，小心地加入200mL蒸馏水，再放冷，加入玻璃珠数粒以防蒸馏时爆沸。

按图2-1b所示方式安装蒸馏装置，塞紧瓶口，冷凝管下端插入吸收液液面下（瓶内预先装入50mL 40g/L硼酸溶液及混合指示剂2~3滴）。放松夹子，通过漏斗加入70~80mL 400g/L氢氧化钠溶液，并摇动凯氏烧瓶，瓶内溶液变为深蓝色或产生黑色沉淀后，再加入100mL蒸馏水（从漏斗中加入），夹紧夹子，加热蒸馏，至氨全部蒸出（馏液约250mL即可），将冷凝管下端提离液面，用蒸馏水冲洗管口，继续蒸馏1min，用表面皿接几滴蒸馏液，以奈氏试剂检查，若无红棕色物生成，表示蒸馏完毕，即可停止加热，否则应继续蒸馏。

将上述吸收液用0.1000mol/L盐酸标准溶液滴定至灰色，即为终点，记录盐酸溶液的用量，同时做试剂空白试验（除不加样品外，从消化开始操作完全相同），记录空白试验消耗盐酸标准溶液的体积。

3. 数据记录及处理

1）数据记录：将试验数据填入下表中。

测定次数	样品质量/ g	$c(HCl)/$ (mol/L)	样品滴定所耗 HCl 标准溶液的体积/ mL	空白滴定所耗 HCl 标准溶液的体积/ mL
1				
2				

2) 按式(2-6)计算大豆中蛋白质的含量。

● 训练5 蓖麻籽油羰基价的测定

1. 仪器及试剂

（1）仪器 721 型分光光度计、25mL 磨口具塞试管、25mL 容量瓶、5mL 移液管、10mL 移液管、恒温水浴锅。

（2）试剂 精制乙醇、精制苯、2,4-二硝基苯肼溶液、三氯乙酸溶液、氢氧化钾乙醇溶液。

2. 操作步骤

精确称取 0.025~0.5g 样品，置于 25mL 容量瓶中，加苯溶解并稀释至刻度。吸取 5mL 样液置于 25mL 具塞试管中，加入 3mL 三氯乙酸溶液及 5mL 2,4-二硝基苯肼溶液，振摇均匀，在 60℃ 水浴中加热 30min，冷却后，沿试管壁慢慢加入 10mL 氢氧化钾乙醇溶液，使其成为二液层，用塞子盖好，剧烈振摇均匀，放置 10min。以 1cm 比色杯，用试剂空白（以 5mL 精制苯代替样液）调节零点，于波长 440nm 处测定吸光度。

3. 数据记录及处理

1) 数据记录：将试验数据填入下表中。

测定次数	样品质量/g	配制样品溶液 的总体积/mL	吸取样品溶液 的体积/mL	测得样品溶液 的吸光度 A
1				
2				

2) 按式(2-9)计算蓖麻籽油的羰基价。

● 训练6 菜籽色拉油皂化价的测定

1. 仪器及试剂

（1）仪器 250mL 锥形瓶、25mL 滴定管、感量为 0.001g 的天平、烧杯、量筒、回流冷凝管、恒温水浴箱、电炉。

（2）试剂 精馏乙醇、中性乙醇、0.5mol/L 氢氧化钾乙醇溶液、0.5mol/L 盐酸标准溶液、10g/L 酚酞乙醇溶液。

2. 操作步骤

称取混匀试样 2g（准确至 0.001g），注入锥形瓶中，加入 0.5mol/L 氢氧化钾乙醇溶液 25mL，接上冷凝管，在水浴上煮沸 30min，并随时振摇，煮至溶液清澈透明后，停止加热，取下锥形瓶，用 10mL 中性乙醇冲洗冷凝管下端，加 5 滴酚酞指示剂，趁热用 0.5mol/L 盐酸标准溶液滴定至红色消失，记下所消耗盐酸标准溶液的体积。同时进行空白试验。

3. 数据记录及处理

1）数据记录：将试验数据填入下表中。

测定次数	样品质量/ g	c(HCl)/ （mol/L）	样品滴定所耗 HCl 标准溶液的体积/ mL	空白滴定所耗 HCl 标准溶液的体积/ mL
1				
2				

2）按式（2-14）计算菜籽色拉油的皂化价。双试验结果允许差不超过 1.0mg/g，测定结果取小数点后一位。

• 训练 7　面粉中淀粉的测定

1. 仪器及试剂

（1）仪器　水浴锅、回流装置。

（2）试剂　乙醚、85%（体积分数）乙醇、400g/L 氢氧化钠、100g/L 氢氧化钠、2g/L 甲基红指示剂、200g/L 醋酸铅溶液、100g/L 硫酸钠溶液。

2. 操作步骤

称取过 40 目筛（孔径为 0.45mm）的面粉样品 2~5g，置于放有慢速滤纸的漏斗中，用 150mL 85%（体积分数）乙醇分数次洗涤残渣以去除可溶性糖类。以 100mL 水洗涤漏斗中残渣并转移至 250mL 锥形瓶中。往上述 250mL 锥形瓶中加入 30mL 6mol/L 盐酸，装好冷凝管，于沸水浴中回流 2h，回流完毕后，立即置于流水中冷却，待样品水解液冷却后，加入 2 滴甲基红指示剂，先用 400g/L 氢氧化钠调至黄色，再用 6mol/L 盐酸调到刚好变为红色，若水解液颜色较深，可用精密试纸测试，使样品水解液 pH 值≈7。加入 20mL200g/L 乙酸铅，摇匀放置 10min，以除去蛋白质、单宁、有机酸、果胶及其他胶体，再加 20mL100g/L 硫酸钠溶液，以除去过多的铅，摇匀后用蒸馏水转移至 500mL 容量瓶中，定容。过滤，弃去初滤液，收集滤液供测定用。吸取标定好的碱性酒石酸铜甲液及乙液各 5.00mL，置于 250mL 锥形瓶中，加水 10mL，加玻璃珠 3 粒，使其在 2min 内加热至沸。趁沸腾以先快后慢的速度从滴定管中滴加样品液，始终保持溶液的沸腾状态，待溶液蓝色变浅时，以 2s 一滴的速度滴定，直至溶液蓝色刚好褪去为终点。记录样品溶液消耗的体积（预测体积）。吸取碱性酒石酸铜甲液及乙液各 5.00mL，置于 250mL 锥形瓶中，加玻璃珠 3 粒，从滴定管中加入比预测体积少 1mL 的样品液，使其在 2min 内加热至沸。趁沸腾以 2s 一滴的速度继续滴定，直至蓝色刚好褪去为终点。记录消耗样品液的体积。按同一法平行操作 3 次，得出平均消耗体积。同时吸取 50mL 水，按同一方法做试剂的空白试验。

3. 数据记录及处理

1）数据记录：将试验数据填入下表中。

测定次数	样品质量/g	标定时所耗葡萄糖标准液的体积/mL				10mL 碱性酒石酸铜相当于葡萄糖的质量/mg	测定时所耗样品水解液的体积/mL				测定时空白所耗样品水解液的体积/mL			
		1	2	3	平均值		1	2	3	平均值	1	2	3	平均值
1														
2														

2）按式（2-12）计算面粉中淀粉的质量分数。在重复性条件下，获得的两次独立测定结果的绝对差值不得超过算术平均值的10%。

● 训练8 大豆油碘价的测定

1. 仪器及试剂

（1）仪器 500mL 碘量瓶、50mL 滴定管、1000mL 容量瓶、玻璃称量皿、分液漏斗、25mL 大肚吸量管、分析天平、洗气瓶，烧杯，玻璃棒和胶管。

（2）试剂 0.1mol/L 硫代硫酸钠标准溶液、100g/L 碘化钾溶液、5g/L 淀粉指示剂、环己烷、冰乙酸、韦氏（Wijs）试剂。

2. 操作步骤

根据样品预估的碘值（查表2-7），称取适量的样品放入玻璃称量皿中，精确到 0.001g。

将盛有试样的称量皿放入500mL 锥形瓶中，根据称样量加入表2-7中与之相对应的溶剂体积溶解试样，用移液管准确加入 25mL 韦氏（Wijs）试剂，盖好塞子，摇匀后将锥形瓶置于暗处。除不加试样外，其余同上，作空白溶液。

到达规定的反应时间后，加入20mL 碘化钾溶液和150mL 水。用标定过的硫代硫酸钠标准溶液滴定至碘的黄色接近消失。然后加几滴淀粉溶液继续滴定，一边滴定一边用力摇动锥形瓶，直到蓝色刚好消失。也可以采用电位滴定法确定终点。

同时做空白溶液的测定。

3. 数据记录及处理

（1）数据记录：将试验数据填入下表中。

测定次数	试样质量/g	$c(Na_2S_2O_3)$ /(mol/L)	试样滴定所耗 $Na_2S_2O_3$ 的体积/mL	空白滴定所耗 $Na_2S_2O_3$ 的体积/mL
1				
2				

（2）按式（2-13）计算大豆油的碘价。测定结果的取值方法见表2-8。在重复性条件下两次独立测试结果的绝对差值不超过表2-9中的规定重复性限值（r）。

复习思考题

1. 简述粗纤维素的测定原理及方法。

2. 用滴定法测定的酸度为什么称总酸度？

3. 如何正确配制和标定碱性酒石酸铜溶液？

4. 测定食品中淀粉含量时要特别注意哪些问题？

5. 简述蛋白质的测定原理，并说明蛋白质测定计算时系数(如6.25)的由来。

6. 在消化过程中加入的硫酸铜试剂有哪些作用？

7. 简述测定皂化价、羰基价的方法及原理。

8. 蛋白质蒸馏装置的蒸汽发生器中的水为何要用硫酸调成酸性？

9. 简述测定碘价、过氧化值的方法及原理。

第 三 章

糕点和糖果的检验

培训学习目标 掌握天平称量、恒重的操作技能；熟练使用电热干燥箱、恒温水浴锅、干燥器；熟练掌握脂肪、蛋白质、总糖、酸价、过氧化值、蔗糖、食用合成色素的测定原理、方法及操作要点；掌握用平板菌落计数法测定菌落总数的方法和检测技能；掌握鉴别大肠菌群的方法以及掌握以最大概率数法原理测定大肠菌群数的方法与技能。

糕点糖果中蛋白质的测定方法见第二章第四节。

◇◇◇ 第一节　糕点和糖果中脂肪的测定

脂肪是食品的主要成分之一，常用的测定方法有：索氏提取法、酸水解法、三氯甲烷冷浸法、罗紫-哥特里法、盖勃法、巴布科氏法和尼霍夫氏碱法等。糕点及糖果食品主要用索氏提取法和酸水解法。

一、索氏提取法

本法适用于各类食品中脂肪含量的测定，操作方法简便，准确度高，但提取时间长，是一种经典方法。

1. 测定原理

将粉碎或经处理而分散的试样，放入圆筒滤纸内，将滤纸筒置于索氏提取管中，利用乙醚在水浴中加热回流，提取试样中的脂类于接受烧瓶中，经蒸发去除乙醚，再称出烧瓶中残留物的质量，即可计算出试样中脂肪的含量。

2. 试剂

无水乙醚或石油醚。

3. 仪器

1）索氏脂肪抽提器。

2）电热恒温水浴锅（37~100℃）。

3）电热恒温烘箱（80~120℃）。

4. 操作方法

（1）滤纸筒的制备　将滤纸裁成8cm×15cm大小，以直径为2.0cm的大试管为模型，将滤纸紧靠试管壁卷成圆筒型，把底端封口，内放一小片脱脂棉，用白细线扎好定型，在100~105℃烘箱中烘至恒重（准确至0.0002g）。

（2）样品制备　将样品置于100~105℃烘箱中烘干并磨碎（或用测定水分后的试样），准确称取2~5g试样置于滤纸筒内，封好上口。

（3）索氏脂肪抽提器的准备　如图3-1所示，索氏脂肪抽提器由回流冷凝管、提脂管、提脂烧瓶三部分所组成，抽提脂肪前应将各部分洗涤干净并干燥，提脂烧瓶需烘干并称至恒重。

（4）抽提　将装有试样的滤纸筒放入带有虹吸管的提脂管中，倒入乙醚，满至使虹吸管发生虹吸作用，乙醚全部流入提脂烧瓶后，再倒入乙醚，同样再虹吸一次。此时，提脂烧瓶中乙醚量约为烧瓶体积的2/3。接上回流冷凝器，在恒温水浴中抽提，控制速度约为80滴/min（夏天约控制为45℃，冬天约控制为50℃），抽提3~4h至抽提完全（时间视含油量高低而定，或8~12h，甚至24h）。抽提是否完全可用滤纸或毛玻璃检查，由提脂管下口滴下的乙醚滴在滤纸或毛玻璃上，挥发后未留下痕迹表示抽取完全。

（5）回收溶剂　取出滤纸筒，用抽提器回收乙醚，当乙醚在提脂管内即将虹吸时立即取下提脂管，将其下口放到盛有乙醚的试剂瓶口处，使之倾斜，使液面超过虹吸管，乙醚即经虹吸管流入瓶内。按同法继续回收，将乙醚完全蒸出后，取下提脂烧瓶，于水浴上蒸去残留乙醚。用纱布擦净烧瓶外部，于100~105℃烘箱中烘至恒重并准确称量（或将滤纸筒置于小烧杯内，挥干乙醚，在100~105℃烘箱中烘至恒重，滤纸筒及样品所减少的质量即为脂肪质量。所用滤纸应事先用乙醚浸泡挥干处理，滤纸筒应预先恒量）。

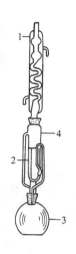

图3-1　索氏脂肪抽提器
1—冷凝管
2—滤纸筒
3—提脂烧瓶
4—提脂管

5. 计算

样品中脂肪质量分数的计算公式为

$$w(\text{脂肪}) = \frac{m_1 - m_0}{m} \times 100\% \qquad (3-1)$$

式中　$w(\text{脂肪})$——样品中脂肪的质量分数；

$\quad\quad m_1$——提脂烧瓶和脂肪的质量（g）；

$\quad\quad m_0$——提脂烧瓶的质量（g）；

$\quad\quad m$——样品质量（如果是测定水分后的样品，按测定水分前的质量计）（g）。

6. 说明及注意事项

1）此法原则上用于风干或经干燥处理的试样，但某些湿润、黏稠状态的食品，添加无水硫酸钠混合分散后也可使用索氏提取法。

2）乙醚回收后，烧瓶中稍残留乙醚，放入烘箱中有发生爆炸的危险，故需在水浴上加热使之完全挥发，另外，使用乙醚时室内应注意通风换气。仪器周围不要有明火，以防空气中的有机溶剂蒸气着火或爆炸。

3）提取过程中若溶剂蒸发损耗太多，可适当从冷凝器上口小心加入（用漏斗）适量新溶剂进行补充。

4）提脂烧瓶烘干称量过程中，反复加热会因脂类氧化而增量，故在恒重中若质量增加时，应以增量前的质量作为恒量。为避免脂肪氧化造成的误差，对富含脂肪的食品，应在真空干燥箱中干燥。

5）若样品份数多，可将索氏抽提器串联起来同时使用。所用乙醚应不含过氧化物、水分及醇类。

二、酸水解法

本法测定的脂肪为粗脂肪，适用于糕点及糖果样品，以及不易除去水分的样品。

1. 测定原理

利用强酸破坏蛋白质、纤维素及结合态脂类，使脂肪游离出来，再用乙醚或石油醚提取。

2. 试剂

1）盐酸。

2）95%乙醇（体积分数）。

3）无水乙醚（不含过氧化物）。

4）石油醚（30~60℃沸程）。

3. 仪器

1）具塞量筒：100mL。

2）恒温水浴箱。

4. 操作方法

（1）水解 准确称取固体样品 2~5g 置于 50mL 大试管中，加入 8mL 水，用玻璃棒充分混合，加 10mL 盐酸（或称取液体样品 10g 于 50mL 大试管中，加 10mL 盐酸）。混匀后置于 70~80℃ 水浴中，每隔 5~10min 用玻璃棒搅拌一次至脂肪游离为止，需 40~50min，取出静置，冷却。

（2）提取 取出试管，加入 10mL 乙醇，混合冷却后将混合物移入 100mL 具塞量筒中，用 25mL 乙醚分次冲洗试管，将洗液一并倒入具塞量筒内。加塞振摇 1min，将塞子慢慢转动放出气体，再塞好，静置 15min，小心开塞，用石油醚-乙醚等量混合液冲洗塞及筒口附着的脂肪。静置 10~20min，待上部液体清晰，吸出上层清液于已恒重的脂肪瓶中，再加 5mL 乙醚于具塞量筒内振摇，静置后仍将上层乙醚吸出，放入原脂肪瓶中。用索氏抽提器回收乙醚及石油醚。将脂肪瓶置于 95~105℃烘箱中干燥 2h，取出放干燥器中冷却 30min 后称至恒重。

5. 结果计算

同索氏提取法。

6. 说明及注意事项

1）开始加入 8mL 水是为防止后面加盐酸时干试样固化。水解后加入乙醇可使蛋白质沉淀，降低表面张力，促进脂肪球聚合，同时溶解一些碳水化合物如糖、有机酸等。后面用乙醚提取脂肪时因乙醇可溶于乙醚，故需加入石油醚降低乙醇在醚中的溶解度，使乙醇溶解物残留在水层，使分层清晰。

2）挥干溶剂后，残留物中若有黑色焦油状杂质，是分解物与水一同混入所致，会使测定值增大，造成误差，可用等量的乙醚及石油醚溶解后过滤，再次进行挥干溶剂的操作。

3）若无分解液等杂质混入，通常干燥 2h 即可恒重。

◇◇◇ 第二节　糕点和糖果中总糖的测定

一、还原糖的测定

1. 直接滴定法

（1）测定原理　样品经除去蛋白质后，在加热条件下，直接滴定经标定的碱性酒石酸铜溶液，还原糖将二价铜还原为氧化亚铜。以亚甲基蓝为指示剂，在终点稍过量的还原糖将蓝色的氧化型亚甲基蓝还原为无色的还原型亚甲基蓝，根据试样所消耗的体积计算还原糖的含量。

直接滴定法已经过多次改进，只要严格遵守试验条件，分析结果的准确度和重现性是能够满足定量分析的要求。

（2）试剂

1）碱性酒石酸铜甲液：称取 15g 硫酸铜（$CuSO_4 \cdot 5H_2O$）及 0.05g 四甲基蓝，溶于水中并稀释至 1000mL。

2）碱性酒石酸铜乙液：称取 50g 酒石酸钾钠及 75g 氢氧化钠，溶于水中，再加入 4g 亚铁氰化钾，完全溶解后，用水稀释至 1000mL，贮存于橡胶塞玻璃瓶内。

3）乙酸锌溶液：称取乙酸锌结晶 21.9g，加 3mL 冰醋酸，加水溶解至 100mL。

4）106g/L 亚铁氰化钾溶液：10.6g 亚铁氰化钾，加水溶解至 100mL。

5）葡萄糖标准溶液：准确称取 1.0000g 经过 96℃±2℃ 干燥 2h 的纯葡萄糖，加水溶解后加入 5mL 盐酸，并以水稀释至 1000mL。此溶液每 1mL 相当于 1.0mg 葡萄糖。

（3）操作方法

1）样品处理：准确称取样品（粉碎后的）2.5～5g 并置于 250mL 容量瓶中，加水 50mL，摇匀后慢慢加入 5mL 乙酸锌溶液，混匀后再慢慢加入 5mL 亚铁氰化钾溶液，振摇，加水定容并摇匀后静置 30min，用干滤纸过滤，弃去初始滤液，过滤液备用。

2）标定碱性酒石酸铜溶液：吸取 5.00mL 碱性酒石酸铜甲液及 5.00mL 碱性酒石酸

铜乙液，置于250mL锥形瓶中。加水10mL，加入玻璃珠3粒，从滴定管加约9mL标准葡萄糖液，使其在2min内加热至沸腾。趁沸腾以0.5滴/s的速度继续滴加糖液，直至溶液蓝色刚好褪去为终点，记录消耗葡萄糖液的体积。平行操作3次，得出平均消耗葡萄糖液的体积。

计算每10mL(甲、乙各5mL)碱性酒石酸铜溶液相当于葡萄糖的质量(mg)，即

$$m = Vc \qquad (3-2)$$

式中　c——葡萄糖标准溶液的浓度(mg/mL)；

　　　V——标定时消耗葡萄糖标准溶液的总体积(mL)；

　　　m——10mL碱性酒石酸铜溶液相当于葡萄糖的质量(mg)。

3) 样品溶液的预测定：吸取费林氏甲、乙液各5mL，置于150mL三角烧瓶中，加水10mL、玻璃珠2粒，控制在2min内加热至沸腾，趁沸腾以先快后慢的速度，从滴定管中滴加样液，趁沸腾以0.5滴/s的速度继续滴定至蓝色刚好褪去为终点，记录消耗样液的体积。

4) 样品溶液的测定：吸取费林氏甲、乙液各5mL，置于150mL三角烧瓶中，加水10mL、玻璃珠2粒，从滴定管中加入比预测定体积少1mL的样液，使其在2min内加热至沸腾，趁沸腾以0.5滴/s的速度继续滴定至蓝色刚好褪去为终点，记录样液消耗的体积。同法平行操作3次，得出平均消耗样液的体积。

（4）结果计算

样品中还原糖质量分数的计算公式为

$$w(还原糖) = \frac{m_1}{m \times \dfrac{V}{250} \times 1000} \times 100\% \qquad (3-3)$$

式中　$w(还原糖)$——还原糖的质量分数；

　　　m——样品质量(g)；

　　　V——测定时平均消耗样品溶液的体积(mL)；

　　　m_1——10mL碱性酒石酸铜溶液相当于葡萄糖的质量(mg)；

　　　250——样品溶液的总体积(mL)。

（5）说明及注意事项

1) 乙酸锌及亚铁氰化钾作为蛋白质沉淀剂。

2) 碱性酒石酸铜甲、乙液应分别配制，分别贮存，不能事先混合贮存。

3) 测定中的滴定速度、加热时间及热源稳定程度、锥瓶壁厚度对测定精密度影响很大，在预测及正式测定过程中试验条件应力求一致。平行测定的样品溶液所消耗体积相差应不超过0.1mL。

4) 整个滴定过程应保持在微沸状态下进行，继续滴至终点的体积应控制在0.5~1mL，否则应重做。

5) 样品中还原糖的质量分数不宜过高及过低，需根据预测加以调节，以0.1%为宜。

6) 滴定至终点，指示剂被还原糖所还原，蓝色消失，呈淡黄色，稍放置以便接触空气中的氧，指示剂被氧化就会重新变成蓝色，此时不应再滴定。

7) 配制标准液的葡萄糖应先在50~60℃下干燥30min，然后置于98~100℃烘箱中

烘至恒重。

8）碱性酒石酸铜的氧化能力较强，可将醛糖和酮糖都氧化，所以测得的是总还原糖的质量。

9）本法对糖进行定量的基础是碱性酒石酸铜溶液中 Cu^{2+} 的量，所以，样品处理时不能采用硫酸铜-氢氧化钠作为澄清剂，以免样液中误入 Cu^{2+}，得出错误的结果。

10）在碱性酒石酸铜乙液中加入亚铁氰化钾，是为了使所生成的 Cu_2O 红色沉淀与之形成可溶性的无色络合物，使终点便于观察。

11）次甲基蓝也是一种氧化剂，但在测定条件下其氧化能力比 Cu^{2+} 弱，故还原糖先与 Cu^{2+} 反应，待 Cu^{2+} 完全反应后，稍过量的还原糖才会与亚甲基蓝发生反应，溶液蓝色消失，指示到达终点。

2. 高锰酸钾法

该法是国家标准分析方法，它适用于各类食品中还原糖的测定，对于深色样液也同样适用。这种方法的主要特点是准确度高，重现性好，这两方面都优于直接滴定法。但操作复杂、费时，需查特制的高锰酸钾法糖类检索表（见附录D）。

（1）测定原理　将还原糖与过量的碱性酒石酸铜溶液反应，还原糖使二价铜还原为氧化亚铜。经过滤得氧化亚铜，用硫酸铁溶液将其氧化溶解，而三价铁盐被还原为亚铁盐，再用高锰酸钾标准液滴定所产生的亚铁盐。根据高锰酸钾标准溶液的消耗量计算氧化亚铜的质量，从附录D中查得与氧化亚铜量相当的还原糖量，再计算样品中的还原糖含量。

（2）试剂

1）碱性酒石酸铜甲液：称取 35.639g 硫酸铜（$CuSO_4 \cdot 5H_2O$），加适量水溶解，加 0.5mL 浓 H_2SO_4，再加水稀释至 500mL，用精制石棉过滤。

2）碱性酒石酸铜乙液：称取 173g 酒石酸钾钠与 50g 氢氧化钠，加适量水溶解，并稀释至 500mL，用精制石棉过滤，贮存于橡胶塞玻璃瓶内。

3）精制石棉：先将石棉用 3mol/L 盐酸浸泡 2~3h，用水洗净；再用 100g/L 氢氧化钠溶液浸泡 2~3h，倾去溶液，之后用碱性酒石酸铜乙液浸泡数小时，用水洗净；再以 3mol/L 盐酸浸泡数小时，以水洗至不呈酸性。然后加水振摇，使其成微细的浆状软纤维，用水浸泡并贮存于玻璃瓶中，即可用作填充古氏坩埚用。

4）0.02mol/L 高锰酸钾标准溶液：称取 3.3g 高锰酸钾溶于 1050mL 水中，缓缓煮沸 20~30min，冷却后置于暗处密闭保存数日，用垂融漏斗过滤，保存于棕色瓶中。用基准草酸钠标定其准确浓度。

5）1mol/L 氢氧化钠溶液：称取 4g 氢氧化钠，加水溶解并稀释至 100mL。

6）硫酸铁溶液：称取 50g 硫酸铁，加入 200mL 水溶解后，慢慢加入 100mL 硫酸，冷却后加水稀释至 1000mL。

7）3mol/L 盐酸：量取 30mL 浓盐酸，加水稀释至 120mL。

（3）仪器

1）25mL 古氏坩埚或 G4 垂融坩埚。

2）真空泵或水力真空管。

（4）测定方法

1）样品处理：

① 乳及乳制品、含蛋白质的冷食类：称取 2.5～5g 固体样品（25～50mL 液体样品）置于 250mL 容量瓶中，加 50mL 水，摇匀后加 10mL 碱性酒石酸铜甲液及 4mL1mol/L 氢氧化钠溶液至刻度，混匀，静置 30min，用干燥滤纸过滤，弃去初滤液，滤液供测定用。

② 酒精性饮料：吸取 100mL 样品，置于蒸发皿中，用 1mol/L 氢氧化钠溶液中和至中性，蒸发至原体积的 1/4 后，移入 250mL 容量瓶中。加 50mL 水，混匀。以下按①项"加 10mL 碱性酒石酸铜甲液"起，依同样方法操作。

③ 含淀粉较多的食品：称取 10～20g 样品，置于 250mL 容量瓶中，加 200mL 水，在 45℃ 水浴中加热 1h，并时时振摇，冷却后加水至刻度，混匀，静置。吸取 20mL 上清液置于另一 250mL 容量瓶中。以下按①项"加 10mL 碱性酒石酸铜甲液"起，依同样方法操作。

④ 汽水等含二氧化碳的饮料：吸取 100mL 样品置于蒸发皿中，在水浴上除去 CO_2 后，移入 250mL 容量瓶中，并用水洗涤蒸发皿，洗液并入容量瓶中后，再加水至刻度，混匀后备用。

2）测定：吸取 50mL 处理后的样品溶液置于 400mL 烧杯内，加 25mL 碱性酒石酸铜甲液及 25mL 乙液，盖上表面皿，置电炉上加热，使在 4min 内沸腾，再准确沸腾 2min，趁热用 G4 垂融坩埚或铺好石棉的古氏坩埚抽滤，并用 60℃ 热水洗涤烧杯及沉淀，至洗液不呈碱性为止。将垂融坩埚或古氏坩埚放回 400mL 烧杯中，加 25mL 硫酸铁溶液及 25mL 水，用玻璃棒搅拌至氧化亚铜完全溶解，以 0.02mol/L 高锰酸钾标准液滴定至微红色为终点。同时吸取 50mL 水，加入与测样品时相同量的碱性酒石酸甲液、乙液、硫酸铁溶液及水，按同一方法做试剂空白试验。

（5）结果计算

1）根据滴定所消耗高锰酸钾标准溶液的体积，计算相当于样品中还原糖的氧化亚铜的质量，即

$$m = (V-V_0)c \times \frac{5}{2} \times 143.08 \qquad (3-4)$$

式中　m——氧化亚铜的质量（mg）；

　　　V——测定用样品液所消耗高锰酸钾标准溶液的体积（mL）；

　　　V_0——试剂空白试验消耗高锰酸钾的体积（mL）；

　　　c——高锰酸钾标准溶液的浓度（mol/L）；

143.08——氧化亚铜的摩尔质量（mg/mmol）。

2）根据式（3-4）计算所得氧化亚铜的质量查附录 D 得出相当的还原糖的质量，再按式（3-5）计算样品中还原糖的含量，即

$$w(还原糖) = \frac{m_1}{m \times \dfrac{V_2}{V_1} \times 1000} \times 100\% \qquad (3-5)$$

式中　$w(还原糖)$——还原糖的质量分数；

　　　m_1——查表得出的相当还原糖的质量（mg）；

m——样品质量(g)；

V_1——样品处理液的总体积(mL)；

V_2——测定用样品处理溶液的体积(mL)。

（6）说明及注意事项

1）必须注意反应条件的控制，加入碱性酒石酸铜甲、乙液后必须控制在 4min 内煮沸，维持沸腾 2min，时间要准确，否则会引起较大误差，重现性不好。

2）煮沸过程中若发现溶液蓝色消失，说明糖度过高，需减少样品处理液的用量，重新操作，而不应增加碱性酒石酸铜溶液的用量。

3）抽滤过程中应防止氧化亚铜沉淀暴露于空气中，需使沉淀始终在液面下避免氧化。

4）样品处理中利用硫酸铜在碱性条件下作为澄清剂，除去蛋白质等成分。

二、总糖的测定

测定总糖通常以还原糖的测定法为基础，将食品中的非还原性双糖，经酸水解成还原性单糖，再按还原糖的测定法测定，测出以转化糖计的总糖量。

若需要单纯测定食品中的蔗糖量，可分别测定样品水解前的还原糖量及水解后的还原糖量，两者之差再乘以校正系数 0.95 即为蔗糖量，即 1g 转化糖量相当于 0.95g 蔗糖量。

在食品加工生产过程中，也常用相对密度法、折光法等简易的物理方法测定总糖量。

1. 测定原理

样品除去蛋白质后，加入稀盐酸，在加热条件下使蔗糖水解转化为还原糖，再以直接滴定法或高锰酸钾法测定。

2. 仪器

1）恒温水浴箱。

2）其他仪器同还原糖的测定。

3. 试剂

1）6mol/L 盐酸溶液。

2）甲基红指示剂：称取 0.1g 甲基红溶于 100mL60%（体积分数）乙醇中。

3）200g/L 氢氧化钠溶液。

4）转化糖标准溶液：准确称取 1.0526g 纯蔗糖用 100mL 水溶解，置于具塞三角瓶中加 5mL 盐酸（1:1），在 68~70℃ 水浴中加热 15min，冷却至室温后定容至 1000mL。此溶液 1mL 标准溶液相当于 1.0mg 转化糖。

5）其他试剂同还原糖的测定。

4. 测定方法

（1）样品处理　按还原糖测定法中的方法进行。

（2）样品中总糖量的测定　吸取 50mL 样品处理液置于 100mL 容量瓶中，加 6mol/L 盐酸 5mL，在 68~70℃ 水浴中加热 15min，冷却后加 2 滴甲基红指示剂，用 200g/L 氢氧化钠中和至中性，加水至刻度，混匀，按还原糖测定法中直接滴定法或高锰酸钾法进行测定。

5. 结果计算

样品中总糖质量分数的计算公式为

$$w(总糖) = \frac{m_1}{m \times \dfrac{50}{V_1} \times \dfrac{V_2}{100} \times 1000} \times 100\% \qquad (3\text{-}6)$$

式中　$w(总糖)$——总糖的质量分数;

$\qquad m_1$——直接滴定法中 10mL 碱性酒石酸铜相当于转化糖的质量(mg),或高

$\qquad\qquad$ 锰酸钾法中查表得出相当的转化糖质量(mg);

$\qquad m$——样品质量(g);

$\qquad V_1$——样品处理液的总体积(mL);

$\qquad V_2$——测定总糖量取用水解液的体积(mL)。

6. 说明及注意事项

1) 分析结果的准确性及重现性取决于水解的条件,要求样品在水解过程中,只有蔗糖被水解而其他化合物不被水解。

2) 在用直接滴定法测定蔗糖时,为减少误差,碱性酒石酸铜溶液的标定需采用蔗糖标准液,按测定条件水解后进行标定。

3) 碱性酒石酸铜溶液的标定:

① 称取 105℃烘干至恒重的纯蔗糖 1.0000g,以蒸馏水溶解,移入 500mL 容量瓶中,稀释至刻度,摇匀。此标准液 1mL 相当于纯蔗糖 2mg。

② 吸取蔗糖标准液 50mL 置于 100mL 容量瓶中,加 6mol/L 盐酸 5mL 在 68～70℃水浴中加热 15min,冷却后加 2 滴甲基红指示剂,用 200g/L 氢氧化钠中和至中性,加水至刻度,摇匀。此标准液 1mL 相当于蔗糖 1mg。

③ 取经水解的蔗糖标准液,按直接滴定法标定碱性酒石酸铜溶液,则 10mL 碱性酒石酸铜溶液相当于转化糖的质量为

$$m_2 = \frac{m_1 V}{0.95} \qquad (3\text{-}7)$$

式中　m_1——1mL 蔗糖标准水解液相当于蔗糖的质量(mg);

$\qquad m_2$——10mL 碱性酒石酸铜液相当于转化糖的质量(mg);

$\qquad 0.95$——蔗糖换算为转化糖的系数;

$\qquad V$——标定中消耗蔗糖标准水解液的体积(mL)。

4) 利用酶的专一性也可进行酶法水解,如采用 β-果糖苷酶(转化酶)进行水解。这种方法的应用,关键在于酶制剂本身的纯度及活力,目前较少采用。

◇◇◇ 第三节　糕点和糖果酸价与过氧化值的测定

一、酸价的测定

酸价是指中和 1g 油脂中所含的游离脂肪酸所需氢氧化钾的质量。

1. 测定原理

油脂中的游离脂肪酸与氢氧化钾发生中和反应，从氢氧化钾标准溶液的消耗量可计算出游离脂肪酸的含量。其反应式为

$$RCOOH+KOH \longrightarrow RCOOK+H_2O$$

2. 试剂

1）10g/L 酚酞乙醇溶液。

2）乙醚-乙醇混合液：乙醚、乙醇按 2：1 混合。用0.1000mol/L氢氧化钾溶液中和至对酚酞指示液呈中性。

3）0.1000mol/L 氢氧化钾标准溶液。

3. 操作方法

（1）取样方法　称取 0.5kg 含油脂较多的样品，面包、饼干等含脂肪少的样品取1.0kg，然后用对角线取 2/4 或 2/6 或根据样品情况取有代表性的样品，在玻璃乳钵中研碎，混合均匀后置于广口瓶内，保存于冰箱中。

（2）样品处理

1）含油脂量高的样品（如桃酥等）：称取混合均匀的试样 50g，置于 250mL 具塞锥形瓶中，加 50mL 石油醚（沸程：30～60℃），放置过夜，用快速滤纸过滤后，减压回收溶剂，得到油脂。

2）含油脂量中等的样品（如蛋糕、江米条等）：称取混合均匀后的试样 100g 左右，置于 500mL 具塞锥形瓶中，加 100～200ml 石油醚，放置过夜，用快速滤纸过滤后，减压回收溶剂，得到油脂。

3）含油脂量低的样品（如面包、饼干等）：称取混合均匀后的试样 250～300g，置于 500mL 具塞锥形瓶中，加入适量石油醚浸泡样品，放置过夜，用快速滤纸过滤后，减压回收溶剂，得到油脂。

（3）试样测定　准确称取上述油脂样品 3.00～5.00g，置于 250mL 锥形瓶中，加入 50mL 中性乙醚-乙醇混合液，振摇使油脂溶解，必要时可置于热水中，温热促其溶解。再冷却至室温，加入酚酞指示液 2～3 滴，以 0.1000mol/L 氢氧化钾标准溶液滴定，至恰呈现微红色，且 30s 内不褪色即为终点。

4. 结果计算

样品酸价（mg/g）的计算公式为

$$w = \frac{c(KOH) \times V(KOH) \times 56.11}{m} \tag{3-8}$$

式中　w——样品的酸价（mgKOH/g 油）；

$V(KOH)$——样品消耗氢氧化钾标准溶液体积（mL）；

$c(KOH)$——氢氧化钾标准溶液的浓度（mol/L）；

　　m——测定时称取油脂的质量（g）；

　56.11——氢氧化钾的毫摩尔质量（mg/mmol）。

5. 说明及注意事项

1）试验中加入乙醇，可防止反应生成的脂肪酸钾盐离解，所用乙醇的体积分数最好大于40%。

2）酸价较高的油脂可适当减小称样质量。

3）如果油样颜色过深，终点判断困难时，可减少试样用量或适当增加混合溶剂的用量。也可将指示剂改为1%（质量分数）百里酚酞（乙醇溶液）终点由无色→蓝色。

4）在没有氢氧化钾标准溶液的情况下，试验时也可用氢氧化钠溶液代替，但计算公式不变，即仍以氢氧化钾的摩尔质量（56.11）参与计算。

二、过氧化值的测定

1. 测定原理

试样溶解在乙酸-异辛烷溶液中，与碘化钾溶液反应，用硫代硫酸钠标准溶液滴定析出的碘，从而计算出过氧化值。

2. 试剂及仪器

同第二章第二节。

3. 操作方法

取样方法及样品处理同本节酸价的测定。

准确称取上述油脂样品2~3g，置于250mL碘量瓶中，加入50mL乙酸-异辛烷溶液，盖上塞子摇动至样品溶解。

加入0.5mL饱和碘化钾溶液，盖上塞子使其反应，时间为1min±1s，在此期间至少摇动锥形瓶3次，然后立即加入30mL蒸馏水。

用硫代硫酸钠溶液滴定上述溶液。逐渐地、不间断地添加滴定液，同时伴随有力的搅动，直到黄色几乎消失。添加约0.5mL淀粉溶液，继续滴定，临近终点时，不断摇动使所有的碘从溶剂层释放出来，然后逐滴添加滴定液，至蓝色消失，即为终点。

测定时必须进行空白试验，当空白试验消耗0.01mol/L硫代硫酸钠溶液超过0.1mL时，应更换试剂，重新对样品进行测定。

4. 结果计算

同第二章第二节粮油及其制品中过氧化值的测定

◇◇◇ 第四节　糕点和糖果中细菌总数与大肠菌群的测定

一、细菌总数的测定

1. 测定原理

菌落总数是指食品检样经过处理并在一定条件下培养后，所得1mL（g）检样中形成菌落的总数。菌落总数主要作为判别食品被污染程度的标志，也可用以观察细菌在食品中繁殖的动态，细菌菌落总数的测定一般用国际标准规定的平板计数法，所得结果只包含一群能在营养琼脂上生长的嗜中温需氧菌或兼性厌氧菌的菌落总数，并不表示样品中实际存在的所有细菌的菌落总数。由于菌落总数并不能区分细菌的种类，故常被称为杂菌数或需氧菌数等。

食品中菌落总数越多，说明食品质量越差，病原菌污染的可能性越大；当菌落总数仅少量存在时，病原菌污染的可能性就会降低，或者几乎不存在。但不能单凭菌落总数一项指标来评定食品卫生质量的优劣，必须配合大肠菌群和病原菌项目的检验，才能对食品做出比较全面准确的评价。

2. 材料

（1）培养基及试剂

1）平板计数琼脂培养基（见附录K）。

2）磷酸盐缓冲液（见附录K）。

3）无菌生理盐水（见附录K）。

（2）器具及其他用品

1）恒温培养箱：36℃±1℃，30℃±1℃。

2）冰箱：2~5℃。

3）恒温水浴箱：46℃±1℃。

4）天平：感量0.1g。

5）均质器。

6）振荡器。

7）无菌吸管：1mL（具有0.01mL刻度）与10mL（具有0.1mL刻度）或微量移液器及吸头。

8）无菌锥形瓶：容量250mL、500mL。

9）无菌培养皿：直径90mm。

10）pH计或pH比色管或精密pH试纸。

11）放大镜或/和菌落计数器。

3. 菌落总数的检验程序

菌落总数的检验程序如图3-2所示。

4. 检样稀释及培养

1）固体和半固体样品称取25g样品置于盛有225mL磷酸盐缓冲液或生理盐水的无菌均质杯内，8000~10000 r/min均质1~2min，或放入盛有225mL稀释液的无菌均质袋中，用拍击式均质器拍打1~2min，制成1∶10的样品匀液。

2）液体样品以无菌吸管吸取25mL样品，置于盛有225mL磷酸盐缓冲液或生理盐水的无菌锥形瓶（瓶内预置适当数量的无菌玻璃珠）中，充分混匀，制成1∶10的样品匀液。

3）用1mL无菌吸管或微量移液器吸取1∶10样品匀液1mL，沿管壁缓慢注入盛有9mL稀释液的无菌试管中（注意吸管或吸头尖端不要触及稀释液面），振摇试管或换用1支无菌吸管反复吹打使其混合均匀，制成1∶100的样品匀液。

4）重复以上操作程序，制备10倍系列稀释样品匀液。每递增稀释一次，换用1次

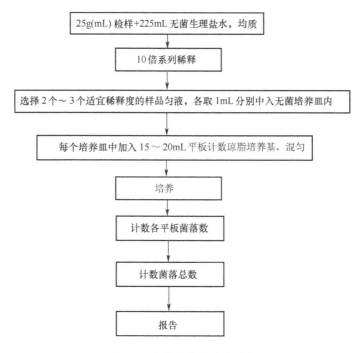

图 3-2　菌落总数的检验程序

1mL 无菌吸管或吸头。

5）根据对样品污染状况的估计，选择 2~3 个适宜稀释度的样品匀液（液体样品可包括原液）。在进行 10 倍递增稀释时，吸取 1mL 样品匀液放入无菌平皿内，每个稀释度做两个平皿。同时，分别吸取 1mL 空白稀释液加入两个无菌平皿内，作空白对照。

6）及时将 15mL~20mL 冷却至 46℃ 的平板计数琼脂培养基（可放置于 46℃±1℃ 恒温水浴箱中保温）倾注平皿，并转动平皿使其混合均匀。

7）培养。待琼脂凝固后，将平板翻转，于 36℃±1℃ 培养 48h±2h（水产品于 30℃±1℃ 培养 72h±3h）。

如果样品中可能含有在琼脂培养基表面弥漫生长的菌落，可在凝固后的琼脂表面覆盖一薄层琼脂培养基（约 4mL），凝固后翻转平板，按上述条件进行培养。

5. 菌落计数

可用肉眼观察，必要时用放大镜或菌落计数器，记录稀释倍数和相应的菌落数量。菌落计数以菌落形成单位（Colony-Forming Units，CFU）表示。

选取菌落数在 30~300CFU、无蔓延菌落生长的平板计数菌落总数。低于 30CFU 的平板记录具体菌落数。大于 300CFU 的平板可记录为多不可计。每个稀释度的菌落数应采用两个平板的平均数。

其中一个平板有较大片状菌落生长时，则不宜采用，而应以无片状菌落生长的平板作为该稀释度的菌落数；若片状菌落数不到平板的 1/2，而其余 1/2 中菌落分布又很均匀，即可计算半个平板后乘以 2，用于代表一个平板菌落数。

当平板上出现菌落间无明显界线的链状生长时，可将每条单链作为一个菌落计数。

6. 结果与报告

（1）菌落总数的计算方法

1）若只有一个稀释度平板上的菌落数在适宜计数范围内，则计算两个平板菌落数的平均值，再将平均值乘以相应稀释倍数，作为每 g(mL)样品中菌落总数结果。

2）若有两个连续稀释度的平板菌落数在适宜计数范围内，按式(3-9)计算：

$$N = \sum C/(n_1 + 0.1n_2)d \tag{3-9}$$

式中　N——样品中菌落数；

　　$\sum C$——平板(含适宜范围菌落数的平板)菌落数之和；

　　n_1——第一稀释度(低稀释倍数)平板个数；

　　n_2——第二稀释度(高稀释倍数)平板个数；

　　d——稀释因子(第一稀释度)。

示例：

稀释度	1：100(第一稀释度)	1：1000(第二稀释度)
菌落数/CFU	233，245	34，36

$$N \sum C/(n_1 + 0.1n_2)d = \frac{233 + 245 + 34 + 36}{[2 + (0.1 \times 2)] \times 10^{-2}} = \frac{548}{0.022} = 24909$$

上述数据按菌落总数的报告中 2）修约后，表示为 25000 或 2.5×10^4。

3）若所有稀释度的平板上菌落数均大于 300CFU，则对稀释度最高的平板进行计数，其他平板可记录为多不可计，结果按平均菌落数乘以最高稀释倍数计算。

4）若所有稀释度的平板菌落数均小于 30CFU，则应按稀释度最低的平均菌落数乘以稀释倍数计算。

5）若所有稀释度(包括液体样品原液)平板均无菌落生长，则以小于 1 乘以最低稀释倍数计算。

6）若所有稀释度的平板菌落数均不在 30~300CFU，其中一部分小于 30CFU 或大于 300CFU 时，则以最接近 30CFU 或 300CFU 的平均菌落数乘以稀释倍数计算。

（2）菌落总数的报告

1）菌落数小于 100CFU 时，按"四舍五入"原则修约，以整数报告。

2）菌落数大于或等于 100CFU 时，第 3 位数字采用"四舍五入"原则修约后，取前 2 位数字，后面用 0 代替位数；也可用 10 的指数形式来表示，按"四舍五入"原则修约后，采用两位有效数字。

3）若所有平板上为蔓延菌落而无法计数，则报告菌落蔓延。

4）若空白对照上有菌落生长，则此次检测结果无效。

5）称重取样以 CFU/g 为单位报告，体积取样以 CFU/mL 为单位报告。

二、大肠菌群的测定

1. 测定原理

大肠菌群(Coliforms)是指一群能发酵乳糖、产酸产气、需氧和兼性厌氧的革兰氏阴性无芽孢杆菌。该菌主要来源于人畜粪便,故以此作为粪便污染指标来评价食品的卫生质量,具有广泛的卫生学意义。

食品中大肠菌群数是以每100mL(g)检样内大肠菌群的最可能数(Most Probable Number,简称MPN,是基于泊松分布的一种间接计数方法。)来表示的。据此含义,所有食品卫生标准中所规定的大肠菌群均应以100mL(g)食品内允许含有大肠菌群的实际数值为报告标准。检查大肠菌群数,一方面能表明食品中有无粪便污染,另一方面还可以根据数量的多少,判定食品受污染的程度。

2. 培养基和试剂

1) 月桂基硫酸盐胰蛋白胨(Lauryl Sulfate Tryptose,LST)肉汤(见附录K)。

2) 煌绿乳糖胆盐(Brilliant Green Lactose Bile,BGLB)肉汤(见附录K)。

3) 结晶紫中性红胆盐琼脂(Violet Red Bile Agar,VRBA)(见附录K)。

4) 磷酸盐缓冲液(见附录K)。

5) 无菌生理盐水(见附录K)。

6) 无菌1mol/L NaOH(见附录K)。

7) 无菌1mol/L HCl(见附录K)。

3. 器具及其他用品

除微生物实验室常规灭菌及培养设备外,其他设备和材料如下:

1) 恒温培养箱:36℃±1℃。

2) 冰箱:2~5℃。

3) 恒温水浴箱:46℃±1℃。

4) 天平:感量为0.1g。

5) 均质器。

6) 振荡器。

7) 无菌吸管:1mL(具0.01mL刻度)、10mL(具0.1mL刻度)或微量移液器及吸头。

8) 无菌锥形瓶:容量500mL。

9) 无菌培养皿:直径90mm。

10) pH计或pH比色管或精密pH试纸。

11) 菌落计数器。

4. 大肠菌群MPN计数法的检验程序

大肠菌群MPN计数法的检验程序如图3-3所示。

5. 操作步骤

(1) 检样稀释

1) 固体和半固体样品:称取25g样品,放入盛有225mL磷酸盐缓冲液或生理盐水的

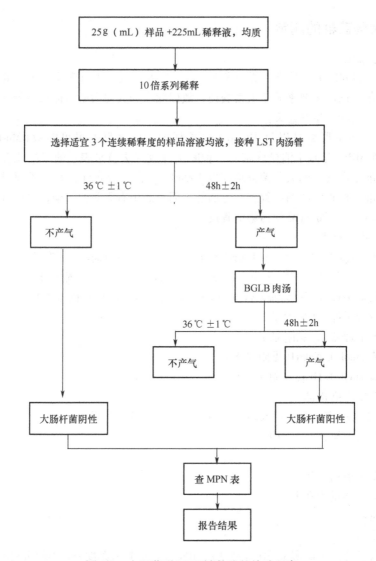

图 3-3　大肠菌群 MPN 计数法的检验程序

无菌均质杯内，8000~10000r/min 均质 1~2min，或放入盛有 225mL 磷酸盐缓冲液或生理盐水的无菌均质袋中，用拍击式均质器拍打 1~2min，制成 1∶10 的样品匀液。

2）液体样品：以无菌吸管吸取 25mL 样品置盛有 225mL 磷酸盐缓冲液或生理盐水的无菌锥形瓶(瓶内预置适当数量的无菌玻璃珠)中，充分混匀，制成 1∶10 的样品匀液。

3）样品匀液的 pH 值应为 6.5~7.5，必要时分别用 1mol/L NaOH 或 1mol/L HCl 调节。

4）用 1mL 无菌吸管或微量移液器吸取 1∶10 样品匀液 1mL，沿管壁缓缓注入 9mL 磷酸盐缓冲液或生理盐水的无菌试管中(注意吸管或吸头尖端不要触及稀释液面)，振摇试管或换用 1 支 1mL 无菌吸管反复吹打，使其混合均匀，制成 1∶100 的样品匀液。

5）根据对样品污染状况的估计，按上述操作，依次制成 10 倍递增系列稀释样品匀液。每递增稀释 1 次，换用 1 支 1mL 无菌吸管或吸头。从制备样品匀液至样品接种完毕，全过程不得超过 15min。

（2）初发酵试验　每个样品，选择 3 个适宜的连续稀释度的样品匀液（液体样品可以选择原液），每个稀释度接种 3 管月桂基硫酸盐胰蛋白胨（LST）肉汤，每管接种 1mL（若接种量超过 1mL，则用双料 LST 肉汤），于 36℃±1℃ 培养 24h±2h，观察管内是否有气泡产生，对 24h±2h 产气者进行复发酵试验，如未产气则继续培养至 48h±2h，未产气者为大肠菌群阴性。

（3）复发酵试验　用接种环从产气的 LST 肉汤管中分别取培养物 1 环，移种于煌绿乳糖胆盐肉汤（BGLB）管中，于 36℃±1℃ 培养 48h±2h，观察产气情况。产气者，计为大肠菌群阳性管。

（4）大肠菌群最可能数（MPN）的报告　根据确证的大肠菌群 LST 阳性管数，检索 MPN 表（见附录 I），报告 1g(mL) 样品中大肠菌群的 MPN 值。

6. 大肠菌群平板计数法的检验程序（见图 3-4）。

（1）样品的稀释　按操作步骤中"检样稀释"进行。

（2）平板计数

1）选取 2~3 个适宜的连续稀释度，每个稀释度接种 2 个无菌平皿，每皿 1mL。同时取 1mL 生理盐水加入无菌平皿作空白对照。

2）及时将 15~20mL 冷至 46℃ 的结晶紫中性红胆盐琼脂（VRBA）倾注于每个平皿中。小心旋转平皿，将培养基与样液充分混匀，待琼脂凝固后，再加 3~4mL VRBA 覆盖平板表层。翻转平板，置于 36℃ ±1℃ 培养 18~24h。

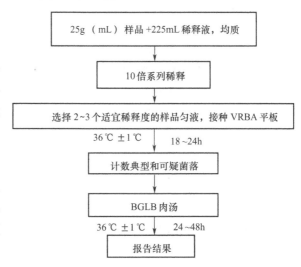

图 3-4　大肠菌群平板计数法的检验程序

（3）平板菌落数的选择　选取菌落数在 15~150CFU 的平板，分别计数平板上出现的典型和可疑大肠菌群菌落。

典型菌落为紫红色，菌落周围有红色的胆盐沉淀环，菌落直径为 0.5mm 或更大。

（4）证实试验　从 VRBA 平板上挑取 10 个不同类型的典型和可疑菌落，分别移种于 BGLB 肉汤管内，36℃±1℃ 培养 24~48h，观察产气情况。凡 BGLB 肉汤管产气，即可报告为大肠菌群阳性。

（5）大肠菌群平板计数的报告　经最后证实为大肠菌群阳性的试管比例乘以"平板菌落数的选择"中计数的平板菌落数，再乘以稀释倍数，即为每 g(mL) 样品中大肠菌群数。例：

10^{-4} 样品稀释液 1mL，在 VRBA 平板上有 100 个典型和可疑菌落，挑取其中 10 个接种 BGLB 肉汤管，证实有 6 个阳性管，则该样品的大肠菌群数为：$100 \times 6/10 \times 10^4/g(mL) = 6.0 \times 10^5$ CFU/g(mL)。

◇◇◇◇ 第五节　糕点和糖果中霉菌的测定

由于遭到霉菌侵染，食品常会发生霉坏变质，有些霉菌的有毒代谢产物能引起各种急性和慢性中毒，特别是有些霉菌毒素具有很强烈的致癌性。霉菌数的测定是指食品检样经过处理，在一定条件下培养后所得到的 1g 或 1mL 检样中所测得的霉菌菌落数。

1. 设备和材料

除微生物实验室常规灭菌及培养设备外，其他设备和材料如下：

1）冰箱：2~5℃。

2）恒温培养箱：28℃±1℃。

3）均质器。

4）恒温振荡器。

5）显微镜：10~100 倍。

6）电子天平：感量为 0.1g。

7）无菌锥形瓶：容量 500mL、250mL。

8）无菌广口瓶：500mL。

9）无菌吸管：1mL（具 0.01mL 刻度）、10mL（具 0.1mL 刻度）。

10）无菌平皿：直径 90mm。

11）无菌试管：10mm×75mm。

12）无菌牛皮纸袋、塑料袋。

2. 培养基和试剂

1）马铃薯-葡萄糖-琼脂培养基（见附录 K）。

2）孟加拉红培养基（见附录 K）。

3. 检验程序

霉菌和酵母计数的检验程序见图 3-5。

4. 操作步骤

（1）样品的稀释

1）固体和半固体样品：称取 25g 样品至盛有 225mL 灭菌蒸馏水的锥形瓶中，充分振摇，即为 1：10 稀释液。或放入盛有 225mL 无菌蒸馏水的均质袋中，用拍击式均质器拍打 2min，制成 1：10 的样品匀液。

2）液体样品：以无菌吸管吸取 25mL 样品至盛有 225mL 无菌蒸馏水的锥形瓶（可在瓶内预置适当数量的无菌玻璃珠）中，充分混匀，制成 1：10 的样品匀液。

3）取 1mL1：10 稀释液注入含有 9mL 无菌水的试管中，另换一支 1mL 无菌吸管反

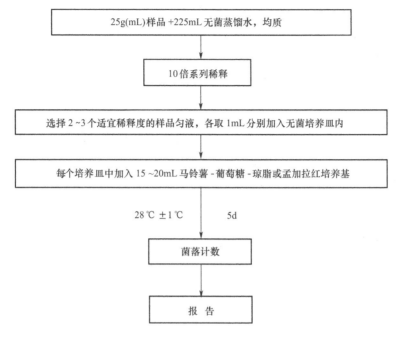

```
┌─────────────────────────────────────────────┐
│   25g(mL)样品 +225mL 无菌蒸馏水，均质          │
└─────────────────────────────────────────────┘
                      │
┌─────────────────────────────────────────────┐
│              10 倍系列稀释                     │
└─────────────────────────────────────────────┘
                      │
┌─────────────────────────────────────────────┐
│ 选择 2~3 个适宜稀释度的样品匀液，各取 1mL 分别加入无菌培养皿内 │
└─────────────────────────────────────────────┘
                      │
┌─────────────────────────────────────────────┐
│ 每个培养皿中加入 15~20mL 马铃薯-葡萄糖-琼脂或孟加拉红培养基 │
└─────────────────────────────────────────────┘
                      │
        28℃±1℃          5d
                      │
┌─────────────────────────────────────────────┐
│              菌 落 计 数                       │
└─────────────────────────────────────────────┘
                      │
┌─────────────────────────────────────────────┐
│               报  告                          │
└─────────────────────────────────────────────┘
```

图 3-5　霉菌和酵母计数的检验程序

复吹吸，此液为 1∶100 稀释液。

4）按上述操作程序，制备 10 倍系列稀释样品匀液。每递增稀释一次，换用 1 次 1mL 无菌吸管。

5）根据对样品污染状况的估计，选择 2~3 个适宜稀释度的样品匀液（液体样品可包括原液），在进行 10 倍递增稀释的同时，每个稀释度分别吸取 1mL 样品匀液于 2 个无菌平皿内。同时分别取 1mL 样品稀释液加入 2 个无菌平皿作空白对照。

6）及时将 15~20mL 冷却至 46℃ 的马铃薯-葡萄糖-琼脂或孟加拉红培养基（可放置于 46℃±1℃ 恒温水浴箱中保温）倾注平皿，并转动平皿使其混合均匀。

（2）培养　待琼脂凝固后，将平板倒置，28℃±1℃ 培养 5d，观察并记录。

（3）菌落计数　肉眼观察，必要时可用放大镜，记录各稀释倍数和相应的霉菌和酵母数。以菌落形成单位（colony forming units, CFU）表示。

选取菌落数在 10~150CFU 的平板，根据菌落形态分别计数霉菌和酵母数。霉菌蔓延生长覆盖整个平板的可记录为多不可计。菌落数应采用两个平板的平均数。

5. 结果与报告

（1）结果

1）计算两个平板菌落数的平均值，再将平均值乘以相应的稀释倍数。

2）若所有平板上菌落数均大于 150CFU，则对稀释度最高的平板进行计数，其他平板可记录为多不可计，结果按平均菌落数乘以最高稀释倍数计算。

3）若所有平板上菌落数均小于10CFU，则应按稀释度最低的平均菌落数乘以稀释倍数计算。

4）若所有稀释度平板均无菌落生长，则以小于1乘以最低稀释倍数计算；如为原液，则以小于1计数。

（2）报告

1）菌落数在100以内时，按"四舍五入"原则修约，采用两位有效数字报告。

2）菌落数大于或等于100时，前3位数字采用"四舍五入"原则修约后，取前2位数字，后面用0代替位数来表示结果；也可用10的指数形式来表示，此时也按"四舍五入"原则修约，采用两位有效数字。

3）称重取样以CFU/g为单位报告，体积取样以CFU/mL为单位报告，报告或分别报告霉菌和/或酵母数。

6. 说明

本方法适用于各类食品中霉菌和酵母菌的计数。

◈◈◈ 第六节　糕点和糖果中蔗糖的测定

蔗糖是非还原性双糖，不能用测定还原糖的方法直接进行测定，但蔗糖经酸水解后可生成具有还原性的葡萄糖和果糖，再按照测定还原糖的方法进行测定。对于纯度较高的蔗糖溶液，可用相对密度、折光率、旋光率等物理检验法进行测定。

1. 测定原理

样品除去蛋白质等杂质后，用稀盐酸水解，使蔗糖转化为还原糖；然后按照还原糖测定的方法，分别测定水解前后样液中还原糖的含量，两者的差值即为由蔗糖水解产生的还原糖的量，再乘以换算系数0.95即为蔗糖的含量。

2. 试剂

1）6mol/L盐酸溶液。

2）1g/L甲基红指示剂：称取0.1g甲基红，用60%（体积分数）乙醇溶解并定容至100mL。

3）200g/L氢氧化钠溶液。

4）其他试剂同本章第三节还原糖的测定。

3. 测定方法

取一定量的样品，按照还原糖测定中的方法进行处理。吸取经过处理后的样品2份各50mL，分别放入100mL容量瓶中。其中一份加入5mL 6mol/L盐酸溶液，置于68～70℃水浴中加热15min，取出迅速冷却至室温，加2滴甲基红指示剂，用200g/L的氢氧化钠溶液中和至中性，加水至刻度，摇匀。而另一份直接用水稀释至100mL，按照直接滴定法或高锰酸钾滴定法测定还原糖。

4. 结果计算

蔗糖质量分数的计算公式为

$$w(蔗糖) = \frac{(m_2 - m_1) \times 0.95}{m \times \dfrac{50}{V_1} \times \dfrac{V_2}{100} \times 1000} \times 100\% \tag{3-10}$$

式中　$w(蔗糖)$——蔗糖的质量分数；

　　　　m_1——未经水解的样液中还原糖的质量(mg)；

　　　　m_2——经水解后样液中还原糖的质量(mg)；

　　　　V_1——样品处理液的总体积(mL)；

　　　　V_2——测定还原糖取用样品处理液的体积(mL)；

　　　　m——样品质量(g)；

　　　　0.95——还原糖还原成蔗糖的系数。

蔗糖含量大于或等于10g/100g时计算结果保留三位有效数字；蔗糖含量小于10g/100g时计算结果保留两位有效数字。

在重复性条件下，获得的两次独立测定结果的绝对差值不得超过算术平均值的10%。

5. 说明及注意事项

1) 蔗糖在本法规定的水解条件下，可以完全水解，必须严格控制水解条件，以确保结果的准确性与重现性。此外，果糖在酸性溶液中易分解，故水解结束后应立即取出并迅速冷却中和。

2) 用还原糖法测定蔗糖时，为减少误差，测得的还原糖应以转化糖表示，故用直接法滴定时，碱性酒石酸铜溶液的标定需采用蔗糖标准溶液按测定条件水解后进行标定，标定步骤如下：

① 称取105℃烘干至恒重的纯蔗糖1.000g，用蒸馏水溶解，并定容至500mL，混匀。此标准溶液1mL相当于纯蔗糖2mg。

② 吸取上述蔗糖标准溶液50mL置于100mL容量瓶中，加入5mL 6mol/L盐酸溶液，在68~70℃水浴中加热15min，取出后迅速冷却至室温，加2滴甲基红指示剂，用200g/L的氢氧化钠溶液中和至中性，然后加水至刻度，摇匀。此标准溶液1mL相当于纯蔗糖1mg。

③ 取经水解的蔗糖标准溶液，按直接滴定法标定碱性酒石酸铜溶液。转化糖质量的计算公式为

$$m_2 = \frac{m_1}{0.95} \times V \tag{3-11}$$

式中　m_1——1mL蔗糖标准水解液相当于蔗糖的质量(mg)；

　　　　m_2——10mL碱性酒石酸铜溶液相当于转化糖的质量(mg)；

　　　　V——标定中消耗蔗糖标准水解液的体积(mL)；

　　　　0.95——蔗糖换算为转化糖的系数。

3) 若选用高锰酸钾滴定法时，查附录D时应查找转化糖项。

◆◆◆◆ 第七节 糕点和糖果中食用合成色素的测定

食用色素按其来源可分为天然色素和人工合成色素两类，前者一般较为安全，后者具有不同程度的毒性。我国允许使用的食用合成色素有苋菜红、胭脂红、柠檬黄、日落黄、靛蓝、亮蓝等。国家颁布的"食品添加剂使用卫生标准"中规定了食用合成色素的使用范围及最大使用量。合成色素的测定方法主要有薄层层析法和高效液相色谱法，这里主要介绍薄层层析法。

1. 测定原理

在酸性条件下，用聚酰胺吸附水溶性合成色素，在碱性条件下，用适当的溶液将其解吸，用薄层层析法进行分离鉴别，与标准比较定性、定量。

2. 仪器

1) 分光光度计。

2) 微量注射器或血色素吸量管。

3) 展开槽：25cm×6cm×4cm。

4) 层析缸。

5) 滤纸：中速滤纸，纸色谱用。

6) 薄层板：5cm×20cm。

7) 电吹风。

8) 水泵。

3. 试剂

1) 聚酰胺粉(尼龙6)：过200目筛(孔径为0.071)。

2) 硫酸(1+10)。

3) 甲醇-甲酸溶液(6+4)。

4) 甲醇(A.R.)。

5) 200g/L柠檬酸溶液。

6) 100g/L钨酸钠溶液。

7) 石油醚：沸程60~90℃。

8) 海砂：先用1∶10的盐酸煮沸15min，用水洗至中性，再用50g/L氢氧化钠溶液煮沸15min，用水洗至中性，再于105℃干燥，贮于具塞玻璃瓶中，备用。

9) 乙醇-氨溶液：吸取1mL氨水，移入100mL容量瓶中，用70%(体积分数)乙醇定容。

10) 50%(体积分数)乙醇溶液。

11) 硅胶G。

12) 水(pH值=6)：利用200g/L柠檬酸调节水的pH值=6。

13) 盐酸(1+10)。

14) 50g/L氢氧化钠溶液。

15）碎瓷片。

16）展开剂。

① 甲醇-乙二胺-氨水（10+3+2）：供薄层色谱用。

② 甲醇-氨水-乙醇（5+1+10）：供薄层色谱用。

③ 柠檬酸钠溶液（25g/L）-氨水-乙醇（8+1+2）：供薄层色谱用。

④ 正丁醇-无水乙醇-氨水（1%）（6+2+3）：供纸色谱用。

⑤ 正丁醇-吡啶-氨水（1%）（6+3+4）：供纸色谱用。

⑥ 甲乙酮-丙酮-水（7+3+3）：供纸色谱用。

17）色素标准溶液：分别准确称取各种单元色素 0.100g，用 pH 值=6 的水溶解，然后移入 100mL 容量瓶中，按其纯度折算为 100% 质量并用 pH 值=6 的水定容（靛蓝溶液需在暗处保存）。

4. 测定步骤

（1）样品处理

1）淀粉、软糖、硬糖、蜜饯类：称取粉碎样品 5~10g，加水 30mL，加热溶解，用柠檬酸溶液调 pH 值=4。

2）奶糖：称取样品 10g，粉碎，加 30mL 乙醇-氨溶液溶解，置水浴上加热浓缩到 20mL 左右，立即用 1:10 硫酸调至微酸性（用 pH 试纸测定），继续滴加 1mL1:10 硫酸，再加 1mL 钨酸钠溶液使蛋白质沉淀，过滤，用少量水洗涤，收集滤液备用。

3）蛋糕类：称取样品 10g，粉碎，加放少量海砂，混匀，用电吹风吹干，加入 30mL 石油醚搅拌静置片刻，倾出石油醚，如此重复 2~3 次以除去油脂，再吹干研细，然后转入漏斗中，用乙醇-氨溶液提取色素直至色素提取完全，以下按 2）自"置水浴上加热浓缩至 20mL 左右"起依同样方法操作。

4）饮料类：吸取样液 50mL 置于 100mL 烧杯中（含有 CO_2 的饮料应加热排除 CO_2）。

5）配制酒：吸取样液 100mL 置于 200mL 烧杯中，加热排出乙醇，加热前放几片碎瓷片。

（2）吸附分离

1）吸附：处理过的样液加热至 70℃ 之后，加入 0.5~1.0g 聚酰胺粉，并充分混匀，然后用柠檬酸溶液调 pH 值≈4，使色素吸附完全（若溶液中仍有颜色，可再加入少量的聚酰胺粉）。

2）洗涤：将吸附色素的聚酰胺全部转入 G3 垂融漏斗或玻璃漏斗中过滤（若用前者可用水泵抽滤），用经 200g/L 柠檬酸调节到 pH 值=4 的 70℃ 水反复洗涤，每次 20mL，若含天然色素，可再用甲醇-甲酸洗涤 1~3 次，每次 20mL，直至洗涤至无色为止。再用 70℃ 水洗涤至中性，洗涤过程中必须充分搅拌。

3）解吸：用乙醇-氨溶液 20mL 左右分次解吸全部色素，收集全部解吸液，置于水浴中驱氨。若是单元色，用水定容至 50mL，用分光光度计比色；若为混合色，将解吸液水浴浓缩至 2mL 左右，转入 5mL 容量瓶中，用 50%（体积分数）乙醇洗涤，洗液并入容量瓶中，用 50%（体积分数）乙醇定容。

（3）薄层层析法定性

1）薄层板的制备：称取 1.6g 聚酰胺粉、0.4g 可溶性淀粉及 2g 硅胶 G，置于合适研钵中，加水15mL研匀后，立即置于涂布器中铺成0.3mm厚的板。在室温下晾干后，于80℃干燥1h，置干燥器中备用。

2）点样：用点样管吸取浓缩定容后的样液0.5mL，在离底边2cm处从左至右点成与底边平行的条状，在板的右边点2μL色素标准溶液。

3）展开：取适量的展开剂（苋菜红与胭脂红用甲醇-乙二胺-氨水，靛蓝、亮蓝用甲醇-氨水-乙醇，柠檬黄与其他色素用柠檬酸钠-氨水-乙醇）倒入展开槽中，将薄层板放入展开，待色素明显分开后，取出晾干，与标准色斑比较其比移值，确定色素种类。

（4）测定

1）单元色样品溶液的制备：将薄层层析板上的条状色斑剪下，用刀刮下移入漏斗中，用乙醇-氨溶液解吸色素（少量多次至解吸液无色），收集解吸液于蒸发皿中水浴驱氨后转入10mL比色管中，用水定容备用。

2）标准曲线绘制：分别吸取：0mL、0.5mL、1.0mL、2.0mL、3.0mL、4.0mL胭脂红、苋菜红、柠檬黄、日落黄色素标准使用液，或0mL、0.2mL、0.4mL、0.6mL、0.8mL、1.0mL亮蓝、靛蓝色素标准使用液，分别置于10mL带塞比色管中，加水至刻度，在特定波长处测定吸光度，绘制标准曲线。

3）样品测定：取单元色样品液在对应波长下测定吸光度，在标准曲线上查得色素含量。

5. 结果计算

样液中色素含量（g/L或g/kg）的计算公式为

$$色素含量 = \frac{m_1 \times 1000}{m \times \frac{V_2}{V_1} \times 1000}$$ (3-12)

式中　m_1——测定用样液中色素的质量（mg）；

　　　m——样品质量（或体积）（g或mL）；

　　　V_2——样液点板的体积（mL）；

　　　V_1——样品解吸后样液的总体积（mL）。

计算结果保留两位有效数字。

6. 说明及注意事项

1）样品在加入聚酰胺粉吸附色素之前，要用200g/L柠檬酸调pH值≈4，因为聚酰胺粉在偏酸性（pH值=4~6）条件下对色素吸附力较强，吸附较完全。

2）如果样品色素浓度太高，则要用水适当稀释。

3）样液中的色素被聚酰胺粉吸附后，当用热水洗涤聚酰胺粉以便除去可溶性杂质时，要求水偏酸性，防止吸附的色素被洗脱下来，使定量结果偏低。

4）在提纯的样品溶液进行蒸发浓缩时，要控制水浴温度在70~80℃，使其缓慢蒸发，勿溅出皿外。另外，要经常摇动蒸发皿，防止色素干结在蒸发皿的壁上。

5）层析用的溶剂系统，不可以使用或存放太久，否则浓度和极性都起变化，影响分离效果，最好两天换一次，以保证分离效果。

6）在展开之前，展开剂在缸中应先平衡1h，使蒸气压饱和，防止出现边缘效应。

7）在点样时最好用吹风机边点边吹干，在原线上点，点样线缝宽不得超过 2mm。

8）本法最低检出量为 50μg。点样量为 1μL 时，检出浓度约为 50mg/kg。

◆◆◆ 第八节 糕点和糖果的检验技能训练实例

● 训练1 面包中脂肪的测定

1. 仪器及试剂

（1）仪器 索氏抽提器、电热恒温水浴箱、电热恒温烘箱、100mL 具塞量筒、干燥器、分析天平。

（2）试剂 盐酸、乙醇、无水乙醚、石油醚。

2. 操作步骤

准确称取磨碎的面包样品 2~5g 置于 50mL 大试管中，加入 8mL 水，用玻璃棒充分混合，加 10mL 盐酸。混匀后置于 70~80℃ 水浴中，每隔 5~10min 用玻璃棒搅拌一次至脂肪游离为止，需 40~50min，取出静置，冷却。向试管中加入 10mL 乙醇，混匀。冷却后将混合物移入 100mL 具塞量筒中，用 25mL 乙醚分次冲洗试管，洗液一并倒入具塞量筒内。加塞振摇 1min，将塞子慢慢转动放出气体，再塞好，静置 15min，小心开塞，用石油醚-乙醚等量混合液冲洗塞及筒口附着的脂肪。静置 10~20min，待上部液体清晰后，吸出上层清液置于已恒重的脂肪瓶内，再加 5mL 乙醚于具塞量筒内振摇，静置后仍将上层乙醚吸出，放入原脂肪瓶内。回收乙醚后，将脂肪瓶置于沸水浴上蒸干，置于 95~105℃ 烘箱中干燥 2h，取出放干燥器中冷却 30min 后称至恒重。

3. 数据记录及处理

1）数据记录：将试验数据填入下表中。

测定次数	样品质量/g	脂肪瓶的质量/g	脂肪加脂肪瓶的质量/g
1			
2			

2）按式（3-1）计算面包中脂肪的含量。在重复性条件下，获得的两次独立测定结果的绝对差值不得超过算术平均值的 5%。

● 训练2 水果硬糖中总糖的测定

1. 仪器及试剂

（1）仪器 恒温水浴箱，可调电炉，100mL、250mL、1000mL 容量瓶，50mL 酸式滴定管，150mL 三角瓶，分析天平。

（2）试剂 6mol/L 盐酸溶液、1g/L 甲基红指示剂、200g/L 氢氧化钠溶液、费林氏剂甲液、费林氏剂乙液、1.0mg/mL 转化糖标准溶液。

2. 操作步骤

（1）样品处理　准确称取1g水果硬糖置于250mL容量瓶中，加水溶解定容，摇匀，即为样品处理液。

（2）标定碱性酒石酸铜溶液　吸取5.00mL碱性酒石酸铜甲液及5.00mL碱性酒石酸铜乙液，置于250mL锥形瓶中。加水10mL，加入玻璃珠3粒，从滴定管中加入比预测体积少1mL的标准转化糖液，使其在2min内加热至沸腾。趁沸腾以0.5滴/s的速度继续滴加糖液，直至溶液蓝色刚好褪去为终点，记录消耗标准葡萄糖液的体积。平行操作3次，得出平均消耗标准葡萄糖液的体积。

（3）样品中总糖量的测定　吸取50mL样品处理液置于100mL容量瓶中，加入6mol/L盐酸5mL，在68~70℃水浴中加热15min，冷却后加2滴甲基红指示剂，用200g/L氢氧化钠中和至中性，加水至刻度，混匀，按照标定碱性酒石酸铜溶液的方法，用样液滴定碱性酒石酸铜溶液，记录样液消耗的体积。平行操作3次，得出平均消耗样液的体积。

3. 数据记录及处理

1）数据记录：将试验数据填入下表中。

测定次数	样品质量/g	标定时所耗转化糖的体积/mL				10mL碱性酒石酸铜相当于转化糖的质量/mg	测定时所耗样品水解液的体积/mL			
		1	2	3	平均值		1	2	3	平均值
1										
2										

2）按式(3-6)计算水果硬糖中总糖的含量。在重复性条件下，获得的两次独立测定结果的绝对差值不得超过算术平均值的10%。

● 训练3　面包中酸价的测定

1. 仪器及试剂

（1）仪器　分析天平、50mL碱式滴定管、250mL锥形瓶。

（2）试剂　10g/L酚酞乙醇溶液、乙醚-乙醇混合液（乙醚、乙醇按2:1混合）、0.1000mol/L氢氧化钾标准溶液。

2. 操作步骤

称取面包样品1.0kg，然后用对角线取2/4的样品，在玻璃乳钵中研碎，混合均匀。

称取上述混合均匀的试样250~300g置于500mL具塞锥形瓶中，加入适量石油醚浸泡样品，放置过夜，用快速滤纸过滤后，减压回收溶剂，得到油脂。

准确称取3.00~5.00g上述油脂，置于250mL锥形瓶中，加入50mL中性乙醚-乙醇混合液，振摇使样品溶解，必要时置于热水中，温热促其溶解。再冷却至室温，加入酚酞指示液2~3滴，以0.1000mol/L氢氧化钾标准滴定溶液滴定，至恰好呈现微红色，且30s内不褪色即为终点。

3. 数据记录及处理

1）数据记录：将试样数据填入下表中。

测定次数	试样质量/g	KOH标准溶液的浓度/（mol/L）	样品滴定耗KOH标准溶液体积/mL
1			
2			

2）按式（3-8）计算面包的酸价。在重复性条件下，当酸价小于或等于3%时，获得的两次独立测定结果的绝对差值不得超过算术平均值的3%；当酸价大于3%时，获得的两次独立测定结果的绝对差值不得超过算术平均值的1%。

● 训练4　饼干中过氧化值的测定

1. 仪器及试剂

（1）仪器　分析天平、50mL碱式滴定管、250mL碘量瓶、1mL吸量管。

（2）试剂　乙酸和异辛烷混合液（体积比60：40）、碘化钾饱和溶液、0.010mol/L硫代硫酸钠溶液、5g/L淀粉溶液。

2. 操作步骤

称取饼干样品1.0kg，然后用对角线取2/4的样品，在玻璃乳钵中研碎，混合均匀。

准确称取2~3g上述脂肪，置于250mL碘量瓶中，加入50mL乙酸和异辛烷混合液，盖上塞子摇动至样品溶解。

加入0.5mL碘化钾饱和溶液，盖上塞子使其反应，时间为1min±1s，在此期间摇动锥形瓶至少3次，然后立即加入30mL蒸馏水。

用硫代硫酸钠溶液滴定上述溶液。逐渐地、不间断地添加滴定液，同时伴随有力的搅动，直到黄色几乎消失。添加约0.5mL淀粉溶液，继续滴定，临近终点时，不断摇动使所有的碘从溶剂层释放出来，逐滴添加滴定液，至蓝色消失，即为终点。

进行空白实验，当空白实验消耗0.010mol/L硫代硫酸钠溶液超过0.1mL时，更换试剂，重新对样品进行测定。

3. 数据记录及处理

1）数据记录：将试验数据填入下表中。

测定次数	样品质量/g	硫代硫酸钠的浓度/（mol/L）	样品滴定所耗硫代硫酸钠的体积/mL	空白滴定所耗硫代硫酸钠的体积/mL
1				
2				

2）按式（2-3）或式（2-4）计算饼干中过氧化值的含量。在重复性条件下，获得的两次独立测定结果的绝对差值不得超过算术平均值的10%。

● 训练5　蛋糕中细菌总数的测定

1. 仪器及试剂

（1）仪器　冰箱、恒温培养箱、恒温水浴锅、托盘天平、可调式电炉、吸量管、广口瓶、三角瓶、玻璃珠、培养皿、试管、试管架、酒精灯、均质器或乳钵、剪刀、灭菌镊子、75%（体积分数）酒精棉球、玻璃蜡笔、登记簿、不锈钢勺、高压蒸汽灭菌锅、电热恒温干燥箱。

（2）试剂　平板计数琼脂培养基、无菌生理盐水、75%（体积分数）乙醇。

2. 操作步骤

以无菌操作将25g蛋糕放入含有225mL灭菌生理盐水的三角烧瓶内或灭菌乳钵内，经充分振摇或研磨制成（1∶10）的均匀稀释液。用1mL无菌吸量管，吸取（1∶10）稀释液1mL，注入含有9mL灭菌生理盐水或其他稀释液的试管内，振摇试管使其均匀，制成（1∶100）稀释液。另取1mL灭菌吸量管，按上项操作顺序制取10倍递增稀释液，如此每递增稀释一次，即换用1支1mL灭菌吸量管。根据对糕点及糖果的卫生标准要求，选择2~3个适宜稀释度，每稀释度吸移1mL稀释液于灭菌平皿内，一个稀释度接种2个平皿。立即将预先冷却至46℃的营养琼脂培养基15mL倾入平皿内，并转动平皿使其混合均匀。同时，将营养琼脂培养基倾入加有1mL稀释液的灭菌平皿内作为空白对照。琼脂凝固后，翻转平皿（使平皿底朝上），置于（36±1）℃温箱内培养（48±2）h取出，计算平板内的菌落数，乘以稀释倍数，即得每克样品所含菌落总数。

3. 数据记录及处理

做平板菌落计数时，可用肉眼观察，必要时用放大镜检查，以防遗漏。在记下各平板的菌落数后，求出同稀释度的各平板平均菌落总数。

1）将各稀释平板上的菌落数填入下表中。

菌落数　　稀释度 皿　号			
平皿1			
平皿2			
平均			

2）根据试验结果参考本章第四节中"菌落计数的报告"报告检验结果；
每1g蛋糕中的菌落总数是＿＿＿＿＿＿＿＿＿＿＿＿。

● 训练6　月饼中大肠菌群的测定

1. 仪器及试剂

（1）仪器　恒温箱、水浴锅、天平、显微镜、均质器或乳钵、温度计、直径为90mm的平皿、试管、广口瓶或三角瓶、吸量管、载玻片、接种针、直径约为5mm的玻璃珠、酒精灯、试管架。

（2）试剂　月桂基硫酸盐胰蛋白胨、煌绿乳糖胆盐、结晶紫中性红胆盐琼脂、磷酸盐缓冲液、无菌生理盐水、无菌1mol/L NaOH、无菌1mol/L HCl。

2. 操作步骤

以无菌操作将25g月饼放入盛有225mL磷酸盐缓冲液或生理盐水的无菌均质杯内，

8000~10000r/min 均质 1~2min，或放入盛有 225mL 磷酸盐缓冲液或生理盐水的无菌均质袋中，用拍击式均质器拍打 1~2min，制成 1∶10 的样品匀液。样品匀液的 pH 值应为 6.5~7.5，必要时分别用 1mol/L NaOH 或 1mol/L HCl 调节。用 1mL 无菌吸管或微量移液器吸取 1∶10 样品匀液 1mL，沿管壁缓缓注入 9mL 磷酸盐缓冲液或生理盐水的无菌试管中（注意吸管或吸头尖端不要触及稀释液面），振摇试管或换用 1 支 1mL 无菌吸管反复吹打，使其混合均匀，制成 1∶100 的样品匀液。根据对样品污染状况的估计，按上述操作，依次制成 10 倍递增系列稀释样品匀液。每递增稀释 1 次，换用 1 支 1mL 无菌吸管或吸头。从制备样品匀液至样品接种完毕，全过程不得超过 15min。选择 3 个适宜的连续稀释度的样品匀液，每个稀释度接种 3 管月桂基硫酸盐胰蛋白胨（LST）肉汤，每管接种 1mL（如接种量超过 1mL，则用双料 LST 肉汤），36℃±1℃培养 24h±2h，观察管内是否有气泡产生，24h±2h 产气者进行复发酵试验，如未产气则继续培养至 48h±2h，产气者进行复发酵试验。未产气者为大肠菌群阴性。用接种环从产气的 LST 肉汤管中分别取培养物 1 环，移种于煌绿乳糖胆盐肉汤（BGLB）管中，36℃±1℃培养 48h±2h，观察产气情况。产气者，计为大肠菌群阳性管。根据确证的大肠菌群 LST 阳性管数，检索 MPN 表（见附录 I），报告每 g（mL）样品中大肠菌群的 MPN 值。

3. 数据记录及处理

1）将试验结果填入下表中。

稀释度	阳性管数
0.10	
0.01	
0.001	
0.0001	

2）根据上述结果查附录 IMPN 检索表，得出每克月饼中大肠菌群的最可能数。

● 训练 7　蛋糕中霉菌的测定

1. 仪器及试剂

（1）仪器　恒温箱、振荡器、天平、显微镜、具塞三角瓶、试管、平皿、吸量管、酒精灯、载物玻片、盖玻片、广口瓶、牛皮纸袋、金属勺、刀、试管架、接种针、橡胶乳头、烧杯、玻璃棒、折光仪、郝氏计测玻片。

（2）试剂　马铃薯-葡萄糖琼脂培养基、孟加拉红培养基、高盐察氏培养基、无菌蒸馏水、乙醇。

2. 操作步骤

用灭菌工具采集可疑霉变蛋糕 250g，装入灭菌容器内送检。以无菌操作称取蛋糕检样 25g，放入含有 225mL 灭菌水的玻塞三角瓶中，振摇 30min，即为 1∶10 稀释液。用灭菌吸量管吸取 1∶10 稀释液 10mL，注入试管中，另用带橡胶乳头的 1mL 灭菌吸量管反复吹吸 50 次，使霉菌孢子充分散开。取 1mL 1∶10 稀释液注入含有 9mL 灭菌水的试管中，另换一支 1mL 灭菌吸量管吹吸 5 次，此液为 1∶100 稀释液。按照上述操作顺序做 10 倍递增稀释液，每稀释一次，换用一支 1mL 灭菌吸量管。根据对样品污染情况的估计，选择 3 个合适的稀释度，分别在做 10 倍稀释的同时，吸取 1mL 稀释液于灭菌平皿中，每个稀释度做2个平皿，然后将冷却至46℃的马铃薯-葡萄糖-琼脂或孟加拉红培养基（可放置46℃±1℃恒温水浴箱中保温）倾注平皿，并转动平皿使其混合均匀。待琼脂凝固后，将平板倒置，28℃±1℃培养5d，观察并记录。

3. 数据记录及处理

做平板菌落计数时，可用肉眼观察，必要时用放大镜检查，以防遗漏。在记下各平板的菌落数后，求出同稀释度的各平板的平均菌落总数。

1）将各稀释平板上的菌落数填入下表中。

稀释度 菌落数 皿 号			
平皿 1			
平皿 2			
平均			

2）根据试验结果参考本章第五节中"菌落计数的报告"报告检验结果。

● 训练8 硬糖中食用合成色素的测定

1. 仪器及试剂

（1）仪器 分光光度计、微量注射器、展开槽（25cm×6cm×4cm）、层析缸、滤纸、薄层板（5cm×20cm）、电吹风机、水泵。

（2）试剂 聚酰胺粉、硫酸-水（1+10）、甲醇-甲酸溶液（6+4）、甲醇、200g/L柠檬酸溶液、100g/L钨酸钠溶液、石油醚（沸程60～90℃）、海砂、乙醇-氨溶液、50%（体积分数）乙醇溶液、硅胶G、pH值=6的水、盐酸-水（1+10）、50g/L氢氧化钠溶液、碎瓷片、正丁醇-无水乙醇-氨水（6+2+3）、正丁醇-吡啶-氨水（6+3+4）、甲乙醇-丙酮-水（7+3+3）、甲醇-乙二胺-氨水（10+3+2）、甲醇-氨水-乙醇（5+1+10）、25g/L柠檬酸钠-氨水-乙醇（8+1+2）、0.1mg/mL色素标准使用液。

2. 操作步骤

称取5.00g或10.00g粉碎的样品，加30mL水，温热溶解，若样液pH值较高，用200g/L柠檬酸溶液调至pH值=4。将处理后所得的溶液加热至70℃，加入0.5～1.0g聚酰胺粉充分搅拌，用200g/L柠檬酸溶液调pH值=4，使色素完全被吸附，若溶液还有颜色，可以再加一些聚酰胺粉。将吸附色素的聚酰胺全部转入G3垂融漏斗或玻璃漏斗中过滤（如用G3垂融漏斗过滤，可以用水泵慢慢地抽滤）。用经200g/L柠檬酸酸化至pH值=4的70℃水反复洗涤，每次20mL，边洗边搅拌，若含有天然色素，再用甲醇-甲酸溶液洗涤1～3次，每次20mL，至洗液无色为止；再用70℃水多次洗涤至流出的溶液为中性（洗涤过程中必须充分搅拌）；然后用乙醇-氨溶液分次解吸全部色素，收集全部解吸液，置于水浴中驱氨。如果为单色，则用水准确稀释至50mL，用分光光度法进行测定。如果为多种色素混合液，则用纸色谱或薄层色谱法分离后再测定，即将上述溶液置于水浴上浓缩至约2mL后移入5mL容量瓶中，用50%（体积分数）乙醇洗涤容器，洗液并入容量瓶中并稀释至刻度。将纸色谱的条状色斑（包括扩散的部分），分别用刮刀刮下，移入漏斗中，用乙醇-氨溶液解吸色素，少量反复多次解吸，至解吸液无色为止，收集解吸液于蒸发皿中，置于水浴上驱氨，移入 10mL 比色管中，加水至刻度，作比色用。分别吸取 0.00mL、0.50mL、1.0mL、2.0mL、3.0mL、4.0mL 胭脂红、苋菜红、柠檬黄、日落黄色素标准使用溶液，或 0.00mL、0.20mL、0.40mL、0.60mL、0.80mL、1.00mL 亮蓝、靛蓝色素标准使用溶液，分别置于 10mL 比色管中，各加水稀释至刻度。上述样品与标准管分别用 1cm 比色皿，以零管调节零点，于一定波长下（胭脂红 510nm，苋菜红 520nm，柠檬黄 430nm，日落黄 482nm，亮蓝 627nm，靛蓝 620nm），测定吸光度，分别绘制标准曲线比较或与标准色列目测比较。

在重复性条件下，获得的两次独立测定结果的绝对差值不得超过算术平均值的 10%。

3. 数据记录及处理

1）数据记录：将试验数据填入下表中。

① 标准吸收曲线：

吸取色素标准溶液的体积/mL	0.0	0.50	1.0	2.0	3.0	4.0
各色素液中色素的质量/mg	0.0	0.05	0.10	0.20	0.30	0.40
吸光度 A						

② 测定：

测定次数	样品质量/g	样液总体积/mL	样液点板体积/mL	吸光度
1				
2				

2）以各标准液中色素的质量为横坐标，测得各标准液的吸光度为纵坐标，绘制标准曲线。根据各样品液的吸光度，从标准曲线上查出各样品液中色素的质量。

3）按式（3-13）计算硬糖中各种色素的含量。在重复性条件下，获得的两次独立测定结果的绝对差值不得超过平均值的 10%。

复习思考题

1. 简述总糖的测定原理及方法。

2. 为什么测定糕点中的脂肪时常用酸水解法？

3. 简述蔗糖的测定原理及操作要点。

4. 简述蛋白质的测定原理及样品消化时应注意的问题。

5. 酸价和过氧化值是衡量食品中什么变质的指标？在测定酸价时对酸性物质应怎样处理？

6. 简述薄层层析法的基本原理。

7. 简述薄层层析法的主要操作步骤。

8. 简述薄层层析中 R_f 值的意义。

9. 简述还原糖的测定方法及原理。用直接滴定法测定还原糖为什么必须进行预测？

10. 用直接滴定法测定食品中的还原糖是如何进行定量的？

11. 简述细菌总数、大肠菌群及霉菌的测定方法。

第四章

乳及乳制品的检验

> **培训学习目标** 熟练掌握分析天平、电热干燥箱、恒温水浴锅、组织捣碎机、培养箱、超净工作台、显微镜、分光光度计、干燥器的正确使用方法；熟练掌握乳中脂肪、蛋白质、乳糖、蔗糖、亚硝酸盐、硝酸盐及膳食纤维测定的原理、方法及操作要点；掌握测定细菌总数、大肠菌群、霉菌、酵母菌及乳酸菌的方法和技能。

乳及乳制品中蛋白质的测定方法见第二章第四节，乳及乳制品中细菌总数及大肠菌群的测定方法见第三章第四节，乳及乳制品中霉菌和酵母菌的测定检验程序见第三章第五节。

◇◇◇ 第一节 乳及乳制品中脂肪的测定

一、第一法

本方法适用于巴氏杀菌乳、灭菌乳、生乳、发酵乳、调制乳、乳粉、炼乳、奶油、稀奶油、干酪和婴幼儿配方食品中脂肪的测定。

1. 测定原理

用乙醚和石油醚抽提样品的碱水解液，通过蒸馏或蒸发去除溶剂，测定溶于溶剂中的抽提物的质量。

2. 试剂

（1）淀粉酶　酶活力≥1.5U/mg。

（2）氨水（NH_4OH）　质量分数约25%（注：可使用比此浓度更高的氨水）。

（3）乙醇（C_2H_5OH）　体积分数至少为95%。

（4）乙醚（$C_4H_{10}O$）　不含过氧化物，不含抗氧化剂，并满足试验的要求。

（5）石油醚（C_nH_{2n+2}）　沸程30~60℃。

（6）混合溶剂　等体积混合乙醚和石油醚，使用前制备。

（7）碘溶液（I_2）　约 0.1mol/L。

（8）刚果红溶液（$C_{32}H_{22}N_6Na_2O_6S_2$）　将 1g 刚果红溶于水中，稀释至 100mL。（注：可选择性地使用。刚果红溶液可使溶剂和水相界面清晰，也可使用其他能使水相染色而不影响测定结果的溶液）。

（9）盐酸　6mol/L，量取 50mL 盐酸（12mol/L）缓慢倒入 40mL 水中，定容至 100mL，混匀。

3. 仪器

（1）分析天平　感量为 0.1mg。

（2）离心机　可用于放置抽脂瓶或管，转速为 500～600r/min，可在抽脂瓶外端产生 80～90g 的重力场。

（3）电热恒温干燥箱。

（4）电热恒温水浴锅。

（5）抽脂瓶　抽脂瓶应带有软木塞或其他不影响溶剂使用的瓶塞（如硅胶或聚四氟乙烯）。软木塞应先浸于乙醚中，后放入 60℃或 60℃以上的水中保持至少 15min，冷却后使用。不用时需浸泡在水中，浸泡用水每天更换一次。

注意：也可使用带虹吸管或洗瓶的抽脂管（或烧瓶），但操作步骤有所不同。

4. 操作步骤

（1）用于脂肪收集的容器（脂肪收集瓶）的准备　在干燥的脂肪收集瓶中加入几粒沸石，放入烘箱中干燥 1h。使脂肪收集瓶冷却至室温，称量，精确至 0.1mg。

注意：脂肪收集瓶可根据实际需要自行选择。

（2）空白试验　空白试验与样品检验同时进行，使用相同步骤和相同试剂，但用 10mL 水代替试样。

（3）测定

1）巴氏杀菌乳、灭菌乳、生乳、发酵乳、调制乳。称取充分混匀试样 10g（精确至 0.0001g）放在抽脂瓶中。

加入 2.0mL 氨水，充分混合后立即将抽脂瓶放入 65℃±5℃的水浴中，加热 15～20min，不时取出振荡。取出后，冷却至室温。静止 30s 后可进行下一步骤。

加入 10mL 乙醇，缓和但彻底地进行混合，避免液体太接近瓶颈。如果需要，可加入两滴刚果红溶液。

加入 25mL 乙醚，塞上瓶塞，将抽脂瓶保持在水平位置，小球的延伸部分朝上夹到摇混器上，按约 100 次/min 振荡 1min，也可采用手动振摇方式。但均应注意避免形成持久乳化液。

抽脂瓶冷却后小心地打开塞子，用少量的混合溶剂冲洗塞子和瓶颈，使冲洗液流入抽脂瓶。

加入 25mL 石油醚，塞上重新润湿的塞子，轻轻振荡 30s。

将加塞的抽脂瓶放入离心机中，在 500～600r/min 下离心 5min。否则将抽脂瓶静止至少 30min，直到上层液澄清，并明显与水相分离。

小心地打开瓶塞，用少量的混合溶剂冲洗塞子和瓶颈内壁，使冲洗液流入抽脂瓶。

如果两相界面低于小球与瓶身相接处，则沿瓶壁边缘慢慢地加入水，使液面高于小球和瓶身相接处（见图4-1），以便于倾倒。

将上层液尽可能地倒入已准备好的加入沸石的脂肪收集瓶中，避免倒出水层（见图4-2）。

用少量混合溶剂冲洗瓶颈外部，冲洗液收集在脂肪收集瓶中。要防止溶剂溅到抽脂瓶的外面。

向抽脂瓶中加入5mL乙醇，用乙醇冲洗瓶颈内壁，按上述进行混合。重复以上操作，再进行第二次抽提（只用15mL乙醚和15mL石油醚）。

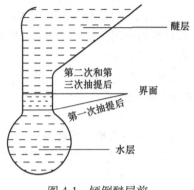

图4-1　倾倒醚层前

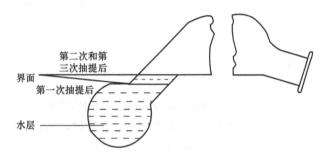

图4-2　倾倒醚层后

重复以上操作，再进行第三次抽提（只用15mL乙醚和15mL石油醚）。

注意：如果产品中脂肪的质量分数低于5%，可只进行两次抽提。

合并所有提取液，采用蒸馏的方法除去脂肪收集瓶中的溶剂，也可放在沸水浴上蒸发至干来除掉溶剂。蒸馏前用少量混合溶剂冲洗瓶颈内部。

将脂肪收集瓶放入102℃±2℃的烘箱中加热1h，取出脂肪收集瓶，冷却至室温，称量，精确至0.1mg。重复操作，直到脂肪收集瓶两次连续称量差值不超过0.5mg为止，记录脂肪收集瓶和抽提物的最低质量。

为验证抽提物是否全部溶解，可向脂肪收集瓶中加入25mL石油醚，微热，振摇，直到脂肪全部溶解。

如果抽提物全部溶于石油醚中，则含抽提物的脂肪收集瓶的最终质量和最初质量之差，即为脂肪含量。

若抽提物未全部溶于石油醚中，或怀疑抽提物是否全部为脂肪，则用热的石油醚洗提。小心地倒出石油醚，不要倒出任何不溶物，重复此操作3次以上，再用石油醚冲洗脂肪收集瓶口的内部。

最后，用混合溶剂冲洗脂肪收集瓶口的外部，避免溶液溅到瓶的外壁。将脂肪收集瓶放入102℃±2℃的烘箱中，加热1h，重复操作至恒重。

2）乳粉和乳基婴幼儿食品。

称取混匀后的试样，高脂乳粉、全脂乳粉、全脂加糖乳粉和乳基婴幼儿食品：约1g（精确至0.0001g），脱脂乳粉、乳清粉、酪乳粉：约1.5g（精确至0.0001g）。

① 不含淀粉样品。加入10mL 65℃±5℃的水，将试样洗入抽脂瓶的小球中，充分混合，直到试样完全分散，放入流动水中冷却。

② 含淀粉样品。将试样放入抽脂瓶中，加入约0.1g的淀粉酶和一小磁性搅拌棒，混合均匀后，加入8~10mL 45℃的蒸馏水，注意液面不要太高。盖上瓶塞于搅拌状态下，置65℃水浴中2h，每隔10min摇混一次。为检验淀粉是否水解完全可加入两滴约0.1mol/L的碘溶液，如无蓝色出现说明水解完全，否则将抽脂瓶重新置于水浴中，直至无蓝色产生。冷却抽脂瓶。以下操作同上。

③ 炼乳。脱脂炼乳、全脂炼乳和部分脱脂炼乳称取3~5g，高脂炼乳称取约1.5g（精确至0.0001g），用10mL蒸馏水，分次洗入抽脂瓶小球中，充分混合均匀。以下操作同上

④ 奶油、稀奶油。先将奶油试样放入温水浴中溶解并混合均匀后，称取试样约0.5g样品（精确至0.0001g），稀奶油称取1g于抽脂瓶中，加入8~10mL45℃的蒸馏水。加2mL氨水充分混匀。以下操作同上。

⑤ 干酪。称取约2g研碎的试样（精确至0.0001g）于抽脂瓶中，加10mL盐酸，混匀，加塞，于沸水中加热20~30min。以下操作同上。

5. 结果计算

样品中脂肪含量按式（4-1）计算：

$$x = \frac{(m_1 - m_2) - (m_3 - m_4)}{m} \times 100 \qquad (4-1)$$

式中　x——样品中脂肪含量（g/100g）；

　　m——样品的质量（g）；

　　m_1——脂肪收集瓶和抽提物的质量（g）；

　　m_2——脂肪收集瓶的质量，或在有不溶物存在下，测得的脂肪收集瓶和不溶物的质量（g）；

　　m_3——空白试验中，脂肪收集瓶和测得的抽提物的质量，单位为克（g）；

　　m_4——空白试验中脂肪收集瓶的质量，或在有不溶物存在时，脂肪收集瓶和不溶物的质量，单位为克（g）。

以重复性条件下获得的两次独立测定结果的算术平均值表示，结果保留三位有效数字。

6. 精密度

在重复性条件下获得的两次独立测定结果之差应符合：脂肪含量≥15%，≤0.3g/100g；脂肪含量5%~15%，≤0.2g/100g；脂肪含量≤5%，≤0.1g/100g。

7. 说明及注意事项

（1）空白试验检验试剂　要进行空白试验，以消除环境及温度对检验结果的影响。

食品检验工（中级）第2版

进行空白试验时在脂肪收集瓶中放入1g新鲜的无水奶油。必要时，于每100mL溶剂中加入1g无水奶油后重新蒸馏，重新蒸馏后必须尽快使用。

（2）空白试验与样品测定同时进行　对于存在非挥发性物质的试剂可用与样品测定同时进行的空白试验值进行校正。抽脂瓶与天平室之间的温差可对抽提物的质量产生影响。在理想的条件下（试剂空白值低，天平室温度相同，脂肪收集瓶充分冷却），该值通常小于0.5mg。在常规测定中，可忽略不计。

如果全部试剂空白残余物大于0.5mg，则分别蒸馏100mL乙醚和石油醚，测定溶剂残余物的含量。用空的控制瓶测得的量和每种溶剂的残余物的含量都不应超过0.5mg。否则应更换不合格的试剂或对试剂进行提纯。

（3）乙醚中过氧化物的检验　取一只玻璃小量筒，用乙醚冲洗，然后加入10mL乙醚，再加入1mL新制备的100g/L的碘化钾溶剂，振荡，静置1min，两相中均不得有黄色。

也可使用其他适当的方法检验过氧化物。

在不加抗氧化剂的情况下，为长久保证乙醚中无过氧化物，使用前三天按下法处理：将锌箔削成长条，长度至少为乙醚瓶的1/2，每升乙醚用80cm² 锌箔。使用前，将锌片完全浸入每升中含有10g五水硫酸铜和2mL质量分数为98%的硫酸中1min，用水轻轻彻底地冲洗锌片，将湿的镀铜锌片放入乙醚瓶中即可。也可以使用其他方法，但不得影响检测结果。

二、第二法

本法适用于巴氏杀菌乳、灭菌乳、生乳中脂肪的测定。

1. 测定原理

在乳中加入硫酸破坏乳胶质性和覆盖在脂肪球上的蛋白质外膜，离心分离脂肪后测量其体积。

2. 试剂

（1）硫酸（H_2SO_4）　分析纯，$\rho \approx 1.84g/mL$。

（2）异戊醇（$C_5H_{12}O$）　分析纯。

3. 仪器

1）乳脂离心机。

2）盖勃氏乳脂计：最小刻度值为0.1%，见图4-3。

3）10.75mL单标乳吸管。

4. 操作方法

在盖勃氏乳脂计中先加入10mL硫酸（11.1），再沿着管壁小心准确地加入10.75mL样品，使样品与硫酸不要混合，然后加1mL异戊醇（11.2），

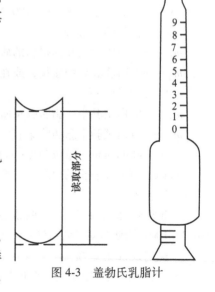

图4-3　盖勃氏乳脂计

118

塞上橡皮塞，使瓶口向下，同时用布包裹以防冲出，用力振摇使呈均匀棕色液体，静置数分钟（瓶口向下），置65～70℃水浴中5min，取出后置于乳脂离心机中以1100r/min的转速离心5min，再置于65～70℃水浴水中保温5min（注意水浴水面应高于乳脂计脂肪层）。取出后立即读数，即为脂肪的百分数。

5. 精密度

在重复性条件下获得的两次独立测定结果的绝对差值不得超过算术平均值的5%。

◇◇◇◇ 第二节 乳及乳制品中乳糖及蔗糖的测定

1. 测定原理

1）乳糖：试样经除去蛋白质后，在加热条件下，以次甲基蓝为指示剂，直接滴定已标定过的费林氏液，根据样液消耗的体积，计算乳糖含量。

2）蔗糖：试样经除去蛋白质后，其中蔗糖经盐酸水解为还原糖，再按还原糖测定。水解前后的差值乘以相应的系数即为蔗糖含量。

2. 试剂

（1）乙酸铅溶液（200g/L）　称取200g乙酸铅，溶于水并稀释至1000mL。

草酸钾—磷酸氢二钠溶液：称取草酸钾30g，磷酸氢二钠70g，溶于水并稀释至1000mL。

（2）盐酸（1+1）　1体积盐酸与1体积的水混合。

（3）氢氧化钠溶液（300g/L）　称取300g氢氧化钠，溶于水并稀释至1000mL。

（4）碱性酒石酸铜溶液（甲液和乙液）

甲液：称取34.639g硫酸铜，溶于水中，加入0.5mL浓硫酸，加水至500mL。

乙液：称取173g酒石酸钾钠及50g氢氧化钠溶解于水中，稀释至500mL，静置两天后过滤。

（5）酚酞溶液（5g/L）　称取0.5g酚酞溶于100mL体积分数为95%的乙醇中。

（6）次甲基蓝溶液（10g/L）　称取1g次甲基蓝于100mL水中。

3. 仪器

（1）天平　感量为0.1mg。

（2）水浴锅　温度可控制在75℃±2℃。

4. 操作方法

（1）碱性酒石酸铜溶液的标定

① 用乳糖标定。称取预先在94℃±2℃烘箱中干燥2h的乳糖标样约0.75g（精确到0.1mg），用水溶解并定容至250mL。将此乳糖溶液注入一个50mL滴定管中，待滴定。

预滴定：吸取10mL费林氏液（甲、乙液各5mL）于250mL三角烧瓶中。加入20mL蒸馏水，放入几粒玻璃珠，从滴定管中放出15mL样液于三角瓶中，置于电炉上加热，使其在2min内沸腾，保持沸腾状态15s，加入3滴次甲基蓝溶液(10.18)，继续滴入至溶液蓝色完全褪尽为止，读取所用样液的体积。

精确滴定：另取10mL费林氏液(甲、乙液各5mL)于250mL三角烧瓶中，再加入20mL蒸馏水，放入几粒玻璃珠，加入比预滴定量少0.5~1.0mL的样液，置于电炉上，使其在2min内沸腾，维持沸腾状态2min，加入3滴次甲基蓝溶液，以每两秒一滴的速度徐徐滴入，溶液蓝色完全褪尽即为终点，记录消耗的体积。

按式(4-2)、式(4-3)计算费林氏液的乳糖校正值(f_1)：

$$A_1 = \frac{V_1 m_1 \times 1000}{250} = 4 \times V_1 m_1 \tag{4-2}$$

$$f_1 = \frac{4 \times V_1 m_1}{AL_1} \tag{4-3}$$

式中　A_1——实测乳糖数(mg)；

$\quad\quad V_1$——滴定时消耗乳糖溶液的体积(mL)；

$\quad\quad m_1$——称取乳糖的质量(g)；

$\quad\quad f_1$——费林氏液的乳糖校正值；

$\quad\quad AL_1$——由乳糖液滴定毫升数查表4-1所得的乳糖数(mg)。

表4-1　乳糖及转化糖因数(10mL费林氏液)

滴定量/mL	乳糖/mg	转化糖/mg	滴定量/mL	乳糖/mg	转化糖/mg
15	68.3	50.5	33	67.8	51.7
16	68.2	50.6	34	67.9	51.7
17	68.2	50.7	35	67.9	51.8
18	68.1	50.8	36	67.9	51.8
19	68.1	50.8	37	67.9	51.9
20	68.0	50.9	38	67.9	51.9
21	68.0	51.0	39	67.9	52.0
22	68.0	51.0	40	67.9	52.0
23	67.9	51.1	41	68.0	52.1
24	67.9	51.2	42	68.0	52.1
25	67.9	51.2	43	68.0	52.2
26	67.9	51.3	44	68.0	52.2
27	67.8	51.4	45	68.1	52.3
28	67.8	51.4	46	68.1	52.3
29	67.8	51.5	47	68.2	52.4
30	67.8	51.5	48	68.2	52.4
31	67.8	51.6	49	68.2	52.5
32	67.8	51.6	50	68.3	52.5

② 用蔗糖标定。称取在105℃±2℃烘箱中干燥2h的蔗糖约0.2g(精确到0.1mg)，

用50mL水溶解并洗入100mL容量瓶中，加水10mL，再加入10mL盐酸，置于75℃水浴锅中，时时摇动，使溶液温度在67.0~69.5℃，保温5min，冷却后加2滴酚酞溶液，用氢氧化钠溶液调至微粉色，然后用水定容至刻度，再按上述乳糖标定操作进行。

按式(4-4)、式(4-5)计算费林氏液的蔗糖校正值(f_2)：

$$A_2 = \frac{V_2 m_2 \times 1000}{100 \times 0.95} = 10.5263 \times V_2 m_2 \tag{4-4}$$

$$f_2 = \frac{10.5263 \times V_2 m_2}{AL_2} \tag{4-5}$$

式中　A_2——实测转化糖数(mg)；

$\quad\quad V_2$——滴定时消耗蔗糖溶液的体积(mL)；

$\quad\quad m_2$——称取蔗糖的质量(g)；

$\quad$0.95——果糖分子量和葡萄糖分子量之和与蔗糖分子量的比值；

$\quad\quad f_2$——费林氏液的蔗糖校正值；

$\quad\quad AL_2$——由蔗糖溶液滴定的毫升数查表4-1所得的转化糖数(mg)。

（2）乳糖的测定　试样处理：称取婴儿食品或脱脂粉2g，全脂加糖粉或全脂粉2.5g，乳清粉1g，精确到0.1mg，用100mL水分数次溶解并洗入250mL容量瓶中。

徐徐加入4mL乙酸铅溶液、4mL草酸钾-磷酸氢二钠溶液，并振荡容量瓶，用水稀释至刻度。静置数分钟后用干燥滤纸过滤，弃去最初25mL滤液后所得的滤液作滴定用。

滴定：预滴定及精确滴定按用乳糖标定费林氏液的方法进行。

（3）蔗糖的测定　样液的转化与滴定：取50mL样液于100mL容量瓶中，以下按用蔗糖标定费林氏液的方法进行。

5. 结果计算

测定乳糖时，试样中乳糖的含量X按式(4-6)计算

$$X = \frac{F_1 f_1 \times 0.25 \times 100}{V_1 m} \tag{4-6}$$

式中　X——试样中乳糖的质量分数(g/100g)；

$\quad\quad F_1$——由消耗样液的毫升数查表4-1所得乳糖数(mg)；

$\quad\quad f_1$——费林氏液乳糖校正值；

$\quad\quad V_1$——滴定消耗滤液量(mL)；

$\quad\quad m$——试样的质量，单位为克(g)。

以重复性条件下获得的两次独立测定结果的算术平均值表示，结果保留三位有效数字。

测定蔗糖，利用测定乳糖时的滴定量，按式(4-7)计算出相对应的转化前转化糖数X_1，即

$$X_1 = \frac{F_2 f_2 \times 0.25 \times 100}{V_1 m} \tag{4-7}$$

式中 X_1——转化前转化糖的质量分数（g/100g）；

　　F_2——由测定乳糖时消耗样液的毫升数查表 4-1 所得转化糖数（mg）；

　　f_2——费林氏液蔗糖校正值；

　　V_1——滴定消耗滤液量（mL）；

　　m——样品的质量（g）。

用测定蔗糖时的滴定量，按式（4-8）计算出相对应的转化后转化糖 X_2。

$$X_2 = \frac{F_3 f_2 \times 0.5 \times 100}{V_2 m} \tag{4-8}$$

式中 X_2——转化后转化糖的质量分数（g/100g）；

　　F_3——由 V_2 查得转化糖数（mg）；

　　f_2——费林氏液蔗糖校正值；

　　m——样品的质量（g）；

　　V_2——滴定消耗的转化液量（mL）。

试样中蔗糖的含量 X 按式（4-9）计算：

$$X = (X_2 - X_1) \times 0.95 \tag{4-9}$$

式中 X——试样中蔗糖的质量分数（g/100g）；

　　X_1——转化前转化糖的质量分数（g/100g）；

　　X_2——转化后转化糖的质量分数（g/100g）。

以重复性条件下获得的两次独立测定结果的算术平均值表示，结果保留三位有效数字。

若试样中蔗糖与乳糖之比超过 3∶1 时，则计算乳糖时应在滴定量中加上表 4-2 中的校正值数后，再查表 4-1。

表 4-2　溶液中乳糖、蔗糖共存时，测定乳糖时滴定量校正值

滴定至终点时所用的糖液量/mL	用 10mL 费林氏液蔗糖对乳糖量的比	
	3∶1	6∶1
15	0.15	0.30
20	0.25	0.50
25	0.30	0.60
30	0.35	0.70
35	0.40	0.80
40	0.45	0.90
45	0.50	0.95
50	0.55	1.05

6. 精密度

在重复性条件下获得的两次独立测定结果的绝对差值不得超过算术平均值的 1.5%。

7. 说明

1）本方法为莱因-埃农氏法，是食品安全国家标准中的第二法，第一法为高效液相

色谱法。

2）本法的检出限为 0.4g/100g。

◇◇◇ 第三节　乳及乳制品中脲酶的定性测定

一、婴幼儿食品和乳品中脲酶的测定

1. 测定原理

脲酶在适当酸碱度和温度条件下，催化尿素转化成碳酸铵。碳酸铵在碱性条件下生成氢氧化铵，与纳氏试剂中的碘化钾汞复盐作用，生成棕色的碘化双汞铵。

2. 试剂

（1）尿素溶液（10g/L）　称取尿素 5g，溶解于 500mL 水中。保存于棕色试剂瓶中，然后放在冰箱中冷藏，有效期为 1 个月。

（2）钨酸钠溶液（100g/L）　称取钨酸钠 50g，溶解于 500mL 水中。

（3）酒石酸钾钠溶液（20g/L）　称取酒石酸钾钠 10g，溶解于 500mL 水中。

（4）硫酸溶液（50mL/L）　吸取硫酸 25mL，溶解于 500mL 水中。

（5）磷酸氢二钠溶液　称取无水磷酸氢二钠 9.47g，溶于 1000mL 水中。

（6）磷酸二氢钾溶液　称取磷酸二氢钾 9.07g，溶于 1000mL 水中。

（7）中性缓冲溶液　取磷酸氢二钠溶液 611mL，磷酸二氢钾溶液 389mL，两种溶液混合均匀。

（8）碘化汞-碘化钾混合溶液　称取红色碘化汞 55g 和碘化钾 41.25g，溶于 250mL 水中。

（9）纳氏试剂　称取氢氧化钠 144g 溶于 500mL 水中，充分溶解并冷却后，再缓慢地移入 1000mL 的容量瓶中，加入碘化汞-碘化钾混合溶液 250mL，加水稀释至刻度，摇匀，转入试剂瓶内，静置后，用上清液。此试剂需棕色瓶保存，冰箱中冷藏，有效期为 1 个月。

3. 仪器

1）电子天平：感量为 0.01g。

2）旋涡振荡器。

3）恒温水浴锅：40℃±1℃。

4. 分析步骤

取试管甲、乙两支，各装入 0.10g 试样，再吸入 1mL 水，振摇 0.5min（约 100 次）。然后分别吸入 1mL 中性缓冲溶液。向甲管（样品管）吸入 1mL 尿素溶液，再向乙管（空白对照管）吸入 1mL 水。两管摇匀后，置于 40℃±1℃ 水浴中保温 20min。从水浴中取出两管后，各吸入 4mL 水，摇匀，再吸入 1mL 钨酸钠溶液，摇匀，吸入 1mL 硫酸溶液，摇匀，过滤，收集滤液备用。取上述滤液 2mL，分别吸入到二支 25mL 具塞的比色管中。再各吸入 15mL 水，1mL 酒石酸钾钠溶液，和 2mL 纳氏试剂，最后用水定容至 25mL，摇匀。5min 内观察结果。

5. 分析结果的表述

分析结果按表 4-3 进行判断。

表 4-3　结果的判断

脲酶定性	表示符号	显示情况
强阳性	++++	砖红色混浊或澄清液
次强阳性	+++	橘红色澄清液
阳性	++	深金黄色或黄色澄清液
弱阳性	+	淡黄色或微黄色澄清液
阴性	—	样品管与空白对照管同色或更淡

6. 检出限

该方法为定性法，检出限为 0.7U。

二、乳酸菌饮料中脲酶的定性测定

1. 适用范围

本方法适用于乳酸菌饮料中脲酶的定性测定。

2. 试剂

1）1g/L 酚红乙醇液。

2）0.06mol/L 磷酸二氢钠：取 4.68g $NaH_2PO_4 \cdot 2H_2O$ 溶于 500mL 水中。

3）0.06mol/L 磷酸氢二钠：取 21.51g $Na_2HPO_4 \cdot H_2O$ 溶于 1000mL 水中。

4）10%（质量分数）脲素溶液。

3. 试验步骤

将 390mL 0.06mol/L 磷酸二氢钠溶液、610mL 0.06mol/L 磷酸氢二钠缓冲液混合。取试管两支，各加入试样 1mL，并各加入混合缓冲液 1mL，向试管中加入 10%（质量分数）脲素溶液 2mL，向对照管中加入蒸馏水 2mL，摇匀后置于 30℃水浴中保温 10min，样品管及对照管中各加入酚红指示剂 1~2 滴，摇匀后比较两管颜色，对照管呈黄色或橙黄色；含皂素试样呈鲜红。

◇◇◇ 第四节　乳及乳制品中亚硝酸盐的测定

亚硝酸盐的测定方法很多，公认的测定方法为盐酸萘乙二胺法。

1. 测定原理

样品经处理、沉淀蛋白质，去除脂肪后，亚硝酸盐与对氨基苯磺酸在弱酸条件下重氮化，再与盐酸萘乙二胺偶合，形成紫红色偶氮染料，在538nm处有最大的吸收，测定吸光度以定量。

2. 试剂

（1）亚铁氰化钾溶液 称取106g亚铁氰化钾[$K_4Fe(CN)_6 \cdot 3H_2O$]，溶于水并稀释至1000mL。

（2）乙酸锌溶液 称取220g乙酸锌[$Zn(CH_3COO)_2 \cdot 2H_2O$]，加30mL冰乙酸溶解，用蒸馏水稀释至1000mL。

（3）饱和硼砂溶液 称取5g硼酸钠（$Na_2B_4O_7 \cdot 10H_2O$）溶于100mL热水中，冷却后备用。

（4）4g/L对氨基苯磺酸溶液 称取0.4g对氨基苯磺酸，溶于100mL 20%（体积分数）盐酸中，避光保存。

（5）2g/L盐酸萘乙二胺溶液 称取0.2g盐酸萘乙二胺，以水稀释至100mL，避光保存。

（6）亚硝酸钠标准液 精密称取0.1000g亚硝酸钠（事先于硅胶干燥器中干燥24h），用重蒸馏水溶解并定容至500mL。此液的质量浓度为200μg/mL。

（7）亚硝酸钠标准使用液 吸取标准液5.00mL于200mL容量瓶中，用重蒸馏水定容。此液的质量浓度为5μg/mL。临用时配制。

3. 仪器

1）分光光度计。

2）50mL比色管。

4. 测定方法

（1）样品处理 称取5.0g混匀的样品置于50mL烧杯中，加12.5mL硼砂饱和液，搅拌均匀；以300mL 70℃的水将样品洗入500mL容量瓶中，放在沸水浴中加热15min，取出后冷却至室温；然后边转动边加入5mL亚铁氰化钾溶液，摇匀；再加入5mL乙酸锌溶液，以沉淀蛋白质；加水至刻度后摇匀，放置30min，除去上层脂肪，清液用滤纸过滤，弃去初滤液30mL，所得到的滤液备用。

（2）标准曲线绘制 吸取0.00mL、0.20mL、0.40mL、0.60mL、0.80mL、1.00mL、1.50mL、2.00mL、2.50mL亚硝酸钠标准使用液，分别置于50mL比色管中，加入2.0mL 4g/L对氨基苯磺酸溶液，混匀；静置3~5min后，各加入1.0mL 2g/L盐酸萘乙二胺溶液，加水至刻度，混匀；静置15min，用2cm比色皿，以空白调零，于分光光度计538nm波长处测定吸光度，绘制标准曲线。

（3）试样测定 吸取40mL样品处理液置于50mL比色管中，其余操作同标准曲线的绘制。于538nm处测定吸光度，从标准曲线上查出样品液中亚硝酸盐的质量。

5. 结果计算

样品中亚硝酸盐含量的计算公式为

$$X = \frac{m_1 \times 1000}{m \times \dfrac{V_2}{V_1} \times 1000 \times 1000}$$

(4-10)

式中　X——样品中亚硝酸盐的含量（g/kg）；

　　m——样品质量（g）；

　　m_1——测定用样液中亚硝酸盐的质量（μg）；

　　V_1——样品的总体积（mL）；

　　V_2——测定用样液的体积（mL）。

◆◆◆ 第五节　乳及乳制品中硝酸盐的测定

1. 测定原理

样品经沉淀蛋白质、去除脂肪后，将样品提取液通过镉柱，使其中的硝酸根离子还原为亚硝酸根离子。在酸性条件下，亚硝酸根与对苯氨基苯磺酸重氮化后，再与盐酸萘乙二胺偶合形成紫红色的偶氮染料，经比色测得亚硝酸盐的含量，从还原前后亚硝酸盐的含量即可求得硝酸盐的含量。

2. 试剂

1）氨缓冲液（pH值＝9.6～9.7）：量取20mL浓盐酸加50mL水，混匀后加50mL氨水，用水稀释至1000mL。

2）稀氨缓冲液：取50mL氨缓冲液，用水稀释500mL。

3）0.1mol/L盐酸：取5mL浓盐酸加水稀释至600mL。

4）硝酸钠标准液：准确称取0.1232g硝酸钠（已于110～120℃干燥恒重），加水溶解，移于500mL容量瓶中，并定容。此液的质量浓度为200mg/mL。

5）硝酸钠标准使用液：吸取标准液2.50mL置于100mL容量瓶中，加水定容。此液的质量浓度为5mg/mL。

6）亚硝酸钠标准使用液：同亚硝酸盐测定方法。

7）其他同亚硝酸盐测定。

3. 仪器

1）镉柱：

① 海绵状镉的制备：投入足够的锌皮或锌棒于500mL 20%（体积分数）硫酸镉溶液中，经3～4h，当其中的镉全部被锌置换后，用玻璃棒轻轻刮下，取出残余锌皮，使镉沉底，倾去上层清液，以水用倾泻法多次洗涤，然后移入组织捣碎机中，加500mL水，捣碎约2s，用水将金属细粒洗至标准筛上，取20～40目的部分。

② 镉柱的装填（见图4-4）：用水装满镉柱玻璃管，并装入2cm高的玻璃棉作垫，将玻璃棉压向柱底时，应将其中所包含的空气全部排出，在轻轻敲击下加入海绵状镉至

8～10cm 高，上面用 1cm 高的玻璃棉覆盖，上置一贮液漏斗，末端要穿过橡胶塞与镉柱玻璃管紧密连接。如果无上述镉柱玻璃管，可用 25mL 酸式滴定管代用。

当镉柱填装好后，先用 25mL 0.1mol/L 盐酸洗涤，再用水洗两次，每次 25mL。镉柱不用时用水封盖，随时都要保持水平面在镉层之上，不得使镉层夹有气泡。

③ 镉柱每次使用完毕后，应先以 25mL 0.1mol/L 盐酸洗涤，再用水洗两次，每次 25mL，最后用水覆盖镉柱。

2）分光光度计。

3）50mL 比色管。

4.测定方法

（1）样品处理　同亚硝酸盐测定方法。

（2）镉柱还原效率的测定　先以 25mL 稀氨缓冲液冲洗镉柱，流速控制在 3～5mL/min。

吸取 20mL 硝酸钠标准使用液，加入 5mL 稀氨缓冲液，混匀，注入贮液漏斗，使其流经镉柱还原，以原烧杯收集流出液，当贮液中溶液流完后，再加 5mL 水置换柱内留存

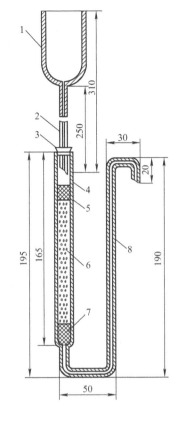

图 4-4　镉柱装填

1—贮液漏斗（内径 35mm，外径 37mm）

2—进液毛细管（内径 0.4mm，外径 6mm）

3—橡胶塞　4—镉柱玻璃管（内径 12mm，外径 16mm）

5、7—玻璃棉　6—海绵状镉

8—出液毛细管（内径 2mm，外径 8mm）

溶液。将全部收集液如前再经镉柱还原一次，第二次流出液收集于 100mL 容量瓶中，再用 20mL 水洗涤镉柱，共洗涤 3 次，洗涤液收集于同一容量瓶，加水至刻度，混匀。

取 10.0mL 还原后的标准液于 50mL 比色管中，加入 2.0mL 0.4%（质量分数）对氨基苯磺酸溶液，混匀，静置 3～5min，各加 1.0mL 2g/L 盐酸萘乙胺溶液，加水至刻度，混匀，静置 15min，用 2cm 比色皿，于 538nm 处测定吸光度，根据标准曲线计算测得结果。还原效率大于 98% 为符合要求。

（3）标准曲线的绘制　同亚硝酸盐测定方法。

（4）试样中亚硝酸盐质量的测定

1）样液的还原：吸取 20mL 样品处理液置于 50mL 烧杯中，加 5mL 氨缓冲液，混匀后注入贮液漏斗，使其流经镉柱还原，以下按镉柱还原效率测定操作进行，收集还原后样液于

100mL 容量瓶，并定容。

2）吸取 10~20mL 还原后的样液置于 50mL 比色管中，以下按镉柱还原效率的测定操作进行，测定吸光度，从标准曲线上查出亚硝酸盐的质量。

（5）亚硝酸盐的测定　吸取 40mL 未经镉柱还原的样品处理液置于 50mL 比色管中，按镉柱还原效率测定操作进行，测定吸光度，从标准曲线上查出亚硝酸盐的质量。

5. 结果计算

样品中硝酸盐含量的计算公式为

$$X = \left(\frac{m_1}{m \times \frac{20}{500} \times \frac{V}{100} \times 1000} - \frac{m_2}{m \times \frac{40}{500} \times 1000} \right) \times 1.232 \qquad (4\text{-}11)$$

式中　X——样品中硝酸盐的含量（g/kg）；

m——样品的质量（g）；

m_1——经镉柱还原后测得亚硝酸钠的质量（μg）；

m_2——直接测得亚硝酸钠的质量（μg）；

V——测定用经镉柱还原后的样液的体积（mL）；

1.232——亚硝酸钠换算成硝酸钠的系数。

6. 说明及注意事项

1）镉是有害元素之一，在制作海绵状镉或处理镉柱时，不要用手直接接触，同时应注意不要弄到皮肤上。一旦接触到镉就应立即用水冲洗。制备、处理过程的废弃液含大量的镉，应经处理后再放入水道，以免造成环境污染。

2）样品处理中饱和硼砂液、亚铁氰化钾溶液、乙酸锌溶液作为蛋白质沉淀剂。

◇◇◇◇ 第六节　乳及乳制品中膳食纤维的测定

1. 测定原理

使用中性洗涤剂将试样中的糖、淀粉、蛋白质、果胶等物质溶解除去，不能溶解的残渣为不溶性膳食纤维，主要包括纤维素、半纤维素、木质素、角质和二氧化硅等，并包括不溶性灰分。

2. 试剂

1）无水亚硫酸钠。

2）石油醚：沸程 30~60℃。

3）丙酮。

4）甲苯。

5）EDTA 二钠盐。

6）四硼酸钠（含 10 个结晶水）。

7）月桂基硫酸钠。

8）乙二醇独乙醚。

9）无水磷酸氢二钠。

10）磷酸。

11）磷酸二氢钠。

12）α-淀粉酶。

13）中性洗涤剂溶液：将 18.61gEDTA 二钠盐和 6.81g 四硼酸钠（含 10 个结晶水）置于烧杯中，加水约 100mL，加热使之溶解。将 30.00g 月桂基硫酸钠和 10mL 乙二醇独乙醚溶于约 650mL 的热水中。合并上述两种溶液，再将 4.56g 无水磷酸氢二钠溶于 150mL 热水中，并入上述溶液中，用磷酸调节上述混合液至 pH 值 = 6.9～7.1，最后加水至 1000mL。

14）磷酸盐缓冲液：由 38.7mL 0.1mol/L 磷酸氢二钠和 61.3mL 0.1mol/L 磷酸二氢钠混合而制成，pH 值 = 7.0±0.2。

15）2.5% α-淀粉酶溶液：称取 2.5g α-淀粉酶溶于 100mL 磷酸盐缓冲溶液中，离心、过滤，滤过的酶液备用。

16）耐热玻璃棉（耐热 130℃，需耐热并不易折断的玻璃棉）。

3. 仪器

（1）天平　感量为 0.1mg。

（2）烘箱　110～130℃。

（3）恒温箱　37℃±2℃。

（4）纤维测定仪　如没有纤维测定仪，可由下列部件组成：

1）电热板：带控温装置。

2）高型无嘴烧杯：600mL。

3）坩埚式耐酸玻璃滤器：容量 60mL，孔径 40～60μm。

4）回流冷凝装置。

5）抽滤装置：由抽滤瓶、抽滤垫及水泵组成。

6）pH 计：精度为 0.01。

4. 分析步骤

称取固体试样 0.5～1.0g 或液体试样 8.0g（精确到 0.1mg），置于高型无嘴烧杯中，如试样脂肪含量超过 10%，需先去除脂肪，例如 1.00g 试样，用石油醚 30～60℃提取 3 次，每次 10mL。

加 100mL 中性洗涤剂溶液，再加 0.5g 无水亚硫酸钠。

电炉加热，5～10min 内使其煮沸，移至电热板上，保持微沸 1h。

于耐酸玻璃滤器中，铺 1～3g 玻璃棉，移至烘箱内，110℃烘 4h，取出置干燥器中冷至室温，称量，得 m_1（精确到 0.0001g）。

将煮沸后的试样趁热倒入滤器中，用水泵抽滤。用 500mL 热水（90～100℃），分数次洗烧杯及滤器，抽滤至干燥。洗净滤器下部的液体和泡沫，塞上橡皮塞。

在滤器中加入酶液，液面需覆盖纤维，用细针挤压掉其中的气泡，加数滴甲苯，盖上表面皿，37℃恒温箱中过夜。

取出滤器，除去底部塞子，抽滤去酶液，并用 300mL 热水分数次洗去残留酶液，用碘液检查是否有淀粉残留。如果有残留，则继续加酶水解。如果淀粉已除尽，抽干，则再以丙酮洗 2 次。

将滤器置于烘箱中，110℃烘 4h 后取出，置干燥器中，冷至室温，称量，得 m_2（精确到 0.0001g）。

5. 结果计算

试样中不溶性膳食纤维的含量按式（4-12）计算：

$$X = \frac{m_2 - m_1}{m} \times 100 \qquad (4\text{-}12)$$

式中　X——试样中不溶性膳食纤维的含量（g/100g）；

　　　m_1——滤器加玻璃棉的质量（g）；

　　　m_2——滤器加玻璃棉及试样中纤维的质量（g）；

　　　m——试样质量（g）。

以重复性条件下获得的两次独立测定结果的算术平均值表示，结果保留三位有效数字。

6. 精密度

在重复性条件下获得的两次独立测定结果的绝对差值不得超过算术平均值的 10%。

◇◇◇ 第七节　乳及乳制品中非脂乳固体的测定

1. 测定原理

先分别测定出乳及乳制品中的总固体含量、脂肪含量（如添加了蔗糖等非乳成分含量，也应扣除），再用总固体减去脂肪和蔗糖等非乳成分含量，即为非脂乳固体。

2. 试剂

（1）平底皿盒　高 20～25mm，直径 50～70mm 的带盖不锈钢或铝皿盒，或玻璃称量皿。

（2）短玻璃棒　适合于皿盒的直径，可斜放在皿盒内，不影响盖盖。

（3）石英砂或海砂　可通过 500μm 孔径的筛子，不能通过 180μm 孔径的筛子，并通过下列适用性测试：将约 20g 的海砂同短玻棒一起放于一皿盒中，然后敞盖在 100℃±2℃的干燥箱中至少烘 2h。把皿盒盖盖好后放入干燥器中冷却至室温后称量，准确至 0.1mg。用 5mL 水将海砂润湿，用短玻璃棒混合海砂和水，将其再次放入干燥箱中干燥 4h。把皿盒盖盖好后放入干燥器中冷却至室温后称量，精确至 0.1mg，两次称量的差不应超过 0.5mg。如果两次称量的质量差超过了 0.5mg，则需对海砂进行下面的处理后，才能使用：将海砂在体积分数为 25% 的盐酸溶液中浸泡 3d，经常搅拌。尽可能地倾出上清液，用水洗涤海砂，直到中性。在160℃条件下加热海砂4h。然后重复进行适用性测试。

3. 仪器

1）天平：感量为0.1mg。

2）干燥箱。

3）水浴锅。

4. 操作方法

（1）总固体的测定 在平底皿盒中加入20g石英砂或海砂（4.3），在100℃±2℃的干燥箱中干燥2h，于干燥器冷却0.5h，称量，并反复干燥至恒重。称取5.0g（精确至0.0001g）试样于恒重的皿内，置水浴上蒸干，擦去皿外的水渍，于100℃±2℃干燥箱中干燥3h，取出放入干燥器中冷却0.5h，称量，再于100℃±2℃干燥箱中干燥1h，取出冷却后称量，至前后两次质量相差不超过1.0mg。试样中总固体的含量按式（4-13）计算：

$$X = \frac{m_1 - m_2}{m} \times 100 \qquad (4\text{-}13)$$

式中 X——试样中总固体的含量（g/100g）；

m_1——皿盒、海砂加试样干燥后质量（g）；

m_2——皿盒、海砂的质量（g）；

m——试样的质量（g）。

（2）脂肪的测定 按本章第一节脂肪的测定方法测定。

（3）蔗糖的测定 按本章第二节蔗糖的测定方法测定。

5. 结果计算

$$X_{\text{NFT}} = X - X_1 - X_2 \qquad (4\text{-}14)$$

式中 X_{NFT}——试样中非脂乳固体的含量（g/100g）；

X——试样中总固体的含量（g/100g）；

X_1——试样中脂肪的含量（g/100g）；

X_2——试样中蔗糖的含量（g/100g）。

以重复性条件下获得的两次独立测定结果的算术平均值表示，结果保留三位有效数字。

◇◇◇ 第八节 乳及乳制品中乳酸菌的测定

乳酸菌是一类可发酵糖主要产生大量乳酸的细菌的通称。本方法中乳酸菌主要为乳杆菌属（Lactobacillus）、双歧杆菌属（Bifidobacterium）和链球菌属（Streptococcus）。

1. 培养基和试剂

1）MRS（Man Rogosa Sharpe）培养基及莫匹罗星锂盐（Li-Mupirocin）改良MRS培养

基：见附录 K。

2）MC 培养基（Modified Chalmers 培养基）：见附录 K。

3）0.5%蔗糖发酵管：见附录 K。

4）0.5%纤维二糖发酵管：见附录 K。

5）0.5%麦芽糖发酵管：见附录 K。

6）0.5%甘露醇发酵管：见附录 K。

7）0.5%水杨苷发酵管：见附录 K。

8）0.5%山梨醇发酵管：见附录 K。

9）0.5%乳糖发酵管：见附录 K。

10）七叶苷发酵管：见附录 K。

11）革兰氏染色液：见附录 K。

12）莫匹罗星锂盐（Li-Mupirocin）：化学纯。

2. 仪器和器具

除微生物实验室常规灭菌及培养仪器外，其他仪器和器具如下：

1）恒温培养箱：36℃±1℃。

2）冰箱：2~5℃。

3）均质器及无菌均质袋、均质杯或灭菌乳钵。

4）天平：感量 0.1g。

5）无菌试管：18mm×180mm、15mm×100mm。

6）无菌吸管：1mL（具有 0.01mL 刻度）、10mL（具有 0.1mL 刻度）或微量移液器及吸头。

7）无菌锥形瓶：500mL、250mL。

3. 检验程序（见图 4-5）

4. 操作步骤

（1）样品制备 样品的全部制备过程均应遵循无菌操作程序。

冷冻样品可先使其在 2~5℃条件下解冻，时间不超过 18h，也可在温度不超过 45℃ 的条件解冻，时间不超过 15min。

固体和半固体食品：以无菌操作称取 25g 样品，置于装有 225mL 生理盐水的无菌均 质杯内，于 8000~10000r/min 均质 1~2min，制成 1:10 样品匀液；或置于 225mL 生理 盐水的无菌均质袋中，用拍击式均质器拍打 1~2min 制成 1:10 的样品匀液。

液体样品：液体样品应先将其充分摇匀后以无菌吸管吸取样品 25mL 放入装有 225mL 生理盐水的无菌锥形瓶（瓶内预置适当数量的无菌玻璃珠）中，充分震摇，制成 1:10 的样品匀液。

（2）步骤

1）用 1mL 无菌吸管或微量移液器吸取 1:10 样品匀液 1mL，沿管壁缓慢注于装有 9mL 生理盐水的无菌试管中（注意吸管尖端不要触及稀释液），震摇试管或换用 1 支无 菌吸管反复吹打使其混合均匀，制成 1:100 的样品匀液。

2）另取 1mL 无菌吸管或微量移液器吸头，按上述操作顺序，做 10 倍递增样品匀

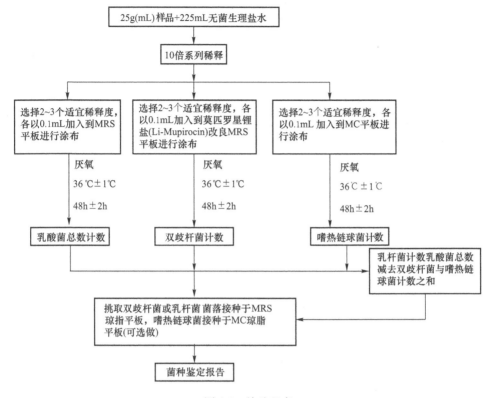

图 4-5 检验程序

液，每递增稀释一次，即换用 1 次 1mL 灭菌吸管或吸头。

3）乳酸菌计数：

① 乳酸菌总数。根据待检样品活菌总数的估计，选择 2~3 个连续的适宜稀释度，每个稀释度吸取 0.1mL 样品匀液分别置于两个 MRS 琼脂平板，使用 L 形棒进行表面涂布。36℃±1℃，厌氧培养 48h±2h 后计数平板上的所有菌落数。从样品稀释到平板涂布要求在 15min 内完成。

② 双歧杆菌计数。根据对待检样品双歧杆菌含量的估计，选择 2~3 个连续的适宜稀释度，每个稀释度吸取 0.1mL 样品匀液于莫匹罗星锂盐（Li-Mupirocin）改良MRS 琼脂平板，使用灭菌 L 形棒进行表面涂布，每个稀释度作两个平板。36℃±1℃，厌氧培养 48h±2h 后计数平板上的所有菌落数。从样品稀释到平板涂布要求在 15min 内完成。

③ 嗜热链球菌计数。根据待检样品嗜热链球菌活菌数的估计，选择 2~3 个连续的适宜稀释度，每个稀释度吸取 0.1mL 样品匀液分别置于两个 MC 琼脂平板，使用 L 形棒进行表面涂布。36℃±1℃，需氧培养 48h±2h 后计数。嗜热链球菌在 MC 琼脂平板上的菌落特征为：菌落中等偏小，边缘整齐光滑的红色菌落，直径 2mm±1mm，菌落背面为粉红色。

从样品稀释到平板涂布要求在15min内完成。

④ 乳杆菌计数。将乳酸菌总数结果减去双歧杆菌与嗜热链球菌计数结果之和即得乳杆菌计数。

⑤ 菌落计数。可用肉眼观察，必要时用放大镜或菌落计数器，记录稀释倍数和相应的菌落数量。

选取菌落数在30～300CFU、无蔓延菌落生长的平板计数菌落总数。低于30CFU的平板记录具体菌落数，大于300CFU的可记录为多不可计。每个稀释度的菌落数应采用两个平板的平均数。其中一个平板有较大片状菌落生长时，则不宜采用，而应以无片状菌落生长的平板作为该稀释度的菌落数；若片状菌落不到平板的1/2，而其余1/2中菌落分布又很均匀，即可计算半个平板后乘以2，代表一个平板菌落数。

当平板上出现菌落间无明显界线的链状生长时，则将每条单链作为一个菌落计数。

（3）结果的表述　若只有一个稀释度平板上的菌落数在适宜计数范围内，则计算两个平板菌落数的平均值，再将平均值乘以相应稀释倍数，作为每 g(mL)中菌落总数结果。

若有两个连续稀释度的平板菌落数在适宜计数范围内时，按式(4-15)计算：

$$N = \sum C / (n_1 + 0.1 n_2) d \qquad (4-15)$$

式中　N——样品中菌落数；

$\sum C$——平板(含适宜范围菌落数的平板)菌落数之和；

n_1——第一稀释度(低稀释倍数)平板个数；

n_2——第二稀释度(高稀释倍数)平板个数；

d——稀释因子(第一稀释度)。

若所有稀释度的平板上菌落数均大于300CFU，则对稀释度最高的平板进行计数，其他平板可记录为多不可计，结果按平均菌落数乘以最高稀释倍数计算。

若所有稀释度的平板菌落数均小于30CFU，则应按稀释度最低的平均菌落数乘以稀释倍数计算。

若所有稀释度(包括液体样品原液)平板均无菌落生长，则以小于1乘以最低稀释倍数计算。

若所有稀释度的平板菌落数均不在30～300CFU，其中一部分小于30CFU或大于300CFU时，则以最接近30CFU或300CFU的平均菌落数乘以稀释倍数计算。

（4）菌落数的报告　菌落数小于100CFU时，按"四舍五入"原则修约，以整数报告。

菌落数大于或等于100CFU时，第3位数字采用"四舍五入"原则修约后，取前两位数字，后面用0代替位数；也可用10的指数形式来表示，按"四舍五入"原则修约后，采用两位有效数字。

称重取样以 CFU/g 为单位报告，体积取样以 CFU/mL 为单位报告。

（5）结果与报告　根据菌落计数结果出具报告，报告单位以 CFU/g(mL)表示。

5. 乳酸菌的鉴定(可选做)

(1) 纯培养 挑取 3 个或以上单个菌落,嗜热链球菌接种于 MC 琼脂平板,乳杆菌属接种于 MRS 琼脂平板,置 36℃±1℃厌氧培养 48h。

(2) 鉴定 双歧杆菌的鉴定按 GB/T 4789.34 的规定操作。

涂片镜检:乳杆菌属菌体形态多样,呈长杆状、弯曲杆状或短杆状。无芽胞,革兰氏染色阳性。嗜热链球菌菌体呈球形或球杆状,直径为 $0.5 \sim 2.0 \mu m$,成对或成链排列,无芽胞,革兰氏染色阳性。

乳酸菌菌种的主要生化反应见表 4-4 和表 4-5。

表 4-4 常见乳杆菌属的碳水化合物反应

菌种	七叶苷	纤维二糖	麦芽糖	甘露醇	水杨苷	山梨醇	蔗糖	棉子糖
干酪乳杆菌干酪亚种(L. casei subsp. casei)	+	+	+	+	+	+	+	−
德氏乳杆菌保加利亚种(L. delbrueckii subsp. bulgaricus)	−	−	−	−	−	−	−	−
嗜酸乳杆菌(L. acidophilus)	+	+	+	−	+	−	+	d
罗伊氏乳杆菌(L. reuteri)	ND	−	+	−	−	−	+	+
鼠李糖乳杆菌(L. rhamnosus)	+	+	+	+	+	+	+	−
植物乳杆菌(L. plantarum)	+	+	+	+	+	+	+	+

注:+表示 90%以上菌株阳性;−表示 90%以上菌株阴性;d 表示 11%~89%菌株阳性;ND 表示未测定。

表 4-5 嗜热链球菌的主要生化反应

菌种	菊糖	乳糖	甘露醇	水杨苷	山梨醇	马尿酸	七叶苷
嗜热链球菌(S. thermophilus)	−	+	−	−	−	−	−

注:+表示 90%以上菌株阳性;−表示 90%以上菌株阴性。

◇◇◇ 第九节 乳及乳制品的检验技能训练实例

● **训练 1 乳粉中脂肪的测定**

1. 仪器及试剂

(1) 仪器 罗紫-哥特里抽脂瓶、100 mL 脂肪瓶、移液管(25mL)、电热恒温水浴锅、电热恒温干燥箱、分析天平、吸量管(2mL、10mL)。

(2) 试剂 乙醚、沸程为30~60℃的石油醚、95%(体积分数)乙醇、浓氨水。

2. 操作步骤

精确称取1g乳粉置于抽脂瓶中，加10mL 60℃水溶解，加入1.25mL浓氨水，充分摇匀，于60℃水浴中加热5min。再摇动2min，加95%(体积分数)乙醇10mL，充分摇匀，于冷水中冷却后，加入25mL乙醚，摇动0.5min。加入25mL石油醚，再振摇0.5min，静置30min，待液层分离后，吸出醚层液于已恒重的脂肪瓶中。蒸馏回收乙醚和石油醚后，置脂肪瓶于100~105℃的干燥箱中干燥1.5h，取出。在干燥器中冷却20~30min，于天平上称量，然后再放入干燥箱中干燥0.5h后取出，冷却，称量，直至前后两次质量之差不超过2mg(即为恒重)。

3. 数据记录及处理

1) 数据记录：将试验数据填入下表中。

测定次数	样品质量/g	脂肪瓶质量/g	脂肪加脂肪瓶质量/g
1			
2			

2) 按式(4-1)计算乳粉中脂肪的质量分数。

在重复性条件下，获得的两次独立测定结果的绝对差值不得超过算术平均值的5%。

● **训练2 全脂乳粉中乳糖的测定**

1. 仪器及试剂

(1) 仪器 250mL容量瓶、50mL酸式滴定管、可调电炉、5mL吸量管。

(2) 试剂 106g/L亚铁氰化钾溶液、219g/L乙酸锌溶液、标定好的费林氏液(甲液及乙液)、1mg/mL乳糖标准溶液。

2. 操作步骤

(1) 样品处理 准确称取0.7~0.8g乳粉样品，置于250mL容量瓶中，加50mL水，摇匀后慢慢加入5mL乙酸锌及5mL亚铁氰化钾溶液，加水至刻度，混匀，静置0.5h。用干燥滤纸过滤，弃去初滤液，收集滤液供测定用。

(2) 样液预测 吸取已用乳糖标定好的碱性酒石酸铜甲液及乙液各5.00mL，置于250mL锥形瓶中，加水10mL，加玻璃珠3粒，使其在2min内加热至沸腾。趁沸腾以先快后慢的速度从滴定管中滴加样品液，须始终保持溶液的沸腾状态，待溶液蓝色变浅时，以0.5滴/s的速度滴定，直至溶液蓝色刚好褪去为终点。记录消耗样品溶液的体积。

(3) 样液测定 吸取碱性酒石酸铜甲液及乙液各5.00mL，置于250mL锥形瓶中，加玻璃珠3粒，从滴定管中加入比预测体积少1mL的样品液，使其在2min内加热至沸腾。趁沸腾以0.5滴/s的速度继续滴定，直至蓝色刚好褪去为终点。记录消耗样品液的体积。同法平行操作3次，得出平均消耗体积。

3. 数据记录及处理

1) 数据记录：将试验数据填入下表中。

测定次数	样品质量/g	标定时消耗乳糖的体积/mL				10mL碱性酒石酸铜相当于乳糖的质量/mg	测定时消耗样品水解液的体积/mL			
		1	2	3	平均值		1	2	3	平均值
1										
2										

2）按式（4-16）计算乳粉中乳糖的质量分数，即

$$w(乳糖) = \frac{m_2}{m \times \frac{V}{250} \times 1000} \times 100\% \qquad (4\text{-}16)$$

式中　$w(乳糖)$——乳粉中乳糖的质量分数；

　　　　m——样品质量（g）；

　　　　V——测定时平均消耗样品溶液的体积（mL）；

　　　　m_2——10mL碱性酒石酸铜溶液相当于乳糖的质量（mg）；

　　　　250——样品溶液的总体积（mL）。

两次平行测定结果之差不得超过平均值的10%。

● **训练 3　乳粉中亚硝酸盐的测定**

1. 仪器及试剂

（1）仪器　分光光度计、50mL比色管、吸量管（1mL、2mL、5mL）。

（2）试剂　106g/L亚铁氰化钾溶液、220g/L乙酸锌溶液、饱和硼砂溶液、4g/L对氨基苯磺酸溶液、2g/L盐酸萘乙二胺溶液、5μg/mL亚硝酸钠标准使用液。

2. 操作步骤

（1）样品处理　称取5.0g乳粉，置于50mL烧杯中，加12.5mL硼砂饱和液，搅拌均匀，以300mL 70℃的水将样品洗入500mL容量瓶中，于沸水浴中加热15min，取出后冷却至室温，然后边转动边加入5mL亚铁氰化钾溶液，摇匀，再加入5mL乙酸锌溶液，以沉淀蛋白质。加水至刻度、摇匀，放置30min，除去上层脂肪，清液用滤纸过滤，弃去初滤液30mL，所得滤液备用。

（2）标准曲线绘制　吸取0.00mL、0.20mL、0.40mL、0.60mL、0.80mL、1.00mL、1.50mL、2.00mL亚硝酸钠标准使用液（相当于0、1μg、2μg、3μg、4μg、5μg、7.5μg、10μg亚硝酸钠），分别置于50mL比色管中。加入2.0mL 4g/L对氨基苯磺酸溶液，混匀，静置3~5min后各加入1.0mL 2g/L盐酸萘乙二胺溶液，加水至刻度，混匀，静置15min，用2cm比色皿，以空白调零，于分光光度计538nm波长处测定吸光度，绘制标准曲线。

（3）试样测定　吸取40mL样品处理液置于50mL比色管中，其余操作同标准曲线的绘制。于538nm处测定吸光度，从标准曲线上查出样品液中亚硝酸盐的质量。

3. 数据记录及处理

1）数据记录：

① 将测定的吸光度填入下表中。

亚硝酸钠标准使用液的体积/mL	0.00	0.20	0.40	0.60	0.80	1.00	1.50	2.00
亚硝酸钠的质量/μg	0.0	1	2	3	4	5	7.5	10
吸光度								

② 将两次平行测定数据填入下表中。

测定次数	样品质量/g	样液总体积/mL	测定用样液体积/mL	吸光度
1				
2				

2) 以各标准液中的亚硝酸钠质量为横坐标, 测得各标准液的吸光度为纵坐标, 绘制标准曲线。根据样品液的吸光度, 从标准曲线上查出样品液中亚硝酸钠的质量。

3) 按式(4-10)计算乳粉中亚硝酸盐的含量。

两次平行测定结果之差不得超过平均值的10%。

● 训练4 酸奶中乳酸菌的测定

1. 仪器及试剂

(1) 仪器 无菌吸量管(25mL、1mL、10mL)、无菌三角瓶(带玻璃珠)、无菌试管、无菌培养皿、旋涡均匀器、恒温培养箱、恒温水浴锅、冰箱、灭菌刀、剪、镊子、架盘药物天平。

(2) 试剂 MRS培养基及改良MRS培养基, MC培养基, 0.5%蔗糖发酵管, 0.5%纤维二糖发酵管, 0.5%麦芽糖发酵管, 0.5%甘露醇发酵管, 0.5%水扬苷发酵管, 0.5%山梨醇发酵管, 0.5%乳糖发酵管, 七叶苷发酵管, 革兰氏染色液, 莫匹罗星锂盐。

2. 操作步骤

1) 以无菌操作将经过充分摇匀的检样25mL(g)放入含有225mL灭菌生理盐水的灭菌广口瓶内制成1:10的均匀稀释液。

2) 用1mL灭菌吸量管吸取1:10稀释液1mL, 沿管壁徐徐注入含有灭菌生理盐水的试管内(注意吸量管尖端不要触及管内稀释液), 振摇试管, 使其混合均匀。

3) 另取1mL灭菌吸量管, 按上述操作顺序, 做10倍递增稀释液, 如此每递增一次, 即换用1支1mL灭菌吸量管。

4) 选择2~3个以上适宜稀释度, 分别在做10倍递增稀释的同时, 即以吸取该稀释度的吸量管移1mL稀释液于灭菌平皿内, 每个稀释度做两个平皿。

5) 根据待检样品活菌总数的估计, 选择2~3个连续的适宜稀释度, 每个稀释度吸取0.1mL样品匀液分别置于2个MRS琼脂平板, 使用L形棒进行表面涂布。36℃±1℃, 厌氧培养48h±2h后计数平板上的所有菌落数。从样品稀释到平板涂布要求在

15min 内完成。

6）可用肉眼观察，必要时用放大镜或菌落计数器，记录稀释倍数和相应的菌落数量。菌落计数以菌落形成单位（colony-forming units, CFU）表示。

乳酸菌计数及结果与报告的表述，按本章第八节中乳酸菌测定中的方法进行表述。

3. 数据记录及处理

1）将各稀释平板上的菌落数填入下表中。

菌落数　　稀释度　皿　号	10^{-1}	10^{-2}	10^{-3}	10^{-4}
平皿 1				
平皿 2				
平均				

2）根据试验结果及参考本章第八节中乳酸菌计数的方法报告检验结果：

每 1mL 酸乳中的乳酸菌数是_____。

复习思考题

1. 电热烘箱主要由哪几部分组成？

2. 酸度计的两个电极分别叫什么电极？哪个是正极？哪个是负极？

3. 72-1 型分光光度计在预热时，比色箱盖应打开还是合上？

4. 简述莱因-埃农氏法测乳糖和蔗糖的原理。

5. 测定蛋白质时为加速消化反应可采取哪些方法？

6. 进行菌落总数测定时，如何选取平板菌落数？

7. 大肠菌群在伊红美蓝琼脂平板上的菌落特征是什么？

8. 巴布科克法测乳脂时，为什么测定取样量规定使用 17.6mL 的吸量管？

9. 简述罗紫-哥特里法的测定原理及测定方法。

10. 试述蛋白质测定中，消化过程中内容物颜色发生什么变化？为什么？结果计算中为什么要乘上蛋白质系数？

11. 简述乳及乳制品中硝酸盐的测定原理及方法。

12. 简述乳及乳制品中膳食纤维的测定原理。

13. 简述乳及乳制品中乳酸菌的测定方法。

第 五 章

白酒、果酒、黄酒的检验

培训学习目标　熟练掌握分析天平、电热干燥箱、干燥器、分光光度计的正确使用方法；掌握白酒、果酒、黄酒中二氧化硫、总酸、挥发酸、氨基酸态氮、还原糖及总酯的测定原理、方法及操作要点；掌握用平板菌落计数法测定细菌总数的方法和检测技能；掌握以最大概率数法原理测定大肠菌群数的方法与技能。

果酒、黄酒中还原糖的测定方法见第三章第二节；果酒、黄酒中细菌总数及大肠菌群的测定方法见第三章第四节。

◇◇◇ 第一节　白酒、果酒、黄酒中总酸的测定

1. 测定原理

食品中的有机酸用标准碱液滴定时，被中和成盐类，以酚酞为指示剂，滴定至溶液呈现淡红色(pH 值=8.2)，且 30s 内不消失为终点。根据所耗标准碱液的浓度和体积，可计算样品中酸的含量。

2. 试剂

1) 0.1mol/L 氢氧化钠标准溶液。

2) 10g/L 酚酞指示剂。

3. 测定方法

吸取约 60mL 样品于 100mL 烧杯中，将烧杯置于 40℃±0.1℃振荡水浴中恒温 30min，取出，冷却至室温(试样的制备只针对起泡的葡萄酒和葡萄汽酒，目的是排除二氧化碳)。

准确吸取酒样 10mL 置于 250mL 三角瓶中，加 50mL 水(视酒的色泽深浅而定)。加入 10g/L 酚酞指示剂 2 滴，用 0.1mol/L 氢氧化钠标准溶液滴至微红色，0.5min 内不褪色为止。

同时做空白试验。

4. 结果计算

样品中总酸含量按式(5-1)计算：

$$X = \frac{(V_1 - V_2)cK}{V} \times 100 \qquad (5\text{-}1)$$

式中　X——酒样中总酸的含量（g/100mL）；

V_1——样品滴定时，所耗氢氧化钠标准溶液的体积（mL）；

V_2——空白滴定时，所耗氢氧化钠标准溶液的体积（mL）；

c——氢氧化钠标准溶液的浓度（mol/L）；

K——酸的换算系数（g/mmol）（各种酸的换算系数：乙酸为 0.060，酒石酸为 0.075，乳酸为 0.090），葡萄酒、果酒中总酸以酒石酸计，白酒中总酸以乙酸计，黄酒中总酸以乳酸计；

V——样品的体积（mL）；

100——换算成 100mL 酒样中总酸的含量。

所得结果保留两位小数。

5. 精密度

在重复性条件下获得的两次独立测定结果的绝对差值，不得超过算术平均值的 2%。

◆◆◆ 第二节　果酒、黄酒中氨基态氮的测定

一、滴定法

1. 测定原理

氨基酸是两性化合物，不能直接用氢氧化钠溶液滴定，可先采用加入甲醛使氨基的碱性被掩蔽后，呈现羧基酸性，再以氢氧化钠溶液滴定。

2. 试剂

1）0.1mol/L 氢氧化钠标准溶液。

2）10g/L 酚酞指示剂。

3）360～380g/L 甲醛溶液。

3. 测定方法

准确吸取酒样 5mL 置于 250mL 三角瓶中，加水 50mL、酚酞指示剂 2 滴，用 0.1mol/L 氢氧化钠标准溶液滴至呈现微红色。准确加入甲醛溶液 10mL，摇匀，用 0.1mol/L 氢氧化钠标准溶液滴至微红色。以 5mL 水代替酒样进行空白试验。

4. 结果计算

酒样中氨基态氮的含量为

$$X = \frac{(V - V_0)c \times 0.014}{5} \times 100 \qquad (5\text{-}2)$$

式中　X——酒样中氨基态氮的含量（g/100mL）；

V——加入甲醛后酒样消耗氢氧化钠标准溶液的体积（mL）；

V_0——加入甲醛后空白试验消耗氢氧化钠标准溶液的体积（mL）；

c——氢氧化钠标准溶液的浓度（mol/L）；

0.014——氮的摩尔质量（g/mmol）；

5——测定时酒样的体积（mL）。

二、酸度计法

1. 测定原理

同滴定法。但中和及测定的终点都以酸度计的 pH 值为准，不受酒样色泽的影响。

2. 仪器

酸度计（附电磁搅拌器）：精度为 2 mV。

3. 试剂

同滴定法。

4. 测定方法

1）按使用说明书安装调试仪器，根据液温进行校正定位。

2）吸取样品 50.0mL（若用复合电极可酌情增加取样量）于 100mL 烧杯中，插入电极，放入一枚转子，置于电磁搅拌器上，开始搅拌，初始阶段可快速滴加氢氧化钠标准滴定溶液，当样液 pH 值＝8.00 后，放慢滴定速度，每次滴加半滴溶液，直至 pH 值＝8.2 为其终点，记录体积可进行总酸计算。

3）加入甲醛溶液 10mL，继续用 0.05mol/L 氢氧化钠标准溶液滴至溶液 pH 值＝9.2，记录耗用氢氧化钠标准溶液的体积。

5. 结果计算

同滴定法。

6. 说明及注意事项

1）本法准确快速，可用于各类样品游离氨基态氮含量的测定。

2）对于混浊和色深样液可不经处理而直接测定。

◈◈◈ 第三节　果酒中滴定酸、挥发酸的测定

一、果酒中滴定酸的测定

测定方法同白酒、果酒、黄酒中总酸的测定。

二、果酒中挥发酸的测定

测定挥发酸的方法有间接法和直接法。间接法是将挥发酸蒸发除去后，滴定不挥发的残酸，然后由总酸减去残酸，即为挥发酸。直接法用标准碱液直接滴定蒸馏出来的挥发酸。由于挥发酸呈游离态和结合态两部分，前者在蒸馏时较易挥发，后者则比较困

难，为了准确地测出挥发酸的含量，在直接蒸馏的基础上，发展了水蒸气蒸馏，在食品分析中，常用水蒸气蒸馏法来测定挥发酸的含量。

1. 测定原理

用水蒸气蒸馏使挥发酸分离，在蒸馏时加入磷酸可使结合态离析。挥发酸经冷凝收集后，用标准碱液滴定，根据消耗标准碱液的浓度和体积，可计算挥发酸的含量（本方法适用于各类饮料、果蔬及其制品（如发酵制品、酒等）中总挥发酸含量的测定）。

2. 仪器装置（见图5-1）

3. 试剂

1）0.1mol/L氢氧化钠标准溶液。

2）10g/L酚酞指示剂。

3）100g/L磷酸溶液。

4. 测定步骤

吸取酒样25mL置于250mL烧瓶

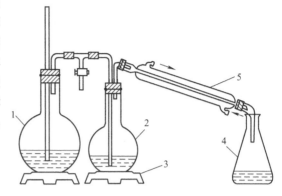

图5-1　水蒸气蒸馏装置
1—水蒸气发生器　2—样品瓶　3—电炉
4—接受瓶　5—冷凝管

中，加1%（质量分数）磷酸1mL，连接水蒸气蒸馏装置，加热蒸馏至馏出液（如室温较高，应将接受瓶置于冰水或冷水中）达300mL。将馏出液加热至60~65℃，加酚酞指示剂3滴，用0.1mol/L氢氧化钠标准溶液滴定至微红色，0.5min内不褪色为终点。在相同条件下做空白试验。

5. 结果计算

酒样中挥发酸的质量分数为

$$w(挥发酸) = \frac{(V_1 - V_2)c}{m} \times 0.06 \times 100\% \tag{5-3}$$

式中　$w(挥发酸)$——挥发酸的质量分数（以乙酸计）；

c——氢氧化钠标准溶液的浓度（mol/L）；

V_1——样品滴定时，所耗氢氧化钠标准溶液的体积（mL）；

V_2——空白滴定时，所耗氢氧化钠标准溶液的体积（mL）；

m——样品质量（g）；

0.06——乙酸的摩尔质量（g/mmol）。

6. 说明

1）蒸馏前水蒸气发生器中的水应先煮沸10min，以排除其中的二氧化碳，并用蒸汽冲洗整个蒸馏装置。

2）整套蒸馏装置的各个连接处应密封，切不可漏气。

3）滴定前将馏出液加热至60~65℃，可使其终点明显，加快反应速度，缩短滴定时间，减少溶液与空气的接触，提高测定精度。

◇◇◇◇ 第四节　果酒、黄酒中二氧化硫的测定

测定果酒及黄酒中二氧化硫的方法有氧化法及直接碘量法，这里主要介绍直接碘量法。

一、游离二氧化硫的测定

1. 测定原理

利用碘可以与二氧化硫发生氧化还原反应的性质，用碘标准溶液作滴定剂，淀粉作指示剂，测定样品中二氧化硫的含量。

2. 试剂

1）硫酸溶液（1+3）：取50mL浓硫酸，慢慢加入到150mL水中。

2）碘标准滴定溶液 $c(1/2I_2) = 0.02mol/L$。

3）淀粉指示液（10g/L）：称取1g可溶性淀粉，加5mL水调成糊状，在搅拌下将糊状物加到90mL沸水中，随加随搅拌，煮沸1~2min，冷却，稀释至100mL，再加入40g氯化钠。

3. 操作方法

吸取50.00mL样品于250mL碘量瓶中，加入少量碎冰块，再加入1mL淀粉指示液、10mL硫酸溶液，用碘标准滴定溶液迅速滴定至蓝色，保持30s不变即为终点，记下消耗碘标准滴定溶液的体积。

以水代替样品，做空白试验，操作同上。

4. 结果计算

试样中的二氧化硫含量按式（5-4）进行计算：

$$x = \frac{(V_1 - V_2) \times c \times 32}{50} \times 1000 \qquad (5\text{-}4)$$

式中　x——试样中游离二氧化硫的含量（mg/L）；

　　　V_1——滴定试样所用碘标准滴定溶液的体积（mL）；

　　　V_2——滴定试剂空白所用碘标准滴定溶液的体积（mL）；

　　　c——碘标准溶液的浓度（mol/L）；

　　　50——吸取样品体积（mL）；

　　　32——二氧化硫的摩尔质量的数值（g/mol）。

所得结果表示至整数。

5. 精密度

在重复性条件下获得的两次独立测定结果的绝对差值，不得超过算术平均值的10%。

二、总二氧化硫的测定

1. 测定原理

在碱性条件下，结合态二氧化硫被解离出来，然后再用碘标准滴定溶液滴定，得到

样品中总二氧化硫的含量。

2．试剂

1）氢氧化钠溶液（100g/L）。

2）其他试剂与游离二氧化硫测定试剂相同。

3．操作方法

吸取 25.00mL 氢氧化钠溶液于 250mL 碘量瓶中，再准确吸取 25.00mL 样品（液温20℃），并以吸管尖插入氢氧化钠溶液的方式，加入到碘量瓶中，摇匀，盖塞，静置15min 后，加入少量碎冰块，再加入 1mL 淀粉指示液、10mL 硫酸溶液，摇匀，用碘标准滴定溶液迅速滴定至蓝色，保持 30s 不变即为终点，记下消耗碘标准滴定溶液的体积。

以水代替样品，做空白试验，操作同上。

4．结果计算

试样中总二氧化硫含量按式（5-5）进行计算：

$$x = \frac{(V_1 - V_2) \times c \times 32}{25} \times 1000 \qquad (5\text{-}5)$$

式中　x——试样中总二氧化硫的含量（mg/L）；

　　　V_1——滴定试样所用碘标准滴定溶液的体积（mL）；

　　　V_2——滴定试剂空白所用碘标准滴定溶液的体积（mL）；

　　　c——碘标准溶液的浓度（mol/L）；

　　　25——吸取样品体积（mL）；

　　　32——二氧化硫的摩尔质量的数值（g/mol）。

所得结果表示至整数。

5．精密度

在重复性条件下获得的两次独立测定结果的绝对差值，不得超过算术平均值的10%。

◇◇◇ 第五节　果酒中干浸出物的测定

1．测定原理

排除酒精及其他易挥发物质后的酒样，用蒸馏水恢复至原来的体积，然后测其相对密度，它与总浸出物的含量成正比。通过相应的换算表定量，从总浸出物中减去还原糖，若有蔗糖再减去蔗糖，即得干浸出物的含量。

2．仪器

1）瓷蒸发皿：200mL。

2）相对密度瓶：25mL 或 50mL，附温度计。

3）恒温水浴：精度为 ±0.1℃。

3．操作

（1）样品制备　用 100mL 容量瓶量取 100mL 试样（液温20℃），定量洗入蒸发皿中。在水浴上蒸发至原体积的 1/4，冷却后洗入原容量瓶中，于 20℃定容至刻度，混匀后备用。

（2）测定　将相对密度瓶洗净、烘干、称量，反复操作，直至质量恒定。

将煮沸冷却后的蒸馏水注满已质量恒定的相对密度瓶，插上带温度计的瓶塞（瓶中应无气泡），立即浸入(20±0.1)℃的水浴中，至内容物温度达(20±0.1)℃，并保持 20min 不变后，取出，用滤纸吸去溢出支管的水，立即盖好小帽，擦干后称量（准确至 0.0001g）。

将相对密度瓶中的水倒去，先用无水乙醇，再用乙醚冲洗相对密度瓶，然后吹干，将制备好的样品装满相对密度瓶，按上述方法同样操作方法进行称量。

根据称得的蒸馏水及样品的质量，计算出样品的相对密度，然后再进行计算。

4. 结果计算

1）样品的相对密度为

$$d_{20}^{20} = \frac{m_2 - m}{m_1 - m} \tag{5-6}$$

式中　d_{20}^{20}——样品在 20℃的相对密度；

　　　m——密度瓶的质量(g)；

　　　m_1——密度瓶和水的质量(g)；

　　　m_2——密度瓶和蒸馏液的质量(g)。

2）将测得的样品的相对密度，从附录 J 中查得相应总浸出物的含量，再进行计算，即干浸出物的含量为

干浸出物 = 总浸出物 - [（总糖 - 还原糖）×0.95 + 还原糖]

所得结果应表示至一位小数。

5. 精密度

在重复性条件下获得的两次独立测定结果的绝对差值，不得超过算术平均值的 2%。

◈◈◈◈ 第六节　白酒中总酯的测定

1. 测定原理

用氢氧化钠溶液中和酒样中的总酸后，加入一定过量的氢氧化钠溶液使其与酒样中的酯起皂化反应，剩余的碱再用一定过量的盐酸溶液中和，然后用氢氧化钠溶液滴定中和后所剩的盐酸，以此测定白酒的总酯量。

2. 仪器

回流皂化装置如图 5-2 所示。

3. 试剂

1）0.1mol/L 氢氧化钠标准溶液。

2）0.1mol/L 盐酸标准溶液。

3）1g/L 酚酞指示剂。

4. 测定步骤

1）用吸量管吸取酒样 50mL，注入 250mL 三角瓶中，滴入酚酞指示剂 3 滴。

2）用 0.1mol/L 氢氧化钠标准溶液滴定至刚显微红色（不可过量），记下所耗用的体积，作计算总酸用。

3）准确加入 0.1mol/L 氢氧化钠标准溶液 25mL，摇匀，放入几颗沸石或玻璃珠。

4）装上回流冷凝器（见图 5-2），在沸水浴中回流加热 0.5h（以溶液沸腾后冷凝管第一滴冷却水滴下起计时）以进行皂化。

5）冷却后，用吸量管加入 0.1mol/L 盐酸标准溶液 25mL，然后用 0.1mol/L 氢氧化钠标准溶液滴定至溶液呈现微红色为止，记下用去 0.1mol/L 氢氧化钠标准溶液的体积。

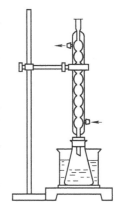

图 5-2 回流皂化装置

5. 结果计算

样品中总酯的含量为

$$\rho = (25c_1 - c_2 V_2) \times 0.08812 \times \frac{100}{50} \tag{5-7}$$

式中 ρ——样品中总酯（以乙酸乙酯计）的含量（g/100mL）；

25——加入皂化用氢氧化钠溶液的体积（mL）；

c_1——氢氧化钠标准溶液的浓度（mol/L）；

c_2——滴定用盐酸标准溶液的浓度（mol/L）；

V_2——滴定所耗盐酸标准溶液的体积（mL）；

0.08812——乙酸乙酯的摩尔质量（g/mmol）。

所得结果保留两位小数。

6. 说明及注意事项

1）白酒中总酯的质量分数高于 0.4% 时，皂化用 0.1mol/L 氢氧化钠溶液可加入 30mL。

2）当测定曲酒的酯含量时，皂化后颜色较深，可改用 0.1mol/L 硫酸标准溶液滴定过量的氢氧化钠，此时终点较易观察。

3）在重复性条件下获得的两次独立测定结果的绝对差值，不得超过算术平均值的 2%。

◇◇◇ 第七节 白酒、果酒、黄酒的检验技能训练实例

● 训练 1 白酒中总酸的测定

1. 仪器及试剂

（1）仪器 5mL 吸量管、250mL 三角瓶、50mL 碱式滴定管。

（2）试剂　0.1mol/L 氢氧化钠标准溶液、1g/L 酚酞指示剂。

2. 操作步骤

准确吸取酒样 5mL 置于 250mL 三角瓶中，加 50～100mL 水（视酒的色泽深浅而定）。加酚酞指示剂 2 滴，用 0.1mol/L 氢氧化钠标准溶液滴至微红色，0.5min 内不消失为止。取水 50～100mL，不加酒样作空白试验，方法同上。

3. 数据记录及处理

1）数据记录：将试验结果填入下表中。

测定次数	样品体积/mL	$c(\text{NaOH})$/(mol/L)	样品滴定所耗 NaOH 标准溶液的体积/mL	空白滴定所耗 NaOH 标准溶液的体积/mL
1				
2				

2）按式（5-1）计算白酒中总酸（以乙酸计）的含量。在重复性条件下获得的两次独立测定结果的绝对差值，不得超过算术平均值的 2%。

- 训练 2　黄酒中氨基酸态氮的测定

1. 仪器及试剂

（1）仪器　酸度计（附电磁搅拌器）、25mL 碱式滴定管、10mL 吸量管、100mL 烧杯。

（2）试剂　0.1mol/L 氢氧化钠标准溶液、360～380g/L 甲醛溶液。

2. 操作步骤

准确吸取酒样 5～10mL 置于 100mL 烧杯中，加水 50mL，开动搅拌器。将酸度计的复合电极置于溶液中适当高度。用 0.05mol/L 氢氧化钠标准溶液滴至溶液 pH 值＝8.2，记录耗用氢氧化钠标准溶液的体积，可进行总酸的计算。加入甲醛溶液 10mL，继续用 0.05mol/L氢氧化钠标准溶液滴至溶液 pH 值＝9.2，记录耗用氢氧化钠标准溶液的体积。取水 50mL，不加酒样作空白试验，方法同上。

3. 数据记录及处理

1）数据记录：将试验数据填入下表中。

测定次数	样品体积/mL	$c(\text{NaOH})$/(mol/L)	加甲醛后所耗 NaOH 标准溶液的体积/mL	空白滴定所耗 NaOH 标准溶液的体积/mL
1				
2				

2）按式（5-2）计算黄酒中氨基氮的含量。在重复性条件下，获得的两次独立测定结果的绝对差值不得超过算术平均值的 10%。

- 训练 3　果酒中挥发酸的测定

1. 仪器及试剂

（1）仪器　水蒸气蒸馏装置。

（2）试剂 0.1mol/L 氢氧化钠标准溶液、10g/L 酚酞指示剂、100g/L 磷酸溶液。

2. 操作步骤

吸取酒样 25mL 置于 250mL 烧瓶中，加磷酸 1mL，连接水蒸气蒸馏装置，加热蒸馏至馏出液（如室温较高，应将接受瓶置于冰水或冷水中）达 300mL。将馏出液加热至 60～65℃，加酚酞指示剂 3 滴，用 0.1mol/L 氢氧化钠标准溶液滴定至微红色，0.5min 内不褪色为终点。在相同条件下做空白试验。

3. 数据记录及处理

1）数据记录：将试验数据填入下表中。

测定次数	样品体积/mL	$c(NaOH)/$ (mol/L)	样品滴定所耗 NaOH 标准溶液的体积/mL	空白滴定所耗 NaOH 标准溶液的体积/mL
1				
2				

2）按式（5-3）计算果酒中挥发酸的含量。在重复性条件下获得的两次独立测定结果的绝对差值，不得超过算术平均值的 2%。

● 训练 4 果酒中二氧化硫的测定

1. 仪器及试剂

（1）仪器 全玻璃蒸馏器、碘量瓶、酸式滴定管。

（2）试剂 盐酸（1∶1）、20g/L 乙酸铅溶液、0.010mol/L 碘标准溶液、10g/L 淀粉指示液。

2. 操作步骤

吸取 5.0～10.0mL 试样，置于 500mL 圆底蒸馏烧瓶中。在蒸馏烧瓶中，加入 250mL 水，装上冷凝装置，冷凝管下端应插入碘量瓶中的 25mL 20g/L 乙酸铅吸收液中，然后在蒸馏瓶中加入 10mL 盐酸（1∶1），立即盖塞，加热蒸馏。当蒸馏液约为 200mL 时，将冷凝管下端离开液面，再蒸馏 1min。用少量蒸馏水冲洗插入乙酸铅溶液的装置部分。在检测试样的同时要做空白试验。向取下的碘量瓶中依次加入 10mL 浓盐酸、1mL 10g/L 淀粉指示液。摇匀之后用 0.010mol/L 碘标准滴定溶液滴定至变蓝色且在 30s 内不褪色为止。

3. 数据记录及处理

1）数据记录：将试验数据填入下表中。

测定次数	样品体积/mL	$c(I_2)/$ (mol/L)	样品滴定所耗 I_2 标准溶液的体积/mL	空白滴定所耗 I_2 标准溶液的体积/mL
1				
2				

2）计算果酒中二氧化硫的含量。在重复性条件下获得的两次独立测定结果的绝对差值，不得超过算术平均值的 10%。

● 训练 5　白酒中总酯的测定

1. 仪器及试剂

（1）仪器　回流皂化装置、50mL 吸量管、50mL 滴定管（酸式、碱式）、250mL 三角瓶。

（2）试剂　0.1mol/L 氢氧化钠标准溶液、0.1mol/L 盐酸标准溶液、1g/L 酚酞指示剂。

2. 操作步骤

用吸量管吸取白酒 50mL，注入 250mL 三角瓶中，滴入酚酞指示剂 3 滴。用 0.1mol/L 氢氧化钠标准溶液滴定至刚显微红色（不可过量），准确加入 0.1mol/L 氢氧化钠标准溶液 25mL。装上回流冷凝器，在沸水浴中回流加热 0.5h（以溶液沸腾后冷凝管第一滴冷却水滴下起计时）以进行皂化。冷却后，用移液管加入 0.1mol/L 盐酸标准溶液 25mL，然后用 0.1mol/L 氢氧化钠标准溶液滴定至溶液呈现微红色为止，记下用去 0.1mol/L 氢氧化钠标准溶液的体积。

3. 数据记录及处理

1）数据记录：将试验数据填入下表中。

测定次数	样品体积/mL	$c(NaOH)/$（mol/L）	$c(Cl)/$（mol/L）	样品滴定所耗 HCl标准溶液的体积/mL
1				
2				

2）按式（5-7）计算白酒中总酯的含量。在重复性条件下获得的两次独立测定结果的绝对差值，不得超过算术平均值的 10%。

复习思考题

1. 简述还原糖的测定方法及原理。如何提高测定结果的准确度？

2. 直接滴定法测定食品中的还原糖是如何进行定量的，为何要用标准葡萄糖液来标定？

3. 高锰酸钾法测定还原糖中的定量方法与直接滴定法有何不同？

4. 直接滴定法与高锰酸钾法测还原糖中对含蛋白质样品的处理有何不同？为什么？

5. 用酸水解法测定总糖为什么要严格控制水解条件？

6. 对于颜色较深的样品，在测定其总酸度时，如何排除干扰，以保证测定的准确度？

7. 食品的挥发酸主要由哪些成分组成？如何测定食品中挥发酸的含量？

8. 简述食品中二氧化硫的测定方法及原理。

9. 试述氨基酸态氮的测定原理。

10. 简述总酯的测定原理及方法。

第 六 章

啤酒的检验

培训学习目标 掌握分析天平的称量操作技能；熟练掌握啤酒中酒精度、总酸、原麦汁浓度、二氧化硫及双乙酰的测定原理、方法及操作要点；掌握用平板菌落计数法测定菌落总数的方法和检测技能；掌握以最大概率数法原理测定大肠菌群数的方法与技能。

啤酒中大肠菌群的测定方法见第三章第四节；啤酒中二氧化硫的测定本章训练4。

◇◇◇ 第一节 啤酒中酒精度的测定

啤酒中的酒精度测定常采用密度瓶法，适用于发酵液、清酒液和成品啤酒的测定。

1. 测定原理

利用20℃时酒精水溶液与同体积纯水质量之比，求得相对密度（以 d_{20}^{20} 表示），然后查表6-1得出试样中酒精含量的体积分数，即为酒精度。

表6-1 相对密度与酒精度对照表

相对密度 d_{20}^{20}	酒精度/ (g/100g)	相对密度 d_{20}^{20}	酒精度/ (g/100g)	相对密度 d_{20}^{20}	酒精度/ (g/100g)	相对密度 d_{20}^{20}	酒精度/ (g/100g)
0.9999	0.055	0.9995	0.270	0.9991	0.485	0.9988	0.645
0.9998	0.110	0.9994	0.325	0.9990	0.540	0.9987	0.700
0.9997	0.165	0.9993	0.380			0.9986	0.750
0.9996	0.220	0.9992	0.435	0.9989	0.590	0.9985	0.805
0.9984	0.855	0.9951	2.675	0.9919	4.580	0.9886	6.645
0.9983	0.910	0.9950	2.730	0.9918	4.640	0.9885	6.710
0.9982	0.965			0.9917	4.700	0.9884	6.780
0.9981	1.015	0.9949	2.790	0.9916	4.760	0.9883	6.840
0.9980	1.070	0.9948	2.850	0.9915	4.825	0.9882	6.910
		0.9947	2.910	0.9914	4.885	0.9881	6.980
0.9979	1.125	0.9946	2.970	0.9913	4.945	0.9880	7.050
0.9978	1.180	0.9945	3.030	0.9912	5.005		
0.9977	1.235	0.9944	3.090	0.9911	5.070	0.9879	7.115

（续）

相对密度 d_{20}^{20}	酒精度/ (g/100g)	相对密度 d_{20}^{20}	酒精度/ (g/100g)	相对密度 d_{20}^{20}	酒精度/ (g/100g)	相对密度 d_{20}^{20}	酒精度/ (g/100g)
0.9976	1.285	0.9943	3.150	0.9910	5.130	0.9878	7.180
0.9975	1.345	0.9942	3.205			0.9877	7.250
0.9974	1.400	0.9941	3.265	0.9909	5.190	0.9876	7.310
0.9973	1.455	0.9940	3.320	0.9908	5.255	0.9875	7.380
0.9972	1.510			0.9907	5.315	0.9874	7.445
0.9971	1.565	0.9939	3.375	0.9906	5.375	0.9873	7.510
0.9970	1.620	0.9938	3.435	0.9905	5.445	0.9872	7.580
		0.9937	3.490	0.9904	5.510	0.9871	7.650
0.9969	1.675	0.9936	3.550	0.9903	5.570	0.9870	7.710
0.9968	1.730	0.9935	3.610	0.9902	5.635		
0.9967	1.785	0.9934	3.670	0.9901	5.700	0.9869	7.780
0.9966	1.840	0.9933	3.730	0.9900	5.760	0.9868	7.850
0.9965	1.890	0.9932	3.785			0.9867	7.915
0.9964	1.950	0.9931	3.845	0.9899	5.820	0.9866	7.980
0.9963	2.005	0.9930	3.905	0.9898	5.890		
0.9962	2.060			0.9897	5.950		
0.9961	2.120	0.9929	3.965	0.9896	6.015		
0.9960	2.170	0.9928	4.030	0.9895	6.080		
		0.9927	4.090	0.9894	6.150		
0.9959	2.225	0.9926	4.150	0.9893	6.205		
0.9958	2.280	0.9925	4.215	0.9892	6.270		
0.9957	2.335	0.9924	4.275	0.9891	6.330		
0.9956	2.390	0.9923	4.335	0.9890	6.395		
0.9955	2.450	0.9922	4.400				
0.9954	2.505	0.9921	4.460	0.9889	6.455		
0.9953	2.560	0.9920	4.520	0.9888	6.520		
0.9952	2.620			0.9887	6.580		

2. 仪器

（1）全玻璃蒸馏器　由500mL蒸馏瓶、定氮球、蛇形冷凝器等组成。

（2）高精度恒温水浴箱　精度为±0.1℃。

（3）密度瓶(附温度计)　25mL或50mL。

（4）容量瓶　100mL。

（5）天平　感量0.1g。

（6）分析天平　感量0.1mg。

3. 操作方法

（1）样品的蒸馏　将恒温至15～20℃的酒样约300mL倒入1000mL锥形瓶中，盖塞（橡皮塞），在恒温室内，轻轻摇动、开塞放气。开始有"砰砰"声，盖塞。反复操作，直至无气体逸出为止。用单层中速干滤纸(漏斗上面盖表面玻璃)过滤，滤液备用。

用 100 mL 容量瓶准确量取已处理好的滤液 100mL(温度 20℃),置于蒸馏瓶中,用 50mL 水分三次冲洗容量瓶,洗液并入蒸馏瓶中,加数粒玻璃珠,装上定氮球和蛇形冷凝器(或冷却部分的长度不短于 400mm 的直型冷凝器),开启冷却水,用原 100mL 容量瓶接收馏出液(容量瓶浸于冰水浴中),缓缓加热蒸馏(冷凝管出口水温不得超过 20℃),收集约 96 mL 馏出液(应在 30~60min 内完成),取下容量瓶,调节液温至 20℃,补加水定容,混匀,备用。

(2)密度瓶的校正　用铬酸洗液将密度瓶、温度计和小帽泡洗后,用自来水冲洗,再用蒸馏水冲洗,然后用无水乙醇、乙醚顺次洗涤数次,吹干,在干燥器中冷却至室温。用分析天平准确称其质量(精确至 0.0001g)。

将煮沸后冷却至约 15℃ 的蒸馏水注满密度瓶,插入温度计(瓶中应无气泡),立即浸入 (20±0.1)℃ 的水浴中,至密度瓶温度达 20℃,并保持 20~30min,用滤纸吸去溢出支管的水,盖上小帽,从水浴中取出。放置,待与室温一致时擦干外壁,立即称量(准确至 0.0001g)。

(3)蒸馏液的测量　将密度瓶中的水倒去,用冷却至约 15℃ 的蒸馏液反复冲洗密度瓶及温度计三次,然后注满蒸馏液,按与步骤(2)相同的操作方法,称量出密度瓶与蒸馏液的质量。密度瓶小帽在(2)、(3)步骤之间应进行干燥。

4. 结果计算

1)蒸馏液的相对密度(20℃/20℃):其计算公式为

$$d_{20}^{20} = \frac{m_2 - m}{m_1 - m} \tag{6-1}$$

式中　d_{20}^{20}——样品蒸馏液在 20℃ 时的相对密度;

　　　m——密度瓶的质量(g);

　　　m_1——密度瓶和水的质量(g);

　　　m_2——密度瓶和蒸馏液的质量(g)。

2)根据计算出的相对密度 d_{20}^{20},查表 6-1,得出样品的酒精度。所得结果表示至一位小数。

5. 说明及注意事项

1)蒸馏时冷却水的温度不得高于 20℃,否则会导致结果偏低。

2)密度瓶称量前调整至室温,是为防止当室温高于瓶温时,水汽在瓶外壁冷凝,引起测量误差。

3)密度瓶不得在烘干箱中烘烤。

6. 精密度

在重复性条件下获得的两次独立测定结果的绝对差值不得超过算术平均值的 1%。

◇◇◇ 第二节　啤酒中细菌总数的测定

1. 啤酒中的细菌学指标

啤酒中的细菌学指标见表 6-2。

表6-2　啤酒中的细菌学指标

项　　目	生啤酒	熟啤酒
细菌总数/（个/mL）	—	≤50
大肠菌群/（个/100mL）	≤50	≤3

2. 样品的采集

（1）清酒罐的取样　从清酒罐取样口或取样阀处采集清酒液的分析样品。先用酒精棉球擦洗取样口或取样阀，开启开关或阀门，放出少量清酒液（3~5倍样品体积）弃去，然后用一清洁灭过菌的1000mL锥形瓶接取约500mL的清酒液样品，盖上橡胶塞（灭过菌）立即拿到试验室进行检验。

（2）瓶、听装啤酒的取样　先将拉盖器部位或瓶盖器部位浸入75%乙醇1min后，用火燃烧残余的乙醇，再用75%乙醇棉球擦洗听或瓶顶部，并用火燃烧残余的乙醇。开盖后，用火灼烧瓶口，再用无菌培养皿（或原盖）盖上。

3. 细菌总数的测定

（1）培养基及试剂　同第三章第四节细菌总数的测定。

（2）器具及其他用品　同第三章第四节细菌总数的测定。

（3）检验程序　菌落总数的检验程序见第三章第四节图3-2。

（4）操作步骤

1）在无菌室内的洁净工作台上，吸取25mL啤酒样品注入含有225mL灭菌生理盐水的灭菌三角瓶内，摇匀制成均匀稀释液。

2）用1mL灭菌吸量管吸取稀释液1mL，沿管壁注入含有9mL灭菌生理盐水的试管内摇匀后制成均匀稀释液。

3）另取1mL灭菌吸量管，按上项操作做10倍递增稀释液，如此每递增稀释一次，即换用一支1mL灭菌吸量管。

4）选择2~3个适宜稀释液，分别做10倍递增稀释的同时，即以吸取该稀释度的吸量管移1mL稀释液于灭菌平皿内，每个稀释度做两个平皿。

5）稀释液移入平皿后，及时将冷却至46℃的15mL营养琼脂培养基注入灭菌平皿内，并转动平皿使其混合均匀。同时将营养琼脂培养基倾入加有1mL稀释液（不含样品）的灭菌平皿内作空白对照。

6）待琼脂凝固后，翻转平板，置（36±1）℃温箱内培养24h，计算平板内菌落数目，乘以稀释倍数，即得单位体积（mL）样品所含菌落总数。

（5）菌落计数方法　作平板菌落计数时，可用肉眼观察，必要时用放大镜检查，以防遗漏。有条件时还可用魁北克菌落计数器或菌落自动计数器计数。在记下各皿内菌落数后，求出同稀释度的各平皿的平均菌落数。到达规定培养时间，应立即计数。如果不能立即计数，应将平板置于0~4℃环境下保存，但不要超过24h。

（6）菌落计数的报告　同第三章第五节细菌总数的测定。

◇◇◇ 第三节　啤酒中原麦汁浓度的测定

本方法适用于发酵液、清酒液和成品啤酒的测定。

1. 测定原理

将样品注入蒸发皿后在沸水浴上蒸发掉酒精及易挥发的轻组分后，用水恢复至原来的质量，用密度瓶法测量其相对密度（20℃时），查附录 J 得浸出物的含量即样品的真正浓度。与样品的酒精度一起，按经验公式（Balling 氏公式），计算出样品的原麦汁浓度。

2. 仪器

1）蒸发皿：有效容积 100mL。

2）高精度恒温水浴：精度±0.1℃。

3）密度瓶（附温度计）：25mL 或 50mL。

4）药物天平：感量 0.1g。

5）分析天平：感量 0.1mg。

6）沸水浴。

3. 操作方法

（1）样品的蒸发　用已知质量的蒸发皿称取 100.0g 已经处理好的样品，置于沸水浴上蒸发至原体积的 1/3，取下冷却至 20℃，用水恢复至原质量，混匀。

（2）密度瓶的校正　按本章第一节酒精度的测定中的方法对密度瓶进行校正。

（3）样品的测量　将密度瓶中的水倒去，用冷却至约 15℃的蒸发并恢复至原质量的样品溶液冲洗密度瓶和温度计三次，然后注满蒸馏液，插入温度计（瓶中应无气泡），立即浸入（20±0.1）℃的水浴中，至密度瓶温度达 20℃，并保持 20~30min。用滤纸吸去溢出支管的水，盖上小帽，从水浴中取出。放置，待与室温一致时擦干外壁，立即称量（准确至 0.0001g）。密度瓶小帽在（2）、（3）步骤之间应进行干燥。

4. 结果计算

（1）溶液的相对密度（20℃/20℃）　其计算公式为

$$d_{20}^{20} = \frac{m_2 - m}{m_1 - m} \tag{6-2}$$

式中　d_{20}^{20}——样品经蒸发恢复至原质量后的溶液在 20℃的相对密度；

　　　m——密度瓶的质量（g）；

　　　m_1——密度瓶和水的质量（g）；

　　　m_2——密度瓶和溶液的质量（g）。

（2）样品的真正浓度（浸出物的含量）　根据计算出的相对密度 d_{20}^{20}；查附录 J，得出样品的真正浓度（即浸出物的含量）。

（3）样品的原麦汁的质量分数　其计算公式为

$$w = \frac{(X_1 \times 2.0665 + X_2) \times 100}{100 + X_1 \times 1.0665} \tag{6-3}$$

式中　w——样品的原麦汁浓度（°P 或%）；

X₁——样品的酒精度质量分数（%）；

X₂——样品的真正浓度质量分数（%）。

5. 说明及注意事项

1）样品蒸发时应缓慢平稳地进行，防止样品溅失。

2）密度瓶称量前调整至室温，是为防止当室温高于瓶温时，水汽在瓶外壁冷凝，引起测量误差。

3）密度瓶不得在烘干箱中烘烤。

6. 精密度

在重复性条件下获得的两次独立测定结果的绝对差值不得超过算术平均值的1%。

◇◇◇ 第四节　啤酒中双乙酰的测定

双乙酰的测定方法有气相色谱法、极谱法和邻苯二胺比色法等。邻苯二胺比色法是凡遇连二酮类都能发生显色反应的方法，所以，此法测得值为双乙酰与戊二酮的总量，结果偏高，但此法测定快速简便。这里只介绍此种方法。

1. 测定原理

用蒸汽将双乙酰从样品中蒸馏出来，加入邻苯二胺后，形成2,3-二甲基喹喔啉。在335nm 波长下有最大吸收峰，其吸光度与双乙酰的含量符合朗伯-比尔定律，可对样品的双乙酰含量进行定量测定。由于其他联二酮类都具有相同的反应特性，另外蒸馏过程中部分前驱体要转化成联二酮，因此上述测定结果为总联二酮含量（以双乙酰表示）。

2. 试剂

（1）4mol/L 盐酸　取浓盐酸 150mL，注入 300mL 蒸馏水中。

（2）10g/L 邻苯二胺　精密称取分析纯邻苯二胺 0.25g 溶解于 4mol/L 盐酸中，并定容至 25mL，摇匀。贮存于棕色瓶中，应当日配制；若配制出来的溶液呈红色，应重新更换。

（3）消泡剂　有机硅消泡剂或甘油聚醚。

3. 仪器

1）紫外分光光度计：备有 20mm 石英比色皿或 10mm 石英比色皿。

2）双乙酰蒸馏装置（见图 6-1）。

4. 测定步骤

（1）蒸馏　按图 6-1 把双乙酰蒸馏器安装好，把排气夹子打开，将内装 2.5mL 蒸馏水的容量瓶置于冷凝器下端，使馏出口尖端浸没在水面下，外加冰水冷却。加热水蒸气发生器至沸，通过水蒸气加热夹套蒸馏器，备用。于 100mL 量筒中先加入 2~4 滴消泡剂，再注入 5℃ 左右未除气的啤酒 100mL。待夹套蒸馏器下端冒大气泡时，打开进样口瓶塞，将啤酒迅速注入蒸馏器内，再用约 10mL 蒸馏水冲洗量筒，洗液同时倒入蒸馏器内，迅速盖好进样口塞子，用水封口。待夹套蒸馏器下端再次冒大气泡时，将排气夹子夹住，开始蒸馏，接馏液，直到馏出液接近 25mL 时取下容量瓶，用水定容至 25mL，摇匀（蒸馏应在 3min 内完成。）

（2）显色 混匀馏出液，分别吸取馏出液 10mL 置于两支比色管中。一管作为样品管加入 0.5mL 1%（质量分数）邻苯二胺溶液，另一管不加作空白，充分摇匀后，同时置于暗处放置 20～30min，然后于样品管中加 2mL 4mol/L 盐酸溶液，于空白管中加 2.5mL 4mol/L 盐酸溶液，混匀。

（3）测定 在 335nm 波长处，用 2cm 比色皿以空白作对照测定样品吸光度。

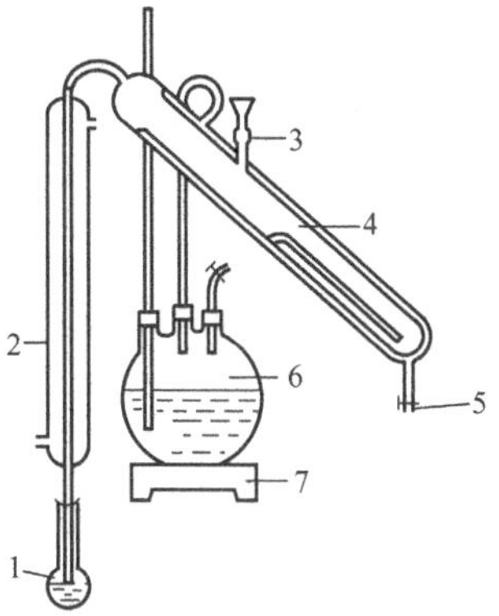

5. 结果计算

双乙酰（mg/L）含量的计算公式为

$$双乙酰 = A_{335} \times 1.2 \tag{6-4}$$

式中 A_{335}——样品吸光度，指用 2cm 比色皿测得的。若用 1cm 比色皿，则吸光度乘以 2；

1.2——换算系数，是多次用纯双乙酰测得的吸光度和双乙酰含量的换算系数。

图 6-1 双乙酰蒸馏装置
1—容量瓶 2—冷凝器 3—进样口
4—夹套蒸馏器 5—排气夹子
6—水蒸气发生瓶 7—电炉

6. 说明及注意事项

1）在能达到消泡效果的情况下，消泡剂的用量越少越好。用量过高会使测定结果出现较大的正误差。

2）蒸馏时加入试样要迅速，勿使双乙酰损失。蒸馏要求在 3min 内完成。严格控制水蒸气量，勿使泡沫过高，被水蒸气带出而导致蒸馏失败。

3）显色反应在暗处进行，否则会导致结果偏高。

4）发酵液、清酒液、桶（罐）装啤酒，采样后应立即测定，不需经过样品处理。

5）瓶（听）装啤酒：先将原瓶（听）装啤酒浸入冰水浴，使其品温降至 5℃ 以下，开盖，立即注入已加消泡剂的 100mL 量筒，无须进行样品处理。

7. 精密度

在重复性条件下获得的两次独立测定结果的绝对差值不得超过算术平均值的 10%。

◇◇◇◇ 第五节　啤酒中总酸的测定

本方法适用于发酵液、清酒液和成品啤酒中总酸的测定。

1. 测定原理

利用酸碱中和原理，用氢氧化钠标准溶液直接滴定一定量的样品溶液，用酸度计（pH 计）指示滴定终点，当 pH 值 = 8.2 时，即为滴定终点。计算 100mL 样品溶液所消耗 1.000mol/L 氢氧化钠标准溶液的体积（mL），即为样品的总酸。

2. 仪器

1）酸度计（pH 计）：附与之相配套的玻璃电极和饱和甘汞电极。

2）电磁搅拌器。

3）恒温水浴锅：精度为±0.5℃，带振荡装置。

4）碱式滴定管：25mL 或 50mL。

5）移液管：50mL。

3. 试剂和溶液

1）pH 值=9.22 标准缓冲溶液。

2）1.000mol/L 氢氧化钠标准溶液。

4. 操作方法

（1）试样的准备　取试样约 100.00mL 于 250mL 烧杯中，置于 40℃±0.5℃ 振荡水浴中恒温 30min，以除去残余的二氧化碳，取出冷却至室温。

（2）测定

按仪器使用说明书安装与调试仪器。

用标准缓冲溶液校正酸度计。用水清洗电极，并用滤纸吸干附着电极的液珠。

吸取处理后的试样 50mL 于烧杯中，将其置于电磁搅拌器上，投入磁力搅拌子，插入电极，开动电磁搅拌器，用氢氧化钠标准溶液滴定至 pH 值=8.2 即为终点。记录消耗氢氧化钠标准溶液的体积。

5. 结果计算

样品中总酸的含量为

$$x = 2cV \tag{6-5}$$

式中　x——样品的总酸含量（mL/100mL）；

c——氢氧化钠标准溶液的浓度（mol/L）；

V——滴定所消耗氢氧化钠标准溶液的体积（mL）；

2——换算成 100mL 样品的系数。

计算结果保留一位小数。

6. 说明及注意事项

在滴定过程中溶液的 pH 值没有明显的突跃变化，所以在临近终点时滴定要慢，以减少终点时的误差。

7. 精密度

在重复性条件下获得的两次独立测定结果的绝对差值不得超过算术平均值的 4%。

◆◆◆ 第六节　啤酒的检验技能训练实例

● **训练1　啤酒中酒精度的测定**

1. 仪器

全玻璃蒸馏器、恒温水浴箱（精度为±0.1℃）、25mL 附温度计密度瓶、100mL 容量瓶、分析天平、感量0.1g药物天平。

2. 操作步骤

（1）样品的蒸馏 称取100.0g已处理好的样品（温度为20℃）置于500mL已知质量的蒸馏瓶中，精确至0.1g，加约50mL水和数粒玻璃珠，装上定氮球和蛇形冷凝器，用已知质量的100mL容量瓶接收蒸馏液（容量瓶浸于冰水浴中），缓缓加热蒸馏，收集约95mL蒸馏液（应在30～60min内完成），取下容量瓶，调节溶液温度至20℃，然后加水恢复蒸馏液至原质量100.0g。

（2）密度瓶的校正 用铬酸洗液将密度瓶、温度计和小帽泡洗后，用自来水冲洗，再用蒸馏水冲洗，然后用无水乙醇、乙醚顺次洗涤数次，吹干，在干燥器中冷却至室温。用分析天平准确称其质量。

将煮沸后冷却至约15℃的蒸馏水注满密度瓶，插入温度计（瓶中应无气泡），立即浸入（20±0.1）℃的水浴中，至密度瓶温度达20℃，并保持20～30min，用滤纸吸去溢出支管的水，盖上小帽，从水浴中取出。放置，待与室温一致时擦干外壁，立即称量。

（3）蒸馏液的测量 将密度瓶中的水倒去，用冷却至约15℃的蒸馏液反复冲洗密度瓶及温度计三次，然后注满蒸馏液，按与步骤（2）相同的操作方法，称量出密度瓶与蒸馏液的质量。密度瓶小帽在（2）、（3）步骤之间应进行干燥。

3. 数据记录及处理

1）数据记录：将试验数据填入下表中。

测定次数	密度瓶的质量/g	密度瓶和水的质量/g	密度瓶和蒸馏液的质量/g
1			
2			

2）按式（6-1）计算蒸馏液的相对密度 d_{20}^{20}，查表6-1得出样品的酒精度。

● **训练2 啤酒中双乙酰的测定**

1. 仪器及试剂

（1）仪器 紫外分光光度计、双乙酰蒸馏装置。

（2）试剂 4mol/L盐酸、10g/L邻苯二胺、消泡剂。

2. 操作步骤

（1）蒸馏 把双乙酰蒸馏器安装好，把排气夹子打开，将内装2.5mL蒸馏水的容量瓶（或量筒）置于冷凝器下端，使馏出口尖端浸没在水面下，外加冰水冷却。加热水蒸气发生器至沸腾，通过水蒸气加热夹套蒸馏器，备用。于100mL量筒中先加入2～4滴消泡剂，再注入5℃左右未除气的啤酒100mL。待夹套蒸馏器下端冒大气泡时，打开进样口瓶塞，将啤酒迅速注入蒸馏器内，再用约10mL蒸馏水冲洗量筒，洗液同时倒入蒸馏器内，迅速盖好进样口塞子。用水封口，待夹套蒸馏器下端再次冒大气泡时，将排气夹子夹住，开始蒸馏，接馏液，直到馏出液接近25mL时取下容量瓶，用水定容至25mL，摇匀（蒸馏应在3min内完成）。

（2）显色 混匀馏出液，分别吸取馏出液 10mL 置于两支比色管中。一管作为样品管加入 0.5mL 10g/L 邻苯二胺溶液，另一管作空白，充分摇匀后，同时置于暗处放置 20~30min，然后于样品管中加 2mL 4mol/L 盐酸溶液，于空白管中加 2.5mL 4mol/L 盐酸溶液，混匀。

（3）测定 在 335nm 波长处，用 2cm 比色皿以空白作对照测定样品吸光度。

3. 数据记录及处理

1）数据记录：将试验数据填入下表中。

测定次数	样品溶液的吸光度	测定次数	样品溶液的吸光度
1		2	

2）按式(6-4)计算啤酒中双乙酰的含量。

- 训练3 啤酒中总酸的测定

1. 仪器及试剂

（1）仪器 pH 计、电磁搅拌器、恒温水浴锅、25mL 碱式滴定管、移液管(50mL)。

（2）试剂 pH 值 = 9.22 标准缓冲溶液、0.1mol/L 氢氧化钠标准溶液。

2. 操作步骤

（1）pH 计的校正 按仪器使用说明书的要求连接玻璃电极和饱和甘汞电极(电极的预处理,见电极说明材料)。取下饱和甘汞电极胶帽、加液孔胶塞和下端胶帽,用 pH 值 = 9.22(25℃)标准缓冲溶液校正。

（2）样品的处理 用移液管吸取 50mL 已处理好的样品置于100mL 烧杯中,于40℃恒温水浴中保温 30min,并不时振摇和搅拌,以除去残余的二氧化碳,取出,冷却至室温。

（3）样品的测量 将盛有样品的烧杯置于电磁搅拌器上,投入玻璃或塑料铁心搅拌子,插入玻璃电极和饱和甘汞电极,开动电磁搅拌器,用氢氧化钠标准溶液滴定至 pH 值 = 8.2 即为终点。记录所耗氢氧化钠标准溶液的体积。

3. 数据记录及处理

1）数据记录：将试验数据填入下表中。

测定次数	$c(NaOH)/(mol/L)$	样品滴定所耗 NaOH 标准溶液的体积/mL
1		
2		

2）按式(6-5)计算啤酒中总酸的含量。在重复性条件下,获得的两次独立测定结果的绝对差值不得超过算术平均值的 4%。

- 训练4 啤酒中二氧化硫的测定

利用亚硫酸根被四氯汞钠吸收,生成稳定的络合物,再与甲醛和盐酸副玫瑰苯胺作用生成紫红色络合物,于 550nm 处测定吸光度,与标准比较定量(盐酸副玫瑰苯胺比色法)。

1. 仪器及试剂

（1）仪器　分光光度计、25mL 比色管、1cm 比色皿、吸量管（5mL、10mL）。

（2）试剂

1）四氯汞钠吸收液：称取 27.2g 氯化高汞及 11.9g 氯化钠溶于水并稀释 1000mL，放置过夜，过滤后备用。

2）2g/L 甲醛溶液：吸取 0.55mL 无聚合沉淀的 360g/L 甲醛，加水稀释到 100mL，贮于棕色瓶中，冷藏保存。

3）1g/L 淀粉指示剂。

4）0.1mol/L 氢氧化钠溶液。

5）0.05mol/L 硫酸溶液。

6）0.05mol/L 碘溶液。

7）盐酸副玫瑰苯胺溶液：称取 0.1g 盐酸副玫瑰苯胺（$C_{19}H_{18}N_2Cl \cdot 4H_2O$）于研钵中，加少量水研磨，使溶解，移入 250mL 棕色容量瓶中，加入 40mL 盐酸（1+1），用水稀释至刻度。装于棕色瓶中，冷藏保存。使用前，静置 15min（盐酸副玫瑰苯胺又名盐酸副品红）。

8）0.1000mol/L 硫代硫酸钠标准溶液。

9）正己醇。

10）SO_2 标准贮备液：称取约 250mg 亚硫酸氢钠于盛有 50mL 碘溶液（0.05mol/L）的碘价瓶中，室温放置 5min，加入 1mL 盐酸，摇匀，立即用 0.1mol/L 硫代硫酸钠标准溶液滴定至淡黄色，加入 0.5mL 淀粉指示剂，继续滴定至无色。同时做试剂空白试验。

计算结果：

$$x = \frac{(V_2 - V_1)c \times 32.03}{m} \times 100$$

式中　x——亚硫酸氢钠中二氧化硫含量（%）；

$\quad V_1$——滴定亚硫酸氢钠消耗硫代硫酸钠标准液体积（mL）；

$\quad V_2$——滴定空白，消耗硫代硫酸钠标准溶液体积（mL）；

$\quad c$——硫代硫酸钠标准溶液的浓度（mol/L）；

32.03——每毫升 1mol/L 硫代硫酸钠标准溶液相当 SO_2 的质量（mg）；

$\quad m$——亚硫酸氢钠的质量（mg）。

根据上述测定的二氧化硫含量，用亚硫酸氢钠配制每毫升含有 10mg 二氧化硫的标准贮备液。

11）二氧化硫标准工作液：量取 100mL 四氯汞钠溶液于 500mL 容量瓶内，加入 1.00mL 二氧化硫标准贮备液，用水稀释至刻度。该溶液每毫升含 20μg 二氧化硫。

2. 操作步骤

（1）标准曲线的绘制　取 100mL 啤酒于烧杯中，加入 0.5mL 淀粉指示剂，滴加 0.05mol/L 碘溶液，直至溶液出现浅蓝色并在 30s 内不褪为止。

用含 1 滴正己醇的 10mL 量筒移取上述啤酒 10mL 于一系列 100mL 容量瓶中，依次加入0.0mL，1.0mL，2.0mL，3.0mL，4.0mL，5.0mL，6.0mL和8.0mL二氧化硫标准工作液，用水稀释到刻度，摇匀。各移取25mL上述溶液于50mL容量瓶中，加入5mL显色剂，混匀，再加入5mL甲醛溶液，用水稀释至刻度，摇匀，在25℃水浴内放置30min。取出，用分光光度计在550nm处，以零号瓶中的溶液为参比液，测定吸光度，以吸光度为纵坐标，10mL啤酒中所含二氧化硫微克数为横坐标绘制标准曲线。

（2）测定　在100mL容量瓶中，用移液管加入2mL四氯汞钠溶液和5mL（0.05mol/L)硫酸溶液。用含1滴正己醇的10mL量筒移取10mL未脱气的冷啤酒于容量瓶中，缓缓摇动，加入15mL 0.1mol/L氢氧化钠溶液，摇匀后，静置15s，再加入10mL 0.05mol/L硫酸溶液，用水稀释至刻度，摇匀。移取25mL上述溶液于50mL容量瓶内，加入5mL显色剂，混匀，再加入5mL甲醛溶液，用水稀释至刻度，摇匀，在25℃水浴内放置30min。取出，用分光光度计在550nm处，以零号瓶中的溶液为参比液，测定吸光度，从标准曲线中查得10mL啤酒中所含二氧化硫微克数。

3. 数据记录及处理

（1）数据记录

① 标准吸收曲线。

SO₂标准使用液量/mL	0.0	1.0	2.0	3.0	4.0	5.0	6.0	8.0
SO_2含量/(μg/100mL)	0.0	20	40.0	60.0	80.0	100.0	120.0	160.0
吸光度								

② 测定。

测定次数	样品体积/mL	测定用样液体积/mL	吸光度
1			
2			

（2）以各标准液中二氧化硫的含量为横坐标，测得各标准液的吸光度为纵坐标，绘制标准曲线。根据样品液的吸光度，从标准曲线上查出样品液中二氧化硫的含量。

（3）按下式计算啤酒中二氧化硫的含量：

$$x = \frac{m_s}{V}$$

式中　x——样品中二氧化硫含量(mg/L)；

　　　m_s——测定用样液中二氧化硫量(μg)；

　　　V——测定样液相当于啤酒的体积(mL)。

4. 说明

1）最适反应温度为20～25℃，标准管与样品管需在相同温度下显色。

2）若温度为15～16℃，放置时间需延长为25min。

3）盐酸副玫瑰苯胺中的盐酸用量对显色有影响，加入盐酸量多，显色浅；加入量少，显色深。

4）甲醛浓度在 1.5~2.5g/L 时，颜色稳定，故选择 2g/L 甲醛溶液。

5）颜色较深的样品，可用 100g/L 活性炭脱色。

6）样品加入四氯汞钠溶液后，溶液中二氧化硫含量在 24h 内很稳定。

7）盐酸副玫瑰苯胺加入盐酸调成黄色，放置过夜后使用，以空白管不显色为宜，否则应重新调节。

复习思考题

1. 简述啤酒中酒精度的测定原理及操作要点。

2. 简述啤酒中双乙酰的测定原理及方法。

3. 有一啤酒试样，欲测定其总酸，因终点难以判断，拟采用电位滴定法，请问，应如何进行？请写出操作方法与步骤。

4. 简述二氧化硫测定中各试剂的作用。

第七章

饮料的检验

培训学习目标　熟练掌握分析天平、电热干燥箱、恒温水浴锅、干燥器的正确使用方法；掌握总酸、蛋白质、脂肪、总糖及人工合成色素测定的原理、方法及操作要点；掌握饮料中细菌总数、大肠菌群及霉菌的测定方法与技能。

　　饮料中细菌总数及大肠菌群的测定方法见第三章第四节；饮料中霉菌、酵母菌、乳酸菌的测定方法见第四章第八节；饮料中总糖的测定方法见第三章第二节；饮料中人工合成色素的测定方法见第三章第七节。

◇◇◇ 第一节　饮料中总酸的测定

　　1. 测定原理

　　食品中的有机酸用碱标准溶液滴定时，被中和成盐类，以酚酞为指示剂，滴定至溶液呈现淡红色(pH 值=8.2)，且 0.5min 不褪色为终点。根据所耗碱标准溶液的浓度和体积，可计算样品中总酸的含量。

　　2. 试剂

　　1) 0.1mol/L 氢氧化钠标准溶液。

　　2) 10g/L 酚酞乙醇溶液。

　　3. 测定方法

　　准确吸取饮料 25mL 置于 250mL 三角瓶中，加 50~100mL 水(视饮料的色泽深浅而定)。加 10g/L 酚酞乙醇指示剂 2 滴，用 0.1mol/L 氢氧化钠标准溶液滴至微红色，0.5min 内不消失为止。

　　4. 结果计算

　　总酸(g/100mL)以柠檬酸计，其计算公式为

$$总酸 = \frac{Vck}{25} \times 100 \tag{7-1}$$

式中　V——25mL 饮料样品消耗氢氧化钠标准溶液的体积(mL)；

　　　c——氢氧化钠标准溶液的浓度(mol/L)；

　　　k——酸的换算系数(g/mmol)，各种酸的换算系数分别为：苹果酸 0.067，酒石酸 0.075，柠檬酸 0.070(含 1 分子结晶水)，乳酸 0.090，盐酸 0.036，磷酸 0.033；

　　25——测定时饮料的体积(mL)；

100——换算成 100mL 饮料中总酸的含量。

5. 说明及注意事项

样品颜色较深时，应改用电位滴定法。

◇◇◇ 第二节　饮料中蛋白质的测定

1. 测定原理

同第二章第四节凯氏法。

2. 仪器

同第二章第四节凯氏法。

3. 试剂

同第二章第四节凯氏法。

4. 测定方法

准确吸取饮料样品 10~20mL，移入干燥洁净的 500mL 凯氏烧瓶中，加入研细的硫酸铜 0.5g、硫酸钾 10g 和浓硫酸 20mL，轻轻摇匀，按图 2-1a 所示安装消化装置，并将其以 45°斜支于有小孔的石棉网上。用电炉以小火加热，待内容物全部炭化、泡沫停止产生后，加大火力，保持瓶内液体微沸，液体变蓝绿色透明后，再继续加热微沸 30min。冷却，加入 200mL 蒸馏水，再放冷，加入玻璃珠数粒以防蒸馏时爆沸。

将凯氏瓶按图 2-1b 所示蒸馏装置方式连好，塞紧瓶口，冷凝管下端插入吸收瓶液面下(瓶内预先装入 50mL 40g/L 硼酸溶液及混合指示剂 2~3 滴)。放松夹子，通过漏斗加入 70~80mL 400g/L 氢氧化钠溶液，并摇动凯氏烧瓶，瓶内溶液变为深蓝色或产生黑色沉淀后，再加入 100mL 蒸馏水(从漏斗中加入)，夹紧夹子，加热蒸馏，至氨全部蒸出(馏液约 250mL 即可)，将冷凝管下端提离液面，用蒸馏水冲洗管口，继续蒸馏 1min，用表面皿接几滴馏出液，以奈氏试剂检查，若无红棕色物生成，表示蒸馏完毕，即可停止加热。否则应继续蒸馏。

将上述吸收液用 0.1000mol/L 盐酸标准溶液滴定至灰色或蓝紫色为终点，记录盐酸溶液的用量，同时做试剂空白试验(除不加样品外,其他操作完全相同)，记录空白试验消耗盐酸标准溶液的体积。

5. 结果计算

同第二章第四节常量凯氏定氮法。

◇◇◇◇ 第三节　饮料中脂肪的测定

本节只介绍索氏提取法，其他测定方法见第三章第一节及第四章第一节。

1. 测定原理

同第三章第一节索氏提取法。

2. 仪器

1）索氏抽提器。

2）恒温水浴锅。

3）恒温干燥箱。

3. 试剂

1）无水乙醚或石油醚。

2）海砂。

4. 测定方法

（1）样品处理

① 固体饮料：精密称取干燥并研细的样品 2~5g（可取测定水分后的样品），必要时拌以海砂，无损地移入滤纸筒内。

② 半固体或液体饮料：精确称取 5.0~10.0g 样品于蒸发皿中，加入海砂约 20g，于沸水浴上蒸干后，再于 95~105℃ 烘干、磨细，全部移入滤纸筒内，蒸发皿及黏有样品的玻璃棒用沾有乙醚（或石油醚）的脱脂棉擦净，将脱脂棉一同放入滤纸筒内。

（2）抽提　将滤纸筒放入索氏抽提器内，连接已干燥至恒重的脂肪接受瓶，倒入乙醚（或石油醚），其量为接受瓶体积的 2/3，于水浴上加热，进行回流抽提，控制乙醚（或石油醚）的滴速为 80 滴/min 左右（夏天约 40℃，冬天约 50℃），根据样品含脂量的高低，一般需回流提取 6~12h，直至抽提完全为止。

（3）回收溶剂、烘干、称重　取出滤纸筒，用抽提器回收乙醚（或石油醚）。待接受瓶内的乙醚（或石油醚）剩下 1~2mL 时，取下接受瓶，于水浴上蒸干，再于 100~105℃ 烘箱中烘至恒重。

5. 结果计算

同第三章第一节索氏提取法。

6. 说明及注意事项

同第三章第一节索氏提取法。

◇◇◇◇ 第四节 饮料的检验技能训练实例

● 训练 1 果汁中总酸的测定

1. 仪器及试剂

（1）仪器 pH计、磁力搅拌器。

（2）试剂 0.1mol/L氢氧化钠标准溶液。

2. 操作步骤

准确吸取果汁饮料25mL置于250mL三角瓶中，加80mL水，用0.1mol/L氢氧化钠标准溶液滴至pH值=8.2，记录消耗氢氧化钠标准溶液的体积。另取80mL水，做空白试验。

3. 数据记录及处理

1）数据记录：将试验数据填入下表中。

测定次数	样品体积/mL	$c(NaOH)$/ (mol/L)	滴定样品耗用NaOH标准溶液的体积/mL	空白滴定耗用NaOH标准溶液的体积/mL
1				
2				

2）按式（7-1）计算果汁中总酸的含量。

3）计算平行测定结果的平均值和两次测定结果之差与平均值的百分比。在重复性条件下，获得的两次独立测定结果的绝对差值不得超过算术平均值的2%。

● 训练 2 果汁中脂肪的测定

1. 仪器及试剂

1）仪器 索氏抽提器、恒温水浴锅、恒温干燥箱、蒸发皿、分析天平。

2）试剂 无水乙醚、海砂。

2. 操作步骤

准确称取10.0g果汁置于蒸发皿中，加入海砂约20g，于沸水浴上蒸干后，再于95~105℃烘干、磨细，全部移入滤纸筒内，蒸发皿及黏有样品的玻璃棒用沾有乙醚的脱脂棉擦净，将脱脂棉一同放入滤纸筒内。将滤纸筒放入索氏抽提器内，连接已干燥至恒重的脂肪接受瓶，倒入乙醚，其量为接受瓶体积的2/3，于水浴上加热，进行回流抽提，控制乙醚的滴速为80滴/min，直至抽提完全为止。取出滤纸筒，用抽提器回收乙醚，待接受瓶内的乙醚剩下1~2mL时，取下接受瓶，于水浴上蒸干，再于100~105℃烘箱中烘至恒重。

3. 数据记录及处理

1）数据记录：将试验数据填入下表中。

测定次数	样品质量/g	脂肪瓶质量/g	脂肪加脂肪瓶的质量/g
1			
2			

2）按式（3-1）计算果汁中脂肪的质量分数。在重复性条件下，获得的两次独立测定结果的绝对差值不得超过算术平均值的 10%。

● 训练 3 汽水中总糖的测定

1. 仪器及试剂

（1）仪器 25mL 古氏坩埚、真空泵、可调电炉、恒温水浴锅、250mL 容量瓶、100mL 移液管。

（2）试剂 碱性酒石酸铜甲液、碱性酒石酸铜乙液、精制石棉、0.02mol/L 高锰酸钾标准溶液、1mol/L 氢氧化钠溶液、3mol/L 盐酸、50g/L 硫酸铁溶液。

2. 操作步骤

（1）样品处理 吸取 100mL 汽水样品置于蒸发皿中，在水浴上除去 CO_2 后，移入 250mL 容量瓶中，并用水洗涤蒸发皿，洗液并入容量瓶中，再加水至刻度，混匀，备用。

（2）溶解 吸取 50mL 样品处理液于 100mL 容量瓶中，加盐酸溶液 5mL，在 68~70℃ 水浴中恒温加热 15min，冷却后加 2 滴甲基红指示剂，用 20% 氢氧化钠溶液中和至中性，加水至刻度，混匀。

（3）测定 吸取 50mL 处理后的样品溶液置于 400mL 烧杯内，加 25mL 碱性酒石酸铜甲液及 25mL 乙液，盖上表面皿，置电炉上加热，使其在 4min 内沸腾，再准确沸腾 2min，趁热用铺好石棉的古氏坩埚抽滤，并用 60℃ 热水洗涤烧杯及沉淀，至洗液不呈碱性为止。将古氏坩埚放回 400mL 烧杯中，加 25mL 硫酸铁溶液及 25mL 水，用玻璃棒搅拌至氧化亚铜完全溶解，以 0.02mol/L 高锰酸钾标准液滴定至微红色为终点。同时吸取 50mL 水，加入与测样品时相同量的碱性酒石酸甲液、乙液、硫酸铁溶液及水，按照同一方法做试剂空白试验。

3. 数据记录及处理

1）数据记录：将试验数据填入下表中。

测定次数	样品体积/mL	样品处理液的总体积/mL	测定用样品处理液的体积/mL	$c(KMnO_4)$/(mol/L)	样品滴定所耗 $KMnO_4$ 的体积/mL	空白滴定所耗 $KMnO_4$ 的体积/mL
1						
2						

2）计算汽水中总糖的含量：

① 根据滴定所消耗 $KMnO_4$ 标准溶液的体积，按式（3-4）计算相当于样品中转化糖的氧化亚铜的质量。

② 根据计算所得氧化亚铜的质量查附录 D 得出相当的转化糖的质量,再按式 (3-5)计算样品中总糖的含量。

在重复性条件下,获得的两次独立测定结果的绝对差值不得超过算术平均值的10%。

● 训练 4　汽水中人工合成色素的测定

1. 仪器及试剂

(1) 仪器　层析缸、中速滤纸、5cm×20cm 薄层板、电吹风、水泵、微量注射器、分光光度计、25cm×6cm×4cm 展开槽。

(2) 试剂　聚酰胺粉、硫酸(1∶10)、甲醇-甲酸溶液(6∶4)、甲醇(A.R.)、200g/L 柠檬酸溶液、10g/L 钨酸钠溶液、石油醚(沸程 30~60℃)、精制海砂、乙醇-氨溶液、50%(体积分数)乙醇溶液、硅胶、pH 值=6 的水、盐酸(1∶10)、5%(质量分数)氢氧化钠溶液、碎瓷片、甲醇-乙二胺-氨水(7∶3∶3)、甲醇-氨水-乙醇(10∶3∶2)、柠檬酸钠溶液(25g/L)-氨水-乙醇(8∶1∶2)、0.1mg/mL 色素标准使用液。

2. 操作步骤

(1) 样品处理　吸取汽水 50mL 置于 100mL 烧杯中,加热排除 CO_2。

(2) 吸附分离

1) 吸附:将处理过的汽水加热至 70℃之后,加入 0.5~1.0g 聚酰胺粉,并充分混匀,然后用 200g/L 柠檬酸溶液调节 pH 值至 4 左右,使色素吸附完全(若溶液中仍有颜色,可再加入少量的聚酰胺粉)。

2) 洗涤:将吸附色素的聚酰胺全部转入 G3 垂融漏斗或玻璃漏斗中过滤(若用前者可用水泵抽滤),用经 200g/L 柠檬酸调节到 pH 值=4 的 70℃水反复洗涤,每次 20mL。若含天然色素,可再用甲醇-甲酸洗涤 1~3 次,每次 20mL,直至洗涤至无色为止。再用 70℃水洗至中性,洗涤过程中必须充分搅拌。

3) 解吸:用乙醇-氨溶液 20mL 左右分次解吸全部色素,收集全部解吸液,置于水浴中驱氨。若是单元色,用水定容至 50mL,用分光光度计比色;若为混合色,将解吸液水浴浓缩至 2mL 左右,转入 5mL 容量瓶中,用 50%(体积分数)乙醇洗涤,洗液并入容量瓶中,用 50%(体积分数)乙醇定容。

(3) 薄层层析法定性

1) 薄层板的制备:称取 1.6g 聚酰胺粉、0.4g 可溶性淀粉及 2g 硅胶 G,置于合适研钵中,加水 15mL 研匀后,立即置于涂布器中铺成 0.3mm 厚的板。在室温下晾干后,于 80℃ 干燥 1h,置干燥器中备用。

2) 点样:用点样管吸取浓缩定容后的样液 0.5mL,在离底边 2cm 处从左至右点成与底边平行的条状,在板的右边点 2μL 色素标准溶液。

3) 展开:取适量的展开剂,倒入展开槽中,将薄层板放入展开,待色素明显分开后,取出晾干,与标准色斑比较其比移值,确定色素种类。

(4) 测定

1) 单元色样品溶液的制备:将薄层层析板上的条状色斑剪下,用刀刮下移入漏斗中，用乙醇-氨溶液解吸色素(少量多次至解吸液无色)，收集解吸液于蒸发皿中水浴驱氨后转入 10mL 比色管中，用水定容备用。

2）标准曲线绘制：分别吸取：0.0mL、0.5mL、1.0mL、2.0mL、3.0mL、4.0mL 胭脂红、苋菜红、柠檬黄、日落黄色素标准使用液，或 0.0mL、0.2mL、0.4mL、0.6mL、0.8mL、1.0mL 亮蓝、靛蓝色素标准使用液，分别置于 10mL 带塞比色管中，加水至刻度，在特定波长处(胭脂红 510nm，苋菜红 520nm，柠檬黄 430nm，日落黄 482nm，亮蓝 627nm，靛蓝 620nm)测定吸光度，绘制标准曲线。

3）样品测定：取单元色样品液在对应波长下测定吸光度，在标准曲线上查得色素含量。

3. 数据记录及处理

1）数据记录：将试验数据填入下表中。

① 标准吸收曲线(胭脂红、苋菜红、柠檬黄、日落黄)。

吸取色素标准溶液的体积/mL	0.0	0.50	1.0	2.0	3.0	4.0
各色素液中色素的质量/mg	0.0	0.05	0.10	0.20	0.30	0.40
吸光度						

② 标准吸收曲线(亮蓝、靛蓝)。

吸取色素标准溶液的体积/mL	0.0	0.20	0.4	0.6	0.8	1.0
各色素液中色素的质量/mg	0.0	0.02	0.04	0.06	0.08	1.0
吸光度						

③ 测定。

测定次数	样品质量/g	样液总体积/mL	样液点板体积/mL	吸光度
1				
2				

2）以各标准液中色素的质量为横坐标，测得各标准液的吸光度为纵坐标，绘制标准曲线。根据各样品液的吸光度，从标准曲线上查出各样品液中色素的质量。

3）按式(3-12)计算汽水中各色素的含量，计算结果保留两位有效数字。在重复性条件下获得的两次独立测定结果的绝对差值不得超过算术平均值的 10%。

复习思考题

1. 简述饮料中总酸的测定原理及方法。

2. 试述蛋白质测定中，各试剂的作用。结果计算中为什么要乘上蛋白质系数？

3. 试说明索氏提取法测脂肪含量对样品有何要求？

4. 简述脂肪测定中所用的抽提剂有何特点。

5. 简述饮料中总糖的测定原理及操作要点。

6. 简述饮料中霉菌及酵母菌的测定方法。

第八章

罐头食品的检验

培训学习目标 熟练掌握分析天平、电热干燥箱、恒温水浴锅、组织捣碎机、分光光度计、干燥器的正确使用方法；熟练掌握罐头食品中脂肪、蛋白质、总糖、亚硝酸盐、复合磷酸盐、组胺及氯化钠的测定原理、方法及操作要点。

罐头食品中脂肪的测定方法见第三章第一节；罐头食品中蛋白质的测定方法见第二章第四节；罐头食品中总糖的测定方法见第三章第二节。

◇◇◇ 第一节 罐头食品中亚硝酸盐的测定

1. 测定原理

样品经沉淀蛋白质、除去脂肪后，在弱酸条件下亚硝酸盐与对氨基苯磺酸重氮化后，再与盐酸萘乙二胺偶合形成紫红色染料，与标准比较定量。

2. 试剂

（1）亚铁氰化钾溶液 称取 106g 亚铁氰化钾[$K_4Fe(CN)_6 \cdot 3H_2O$]，溶于水，并稀释至 1000mL。

（2）乙酸锌溶液 称取 220g 乙酸锌[$Zn(CH_3COO)_2 \cdot 2H_2O$]，加 30mL 冰乙酸溶于水，并稀释至 1000mL。

（3）饱和硼砂溶液 称取 5g 硼酸钠（$Na_2B_4O_7 \cdot 10H_2O$），溶于 100mL 热水中，冷却。

（4）4g/L 对氨基苯磺酸溶液 称取 0.4g 对氨基苯磺酸，溶于 100mL 20%（体积分数）盐酸中，避光保存。

（5）2g/L 盐酸萘乙二胺溶液 称取 0.2g 盐酸萘乙二胺，溶于 100mL 水中，避光保存。

（6）氢氧化铝乳液 溶解 125g 硫酸铝于 1000mL 重蒸馏水中，使氢氧化铝全部沉淀（溶液呈微碱性）。用蒸馏水反复洗涤，真空抽滤，直至洗液分别用氯化钡、硝酸银溶液检验不发生混浊为止。取出沉淀物，加适量重蒸馏水使其呈稀浆糊状，捣匀备用。

（7）果蔬提取剂 称取 50g 氯化镉与 50g 氯化钡，溶于 1000mL 重蒸馏水中，用浓盐酸(约 2mL)调整到 pH 值＝1。

（8）亚硝酸钠标准溶液　精密称取 0.1000g 于硅胶干燥器中干燥 24h 的亚硝酸钠，加水溶解，移入 500mL 容量瓶中，并稀释至刻度。此溶液 1mL 相当于 200μg 亚硝酸钠。

（9）亚硝酸钠标准使用液　临用前，吸取亚硝酸钠标准溶液 5.00mL，置于 200mL 容量瓶中，加水稀释至刻度，此溶液 1mL 相当于 5μg 亚硝酸钠。

3. 仪器

1）组织捣碎机。

2）分光光度计。

3）50mL 比色管。

4. 操作方法

（1）样品处理

1）肉类制品(红烧类制品除外)：称取 5.0g 经捣碎混匀的样品，置于 50mL 烧杯中，加 12.5mL 硼砂饱和溶液，搅拌均匀，以 70℃ 左右的水约 300mL 将样品全部洗入 500mL 容量瓶中，置沸水浴中加热 15min，取出后冷却至室温，然后一边转动一边加入 5mL 亚铁氰化钾溶液，摇匀，再加入 5mL 乙酸锌溶液以沉淀蛋白质，加水至刻度，混匀；放置 0.5h，除去上层脂肪，清液用滤纸过滤，弃去初滤液 30mL，滤液备用。

2）红烧类制品：以同肉类制品相同的操作方法制取滤液，取其滤液 60mL 置于 100mL 容量瓶中，加氢氧化铝乳液至刻度，过滤，滤液应无色透明。

3）果蔬类：称取适量样品用组织捣碎机捣碎。取适量匀浆置于 500mL 容量瓶中，加水 200mL，加果蔬提取剂 100mL，振摇提取 1h；加 2.5mol/L 氢氧化钠溶液 40mL，用重蒸馏水定容后立即过滤。取 60mL 滤液置于 100mL 容量瓶中，加氢氧化铝乳液至刻度，用滤纸过滤，滤液应无色透明。

（2）测定　吸取 40mL 上述滤液置于 50mL 比色管中，另吸取 0.00mL、0.20mL、0.40mL、0.60mL、0.80mL、1.00mL、1.50mL、2.00mL、2.50mL 亚硝酸钠标准使用液，分别置于 50mL 比色管中。于标准使用液管与样品管中分别加入 2mL 4g/L 对氨基苯磺酸溶液，混匀，静置 3~5min 后各加入 1mL 2g/L 盐酸萘乙二胺溶液，加水至刻度，混匀，静置 15min，用 2cm 比色皿，以空白调节零点，于波长 538nm 处测吸光度，绘制标准曲线进行比较。

5. 结果计算

样品中亚硝酸盐的含量为

$$X = \frac{m_1 \times 1000}{m \dfrac{V_2}{V_1} \times 1000 \times 1000} \tag{8-1}$$

式中　X——样品中亚硝酸盐的含量(mg/kg)；

m——样品质量(g)；

m_1——测定用样液中亚硝酸盐的质量(μg)；

V_1——样液总体积(mL);

V_2——测定用样液的体积(mL)。

◇◇◇ 第二节　罐头食品中复合磷酸盐的测定

1. 测定原理

食物中的有机物经酸氧化，使磷在酸性条件下与钼酸铵结合生成磷钼酸铵。此化合物经对苯二酚、亚硫酸钠还原成蓝色的化合物钼蓝。用分光光度计在波长 660nm 处测定钼蓝的吸光度，求得磷的含量，再换算为磷酸盐(以 PO_4^{3-} 计)的含量。

2. 试剂

(1) 钼酸铵溶液　称取 0.5g 钼酸铵用 15%(体积分数)硫酸稀释至 100mL。

(2) 对苯二酚溶液　称取 0.5g 对苯二酚溶解于 100mL 水中，加浓硫酸 1 滴以使氧化作用减慢。

(3) 亚硫酸钠溶液　称取 20g 无水亚硫酸钠溶解于 100mL 蒸馏水中。现配现用，防止混浊。

(4) 磷酸盐标准溶液　精确称取在 105℃下干燥的磷酸二氢钾(优级纯)0.7165g 溶于水中，移入 1000mL 容量瓶中，用水稀释至刻度。此溶液 1mL 相当于 500μg 磷酸盐。

(5) 磷酸盐标准使用液　吸取 10.0mL 磷酸盐标准溶液，置于 500mL 容量瓶中，加水至刻度，此溶液 1mL 相当于 10μg 磷酸盐。

3. 操作步骤

(1) 标准曲线绘制　分别称取磷酸盐标准使用液 0.0mL、0.2mL、0.4mL、0.6mL、0.8mL 和 1.0mL，分别置于 25mL 比色管中，再向每试管中依次加入 2.0mL 钼酸铵溶液、1mL 亚硫酸钠溶液、1mL 对苯二酚溶液，加蒸馏水稀释至刻度，摇匀；静止 30min 后，以空白溶液调零，用分光光度计于 660nm 处比色，测定各标准溶液的吸光度，并绘制标准曲线。

(2) 未知样品中磷的测定

1) 将瓷蒸发器在火上加热、灼烧、冷却，准确称取均匀样品2~5g，在火上灼烧成炭粉，再于 550℃下灰化，直至灰分呈白色为止(必要时，可在加入浓硝酸湿润后再灰化,有促进样品灰化的作用)，加稀盐酸(1:1)10mL 及硝酸 2 滴，在水浴上蒸干，再加稀盐酸(1:1)2mL，用水分数次将残渣完全洗入 100mL 容量瓶中，并用水稀释至刻度，摇匀，过滤(若无沉淀则不需过滤)。

2) 取滤液 0.5mL(视磷量多少加以确定)置于 25mL 比色管中，加入 2mL 钼酸铵溶液，以下按(1)自"1mL 亚硫酸钠溶液，……"起依同样方法操作。根据测得的吸光度，从标准曲线上求得相应磷的含量。

4. 结果计算

$$X = \frac{m_s}{m} \times \frac{1000}{1000}$$

(8-2)

式中　X——样品中磷酸盐的含量（mg/kg）；

　　　m_s——从标准曲线中查出的相当于磷酸盐的质量（μg）；

　　　m——测定时所取样品溶液相当于样品的质量（g）。

5. 说明及注意事项

本法测定的复合磷酸盐残留量包括了肉类本身所含磷及添加的磷酸盐。

◇◇◇ 第三节　罐头食品中组胺的测定

1. 测定原理

组胺用正戊醇提取，遇偶氮试剂显橙色，与标准系列比较定量。

2. 试剂

1）50g/L 碳酸钠溶液。

2）250g/L 氢氧化钠溶液。

3）偶氮试剂

① 甲液：称取 0.5g 对硝基苯胺，加 5mL 盐酸溶解后，再加水稀释至 200mL，置冰箱中保存。

② 乙液：5g/L 亚硝酸钠溶液，临用现配。

③ 吸取甲液 5mL、乙液 40mL 混合后立即使用。

4）正戊醇。

5）盐酸（1∶11）。

6）100g/L 三氯乙酸溶液。

7）磷酸组胺标准溶液：准确称取 0.2767g 于 100℃±5℃ 干燥 2h 的磷酸组胺溶于水，移入 100mL 容量瓶中，再加水稀释至刻度。此溶液每毫升相当于 1.0mg 组胺。

8）磷酸组胺标准使用液：吸取 1.0mL 磷酸组胺标准溶液，置于 50mL 容量瓶中，加水稀释至刻度。此溶液每毫升相当于 20.0μg 组胺。

3. 操作步骤

（1）样品处理　称取 5.00~10.00g 绞碎并混合均匀的试样，置于具塞锥形瓶中，加入 15~20mL 100g/L 三氯乙酸溶液，浸泡 2~3h，过滤。吸取 2.0mL 滤液，置于分液漏斗中，加 250g/L 氢氧化钠溶液使其呈碱性，每次加入 3mL 正戊醇，振摇 5min，提取 3 次，合并正戊醇并稀释至 10.0mL。吸取 2.0mL 正戊醇提取液于分液漏斗中，每次加 3mL 盐酸（1∶11），振摇提取 3 次，合并盐酸提取液并稀释至 10.0mL 备用。

（2）测定　吸取 2.0mL 上述盐酸提取液，置于 10mL 比色管中。另吸取 0.00mL、0.20mL、0.40mL、0.60mL、0.80mL、1.0mL 组胺标准使用液（相当于 0、4μg、8μg、12μg、16μg、20μg 组织胺），分别置于 10mL 比色管中，各加 1mL 盐酸（1∶11），样品与标准管中各加入 3mL 50g/L 碳酸钠溶液、3mL 偶氮试剂，加水至刻度，混匀，放置 10min 后用 1cm 比色皿以空白调节零点，于 480nm 波长处测吸光度，绘制标准曲线比较或与标准色列目测比较。

4. 结果计算

样品中组胺的含量为

$$X = \frac{m_s}{m\dfrac{2}{V} \times \dfrac{2}{10} \times \dfrac{2}{10} \times 1000} \times 100 \tag{8-3}$$

式中　X——样品中组胺的含量(mg/100g)；

　　　V——加入 100g/L 三氯乙酸溶液的体积(mL)；

　　　m_s——由标准曲线查得或由回归方程算得样品溶液中组胺的质量(μg)；

　　　m——试样质量(g)。

测定结果的算术平均值精确至小数点后一位数字。

5. 精密度

在重复性条件下，获得的两次独立测定结果的绝对差值不得超过算术平均值的10%。

◆◆◆ 第四节　罐头食品中氯化钠的测定

一、铁铵矾指示剂法

本法适用于肉禽食品、水产食品、蔬菜制品、腌制品、调味品等食品中氯化钠的测定，不适用于深色食品中氯化钠的测定。

1. 测定原理

同沉淀滴定法中的佛尔哈德法(具体见第一章第五节)。

2. 试剂

所用试剂均为分析纯；水为蒸馏水或同等纯度的水(以下简称水)。

1) 冰乙酸。

2) 蛋白质沉淀试剂：

试剂一亚铁氰化钾溶液：称取 106g 亚铁氰化钾溶于水中，转移到 1000mL 容量瓶中，用水稀释至刻度。

试剂二乙酸锌溶液：称取 220g 乙酸锌溶于水中，并加入 30mL 冰乙酸，转移到 1000mL 容量瓶中，用水稀释至刻度。

3) 硝酸溶液(1+3)：量取 1 体积浓硝酸与 3 体积水混匀。使用前需经煮沸、冷却。

4) 80%(体积分数)乙醇溶液：量取 80mL 95%(体积分数)乙醇与 15mL 水混匀。

5) 0.1mol/L 硝酸银标准滴定溶液：称取 17g 硝酸银溶于水中，转移到 1000mL 容量瓶中，用水稀释至刻度，摇匀，置于暗处，待标定。

6) 0.1mol/L 硫氰酸钾标准滴定溶液：称取 9.7g 硫氰酸钾溶于水中，转移到 1000mL 容量瓶中，用水稀释至刻度，摇匀，待标定。

7）硫酸铁铵饱和溶液：称取 50g 硫酸铁铵溶于 100mL 水中，若有沉淀必须加以过滤。

3. 仪器

1）组织捣碎机。

2）研钵。

3）水浴锅。

4）分析天平：秤量 0.0001g。

4. 0.1mol/L 硝酸银标准滴定溶液和 0.1mol/L 硫氰酸钾标准滴定溶液的标定

称取 0.10～0.15g 基准试剂氯化钠或经 500～600℃ 灼烧至恒重的分析纯氯化钠（准确至 0.0002g），置于 100mL 烧杯中，用水溶解，转移到 100mL 容量瓶中。加入 5mL 硝酸溶液，边猛烈摇动边加入 30.00mL（V_1）0.1mol/L 硝酸银标准滴定溶液，用水稀释至刻度，摇匀。在避光处放置 5min，用快速定量滤纸过滤，弃去最初滤液 10mL。

取上述滤液 50.00mL 置于 250mL 锥形瓶中，加入 2mL 硫酸铁铵饱和溶液，边猛烈摇动边用 0.1mol/L 硫氰酸钾标准滴定溶液滴定至出现淡棕红色，保持 1min 不褪色。记录消耗硫氰酸钾标准滴定溶液的体积（V_2）。

取 0.1mol/L 硝酸银标准滴定溶液 20.00mL（V_3）置于 250mL 锥形瓶中，加入 30mL 水、5mL 硝酸溶液和 2mL 硫酸铁铵饱和溶液。以下按上述标定步骤操作记录消耗 0.1mol/L 硫氰酸钾标准滴定溶液的体积（V_4）。

根据硝酸银标准滴定溶液与硫氰酸钾标准滴定溶液的体积比（F），计算硝酸银标准滴定溶液和硫氰酸钾标准滴定溶液的浓度（c_1、c_2），即

$$F = \frac{V_3}{V_4} = \frac{c_1}{c_2} \tag{8-4}$$

$$c_2 = \frac{\dfrac{m_0}{0.05844}}{V_1 - 2V_2 F} \tag{8-5}$$

$$c_1 = c_2 F$$

式中　F——硝酸银标准滴定溶液与硫氰酸钾标准滴定溶液的体积比；

　　　c_1——硫氰酸钾标准滴定溶液的物质的量浓度（mol/L）；

　　　c_2——硝酸银标准滴定溶液的物质的量浓度（mol/L）；

　　　m_0——氯化钠的质量（g）；

　　　V_1——标定时加入硝酸银标准溶液的体积（mL）；

　　　V_2——滴定时消耗硫氰酸钾标准滴定溶液的体积（mL）；

　　　V_3——测定体积比（F）时，硝酸银标准滴定溶液的体积（mL）；

　　　V_4——测定体积比（F）时，硫氰酸钾标准滴定溶液的体积（mL）；

0.05844——与 1.00mL 1.000mol/L 硝酸银标准滴定溶液相当的氯化钠质量（g）。

5. 测定步骤

（1）试样准备

1）固体样品：称取除去不可食部分并且具有代表性的样品至少 200g，在研钵中研

细或加等量水在组织捣碎机中捣碎，置于500mL烧杯中备用。

若为干制品或半干制品，则将200g样品切成细粒，加两倍水置于500mL烧杯中，浸泡30min后在组织捣碎机中捣碎，置于500mL烧杯中备用。

2）固液体样品：按照固液体比例，称取具有代表性的样品至少200g，去除不可食部分，在组织捣碎机中捣碎，置于500mL烧杯中备用。

3）液体样品：取充分混匀的液体样品至少200g，置于500mL烧杯中备用。

（2）试液的制备

1）肉禽及水产制品：称取已捣碎的试样约20g（准确至0.001g）置于250mL锥形瓶中，加入100mL 70℃热水，加热沸腾后保持15min，并不断摇动。取出并冷却至室温，依次加入4mL蛋白质沉淀试剂一和4mL试剂二。每次加入后充分摇匀，在室温静置30min。将锥形瓶中的内容物全部转移至200mL容量瓶中，用水稀释至刻度，摇匀。用滤纸过滤，弃去最初部分滤液。

2）蔬菜制品：

① 蛋白质及淀粉含量较高的试样（如蘑菇、青豆等）：称取已捣碎的试样约10g（准确至0.001g）置于100mL烧杯中，用80%（体积分数）乙醇溶液将其全部转移至100mL容量瓶中，稀释至刻度，充分振摇，抽提15min。用滤纸过滤，弃去最初部分滤液。

② 一般蔬菜试样：称取已捣碎的试样约20g（准确至0.001g），置于250mL锥形瓶中，加入100mL 70℃热水，充分振摇，抽提15min。将锥形瓶中的内容物全部转移到200mL容量瓶中，用水稀释至刻度，摇匀。用滤纸过滤，弃去最初部分滤液。

3）调味品：称取已捣碎的试样约5g（准确至0.001g）置于100mL烧杯中，加入适量水使其溶解（液体样品可直接转移），全部转移至200mL容量瓶中。加入100mL 70℃热水，其余操作同一般蔬菜试样步骤。

4）腌制品：称取已捣碎的试样约10g（准确至0.001g）置于250mL锥形瓶中，加入100mL 70℃热水。其余操作同一般蔬菜试样步骤。

5）淀粉制品及其他制品：称取已捣碎的试样约20g（准确至0.001g）置于250mL锥形瓶中，加入100mL 70℃热水。其余操作同一般蔬菜试样步骤。

（3）沉淀氯化物　吸取上述经处理的试液（含50~100mg氯化钠）置于100mL容量瓶中，加入5mL硝酸溶液。边猛烈摇动边加入20.00~40.00mL 0.1mol/L硝酸银标准滴定溶液，用水稀释至刻度，在避光处放置5min。用快速定量滤纸过滤，弃去最初滤液10mL。

当加入0.1mol/L硝酸银标准滴定溶液后，若不出现氯化银凝聚沉淀，而呈现胶体溶液时，应在定容后，摇匀移入250mL锥形瓶中，置沸水浴中加热数分钟（不得用直接火加热），直至出现氯化银凝聚沉淀。取出，在冷水中迅速冷却至室温，用快速定量滤纸过滤，弃去最初滤液10mL。

（4）滴定　吸取上述经沉淀氯化物后的滤液50.00mL置于250mL锥形瓶中，加入2mL硫酸铁铵饱和溶液，边猛烈摇动边用硫氰酸钾标准溶液滴至出现淡棕红色，且保持1min不褪色为止。记录消耗硫氰酸钾标准滴定溶液的体积（V_5）。

（5）空白试验　用50mL水代替50.00mL滤液，加入滴定试样时消耗0.1mol/L硝酸银标准滴定溶液体积的 1/2，按与样品滴定相同的步骤操作。记录空白试验消耗硫氰酸钾标准滴定溶液的体积(V_0)。

6. 结果计算

样品中氯化钠的含量为

$$X = \frac{0.05844 \times c_1 (V_0 - V_5) n_1}{m} \times 100 \tag{8-6}$$

式中 X——样品中氯化钠的含量(g/100g)；

V_0——空白试验时消耗硫氰酸钾标准滴定溶液的体积(mL)；

V_5——滴定试样时消耗硫氰酸钾标准滴定溶液的体积(mL)；

c_1——硫氰酸钾标准滴定溶液的实际浓度(mol/L)；

n_1——样品的稀释倍数；

m——样品的质量(g)。

计算结果精确至小数点后两位。

7. 说明及注意事项

同一样品的两次测定值之差，每 100g 试样不得超过 0.2g。

二、铬酸钾指示剂法

本法的适用范围同铁铵钒指示剂法。

1. 测定原理

同沉淀滴定法的莫尔法(具体见第一章第五节)。

2. 试剂

所用试剂均为分析纯；水为蒸馏水或同等纯度的水(以下简称水)。

1) 蛋白质沉淀试剂：配制方法同铁铵钒指示剂法。

2) 80%(体积分数)乙醇溶液：配制方法同铁铵钒指示剂法。

3) 0.1mol/L 硝酸银标准滴定溶液：

① 配制：配制方法同铁铵钒指示剂法。

② 标定：称取 0.05~0.10g 基准试剂氯化钠或于 500~600℃灼烧至恒重的分析纯氯化钠，精确至 0.0002g，置于 250mL 锥形瓶中。用约 70mL 水溶解，加入 50g/L 铬酸钾 1mL，边摇动边用 0.1mol/L 硝酸银标准溶液滴定至出现淡橙色，且保持 1min 不褪色为止。记录消耗 0.1mol/L 硝酸银标准滴定溶液的体积(V_6)。

③ 结果计算：硝酸银标准滴定溶液的浓度为

$$c_3 = \frac{m_2}{0.05844 \times V_6} \tag{8-7}$$

式中 c_3——硝酸银标准滴定溶液的物质的量浓度(mol/L)；

V_6——滴定时消耗硝酸银标准滴定溶液的体积(mL)；

m_2——氯化钠的质量（g）。

4）50g/L 铬酸钾溶液。

5）1g/L 氢氧化钠溶液。

6）10g/L 酚酞乙醇溶液。

3. 仪器

同铁铵矾指示剂法。

4. 测定步骤

（1）试样的制备　同铁铵矾指示剂法。

（2）试液的制备　同铁铵矾指示剂法。

（3）pH 值＝6.5～10.5 的试液　取 V mL 试液（含 25～30mg 氯化钠）置于 250mL 锥形瓶中。加 50mL 水及 1mL 铬酸钾溶液。边猛烈摇动边用 0.1mol/L 硝酸银标准溶液滴定至出现淡橙色，保持 1min 不褪色。记录消耗 0.1mol/L 硝酸银标准溶液的体积（V_7）。

（4）pH 值<6.5 的试液　取 V mL 试液（含 25～50mg 氯化钠）置于 250mL 锥形瓶中。加 50mL 水及 0.2mL 酚酞溶液，用氢氧化钠溶液滴定至微红色。再加 1mL 铬酸钾溶液。边猛烈摇动边用 0.1mol/L 硝酸银标准滴定溶液滴定至出现淡橙色，保持 1min 不褪色。记录消耗 0.1mol/L 硝酸银标准滴定溶液的体积（V_7）。

（5）空白试验　用 50mL 水代替 V mL 试液。加 1mL 铬酸钾溶液。边猛烈摇动边用 0.1mol/L 硝酸银标准滴定溶液滴定至出现淡橙色，保持 1min 不褪色。记录消耗 0.1mol/L 硝酸银标准滴定溶液的体积（V_8）。

5. 结果计算

样品中氯化钠的质量分数为

$$w（氯化钠）=\frac{0.05844\times c_3（V_7-V_8）n_2}{m_3}\times 100\% \tag{8-8}$$

式中　w（氯化钠）——样品中氯化钠的质量分数；

$\qquad V_7$——滴定试样时消耗 0.1mol/L 硝酸银标准滴定溶液的体积（mL）；

$\qquad V_8$——空白试验时消耗 0.1mol/L 硝酸银标准滴定溶液的体积（mL）；

$\qquad n_2$——样品稀释倍数；

$\qquad m_3$——试样的质量（g）；

$\qquad c_3$——硝酸银标准滴定溶液的物质的量浓度（mol/L）。

计算结果精确至小数点后两位。

6. 说明及注意事项

1）同一样品两次测定值之差，每 100g 样品不得超过 0.2g。

2）在中性或弱碱性（pH 值＝6.5～10.5）溶液中滴定，如果待测溶液呈酸性，应预先中和。

三、电位滴定法

本法适用于肉禽食品、水产食品、蔬菜制品、腌制品、调味品等食品中氯化钠的测定。也适用于深色食品中氯化钠含量的测定。

1. 测定原理

样品经处理、酸化后，在丙酮溶液中，以玻璃电极为参比电极，银电极为指示电极，用硝酸银标准滴定溶液滴定试液中的氯化钠，根据电位的"突跃"判断滴定终点。按硝酸银标准滴定溶液的消耗量，计算食品中氯化钠的含量。

2. 试剂

所用试剂均为分析纯；水为蒸馏水或同等纯度的水（以下简称水）。

1）蛋白质沉淀剂：同铁铵钒指示剂法。

2）硝酸溶液：同铁铵钒指示剂法。

3）丙酮。

4）0.01mol/L 氯化钠基准溶液：称取 0.05844g 基准试剂氯化钠或经 500~600℃灼烧至恒重的分析纯氯化钠（精确至 0.0002g），置于 100mL 烧杯中，用少量水溶解后转移到 1000mL 容量瓶中，用水定容，摇匀。

5）0.02mol/L 硝酸银标准滴定溶液：

① 配制：称取 3.40g 硝酸银（精确至 0.01g），置于 100mL 烧杯中，用少量水溶解后转移到 1000mL 容量瓶中，用水定容，摇匀。置于棕色瓶中保存。

② 标定（二级微商法）：吸取 10.00mL 0.01mol/L 氯化钠基准溶液置于 50mL 烧杯中，加入 0.2mL 硝酸溶液及 25mL 丙酮。将玻璃电极和银电极浸入溶液中，开动电磁搅拌器。

先从滴定管滴入 VmL 硝酸银标准滴定溶液（所需量的 90%），测定溶液电位（E）。以后每滴加 1mL 测量一次。接近终点和终点过后，每滴加 0.1mL 测量一次。继续滴定至电位改变不明显为止。记录每次滴加硝酸银标准滴定溶液的体积和电位。

③ 终点确定：

a. 根据滴定记录，按硝酸银标准滴定溶液的体积（V）和电位（E），用列表的方法算出下列数值，见表 8-1。

表 8-1 硝酸银标准滴定溶液滴定氯化钠基准溶液记录

V/mL	E/V	$\Delta E^①$/V	$\Delta V^②$/mL	一级微商^③/(V/mL)	二级微商^④/(V/mL)
0.00	400				
4.00	470	70	4.00	18	
4.50	490	20	0.15	40	22
4.60	500	10	0.10	100	60
4.70	515	15	0.10	150	50
4.80	535	20	0.10	200	50
4.90	620	85	0.10	850	650
5.00	670	50	0.10	500	−350
5.10	690	20	0.10	200	−300
5.20	700	10	0.10	100	−100

① ΔE 指相对应的电位变化值。

② ΔV 指连续滴入硝酸银标准滴定溶液的体积增加值。

③ 一级微商指单位体积硝酸银标准滴定溶液引起的电位变化值，在数值上相当于 $\Delta E/\Delta V$。

④ 二级微商在数值上相当于相邻的一级微商之差。

b. 当一级微商最大，二级微商等于零时，即为滴定终点，按下式计算滴定终点时硝酸银标准滴定溶液的量(V_9)，即

$$V_9 = V_a + \left(\frac{a}{a-b}\Delta V\right) \tag{8-9}$$

式中　V_9——滴定终点时消耗硝酸银标准滴定溶液的体积(mL)；

　　　　a——二级微商为零前的二级微商值；

　　　　b——二级微商为零后的二级微商值；

　　　　V_a——在 a 时消耗硝酸银标准滴定溶液的体积(mL)；

　　　　ΔV——a 与 b 之间的 ΔV 值(mL)。

3. 仪器

1）pH 计直接读数式：测量范围 pH 值＝0~14，精度±0.1。

2）玻璃电极。

3）银电极。

4）电磁搅拌器。

5）滴定管：10mL。

4. 测定步骤

（1）试样的准备　按铁铵钒指示剂法制备。

（2）试液的制备　按铁铵钒指示剂法制备。其中蔬菜制品处理中的用 80%（体积分数）乙醇溶液转移改为用水转移到 100mL 容量瓶中。

（3）测定　取 V mL 试液（含 5~10mg 氯化钠）置于 50mL 烧杯中，加入 0.2mL 硝酸溶液及 25mL 丙酮。按与 0.02mol/L 硝酸银标准滴定溶液标定相同的步骤进行操作，求出滴定终点时消耗硝酸银标准滴定溶液的体积(V_{10})。

5. 结果计算

样品中氯化钠的含量为

$$X = \frac{0.05844 \times c_5 V_{10} n_3}{m_4} \times 100 \tag{8-10}$$

式中　X——食品中氯化钠的含量(g/100g)；

　　　　V_{10}——滴定试样时消耗硝酸银标准滴定溶液的体积(mL)；

　　　　n_3——稀释倍数；

　　　　m_4——试样的质量(g)；

　　　　c_5——硝酸银标准滴定溶液的物质的量浓度(mol/L)。

计算结果精确至小数点后两位。

6. 说明及注意事项

同一样品两次测定值之差，每 100g 样品不得超过 0.2g。

◆◆◆ 第五节　罐头食品的检验技能训练实例

● 训练1　午餐肉罐头中脂肪的测定

1. 仪器及试剂

（1）仪器　索氏抽提器、恒温水浴锅、恒温干燥箱、干燥器、分析天平、研钵、组织捣碎机。

（2）试剂　精制海砂、无水硫酸钠、无水乙醚、脱脂棉。

2. 操作步骤

精密称取 2~5g 捣碎的午餐肉样品置于研钵中，加入精制海砂及无水硫酸钠，研磨至干粉状，全部移入滤纸筒内。将滤纸筒放入索氏抽提器的抽提筒内。连接已干燥至恒重的脂肪瓶，由抽提器冷凝管上端加入无水乙醚或石油醚至瓶内容积的 2/3 处，于水浴上加热，使乙醚不断回流提取，一般抽提 6~12h。抽提完毕后，取出滤纸筒，利用抽提器回收乙醚，待脂肪瓶内乙醚剩 1~2mL 时，取下接受瓶，在沸水浴上蒸干，再在 100~105℃ 的烘箱中烘至恒重。

3. 数据记录及处理

1）数据记录：将试验数据填入下表中。

测定次数	脂肪瓶质量/g	脂肪与脂肪瓶总质量/g	样品质量/g
1			
2			

2）按式(3-1)计算午餐肉罐头中脂肪的含量。在重复性条件下，获得的两次独立测定结果的绝对差值不得超过算术平均值的 0.5%。

● 训练2　水果罐头中总糖的测定

1. 仪器及试剂

（1）仪器　恒温水浴锅、可调电炉、组织捣碎机。

（2）试剂　盐酸溶液（1∶1）、0.1g/100mL 甲基红乙醇溶液、20g/100mL 氢氧化钠、费林氏甲液、费林氏乙液、220g/L 乙酸锌溶液、106g/L 亚铁氰化钾溶液、1.0mg/mL 转化糖标准溶液。

2. 操作步骤

（1）样品处理　准确称取捣匀的样品 2.5~5g 置于 250mL 容量瓶中，加水 50mL，摇匀后慢慢加入 5mL 乙酸锌溶液，混匀后再慢慢加入 5mL 亚铁氰化钾溶液，振摇，加水定容并摇匀后静置 30min，用干滤纸过滤，弃去初始滤液，滤液备用。

（2）酸解　吸取 50mL 样品处理液置于 100mL 容量瓶中，加盐酸溶液 5mL，在 68~70℃水浴中恒温加热 15min，冷却后加 2 滴甲基红指示剂，用 200g/L 氢氧化钠溶液中和至中性，加水至刻度，混匀。

（3）样品溶液的预测定　吸取费林氏甲、乙液各 5mL，置于 150mL 三角烧瓶中，加水 10mL，加入 2 粒玻璃珠，控制在 2min 内加热至沸腾，趁沸腾以先快后慢的速度，从滴定管中滴加样液，趁沸腾以 0.5 滴/s 的速度继续滴定至蓝色刚好褪去为终点，记录消耗样液的体积。

（4）样品溶液的测定　吸取费林氏甲、乙液各 5mL，置于 150mL 三角烧瓶中，加水 10mL，加入 2 粒玻璃珠，从滴定管中加入比预测定体积少 1mL 的样液，使其在 2min 内加热至沸腾，趁沸腾以 0.5 滴/s 的速度继续滴定至蓝色刚好褪去为终点，记录消耗样液的体积。同法平行操作 3 次，得出平均消耗样液的体积。

3. 数据记录及处理

1）数据记录：将试验数据填入下表中。

测定次数	样品质量/g	标定时所耗转化糖的体积/mL				10mL 碱性酒石酸铜相当于转化糖的质量/mg	测定时所耗样品水解液的体积/mL			
		1	2	3	平均值		1	2	3	平均值
1										
2										

2）按式(3-6)计算水果罐头中总糖的含量。在重复性条件下，获得的两次独立测定结果的绝对差值不得超过算术平均值的 10%。

● 训练 3　午餐肉罐头中亚硝酸盐的测定

1. 仪器及试剂

（1）仪器　组织捣碎机、分光光度计、50mL 比色管。

（2）试剂　5μg/mL 亚硝酸钠标准使用液、106g/L 亚铁氰化钾溶液、220g/L 乙酸锌溶液、饱和硼砂溶液、4g/L 对氨基苯磺酸溶液、2g/L 盐酸萘乙二胺溶液。

2. 操作步骤

称取 5.0g 经捣碎混匀的午餐肉样品，置于 50mL 烧杯中，加 12.5mL 硼砂饱和溶液，搅拌均匀，以 70℃左右的水约 300mL 将样品全部洗入 500mL 容量瓶中，置沸水浴中加热 15min，取出后冷却至室温，然后一面转动一面加入 5mL 亚铁氰化钾溶液，摇匀，再加入 5mL 乙酸锌溶液以沉淀蛋白质，加水至刻度，混匀，放置 0.5h，除去上层脂肪，清液用滤纸过滤，弃去初滤液 30mL，滤液备用。

吸取 40mL 上述滤液置于 50mL 比色管中，另吸取 0.00mL、0.20mL、0.40mL、0.60mL、0.80mL、1.00mL、1.50mL、2.00mL 亚硝酸钠标准使用液，分别置于 50mL 比

色管中。于标准管及样品管中分别加入 2mL 4g/L 对氨基苯磺酸溶液，混匀，静置 3~5min 后各加入 1mL 2g/L 盐酸萘乙二胺溶液，加水至刻度，混匀，静置 15min，用 2cm 比色皿，以空白调节零点，于波长 538mm 处测吸光度，绘制标准曲线进行比较。

3. 数据记录及处理

1）数据记录：将试验数据填入下表中。

① 标准吸收曲线。

NaNO₂ 标准液的体积/mL	0.00	0.20	0.40	0.60	0.80	1.00	1.50	2.00
NaNO₂ 含量/(μg/50mL)	0.0	1	2	3	4	5	7.5	10
吸光度								

② 测定。

测定次数	样品质量/g	样液总体积/mL	测定用样液体积/mL	吸光度
1				
2				

2）以各标准液中的亚硝酸钠质量为横坐标，测得各标准液的吸光度为纵坐标，绘制标准曲线。根据样品液的吸光度，从标准曲线上查出样品液中亚硝酸钠的质量。

3）按式(8-1)计算午餐肉中亚硝酸盐的含量。在重复性条件下，获得的两次独立测定结果的绝对差值不得超过算术平均值的 10%。

● 训练4　西式火腿罐头中复合磷酸盐的测定

1. 仪器及试剂

（1）仪器　分光光度计、可调电炉、高温炉、25mL 比色管、瓷坩埚。

（2）试剂　钼酸铵溶液、对苯二酚溶液、亚硫酸钠溶液、10μg/mL 标准磷酸盐溶液。

2. 操作步骤

准确称取均匀样品 2~5g 置于瓷坩埚中，在电炉上炭化至无烟，再于 550℃ 下灰化，直至灰分呈白色为止，加稀盐酸(1:1)10mL 及硝酸2滴，在电炉上蒸干，再加稀盐酸 (1:1)2mL，用水分数次将残渣完全洗入 100mL 容量瓶中，并用水稀释至刻度，摇匀，过滤(若无沉淀则不需过滤)。

取滤液 0.5mL(视磷量多少加以确定)置于 25mL 比色管中，另取磷酸盐标准溶液 (每 mL 相当于 10μg 磷酸盐)0.0mL、0.2mL、0.4mL、0.6mL、0.8mL 和 1.0mL，分别置于 25mL 比色管中，再于每试管中依次加入 2.0mL 钼酸铵溶液、1mL 200g/L 亚硫酸钠溶液、1mL 对苯二酚溶液，加蒸馏水稀释至刻度，摇匀，静止 30min 后，以空白溶液调节零点，用分光光度计于 660nm 处比色，测定各标准溶液的吸光度，绘制标准曲线进行比较。

3. 数据记录及处理

1）数据记录：将试验数据填入下表中。

① 标准吸收曲线。

磷酸盐标准液量/mL	0.00	0.20	0.40	0.60	0.80	1.00
磷酸盐含量/(μg/25mL)	0.0	2	4	6	8	10
吸光度						

② 测定。

测定次数	样品质量/g	样液总体积/mL	测定用样液体积/mL	吸光度
1				
2				

2）以各标准液中的磷酸盐质量为横坐标，测得各标准液的吸光度为纵坐标，绘制标准曲线。根据样品液的吸光度，从标准曲线上查出样品液中磷酸盐的质量。

3）按式(8-2)计算西式火腿罐头中复合磷酸盐的含量。在重复性条件下，获得的两次独立测定结果的绝对差值不得超过算术平均值的10%。

● 训练5　鱼类罐头中组胺的测定

1. 仪器及试剂

（1）仪器　分光光度计、25mL比色管、分液漏斗、组织捣碎机。

（2）试剂　5.0g/100mL碳酸钠溶液、25.0g/100mL氢氧化钠溶液、1mol/L盐酸、偶氮试剂、正戊醇、10.0g/100mL三氯乙酸溶液、20μg/mL磷酸组胺标准溶液。

2. 操作步骤

称取5~10g捣碎样品，置于具塞锥形瓶中，加入15.0~20.0mL10.0g/100mL三氯乙酸溶液，浸泡2~3h，过滤。吸取1.0mL滤液，置于分液漏斗中，加25.0g/100mL氢氧化钠溶液使呈碱性，每次加入3mL正戊醇，振摇5min，提取3次，合并正戊醇并稀释至10.0mL。吸取1.0mL正戊醇提取液置于分液漏斗中，每次加3mL1mol/L盐酸，振摇提取3次，合并盐酸提取液并稀释至10.0mL备用。

吸取1.0mL盐酸提取液，置于10mL比色管中。另吸取0.00mL、0.20mL、0.40mL、0.60mL、0.80mL、1.0mL磷酸组胺标准使用液（相当于0、4μg、8μg、12μg、16μg、20μg组织胺），分别置于10mL比色管中，各加入1mL1mol/L盐酸，样品与标准管各加入3mL5.0g/100mL碳酸钠溶液、3mL偶氮试剂，加水至刻度，混匀，放置10min后用1cm比色皿以空白调节零点，于480nm波长处测吸光度，绘制标准曲线比较或与标准色列目测比较。

3. 数据记录及处理

1）数据记录：将试验数据填入下表中。

① 标准吸收曲线。

组胺标准液量/mL	0.00	0.20	0.40	0.60	0.80	1.00
组胺含量/(μg/10mL)	0.0	4	8	12	16	20
吸光度						

② 测定。

测定次数	样品质量/g	样液总体积/mL	测定用样液体积/mL	吸光度
1				
2				

2）以各标准液中的组胺质量为横坐标，测得各标准液的吸光度为纵坐标，绘制标准曲线。根据样品液的吸光度，从标准曲线上查出样品液中组胺的质量。

3）按式（8-11）计算组胺的含量，即

$$X = \frac{\dfrac{m_s - m_0}{1000} \times 100}{m \dfrac{1}{V} \times \dfrac{1}{10} \times \dfrac{1}{10}} \tag{8-11}$$

式中 X——样品中组胺的含量（mg/100g）；

V——加入 10.0g/100mL 三氯乙酸溶液的体积（mL）；

m_s——由标准曲线查得样品溶液中组胺的质量（μg）；

m_0——从标准曲线上查出空白溶液中组胺的质量（μg）；

m——样品质量（g）。

4）在重复性条件下，获得的两次独立测定结果的绝对差值不得超过算术平均值的 10%。

● 训练 6 蘑菇罐头中氯化钠的测定

1. 仪器及试剂

（1）仪器 100mL 容量瓶、烧杯、组织捣碎机、吸量管、移液管、滴定管。

（2）试剂 冰乙酸、蛋白质沉淀剂、硝酸溶液（1∶3）、80%（体积分数）乙醇溶液、0.1mol/L 硝酸银标准滴定溶液、0.1mol/L 硫氰酸钾标准滴定溶液、硫酸铁铵饱和溶液。

2. 操作步骤

（1）试样准备 按固液体比例，取具有代表性的样品至少 200g，去除不可食部分，在组织捣碎机中捣碎，置于 500mL 烧杯中备用。

（2）试液的制备 称取已捣碎的试样约 10g（精确至 0.001g），置于 100mL 烧杯中，用 80%（体积分数）乙醇溶液将其全部转移到 100mL 容量瓶中，稀释至刻度，充分振摇，抽提 15min。用滤纸过滤，弃去最初部分滤液。

（3）沉淀氯化物 吸取上述经处理的试液（含 50～100mg 氯化钠），置于 100mL 容量瓶中，加入 5mL 硝酸溶液。边猛烈摇动边加入 2.00～40.00mL 0.1mol/L 硝酸银标准滴定溶液，用水稀释至刻度，在避光中放置 5min（若不出现氯化银凝聚沉淀，置沸水浴中加热数分钟，取出，在冷水中迅速冷却至室温），用快速定量滤纸过滤，弃去最初滤液 10mL。

（4）滴定　吸取上述经沉淀氯化物后的滤液 50.00mL 置于 250mL 锥形瓶中，加入 2mL 硫酸铁铵饱和溶液，边猛烈摇动边用硫氰酸钾标准滴定溶液滴至出现淡棕红色，保持 1min 不褪色。记录消耗硫氰酸钾标准滴定溶液的体积。

（5）空白试验　用 50mL 水代替 50.00mL 滤液，加入滴定试样时消耗 0.1mol/L 硝酸银标准滴定溶液体积的 1/2，按与样品滴定相同的步骤操作。记录空白试验消耗硫氰酸钾标准滴定溶液的体积。

3. 数据记录及处理

1）数据记录：将试验数据填入下表中。

测定次数	样品质量/ g	$c(NH_4SCN)/$ （mol/L）	样品滴定所耗 NH_4SCN 标准溶液的体积/mL	空白滴定所耗 NH_4SCN 标准溶液的体积/mL
1				
2				

2）按式(8-6)计算蘑菇罐头中氯化钠的含量。同一样品的两次测定值之差，每 100g 试样不得超过 0.2g。

复习思考题

1. 简述铁铵钒指示剂法测定氯化钠含量的原理。测定罐头食品盐分时，"沉淀氯化物"操作中，若不出现氯化银凝聚沉淀，应如何处理？

2. 简述铬酸钾指示剂法测定氯化钠含量的原理。对于 pH 值 < 6.5 的试液，滴定前应如何处理试液，为什么？

3. 简述酸分解法测定脂肪的原理及适用范围。

4. 电位滴定法测定氯化钠的含量，使用何种指示电极和参比电极？怎样用二级微商法计算确定滴定终点？

5. 测定水产品中组胺含量的意义及反应原理是什么？

6. 用钼蓝比色法测定磷酸盐的原理是什么？样品处理中为什么要进行灰化？

7. 简述测定亚硝酸盐的操作要点。

第九章

肉蛋及其制品的检验

培训学习目标 熟练掌握分析天平、电热干燥箱、恒温水浴锅、分光光度计、pH 计、干燥器的正确使用方法；掌握肉蛋及其制品中挥发性盐基氮、脂肪、酸价、过氧化值、亚硝酸盐、人工合成色素、蛋白质、胆固醇、淀粉、复合磷酸盐、氯化钠、三甲胺氮、组胺的测定原理、方法及操作要点；掌握用平板菌落计数法测定菌落总数的方法和检测技能，掌握以最大概率数法测定大肠菌群数的方法与技能。

肉蛋及其制品酸价、过氧化值的测定方法见第三章第三节；肉蛋及其制品中细菌总数及大肠菌群测定方法见第三章第四节；肉蛋及其制品中亚硝酸盐的测定方法见第八章第一节；肉蛋及其制品中人工合成色素的测定方法见第三章第七节；肉蛋及其制品中蛋白质的测定方法见第二章第四节；肉蛋及其制品中组胺的测定方法见第八章第三节；肉蛋及其制品中复合磷酸盐测定方法见第八章第二节；肉蛋及其制品中氯化钠的测定方法见第八章第四节。

◇◇◇ 第一节　肉蛋及其制品中挥发性盐基氮的测定

挥发性盐基氮是指动物性食品由于酶和细菌的作用，在腐烂过程中，使蛋白质分解而产生氨以及胺类等碱性含氮物质。这些物质与食品的外观、气味、质量、褐变、腐烂等有关。

一、半微量定氮法

1. 测定原理

利用弱碱剂氧化镁使碱性含氮物质游离而被蒸馏出来，用 20g/L 硼酸（含指示剂）吸收，然后用盐酸标准溶液滴定，计算求得挥发性盐基氮的含量。

2. 试剂

1）无氨蒸馏水。

2）氧化镁混悬液（10g/L）：将氧化镁经800~900℃灼烧3h，冷至200℃以下，置于干燥器冷却后，称取1g，用100mL水混匀（临用新配）。

3）硼酸吸收液（20g/L）：100mL硼酸溶液（20g/L），加1mL混合指示剂，混匀。

4）甲基红-次甲基蓝混合指示剂：次甲基蓝指示剂（1g/L）与甲基红-乙醇指示剂（2g/L），临用时将上述两种指示液等量混合为混合指示液。

5）0.010mol/L盐酸标准滴定溶液。

6）三氯乙酸溶液（200g/L）：取三氯乙酸20g加水溶解并稀释至100mL。

3. 仪器

1）半微量定氮器。

2）微量滴定管：最小分度为0.01mL。

3）其他：研钵、250mL锥形瓶、150mL烧杯、6cm玻璃漏斗、滤纸等。

4. 操作方法

（1）样品处理　肉及肉制品样品：将试样除去脂肪、骨、腱后，绞碎搅匀，称取约10.0g，置于锥形瓶中，加100mL水，不时震摇，浸渍30min后过滤，滤液置于冰箱备用。

皮蛋：将5个皮蛋洗净、去壳。按皮蛋和水2:1（质量比）的比例加入水，在组织捣碎机中捣成匀浆。称取15.00g制备的皮蛋匀浆（相当于10.00g试样），置于烧杯中，用50mL水将试样分次洗入100mL具塞量筒中，加10mL三氯乙酸溶液，加水至100mL，充分震摇，待蛋白质沉淀后过滤，滤液备用。

（2）蒸馏滴定　将盛有10mL吸收液及5~6滴混合指示液的锥形瓶置于冷凝管下端，并使其下端插入吸收液的液面下，准确吸取5.0mL上述样品滤液置于蒸馏器反应室内，加5mL 10g/L氧化镁混悬液，迅速盖塞，并加水以防漏气，通入蒸汽，进行蒸馏，蒸馏5min，移动吸收瓶使冷凝管下端离开液面，继续蒸馏1min，取下吸收瓶，至蓝紫色。同时做平行试验与空白试验。为防止蒸馏过程中泡沫过多，可加0.5~1mL异戊醇。

5. 结果计算

样品中挥发性盐基氮的含量为

$$X = \frac{(V_1 - V_2)c \times 14}{m \times \frac{5}{100}} \times 100 \tag{9-1}$$

式中　X——样品中挥发性盐基氮的含量（mg/100g）；

V_1——样品溶液所耗盐酸标准溶液的体积（mL）；

V_2——空白溶液所耗盐酸标准溶液的体积（mL）；

m——样品的质量（g）；

c——盐酸标准溶液的浓度（mol/L）；

14——与1.00mL 1.000mol/L盐酸标准滴定溶液相当的氮的质量（mg/mmol）。

6. 说明及注意事项

肉及肉制品测定结果保留三位有效数字，在重复性条件下获得的两次独立测定结果的绝对差值不得超过算术平均值的10%。

蛋及蛋制品测定结果保留两位有效数字，在重复性条件下获得的两次独立测定结果的绝对差值不得超过算术平均值的 5%。

二、微量扩散法

1. 测定原理

利用弱碱剂饱和碳酸钾溶液使碱性含氮物质游离扩散，用 20g/L 硼酸（含指示剂）溶液吸收，然后用标准酸溶液滴定，计算求得挥发性盐基氮的含量。

2. 试剂

1）饱和碳酸钾溶液：称取 50g 碳酸钾，加 50mL 水，微加热助溶，使用上清液。

2）水溶性胶：取 10g 阿拉伯胶，加 10mL 水，再加 5mL 甘油和 5g 无水碳酸钾（或无水碳酸钠），研匀。

3）吸收液、指示剂、0.010mol/L 盐酸标准滴定溶液（同半微量定氮法）。

3. 仪器

1）微量扩散皿（附玻片盖）：直径 8cm，内室直径 3.8cm，皿高 1.8cm，内室皿高 1.1~1.2cm，如图 9-1 所示。

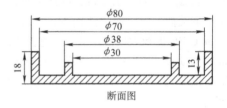

图 9-1　微量扩散皿

2）恒温培养箱（37℃）。

4. 操作方法

（1）样品处理　同半微量定氮法。

（2）具体操作　先将水溶性胶涂于扩散皿的边缘，在皿内室加入 1mL 吸收液，并加指示剂 1 滴，在皿外室一侧加上述样品浸抽液 1mL；另一侧加饱和碳酸钾溶液 1mL，立即加盖，并轻轻转动皿，使两液混合。置于 37℃ 培养箱内 2h，取出，开启玻片盖，用 0.010mol/L 盐酸标准滴定溶液小心滴定皿内室的吸收液至呈蓝紫色为终点。同时需做平行试验和空白试验。

5. 结果计算

样品中挥发性盐基氮的含量为

$$X = \frac{(V_1 - V_2)c \times 14}{m \times \frac{1}{100}} \times 100 \qquad (9\text{-}2)$$

式中 X——样品中挥发性盐基氮的含量(mg/100g);

　　V_1——样品溶液所耗盐酸标准溶液的体积(mL);

　　V_2——空白溶液所耗盐酸标准溶液的体积(mL);

　　c——盐酸标准溶液的浓度(mol/L);

　　m——样品的质量(g);

　　14——与1.00mL1.000mol/L盐酸标准滴定溶液相当的氮的质量(mg/mmol)。

6. 说明及注意事项

1)扩散皿洗涤时先经皂液煮洗后再经稀酸液中和处理,然后再用蒸馏水冲洗,烘干后才能使用。

2)本法终点容易过量,需注意控制。

3)精密度同半微量定氮法。

◈◈◈ 第二节　肉蛋及其制品中脂肪的测定

肉及其制品中除游离脂肪外,肌肉组织中还存在一些结合脂类,因此脂肪测定分两类,即总脂肪(包括结合脂在内)和游离脂肪。

一、总脂肪含量的测定

这里采用酸水解法测定总脂肪含量。

(1)测定原理　试样与稀盐酸共同煮沸,试样中蛋白质及碳水化合物被水解,细胞壁被破坏,游离出包含的和结合的脂类部分,使过滤得到的物质干燥,然后用正己烷或石油醚抽提留在滤器上的脂肪,除去溶剂,即得脂肪总量。

(2)试剂

1)抽提剂:正己烷或30~60℃沸程的石油醚。溴值低于1,挥发残渣小于20mg/L。

2)盐酸:2mol/L溶液,量取50mL盐酸($P_{20} = 1.19g/mL$),加入250mL水,混匀。

3)蓝色石蕊试纸。

4)沸石。

5)滤纸筒:经脱脂。

6)脱脂棉。

(3)仪器及用具

1)组织捣碎机或绞肉机(孔径不超过4mm)。

2)索氏抽提器:接收瓶体积为150mL。

3)表面皿:直径不小于80mm。

4）锥形瓶：250mL。

5）水浴或砂浴。

6）干燥箱：可控温于 103℃±2℃。

7）干燥器：内装有效干燥剂。

8）分析天平：可准确称重至 0.001g。

（4）试样的制备　取有代表性试样至少 200g，于绞肉机中使其均质化（至少绞两次）并混匀，封闭贮存于一完全盛满的容器中（防止其腐烂和成分变化），并尽可能提早分析试样。

（5）操作方法

1）往索氏抽提器的接收瓶里放入少量沸石，于（103±2）℃的干燥箱内干燥 1h。取出，置干燥器内冷却至室温，准确称量至 0.001g。重复以上烘干、冷却和称量过程，直到相继两次称量结果之差不超过 0.2mg。

2）酸水解：称取试样 3~5g，精确至 0.001g，置于 250mL 锥形瓶中，加入 2mol/L 盐酸溶液 50mL，盖上小表面皿，于石棉网上用火加热至微沸，保持 1h，每 10min 旋转摇动一次。取下锥形瓶，加入热水 150mL，混匀，过滤。锥形瓶和小表面皿用热水洗净，一并过滤。沉淀用热水洗至中性（用蓝色石蕊试纸检验）。将沉淀与滤纸置于大表面皿上，连同锥形瓶和小表面皿一起于（103±2）℃的干燥箱内干燥 1h，冷却。

3）抽提脂肪：将烘干的滤纸放入衬有脱脂棉的滤纸筒中，用经抽提剂润湿的脱脂棉擦净锥形瓶、小表面皿和大表面皿上遗留的脂肪，放入滤纸筒中。将滤纸筒放入索氏抽提器的抽提筒内，连接内装少量沸石并已干燥至恒重的接收瓶，加入抽提剂至瓶内容积的 2/3 处，于水浴上加热，使抽提剂每 5~6min 回流一次，抽提 6~8h。

4）称量：取下接收瓶，回收抽提剂，待瓶中抽提剂剩 1~2mL 时，在水浴上蒸干，置（103±2）℃的干燥箱内干燥 30min，置干燥器内冷却至室温，准确称重至 0.001g。重复以上烘干、冷却和称量过程，直至相继两次称量结果之差不超过试样质量的 0.1%。

5）抽提完全程度验证：用第二个内装沸石、已干燥至恒重的接收瓶，用新的抽提剂继续抽提 1h，增量不得超过试样质量的 0.1%。同一试样进行两次测定。

（6）结果计算　试样中总脂肪的质量分数为

$$w(总脂肪) = \frac{m_2 - m_1}{m} \times 100\% \tag{9-3}$$

式中　w（总脂肪）——试样中总脂肪的质量分数；

　　　　m_2——接收瓶、沸石连同脂肪的质量（g）；

　　　　m_1——接收瓶和沸石的质量（g）；

　　　　m——试样的质量（g）。

计算结果保留两位有效数字。

（7）精密度　同一分析者在同一实验室、采用相同的方法和相同的仪器，在短时间间隔内对同一样品独立测定两次。两次测定结果的绝对差值不得超过算术平均值的 0.5%。

（8）说明及注意事项

1）放入滤纸筒时高度不要超过回流弯管，否则超过回流弯管以上部分样品中的脂肪不能提取而造成误差。

2）提取时水浴温度不可过高，回流速度控制在每5~6min回流一次为宜。

3）在抽提时，冷却管上端最好连接一个氯化钙管，这不仅可防止空气中水分的进入，还可避免抽提剂的挥发。若无此装置，可松松地塞一团干燥的脱脂棉球。

4）浸出物在烘箱内干燥时间不能过长，因为极不饱和脂肪酸会受热氧化而增加质量。

5）抽提瓶干燥时，瓶口应侧倒放置，使挥发物易与空气形成对流，干燥较快。

二、游离脂肪含量的测定

1. 索氏提取法

（1）测定原理　试样用无水乙醚、石油醚或正己烷等溶剂抽提后，除去溶剂，干燥并称量抽提物，即为试样中的游离脂肪。

（2）试剂

1）无水乙醚：沸点34.4℃。

2）石油醚：沸程30~60℃。

3）正己烷：沸点68.7℃。

4）海砂：化学纯，粒度0.65~0.85mm，SiO_2的质量分数为99%。

5）无水硫酸钠。

（3）仪器及用具

1）实验室常规仪器和设备。

2）绞肉机：孔径不超过4mm。

3）索氏抽提器。

（4）试样制备　同本节总脂肪测定中试样的制备。

（5）操作方法

1）试样装入滤纸筒：称取2~5g试样（精确至0.001g），可取测定水分后的试样置于小烧杯中，加入适量海砂（或无水硫酸钠），用玻璃棒混合均匀，全部移入滤纸筒中。用蘸有乙醚的脱脂棉擦净小烧杯和玻璃棒后放入滤纸筒中，滤纸筒上方用少量脱脂棉塞住。

2）干燥：把滤纸筒移入电热式干燥箱中，于103℃干燥1h。

3）抽提：将滤纸筒放入索氏抽提器的抽提筒内，连接已经干燥至恒重的接收瓶，加入无水乙醚（石油醚或正己烷）至瓶内容积的2/3处，于水浴上加热，每5~6min回流一次，共抽提6~8h。抽提器上方用少量脱脂棉松松地塞住。

4）称量：取下接收瓶，回收溶剂，待接收瓶中溶剂剩1~2mL时在水浴上蒸干，于100~105℃的烘箱中烘至恒重。

5）第二次抽提：用第二个干燥至恒重的接收瓶，再用新的溶剂抽提1h，以验证抽提是否完全，增量不超过试样质量的0.1%。

（6）结果计算　试样中游离脂肪的质量分数为

$$w(游离脂肪)=\frac{m_2-m_1}{m}\times100\% \tag{9-4}$$

式中 w(游离脂肪)——试样中游离脂肪的质量分数;

m_2——接收瓶和脂肪的质量(g);

m_1——接收瓶的质量(g);

m——试样的质量(如果是测定水分后的试样,按测定水分前的质量计)(g)。

当分析结果符合允许误差的要求时,则取两次测定的算术平均值作为结果。

(7) 允许误差 由同一分析者同时或相继进行的两次测定结果之差不得超过0.5%。

(8) 说明及注意事项

1) 加入无水硫酸钠的目的是将样品干燥。

2) 所用乙醚必须是无水的,含水则可能将样品中的糖及无机物抽出,造成误差,被测样品也应先干燥。

2. 三氯甲烷冷浸法

(1) 测定原理 三氯甲烷浸出物以脂肪计。试样用三氯甲烷溶剂在常温下浸提后,回收三氯甲烷溶剂,干燥并称量浸出物,即为试样中的游离脂肪。

(2) 试剂 中性三氯甲烷(内含无水乙醇)。取三氯甲烷,以等量的水洗一次,同时按三氯甲烷体积20:1的比例加入100g/L氢氧化钠溶液,洗涤两次,静置分层。倾出洗涤液,再用等量的水洗涤2~3次,至呈中性。将三氯甲烷用无水氯化钙脱水后,于80℃水浴上进行蒸馏,接取中间馏出液并检查是否为中性。于每100mL三氯甲烷中加入无水乙醇1mL,贮于棕色瓶中。

(3) 仪器

1) 脂肪浸抽管:玻璃制品,管长150mm,内径18mm,缩口部填脱脂棉,如图9-2所示。

2) 脂肪瓶:标准磨口,容量为150mL。

(4) 操作方法 称取2.00~2.50g均匀样品置于100mL烧杯中,加约15g无水硫酸钠粉末,以玻璃棒搅匀,充分研细,小心地移入脂肪浸抽管中,用少许脱脂棉拭净烧杯及玻璃棒上附着的样品,将脱脂棉一并移入脂肪浸抽管内。用100mL中性三氯甲烷分10次浸洗管内样品,将脂肪洗净为止。将三氯甲烷滤入已知质量的脂肪瓶中,将脂肪瓶置于水浴上接冷凝器回收三氯甲烷,然后将脂肪瓶于78~80℃干燥2h,取出放干燥器内30min,称量。以后每干燥1h称量一次,至先后两次称量相差不超过2mg。

图9-2 脂肪浸抽管

(5) 结果计算 同索氏提取法。

结果的表述:报告算术平均值,精确至小数点后一位数字。

(6) 说明及注意事项

1) 在重复性条件下获得的两次独立测定结果的绝对差值不得超过算术平均值的3%。

2) 本法适用于蛋及蛋制品中脂肪含量的测定。

◆◆◆ 第三节 肉蛋及其制品中胆固醇的测定

1. 测定原理

样品经氯仿抽提、皂化后，用石油醚提取。提取液在 65℃ 水浴中通入氮气吹干，残渣用冰乙酸溶解后，能与加入的硫酸铁铵显色剂作用，生成青紫色的物质。溶液颜色的深浅与胆固醇的含量成正比，可以比色定量。

2. 试剂

1）胆固醇：其提纯方法为称取约 6g 胆固醇，加入 60mL 无水乙醇，在沸水浴中加热到溶解，置于冰箱中冷却，待结晶后倾去上清液。如此重复结晶四次，最后在真空干燥器中，在五氧化二磷上抽空干燥，并测其熔点，以确定其纯度（胆固醇熔点为 146~149℃）。

2）硫酸铁铵储备液：溶解 4.463g 硫酸铁铵［$FeNH_4(SO_4)_2 \cdot 12H_2O$］于 100mL 85%（质量分数）磷酸中。

3）硫酸铁铵显色剂：取 10mL 硫酸铁铵储备液用浓硫酸稀释至 100mL，将此液放置在硅胶干燥器内，备用。可存放两个月。

4）胆固醇标准溶液：准确称取重结晶胆固醇 100mg，溶于冰乙酸中，并稀释至 100mL。此液为每 1mL 含 1mg 胆固醇的标准储备液。

5）胆固醇标准使用液：取胆固醇标准液 10mL，用冰乙酸稀释到 100mL。此液为每 1mL 含 100μg 胆固醇的标准使用液。

6）500g/L 氢氧化钾溶液。

7）石油醚：重蒸馏。

8）氯仿：重蒸馏。

9）甲醇：重蒸馏。

10）50g/L 氯化钠溶液。

11）纯氮气（纯度为 99.99%）。

3. 试剂

1）721 型分光光度计。

2）电热恒温水浴。

3）电动振荡器。

4）塞试管（10mL、25mL）。

5）绞肉机。

4. 操作方法

（1）样品的处理和提取 市售的肉类除去皮、筋，将肥瘦肉分开，分别在绞肉机中绞碎，肥肉绞 2~3 次，瘦肉绞 3~4 次，按下列步骤进行样品提取。

称肥、瘦肉各 5g，加入 30mL 甲醇、10mL 氯仿，在组织捣碎机中捣碎 2min，再加入 20mL 氯仿，继续捣碎 1min，加 15mL 水，再捣碎 1min。用布氏漏斗过滤于 100mL 带塞量筒内，从滤纸上取下残渣，加 30mL 氯仿再捣碎 1min，过滤于同一量筒内，最后用氯仿冲洗残渣，混匀量筒中的滤液，将氮气通入滤液中约 5min。静置过夜，以待分层。次日记下氯仿体积，弃去上层醇水溶液，保存下层的氯仿液供测定用。

（2）样品分析　吸取 2mL 样品氯仿提取液，置于带塞的 25mL 试管内，在 65℃ 水浴中用氮气吹干（吹时用水泵在另一端抽气），一直抽到无氯仿气味为止（一般需 4~5min）。加入无水乙醇 4mL、500g/L 氢氧化钾 0.5mL，混匀后，在 65℃ 水浴中皂化 1.5h，每隔 20min 振摇试管一次。皂化完毕后，取出试管，在每管内加入 50g/L 氯化钠溶液 3mL 和石油醚 10mL，盖好玻璃塞，在电动振荡器上振摇 2min，静置分层。吸取上层石油醚层 2~4mL，放入另一干燥试管内，在 65℃ 水浴中通氮气吹干。加入 4mL 冰乙酸溶解残渣，加入 2mL 硫酸铁铵显色剂，混匀，30min 后用分光光度计在 560nm 波长下进行比色测定。按测得的吸光度，从标准曲线查得相应的胆固醇质量。

（3）标准曲线的绘制　吸取胆固醇标准使用液 0.0mL、0.4mL、0.8mL、1.0mL、1.2mL 置于 25mL 带塞试管中。在各管中加入冰乙酸使总体积达 4mL，再加入 2mL 硫酸铁铵显色剂，立即摇匀，在 30~60min 内用分光光度计在 560nm 波长下测定吸光度，并绘制标准曲线。

5. 结果计算

样品中胆固醇的含量为

$$X = \frac{m_s}{m} \times \frac{V}{V_1} \times \frac{1000}{1000} \tag{9-5}$$

式中　X——样品中胆固醇的含量（mg/kg）；

m_s——从标准曲线中查出的相当于胆固醇的质量（μg）；

m——样品质量（g）；

V——样品处理液的总体积（mL）；

V_1——测定时所取样品溶液相当于处理液的体积（mL）。

6. 说明及注意事项

1）氯仿提取液必须吹干，否则易出现混浊。

2）皂化必须完全，否则会出现混浊，一般 60~65℃ 皂化 1.5h 即可避免。

3）在皂化时加入氯化钠可防止产生乳状，并加强石油醚的分离。

◇◇◇ 第四节　肉蛋及其制品中淀粉的测定

1. 测定原理

试样中加入氢氧化钾-乙醇溶液，在沸水浴上加热后，滤去上清液，用热乙醇洗涤沉淀，除去脂肪和可溶性糖，沉淀经盐酸水解后，用碘量法测定形成的葡萄糖并计算淀粉含量。

2. 试剂

1）氢氧化钾-乙醇溶液：称取氢氧化钾 50g，用 95% 乙醇溶解并稀释至 1000mL。

2）80%乙醇溶液：量取95%乙醇842mL，用水稀释至1000mL。

3）10 mol/L 盐酸溶液：量取盐酸83mL，用水稀释至1000mL。

4）氢氧化钠溶液：称取固体氢氧化钠30g，用水溶解并稀释至100mL。

5）蛋白沉淀剂：

a. 溶液 A：称取铁氰化钾106g，用水溶解并稀释至1000mL。

b. 溶液 B：称取乙酸锌220g，用水溶解，加入冰乙酸30mL，用水稀释至1000mL。

6）碱性铜试剂：

溶液 a：称取硫酸铜（$CuSO_4 \cdot 5H_2O$）25g，溶于100mL水中。

溶液 b：称取碳酸钠144g，溶于300～400mL 50℃的水中。

溶液 c：称取柠檬酸（$C_6H_8O_7 \cdot H_2O$）50g，溶于50mL水中。

将溶液 c 缓慢加入溶液 b 中，边加边搅拌直到气泡停止产生为止。将溶液 a 加到此混合液中并连续搅拌，冷却至室温后，转移到1000mL 容量瓶中，定容到刻度，混匀。放置24 h 后使用，若出现沉淀需过滤。

取 1 份此溶液加入 49 份煮沸并冷却的蒸馏水，pH 值应为 10.0±0.1。

7）碘化钾溶液：称取碘化钾10g，用水溶解并稀释至100mL。

8）盐酸溶液：取盐酸100mL 用水稀释到160mL。

9）0.1mol/L 硫代硫酸钠标准溶液：按 GB/T 601—2002 制备。

10）溴百里酚蓝指示剂：称取溴百里酚蓝1g，用95%乙醇溶解并稀释到100mL。

11）淀粉指示剂：称取可溶性淀粉0.5g，加少许水，调成糊状，倒入盛有50mL沸水中调匀，煮沸，临用时配制。

3. 仪器和设备

1）实验室常用设备。

2）绞肉机：孔径不超过4mm。

4. 操作方法

（1）试样制备　取有代表性的试样不少于200g，用绞肉机绞两次并混匀。绞好的试样应尽快分析，若不立即分析，应密封冷藏贮存，防止变质和成分发生变化。贮存的试样在启用时应重新混匀。

（2）淀粉分离　称取试样25g（精确到0.01g，淀粉含量约1g）放入500mL烧杯中，加入热氢氧化钾-乙醇溶液300mL，用玻璃棒搅匀，盖上表面皿，在沸水浴上加热1h，不时搅拌；然后将沉淀完全转移到漏斗上过滤，用80%热乙醇洗涤沉淀数次。

（3）水解　将滤纸钻孔，用1.0mol/L盐酸溶液100mL将沉淀完全洗入250mL烧杯中，盖上表面皿，在沸水浴中水解2.5h，不时搅拌。

溶液冷却到室温，用氢氧化钠溶液中和至 pH 值约为6（注意 pH 值不要超过6.5）。将溶液移入200mL 容量瓶中，加入3mL 蛋白沉淀剂溶液 A，混合后再加入3mL 蛋白沉淀剂溶液 B，用水定容到刻度，摇匀，经不含淀粉的滤纸过滤。滤液中加入氢氧化钠溶液1~2 滴，使之对溴百里酚蓝指示剂呈碱性。

(4) 测定　准确取一定量滤液(V_2)稀释到一定体积(V_3)，然后从中取25.00mL(最好含葡萄糖40~50mg)移入碘量瓶中，加入25.0mL碱性铜试剂，装上冷凝管，在电炉上于2min内煮沸。随后改用温火继续煮沸10min，迅速冷却至室温，取下冷凝管，加入碘化钾溶液30mL，小心加入盐酸溶液25.0mL，盖好盖待滴定。

用硫代硫酸钠标准溶液滴定上述溶液中释放出来的碘。当溶液变成浅黄色时，加入淀粉指示剂1mL，继续滴定直到蓝色消失，记下消耗硫代硫酸钠标准溶液的体积。

同一试样进行两次测定并做空白试验。

5. 计算

1) 葡萄糖量的计算。按式(9-6)计算消耗硫代硫酸钠的毫摩尔数(X_1)：

$$X_1 = 10 \times (V_1 - V_0)\ c \tag{9-6}$$

式中　X_1——消耗硫代硫酸钠的毫摩尔数；

　　　V_0——空白试验消耗硫代硫酸钠标准溶液的体积(mL)；

　　　V_1——试样液消耗硫代硫酸钠标准溶液的体积(mL)；

　　　c——硫代硫酸钠标准溶液的浓度(mol/L)。

根据X_1从表9-1中查出相应的葡萄糖量(m_1)。

表9-1　硫代硫酸钠的毫摩尔数同葡萄糖量(m_1)的换算关系

$X_1 = [10 \times (V_1 - V_0)c]$	相应的葡萄糖量	
	m_1/mg	Δm_1/mg
1	2.4	
2	4.8	2.4
3	7.2	2.4
4	9.7	2.5
5	12.2	2.5
6	14.7	2.5
7	17.2	2.5
8	19.8	2.6
9	22.4	2.6
10	25.0	2.6
11	27.6	2.6
12	30.3	2.7
13	33.0	2.7
14	35.7	2.7
15	38.5	2.8
16	41.3	2.8
17	44.2	2.9

（续）

$X_1 = [10 \times (V_1 - V_0)c]$	相应的葡萄糖量	
	m_1/mg	$\Delta m_1/mg$
18	47.1	2.9
19	50.0	2.9
20	53.0	3.0
21	56.0	3.0
22	59.1	3.1
23	62.2	3.1
24	65.3	3.1
25	68.4	3.1

2）淀粉含量的计算。按式（9-7）计算淀粉含量：

$$X_2 = \frac{m_1}{1000} \times 0.9 \times \frac{V_3}{25} \times \frac{200}{V_2} \times \frac{100}{m_0} = 0.72 \times \frac{V_3}{V_2} \times \frac{m_1}{m_0} \tag{9-7}$$

式中　X_2——淀粉含量（g/100g）；

　　　m_1——葡萄糖含量（mg）；

　　0.9——葡萄糖折算成淀粉的换算系数；

　　　V_3——稀释后的体积（mL）；

　　　V_2——取原液的体积（mL）；

　　　m_0——试样的质量（g）。

当平行测定符合精密度所规定的要求时，取平行测定的算术平均值作为结果，精确到0.1%。

6. 说明及注意事项

在同一实验室由同一操作者在短暂的时间间隔内，用同一设备对同一试样获得的两次独立测定结果的绝对差值不得超过0.2%。

◈◈◈ 第五节　肉蛋及其制品中三甲胺氮的测定

1. 测定原理

三甲胺$[(CH_3)_3N]$是挥发性碱性含氮物质，是动物性食品在腐烂过程中由于细菌的作用将氧化三甲胺$[(CH_3)_3NO]$还原而产生的。将此物质抽提于无水甲苯中，与苦味酸作用，形成黄色的苦味酸三甲胺盐，然后与标准管同时比色，即可测得检样中三甲胺氮的含量。

2. 试剂

1）200g/L三氯乙酸溶液。

2）甲苯：试剂级，用无水硫酸钠脱水，再用0.5mol/L硫酸振摇，除去干扰物质，最后再用无水硫酸钠脱水使其干燥。

3）苦味酸甲苯溶液：

① 储备液：将2g干燥的苦味酸（试剂级）溶于100mL无水甲苯中，即成为20g/L苦味酸甲苯溶液。

② 应用液：将储备液稀释成为0.2g/L苦味酸甲苯溶液，即可应用。

4）1：1碳酸钾溶液。

5）10%（体积分数）甲醛溶液：先将甲醛（试剂级，体积分数为36%～38%）用碳酸镁振摇处理并过滤，然后稀释成体积分数为10%的甲醛溶液。

6）无水硫酸钠。

7）三甲胺氮标准溶液：称取盐酸三甲基胺（试剂级）约0.5g，稀释至100mL，取其5mL再稀释至100mL，取最后稀释液5mL用微量或半微量凯氏蒸馏法准确测定三甲胺氮的质量，并计算出每毫升的含量；然后稀释使每毫升含有100μg的三甲胺氮，作为储备液用。测定时将上述储备液做10倍稀释，使每毫升含有10μg三甲胺氮量，准确吸取最后稀释标准溶液1.0mL、2.0mL、3.0mL、4.0mL、5.0mL（相当于10μg、20μg、30μg、40μg、50μg三甲胺氮）置于25mL Maijel Gerson反应瓶中（见图9-4），加蒸馏水至5.0mL，并同时做空白试验，以下处理按样品操作方法测定吸光度，绘制标准曲线。

图9-3 Maijel Gerson 反应瓶

3. 仪器

1）25mL Maijel Gerson 反应瓶。

2）100mL 或 150mL 玻璃塞三角瓶。

3）100mL 量筒。

4）微量或半微量凯氏蒸馏器。

5）分光光度计。

4. 操作方法

（1）样品处理 将取得的被检样20g（视样品新鲜程度确定取样量）剪细研匀，加水70mL，移入玻璃塞三角瓶中，并加200g/L三氯乙酸10mL，振摇，沉淀蛋白质后过滤，滤液即可供测定用。

（2）测定 取上述滤液5mL（也可视样品新鲜程度确定，但必须加水补足至5mL）置于Maijel Gerson反应瓶中，加10%（体积分数）甲醛溶液1mL、甲苯10mL和1：1碳酸钾溶液3mL，立即盖塞，上下剧烈振摇60次。静置20min，吸去下面水层，加入无水硫酸钠约0.5g进行脱水，吸出5mL置于预先已置有0.2g/L苦味酸甲苯溶液5mL的试管中，用分光光度计在410nm波长下进行比色，测得其吸光度，并做空白试验。同时将上述三甲胺氮标准溶液（相当于10μg、20μg、30μg、40μg、50μg三甲胺氮）按同样方法测定，以测得的吸光度绘制标准曲线。

5. 结果计算

样品中三甲胺氮的含量为

$$X = \frac{m_s - m_0}{m \times 1000} \times \frac{V}{V_1} \times 100 \tag{9-8}$$

式中　X——试样中三甲胺氮的含量（mg/100g）；

　　　m_s——测定用样液中三甲胺氮的质量（μg）；

　　　m_0——从标准曲线上查出空白溶液中三甲胺氮的质量（μg）；

　　　V_1——测定用样液的体积（mL）；

　　　V——试样处理液的总体积（mL）；

　　　m——试样的质量（g）。

◇◇◇ 第六节　肉蛋及其制品的检验技能训练实例

● 训练1　肉中总脂肪的测定

1. 仪器及试剂

（1）仪器　绞肉机、电热恒温水浴锅、索氏抽提器、电热恒温干燥箱。

（2）试剂　30~60℃沸程石油醚、2mol/L盐酸溶液、沸石。

2. 操作步骤

取有代表性试样至少200g，置于绞肉机中使其均质化（至少绞两次）并混匀。称取绞匀试样3~5g（精确至0.001g）置于250mL锥形瓶中，加入50mL 2mol/L盐酸溶液，盖上小表面皿，于石棉网上用火加热至沸腾，继续用小火煮沸1h并不时振摇。取下，加入150mL热水，混匀，过滤。锥形瓶和小表面皿用热水洗净，一并过滤。沉淀用热水洗至中性（用蓝石蕊试纸检验），将沉淀与滤纸置于大表面皿上，连同锥形瓶和小表面皿一起于（103±2）℃干燥箱内干燥1h，冷却。将烘干的滤纸放入衬有脱脂棉的滤纸筒中，用经抽提剂润湿的脱脂棉擦净锥形瓶、小表面皿和大表面皿上遗留的脂肪，放入滤纸筒中。将滤纸筒放入索氏抽提器的抽提筒内，连接内装少量玻璃珠并已干燥至恒重的接收瓶，加入抽提剂至瓶内容积的2/3处，于水浴上加热，使抽提剂每5~6min回流一次，抽提4h。取下接收瓶，回收抽提剂，待瓶中抽提剂剩1~2mL时，在水浴上蒸干，于（103±2）℃干燥箱内干燥30min，置干燥器内冷却至室温，称量。重复以上烘干、冷却和称量过程，直至相继两次称量结果之差不超过试样质量的0.1%。用第二个内装玻璃珠、已干燥至恒重的接收瓶，用新的抽提剂继续抽提1h，增量不得超过试样质量的0.1%。同一试样进行两次测定。

3. 数据记录及处理

1）数据记录：将试验数据填入下表中。

测定次数	样品质量/g	脂肪瓶质量/g	脂肪加脂肪瓶的质量/g
1			
2			

2）按式(9-3)计算肉中总脂肪的含量。在重复性条件下，获得的两次独立测定结果的绝对差值不得超过算术平均值的 0.5%。

● 训练 2　广式腊肉中酸价的测定

1. 仪器及试剂

（1）仪器　绞肉机、碱式滴定管、250mL 锥形瓶、分析天平。

（2）试剂　0.050mol/L 氢氧化钾标准滴定溶液、中性乙醚-乙醇（2∶1）混合溶剂、10g/L 酚酞乙醇溶液。

2. 操作步骤

称取用绞肉机绞碎的样品 100g 置于 500mL 具塞锥形瓶中，加 100~200mL 石油醚（30~60℃沸程）振荡 10min 后，放置过夜，用快速滤纸过滤后，减压回收溶剂，得到油脂。

称取 3.00~5.00g 上述油脂置于锥形瓶中，加入 50mL 中性乙醚-乙醇混合液，摇动使油脂溶解，必要时可置于热水中，温热促其溶解，再冷却至室温，加入酚酞指示剂 2~3 滴，迅速用 0.050mol/L 的氢氧化钾标准滴定溶液滴定至溶液呈微红色且在 30s 内不消失为终点，记下消耗氢氧化钾溶液的体积。

3. 数据记录及处理

1）数据记录：将试验数据填入下表中。

测定次数	试样质量/g	试样中油脂的总质量/g	测定时所取油脂的质量/g	$c(KOH)/$ (mol/L)	样品滴定所耗氢氧化钾的体积/mL
1					
2					

2）按式(3-8)计算广式腊肉的酸价。在重复性条件下，获得的两次独立测定结果的绝对差值不得超过算术平均值的 10%。

● 训练 3　火腿肠中淀粉的测定

1. 仪器及试剂

（1）仪器　绞肉机。

（2）试剂　氢氧化钾-乙醇溶液、80% 乙醇溶液、10mol/L 盐酸溶液、氢氧化钠溶液、蛋白沉淀剂溶液 A 和 B、碱性铜试剂、碘化钾溶液、盐酸溶液、溴百里酚蓝指示剂、0.1mol/L 硫代硫酸钠标准溶液、10g/L 淀粉指示剂。

2. 操作步骤

称取试样 25g（精确到 0.01g），淀粉含量约 1g，放入 500mL 烧杯中，加入热氢氧化钾-乙醇溶液 300mL，用玻璃棒搅匀，盖上表面皿，在沸水浴上加热 1h，不时搅拌。然后将沉淀完全转移到漏斗上过滤，用 80% 热乙醇洗涤沉淀数次。

将滤纸钻孔，用 1.0mol/L 盐酸溶液 100mL 将沉淀完全洗入 250mL 烧杯中，盖上表面皿，在沸水浴中水解 2.5h，不时搅拌。

溶液冷却到室温，用氢氧化钠溶液中和至 pH 值约为 6，注意 pH 值不要超过 6.5。将溶液移入 200mL 容量瓶中，加入 3mL 蛋白沉淀剂溶液 A，混合后再加入 3mL 蛋白沉淀剂溶液 B，用水定容到刻度，摇匀，经不含淀粉的滤纸过滤。滤液中加入氢氧化钠溶液 1~2 滴，使之对溴百里酚蓝指示剂呈碱性。

准确取一定量滤液(V_2)稀释到一定体积(V_3)，然后从中取 25.00mL（最好含葡萄糖 40~50mg）移入碘量瓶中，加入 25.00mL 碱性铜试剂，装上冷凝管，在电炉上于 2min 内煮沸。随后改用温火继续煮沸 10min，迅速冷却到室温，取下冷凝管，加入碘化钾溶液 30mL，小心加入盐酸溶液 25.0mL，盖好盖待滴定。

用硫代硫酸钠标准溶液滴定上述溶液中释放出来的碘。当溶液变成浅黄色时，加入淀粉指示剂 1mL，继续滴定直到蓝色消失，记下消耗硫代硫酸钠标准溶液的体积。

同一试样进行两次测定并做空白试验。

3. 数据记录及处理

1）数据记录：将试验数据填入下表中。

① 标准吸收曲线。

试样液消耗硫代硫酸钠标准溶液的体积/mL	空白试验消耗硫代硫酸钠标准溶液的体积/mL	硫代硫酸钠标准溶液的深度/（mol/L）	葡萄糖含量/mg
1			
2			

② 测定。

测定次数	试样的质量/g	取原液的体积/mL	稀释后的体积/mL
1			
2			

2）按式(9-6)、式(9-7)计算火腿肠中淀粉的含量。在重复性条件下，获得两次独立测定结果的绝对差值不得超过 0.2%。

● 训练 4　肉中胆固醇的测定

1. 仪器及试剂

（1）仪器　组织捣碎机、100mL 带塞量筒、25mL 比色管。

（2）试剂　500g/L 氢氧化钾溶液、石油醚、氯仿、甲醇、50g/L 氯化钠溶液、纯氮气、胆固醇标准使用液、硫酸铁铵显色剂。

2. 操作步骤

称取样品 10g，加入 30mL 甲醇、10mL 氯仿，在组织捣碎机中捣碎 2min，再加入 20mL 氯仿，继续捣碎 1min，加 15mL 水，再捣碎 1min。用布氏漏斗过滤于 100mL 带塞量筒内，从滤纸上取下残渣，加 30mL 氯仿再捣碎 1min，过滤于同一量筒内，最后用氯仿冲洗残渣，混匀量筒中的滤液，将氮气通入滤液中约 5min。静置过夜，以待分层。次日记下氯仿体积，弃去上层甲醇水溶液，保存下层的氯仿液供测定用。

吸取 2mL 样品氯仿提取液，置于带塞的 25mL 试管内，在 65℃ 水浴中用氮气吹干(吹时用水泵在另一端抽气)，直抽到无氯仿气味为止(一般需 4~5min)。加入无水乙醇 4mL、500g/L 氢氧化钾 0.5mL，混匀后，在 65℃ 水浴中皂化 1.5h，每隔 20min 振摇试管一次。皂化完毕后，取出试管，在每管内加入 50g/L 氯化钠溶液 3mL 和石油醚 10mL，盖好玻塞，猛烈振摇 1min，静置分层。

吸取上层石油醚层 2~4mL，放入另一干燥试管内，在 65℃ 水浴中通氮气吹干。加 4mL 冰乙酸溶解残渣，加入 2mL 硫酸铁铵显色剂，混匀，30min 后用分光光度计在 560nm 波长下试色测定。按测得的吸光度，从标准曲线查得相应胆固醇的质量。

吸取胆固醇标准使用液 0.0mL、0.40mL、0.80mL、1.0mL、1.20mL 置于 25mL 带塞试管中。在各管中加入冰乙酸使总体积达 4mL，再加入 2mL 硫酸铁铵显色剂，立即摇匀，在 30~60min 内用分光光度计在 560nm 波长下测定吸光度。

3. 数据记录及处理

1) 数据记录：将试验数据填入下表中。

① 标准吸收曲线。

胆固醇标准使用溶液的体积/mL	0.00	0.40	0.80	1.00	1.20
胆固醇的含量/μg	0.0	40	80	100	120
吸光度					

② 测定。

测定次数	样品质量/g	样液的总体积/mL	测定用样液的体积/mL	吸光度
1				
2				

2) 以各标准使用液中胆固醇的质量为横坐标，测得各标准使用液的吸光度为纵坐标，绘制标准曲线。根据样品液的吸光度，从标准曲线上查出样品液中胆固醇的质量。

3) 计算肉中胆固醇的含量。在重复性条件下，获得的两次独立测定结果的绝对差值不得超过算术平均值的 10%。

● 训练 5　肉中三甲胺氮的测定

1. 仪器及试剂

(1) 仪器　25mL Maijel Gerson 反应瓶、150mL 玻璃塞三角瓶、半微量凯氏蒸馏器、分光光度计、组织捣碎机。

（2）试剂 200g/L 三氯乙酸溶液、甲苯、苦味酸甲苯溶液、1∶1 碳酸钾溶液、10%（体积分数）甲醛溶液、无水硫酸钠、10μg/mL 三甲胺氮标准使用液。

2. 操作步骤

称取捣匀的样品 20g，加水 70mL 移入玻璃塞三角瓶中，并加 200g/L 三氯乙酸 10mL，振摇，沉淀蛋白质后过滤，滤液即可供测定用。

取上述滤液 5mL 置于 Maijel Gerson 反应瓶中，加 10%（体积分数）甲醛溶液 1mL、甲苯 10mL 和 1∶1 碳酸钾溶液 3mL，立即盖塞，上下剧烈振摇 60 次。静置 20min，吸去下面水层，加入无水硫酸钠约 0.5g 进行脱水，吸出 5mL 置于预先已置有 0.2g/L 苦味酸甲苯溶液 5mL 的试管中，用分光光度计在 410nm 波长下进行比色，测得其吸光度，并做空白试验。同时将三甲胺氮标准使用溶液 1.00mL、2.00mL、3.00mL、4.00mL、5.00mL（相当于 10μg、20μg、30μg、40μg、50μg）按同样方法进行测定。

3. 数据记录及处理

1）数据记录：将试验数据填入下表中。

① 标准吸收曲线。

三甲胺氮标准使用溶液的体积/mL	0.00	1.00	2.00	3.00	4.00	5.00
三甲胺氮的含量/μg	0.0	10	20	30	40	50
吸光度						

② 测定。

测定次数	样品质量/g	样液的总体积/mL	测定用样液的体积/mL	样液吸光度	空白液吸光度
1					
2					

2）以各标准使用液中三甲胺氮的质量为横坐标，测得各标准使用液的吸光度为纵坐标，绘制标准曲线。根据样液的吸光度，从标准曲线上查出样液中三甲胺氮的质量。

3）按式（9-9）计算肉中三甲胺氮的含量。在重复性条件下，获得的两次独立测定结果的绝对差值不得超过算术平均值的 10%。

$$X = \frac{m_s - m_0}{m} \times \frac{V}{V_1} \tag{9-9}$$

式中 X——样品中三甲胺氮的含量（mg/kg）；

m_s——从标准曲线中查出的相当于三甲胺氮的质量（μg）；

m_0——从标准曲线上查出空白溶液中三甲胺氮的质量（μg）；

m——样品质量（g）；

V——样品处理液的总体积(mL);

V_1——测定时所取样品溶液的体积(mL)。

复习思考题

1. 试述蛋白质测定中，样品消化过程所必须注意的事项。

2. 用钼蓝比色法测定磷酸盐的原理是什么？样品处理中为什么要进行灰化？

3. 简述氯仿-甲醇法的测定原理及测定方法。

4. 简述肉蛋及其制品酸价、过氧化值的测定原理。

5. 简述亚硝酸盐的测定方法、原理及样品处理时试剂的作用。

6. 简述肉蛋及其制品中人工合成色素的测定原理及方法。

7. 简述肉蛋及其制品中挥发性盐基氮的测定原理及方法。

8. 简述肉蛋及其制品中复合磷酸盐的测定原理及方法。

9. 简述肉蛋及其制品中组胺的测定原理及方法。

10. 简述肉蛋及其制品中氯化钠的测定原理及方法。

11. 简述肉蛋及其制品中胆固醇的测定原理及方法。

12. 细菌总数检验的方法和步骤有哪些？

13. 大肠菌群的检验程序分哪几步进行？

第 十 章

调味品、酱腌制品的检验

培训学习目标 熟练掌握分析天平、电热干燥箱、恒温水浴箱、分光光度计、pH 计、干燥器的正确使用方法；熟练掌握调味品、酱腌制品中氨基态氮、食盐、亚硝酸盐、总酸、铵盐、亚铁氰化钾、乙酸、不挥发酸、谷氨酸钠、硫酸盐及透光率的测定原理、方法及操作要点；掌握测定细菌总数、大肠菌群及霉菌的方法和检测技能。

调味品、酱腌制品中氨基态氮的测定方法见第五章第二节；调味品、酱腌制品中食盐的测定方法见第八章第四节；调味品及酱腌制品中亚硝酸盐的测定方法见第八章第一节。

◇◇◇ 第一节 调味品、酱腌制品中细菌总数、大肠菌群、霉菌的测定

调味品常因原料的污染及加工制作、运输中不注意卫生而污染上微生物。

一、样品的采集和处理

1. 采样的要求

1）在食品检验中，所采集的样品必须有代表性，因食品的加工批次、原料情况、加工方法、运输条件、保藏条件、销售中的各个坏节及销售人员的责任心和卫生认识水平等对食品卫生质量有着很大影响。

2）采样必须在无菌条件下进行；采样用具如探子、铲子、匙、采样器、试管、容器等，必须是无菌的。

3）样品种类可分为大样、中样、小样三种。大样是指一整批；中样是从样品各部分取得的混合样品，一般为 200g；小样是指做分样用的样品，称为检样，一般以 25g 为准。

4）根据样品种类（如袋、瓶和罐装），应取完整、未开封的样品。如果样品很大，则需用无菌采样器采取有代表性的样品。冷冻食品应保持冷冻状态；非冷冻食品需保持在 0~5℃下保存，样品不得加入任何防腐剂。

5）采样后应立即贴上标签，标记清楚样品名称、来源、数量、采样地点、采样人

及采样时间。

2. 样品的采集与送检

1）瓶装酱油或食醋采取原包装；散装样品可用已灭菌吸量管采取。

2）酱类：用已灭菌勺子采取，放入无菌磨口瓶内送检。

原包装酱油、食醋或酱类采取一瓶；散装者采取 500mL(g)。

3. 检样的处理

1）瓶装酱油和食醋用点燃的酒精棉球烧灼瓶口灭菌，用苯酚纱布盖好，再用已灭菌的开瓶器启开后进行检验。

2）酱类在无菌条件下称取 25g，放入已灭菌的容器内，加入 225mL 无菌蒸馏水，吸取酱油 25mL，加入灭菌蒸馏水 225mL，制成 1∶10 混悬液。

3）食醋用 200~300g/L 灭菌碳酸钠溶液调整至中性，进行检验。

二、调味品、酱腌制品中细菌总数的测定

测定方法见第三章第四节细菌总数的测定。

三、调味品、酱腌制品中大肠菌群的测定

测定方法见第三章第四节大肠菌群的测定。

四、调味品、酱腌制品中霉菌的测定

测定方法见第三章第五节霉菌的测定。

◈◈◈ 第二节　调味品、酱腌制品中总酸的测定

酱油中的总酸包括乳酸、乙酸及琥珀酸等各种有机酸，测定它的含量一般用中和法，以碱标准溶液滴定，并以乳酸来表示其含量。也可用 pH 计(或精密试纸 pH 值 = 3.8~5.4)测定，以 pH 值来表示。一般酱油要求 pH 值 = 4.6~4.8，若 pH 值低于 4.6，舌觉就易反映出酱油带有酸味。

1. 测定原理

样品溶液中的酸在用碱标准溶液滴定时被中和生成盐类，以酚酞作指示剂，pH 值 = 8.2 时为游离酸中和的终点。用氢氧化钠溶液滴定时的反应式如下：

$$CH_3CHOHCOOH + NaOH =\!=\!= CH_3CHOHCOONa + H_2O$$

2. 试剂

1）0.05mol/L 氢氧化钠标准溶液。

2）10g/L 酚酞乙醇溶液。

3）10%(体积分数)稀释液：准确吸取半成品酱油试样 10mL，置于 100mL 容量瓶中，加蒸馏水定容至刻度，摇匀，即成 10%(体积分数)稀释液。

3. 仪器及用具

1）25mL 滴定管或 10mL 微量滴定管。

2）100mL 容量瓶。

3）10mL 移液管。

4）250mL 锥形瓶。

5）pH 计（附磁力搅拌器）。

6）100mL 烧杯。

4. 操作方法

（1）pH 计法 准确吸取 10%（体积分数）样品稀释液 10mL，置于 100mL 烧杯中，加蒸馏水 60mL，开动磁力搅拌器，用 0.05mol/L 氢氧化钠标准溶液滴定至 pH 值 = 8.20，记下耗用氢氧化钠标准溶液的体积。同时做空白试验。

（2）指示剂法 分别准确吸取 10%（体积分数）稀释液 10mL（若酱油色素太浓，可减少用量），各置于两个 250mL 锥形瓶中，各加酚酞指示剂 2 滴、蒸馏水 50mL，然后用 0.05mol/L 氢氧化钠标准溶液滴定至刚显微红色，在 30s 内不褪色为终点，记下耗用氢氧化钠的体积。同时做空白试验。

5. 结果计算

样品中总酸的含量为

$$X = \frac{c(V-V_0) \times 0.09}{\frac{10}{100} \times 10} \times 100 \qquad (10\text{-}1)$$

式中 X——样品中总酸的含量（以乳酸计）（g/100mL）；

V——测定样品耗用氢氧化钠标准溶液的体积（mL）；

V_0——空白试验耗用氢氧化钠标准溶液的体积（mL）；

c——氢氧化钠标准溶液的浓度（mol/L）；

0.09——与 1.00mL 1mol/L 氢氧化钠标准溶液相当的以克表示的乳酸的质量（g/mmol）。

计算结果保留三位有效数字。

6. 精密度

在重复性条件下获得的两次独立测定结果的绝对差值不得超过算术平均值的 10%。

◇◇◇ 第三节 调味品、酱腌制品中铵盐的测定

1. 测定原理

铵盐在弱碱性溶液中加热蒸馏，使氨游离蒸出，被硼酸溶液吸收，然后用盐酸标准溶液滴定，计算出铵盐的含量。

2. 试剂

1）氧化镁。

2）20g/L 硼酸溶液。

3）混合指示剂：1g/L 甲基红乙醇溶液 1mL 与 1g/L 溴甲酚绿乙醇溶液 5mL 相混合。

4）0.10mol/L 盐酸标准溶液。

3. 仪器

冷凝蒸馏装置。

4. 操作方法

准确称取酱油或酱类 2.0g，置于 500mL 蒸馏瓶中，加水约 150mL，氧化镁约 1g。接好蒸馏装置，并使冷凝管尖端插入接收瓶内的液面以下，瓶内预先放有 20g/L 硼酸溶液 10mL 及混合指示剂 3 滴，加热蒸馏。

收集馏出溶液约 150mL，用少量水洗涤冷凝管尖端，停止蒸馏，用 0.1mol/L 盐酸标准溶液滴定至灰红色为止。记录消耗盐酸标准溶液的体积。同时做空白试验。

5. 结果计算

样品中铵盐的质量分数为

$$w(铵盐) = \frac{(V_1 - V_2)c \times 0.017}{m} \times 100\% \qquad (10\text{-}2)$$

式中　$w(铵盐)$——样品中铵盐（以氨计）的质量分数；

$\quad\quad V_1$——滴定样液消耗盐酸标准溶液的体积（mL）；

$\quad\quad V_2$——滴定空白消耗盐酸标准溶液的体积（mL）；

$\quad\quad c$——盐酸标准溶液的浓度（mol/L）；

$\quad\quad m$——样品质量（g）；

$\quad\quad 0.017$——与 1mL 盐酸标准溶液（1mol/L）相当的氨的质量（g/mmol）。

计算结果保留两位有效数字。

6. 精密度

在重复性条件下获得的两次独立测定结果的绝对差值不得超过算术平均值的 10%。

◇◇◇◇ 第四节　调味品、酱腌制品中亚铁氰化钾的测定

1. 测定原理

在酸性介质中，用硫酸锌标准滴定溶液滴定，以六氰合铁酸三钾和二苯胺作混合指示剂指示终点。

2. 试剂和材料

1）硫酸溶液：1+8。

2）六氰合铁酸三钾溶液：10g/L（现用现配）。

3）氨-氯化铵缓冲溶液：pH 值≈10。

4）乙二胺四乙酸二钠（EDTA-2Na）标准滴定溶液：$c(EDTA-2Na)=0.03mol/L$。

5）硫酸锌标准滴定溶液：$c(ZnSO_4)=0.03mol/L$。

配制和标定：称取 9.0g 七水合硫酸锌，溶于 1000mL 水中，摇匀。移取 30.00～35.00mL 配制好的硫酸锌溶液，置于 250mL 锥形瓶中，加 70mL 水、10mL 氨-氯化铵缓冲溶液，加 5 滴铬黑 T 指示液，用乙二胺四乙酸二钠（EDTA-2Na）标准滴定溶液滴定至溶液由紫色变为纯蓝色。同时做空白试验。

空白试验：量取 100～105mL 水，置于 250mL 锥形瓶中，加 10mL 氨-氯化铵缓冲溶液，从"加 5 滴铬黑 T 指示液"开始与标定同时同样操作。

硫酸锌（$ZnSO_4$）标准滴定溶液的深度 c 按式（10-3）计算：

$$c=\frac{(V_1-V_0)c_1}{V} \tag{10-3}$$

式中　V_1——滴定硫酸锌溶液消耗的乙二胺四乙酸二钠（EDTA-2Na）标准滴定溶液的体积（mL）；

　　　V_0——滴定空白溶液消耗的乙二胺四乙酸二钠（EDTA-2Na）标准滴定溶液的体积（mL）；

　　　c_1——乙二胺四乙酸二钠（EDTA-2Na）标准滴定溶液的浓度（mol/L）；

　　　V——移取硫酸锌溶液的体积（mL）。

6）铬黑 T 指示液：5g/L。

7）二苯胺指示液：10g/L。将 1g 二苯胺溶于 100mL 浓硫酸中。

3. 操作方法

称取约 5g 试样，精确至 0.0002g，置于 500mL 容量瓶中，加水溶解并稀释至刻度，摇匀。此溶液为试验溶液。

移取 25.00mL 试验溶液，置于 500mL 锥形瓶中，加 20mL 硫酸溶液，3～5 滴二苯胺指示液，3～5 滴六氰合铁酸三钾溶液，加水至 100mL，在剧烈搅拌下，用硫酸锌标准滴定溶液滴定至溶液由黄绿色变为紫蓝色为终点。

4. 结果计算

亚铁氰化钾以亚铁氰化钾 $[2/3K_4Fe(CN)_6\cdot3H_2O]$ 的质量分数 w_1 计，数值以百分数表示，按式（10-4）计算：

$$w_1=\frac{VcM}{m\times(25/500)\times1000}\times100\% \tag{10-4}$$

式中　V——滴定消耗的硫酸锌标准滴定溶液的体积（mL）；

　　　c——硫酸锌标准滴定溶液的浓度（mol/L）；

　　　m——试样的质量（g）；

　　　M——亚铁氰化钾 $[2/3K_4Fe(CN)_6\cdot3H_2O]$ 的摩尔质量（g/mol）（$M=281.6g/mol$）。

取平行测定结果的算术平均值为测定结果，两次平行测定结果的绝对差值不大于 0.3%。

◆◆◆第五节　调味品、酱腌制品中乙酸、不挥发酸的测定

一、调味品、酱腌制品中乙酸的测定

测定方法见第五章第三节中挥发酸的测定。

二、调味品、酱腌制品中不挥发酸的测定

1. pH 计法

（1）测定原理　样品经加热蒸馏，除去其中的挥发酸，然后用氢氧化钠标准溶液滴定残留液，直接测得不挥发酸（以乳酸计，pH 计法）。亦可通过收集滴定挥发酸，间接求得不挥发酸（滴定法）。

（2）仪器及用具

1）pH 计（附磁力搅拌器）。

2）单沸式蒸馏装置（见图 10-1）。

3）25mL 碱式滴定管。

4）250mL 锥形瓶。

5）200mL 烧杯。

6）10mL 吸量管。

7）500W 电炉。

（3）试剂

1）中性蒸馏水：将蒸馏水煮沸 15min 后，密塞，冷却备用。

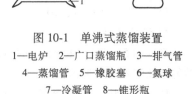

图 10-1　单沸式蒸馏装置

1—电炉　2—广口蒸馏瓶　3—排气管
4—蒸馏管　5—橡胶塞　6—氮球
7—冷凝管　8—锥形瓶

2）0.10mol/L 氢氧化钠标准溶液。

（4）操作方法　将样品摇匀后，从中准确吸取 2.00mL 放入蒸馏管中，加入中性蒸馏水 8mL 后摇匀，然后将蒸馏管插入装有中性蒸馏水（其液面应高于蒸馏液液面而低于排气口）的蒸馏瓶中，连接蒸馏器和冷凝器，并将冷凝器下端的导管插入 250mL 锥形瓶内的 10mL 中性蒸馏水中。

操作时，先打开排气口，待加热至烧瓶中的水沸腾 2min 后，关闭排气口进行蒸馏。在蒸馏过程中，当蒸馏管内产生大量泡沫影响测定时，可重新取样，加一滴精制植物油或单宁再蒸馏。待馏出液达 180mL 时，先打开排气口，然后切断电源，以防蒸馏瓶造成真空。然后，将残余的蒸馏液倒入 200mL 烧杯中，用中性蒸馏水反复冲洗蒸馏管及管上的进气孔，将洗液一并倒入烧杯，再补加中性蒸馏水至烧杯中溶液总量约为 120mL。开动磁力搅拌器，用 0.1mol/L 氢氧化钠标准溶液滴定至 pH 计指示 pH 值＝8.20，记录耗用氢氧化钠标准溶液的体积。同时做空白试验。

（5）结果计算　样品中不挥发酸的含量为

$$X_2 = \frac{(V-V_0)c \times 0.09}{V_1} \times 100 \quad\quad (10\text{-}5)$$

式中 X_2——样品中不挥发酸的含量（以乳酸计）（g/100mL）；

   V——滴定残留样品耗用氢氧化钠标准溶液的体积（mL）；

   V_0——空白试验耗用氢氧化钠标准溶液的体积（mL）；

   V_1——样品体积（mL）；

   c——氢氧化钠标准溶液的浓度（mol/L）；

   0.09——与1.00mL 1.000mol/L氢氧化钠标准溶液相当的以克表示的乳酸的质量（g/mmol）。

2. 指示剂滴定法

（1）测定原理　同pH计法。

（2）仪器及用具　同pH计法（除pH计外）。

（3）试剂

1）10g/L酚酞乙醇溶液。

2）0.10mol/L氢氧化钠标准溶液。

3）中性蒸馏水。

（4）操作方法　挥发酸的测定操作同上述的pH计法。

待馏出液达180mL时，打开排气口，切断电源后，用少量中性蒸馏水冲洗冷凝器，将洗液一并倒入接收瓶内，加酚酞指示液2滴，用0.10mol/L氢氧化钠标准液滴定至刚显微红色，30s内不褪色为终点。记录耗用氢氧化钠标准溶液的体积。同时做空白试验。

（5）结果计算　样品中不挥发酸的含量为

$$X_3 = \frac{(V-V_0)c \times 0.06}{2} \times 100 \quad\quad (10\text{-}6)$$

$$X_2 = (X_1 - X_3) \times 1.5 \quad\quad (10\text{-}7)$$

式中 X_1——样品中总酸的含量（以乙酸计）（g/100mL）；

   X_2——样品中不挥发酸的含量（以乳酸计）（g/100mL）；

   X_3——样品中挥发酸的含量（以乙酸计）（g/100mL）；

   V——滴定样品耗用氢氧化钠标准溶液的体积（mL）；

   V_0——滴定空白试液耗用氢氧化钠标准溶液的体积（mL）；

   c——氢氧化钠标准溶液的浓度（mol/L）；

   0.06——与1.00mL1.000mol/L氢氧化钠标准溶液相当的以克表示的乙酸的质量（g/mmol）；

   1.5——乙酸折算为乳酸的折算系数。

（6）说明及注意事项

1）蒸馏时，应首先打开排气口，待烧瓶中的水加热沸腾2min，排除冷空气，保持蒸馏装置稳定后，关闭排气口进行蒸馏。

2）蒸馏结束时，也应先打开排气口，然后关闭热源，以防止蒸馏瓶造成真空，致使溶液倒吸。

3）食醋样品蒸馏时间一般为 20min 左右，收集蒸出液约 180mL，应不少于 150mL 或不多于 200mL。

4）因挥发酸在蒸馏收集时可能存在的损失，以及指示剂滴定法也存在误差，仲裁检验应以 pH 计法为准。

◇◇◇ 第六节　调味品、酱腌制品中谷氨酸钠的测定

一、旋光法

1. 测定原理

具有不对称碳原子的有机化合物均有旋光性，当通过偏振光时，能使偏振面旋转，其旋转程度以角度表示。谷氨酸含有不对称碳原子，具有旋光性，可用旋光仪测定其旋光度，从而求得谷氨酸钠的含量。

2. 试剂

浓盐酸。

3. 仪器

分度值为 0.01° 的旋光仪，光源为钠光（波长 589nm）。

4. 操作方法

准确称取样品 10.0g，加入 40~50mL 水中溶解，然后在搅拌下加入 16mL 浓盐酸，冷却后调节液温至 20℃，定容至 100mL。

开启旋光仪，待稳定后校正零点。用样液洗涤 2dm 旋光管内壁 2~3 次，然后用样液注满旋光管，置于旋光仪中测定旋光度，记下观测温度。

5. 结果计算

1）当温度为 20℃ 时，谷氨酸钠的质量分数直接按式（10-8）计算，即

$$w（谷氨酸钠）=\frac{d_t \times 50 \times 187.13}{5 \times 2 \times 32 \times 147.13} \times 100\% \tag{10-8}$$

式中　w（谷氨酸钠）——样品中谷氨酸钠的质量分数（含 1 分子结晶水）；

$\quad\quad\quad d_t$——20℃ 时观察所得的旋光度（°）；

$\quad\quad\quad$ 32——纯谷氨酸 20℃ 时的比旋光度（°）；

$\quad\quad$ 187.13——谷氨酸钠含 1 分子结晶水的相对分子质量；

$\quad\quad$ 147.13——谷氨酸的相对分子质量；

$\quad\quad\quad\quad$ 2——旋光管长度（dm）。

2）如温度不在 20℃ 时，测定必须加以校正，谷氨酸文献值为 0.06。

t℃ 时纯谷氨酸的比旋光度按式（10-9）计算，即

$$d_t = [32+0.06(20-t)] \times \frac{147.13}{187.13} = 25.16+0.047(20-t) \tag{10-9}$$

谷氨酸钠质量分数的计算公式为

$$w（谷氨酸钠）=\frac{d_t×50×187.13}{5×2×[25.16+0.047(20-t)]×147.13}×100\% \qquad (10-10)$$

式中　$w（谷氨酸钠）$——样品中谷氨酸钠的质量分数（含 1 分子结晶水）；

$\qquad\qquad d_t$——$t℃$ 时观察所得的旋光度（°）；

$\qquad\qquad t$——测定时的温度（℃）。

二、甲醛滴定法

1. 测定原理

同第五章第二节氨基态氮的测定。

2. 试剂

同第五章第二节氨基态氮的测定。

3. 操作方法

准确称取样品 0.50g，置于烧杯中，加蒸馏水 60mL，开动磁力搅拌器，用 0.05mol/L 氢氧化钠标准溶液滴定至 pH 值 = 8.20 时加入甲醛 10mL，开动磁力搅拌器，混匀，再用 0.05mol/L 氢氧化钠标准溶液滴定至 pH 值 = 9.20，记下加入甲醛后消耗 0.05mol/L 氢氧化钠标准溶液的体积，平行测定两次。同时做试剂空白试验。

4. 结果计算

样品中谷氨酸钠的质量分数为

$$w（谷氨酸钠）=\frac{c(V-V_0)M}{m}×100\% \qquad (10-11)$$

式中　c——氢氧化钠标准溶液的浓度（mol/L）；

$\qquad V$——加入甲醛后样品液消耗氢氧化钠标准溶液的体积（mL）；

$\qquad V_0$——加入甲醛后空白试验消耗氢氧化钠标准溶液的体积（mL）；

$\qquad m$——样品质量（g）；

$\qquad M$——谷氨酸钠的毫摩尔质量（g/mmol），无结晶水时为 0.169，具有 1 分子结晶 水时为 0.187。

◇◇◇ 第七节　调味品、酱腌制品中硫酸盐的测定

一、铬酸比色法

1. 测定原理

样液中的硫酸盐在盐酸中与铬酸钡生成硫酸钡沉淀，样液被中和后，多余的铬酸钡和生成的硫酸钡呈沉淀状态，可以过滤除去。滤液中含有硫酸根所取代出的铬酸根离子，可以比色测定求出硫酸盐的量。

2. 试剂

1）铬酸钡悬浮液：称取 19.44g 铬酸钾和 24.44g 氯化钡，分别溶于 1000mL 水中，加热

至沸腾后，将两液倾入3000mL烧杯内，生成黄色铬酸钡沉淀。待沉淀下沉后，倾出上层液体，用水1000mL冲洗沉淀5次左右，最终加水至1000mL，呈悬浮液。于每次使用前混匀。

2）盐酸（1+4）。

3）氨水（1+2）。

4）硫酸盐标准溶液：准确称取1.4787g经干燥的无水硫酸钠，溶于水中，移入1000mL容量瓶中，加水至刻度，此溶液为每毫升相当于1mg硫酸根（SO_4^{2-}）的标准溶液。

3. 仪器

分光光度计。

4. 操作方法

（1）样品处理　称取样品20.00g，置于500mL烧杯中，加约200mL水，置沸水浴上加热，时刻用玻璃棒搅拌，使样品全部溶解。将样液通过恒量滤纸过滤于500mL容量瓶内，用热水反复冲洗沉淀及滤纸，直至用50g/L硝酸银溶液检查无混浊为止，将洗液并入瓶内，冷却，加水至刻度。

（2）测定　取上述处理液10~20mL置于150mL锥形瓶中，加水至500mL。准确吸取上述硫酸盐标准溶液0.0mL、0.50mL、1.0mL、3.0mL、5.0mL和7.0mL，置于150mL锥形瓶中，各加水至50mL。于每瓶中加入3~5粒玻璃珠（以防爆沸）及1mL盐酸（1+4），加热煮沸5min。再各加入2.5mL铬酸钡悬浮液，再煮沸5min左右，使铬酸钡和硫酸盐生成硫酸钡沉淀。取下锥形瓶放冷，于每瓶内逐滴加入氨水（1+2），中和至溶液呈柠檬黄色为止。将溶液过滤于50mL比色管中，用水洗涤三次，收集滤液于比色管中，用水稀释至刻度。用1cm的比色皿以零管调节零点，于波长420mm处，测吸光度，绘制标准曲线。

5. 计算结果

$$X = \frac{m_1}{m_2 \times \frac{V}{500} \times 1000} \times 100 \tag{10-12}$$

式中　X——样品中硫酸盐（以SO_4^{2-}计）的含量（g/100g）；

V——测定时试样稀释液的体积（mL）；

m_1——测定用试样相当于硫酸盐的标准量（mg）；

m_2——试样质量（g）。

计算结果保留两位有效数字。

6. 精密度

在重复性条件下获得的两次独立测定结果的绝对差值不得超过算术平均值的10%。

二、硫酸钡质量法

1. 测定原理

硫酸盐与氯化钡在强酸性溶液中生成白色硫酸钡沉淀，灼烧至恒重后，根据质量计算硫酸盐含量。反应式如下：

$$Na_2SO_4 + BaCl_2 = BaSO_4 \downarrow + 2NaCl$$

2. 试剂

1）100g/L 氯化钡溶液。

2）1∶1 盐酸溶液。

3）100g/L 硝酸银溶液。

3. 操作方法

称取样品 20.0g，置于锥形瓶内，加水 200mL，煮沸 10min。将样液过滤于 500mL 容量瓶内，用热水洗涤滤纸，直至用 100g/L 硝酸银溶液检查无混浊为止，将洗液并入瓶内，冷却，加水至刻度。取此液 250mL 置于烧杯内，加 1∶1 盐酸溶液呈酸性，加热煮沸，缓缓加入 100g/L 氯化钡溶液并不断搅拌，在水浴上继续加热 15~30min，静置。用定量滤纸过滤，再用热水洗涤烧杯，洗液过滤，用热水洗滤纸及沉淀，直至滤液用硝酸银溶液检查不显白色混浊为止。将滤纸与沉淀置于已知质量的坩埚中，小火加热至无烟，移入高温炉内高温灼烧至呈白色或微灰白色灰分为止。取出冷却，称至恒重。

4. 结果计算

样品中硫酸盐的质量分数为

$$w（硫酸盐）= \frac{(m_1 - m_2) \times 0.4114}{m \times \dfrac{250}{500}} \times 100\% \qquad (10\text{-}13)$$

式中　w（硫酸盐）——样品中硫酸盐（以 SO_4^{2-} 计）的质量分数；

$\qquad m_1$——坩埚加残渣的质量（g）；

$\qquad m_2$——坩埚的质量（g）；

$\qquad m$——样品的质量（g）；

$\qquad 0.4114$——1g 硫酸钡相当于硫酸盐的克数。

◇◇◇ 第八节　调味品、酱腌制品透光率的测定

1. 测定原理

有色溶液能吸收光线，使通过的光线强度减弱，其减弱程度与颜色深度成正比，透过的光线通过光电池变成电能，在电流计上读出，用以表示光线透过的程度。

2. 仪器

分光光度计。

3. 操作方法

称取 15.0g 样品，用水定容至 50mL 容量瓶中，摇匀后置于 1cm 比色皿中，用分光光度计于波长 420nm 处测定透光率，以水作对照，调节透光率为 100，记下透光率。

◇◇◇ 第九节　调味品、酱腌制品的检验技能训练实例

● 训练1　酱油中氨基态氮的测定

1. 仪器及试剂

（1）仪器　pH计（附磁力搅拌器）、25mL碱式滴定管、10mL吸量管、100mL烧杯、100mL容量瓶。

（2）试剂　磷酸盐（标准物质）缓冲液pH值=6.88、硼砂（标准物质）缓冲液pH值=9.22、甲醛（体积分数为36%~38%）、0.0500mol/L氢氧化钠标准溶液。

2. 操作步骤

吸取酱油5mL置于100mL容量瓶中，加水定容至刻度。吸取稀释液20mL置于100mL烧杯中，加蒸馏水60mL，开动磁力搅拌器，用0.05mol/L氢氧化标准溶液滴定至pH值=8.20时加入甲醛10mL，开动磁力搅拌器，混匀，再用0.05mol/L氢氧化钠标准溶液滴定至pH值=9.20，记下加入甲醛后消耗0.05mol/L氢氧化钠标准溶液的体积，平行测定两次。同时做试剂空白试验。

3. 数据记录及处理

1）数据记录：将试验数据填入下表中。

测定次数	$c(\text{NaOH})/$ (mol/L)	加甲醛后所耗NaOH 标准溶液的体积/mL	空白试验所耗NaOH 标准溶液的体积/mL
1			
2			

2）按式（10-14）计算酱油中氨基态氮（g/100mL）的含量，即

$$\text{氨基态氮} = \frac{(V-V_0)c \times 0.014 \times 100}{5 \times 20} \times 100 \qquad (10\text{-}14)$$

式中　V——加入甲醛后酱油稀释液消耗氢氧化钠标准溶液的体积（mL）；

$\quad\quad V_0$——加入甲醛后空白试验消耗氢氧化钠标准溶液的体积（mL）；

$\quad\quad c$——氢氧化钠标准溶液的浓度（mol/L）；

0.014——氮的毫摩尔质量（g/mmol）。

3）在重复性条件下，获得的两次独立测定结果的绝对差值不得超过算术平均值的10%。

● 训练2　酱油中食盐的测定

1. 仪器及试剂

（1）仪器　10mL微量滴定管、150~200mL瓷蒸发皿。

（2）试剂　0.1mol/L $AgNO_3$标准溶液、50g/L铬酸钾指示剂。

2. 操作步骤

吸取酱油试样5mL，置于100mL容量瓶中，加水至刻度，混匀。吸取此试样稀释液2mL置于洗净的瓷蒸发皿中，加100mL水及1mL 50g/L铬酸钾指示剂，并用玻璃棒不断搅拌，用0.1mol/L硝酸银标准溶液滴定至刚显砖红色。量取100mL水以同样方法做试剂空白试验。

3. 数据记录及处理

1) 数据记录：将试验数据填入下表中。

测定次数	样品体积/mL	样品稀释液的总体积/mL	测定取样品稀释液的体积/mL	$c(AgNO_3)/$(mol/L)	样品滴定所耗AgNO₃标准溶液的体积/mL	空白滴定所耗AgNO₃标准溶液的体积/mL
1						
2						

2) 按式(8-6)计算酱油中食盐的含量。在重复性条件下，获得的两次独立测定结果的绝对差值不得超过算术平均值的10%。

● 训练3 腌菜中亚硝酸盐的测定

1. 仪器及试剂

（1）仪器 组织捣碎机、分光光度计、50mL比色管。

（2）试剂 氢氧化铝乳液、果蔬提取剂、4g/L对氨基苯磺酸溶液、2g/L盐酸萘乙二胺溶液、5μg/mL亚硝酸钠标准使用液。

2. 操作步骤

称取适量样品用组织捣碎机捣碎，取适量匀浆置于500mL容量瓶中，加100mL水，加果蔬提取剂100mL，振摇提取1h，加2.5mol/L氢氧化钠40mL，用重蒸馏水定容后立即过滤。取60mL滤液置于100mL容量瓶中，加氢氧化铝乳液至刻度，用滤纸过滤，滤液应无色透明。

吸取40mL上述滤液置于50mL比色管中，另吸取0.00mL、0.20mL、0.40mL、0.60mL、0.80mL、1.00mL、1.50mL、2.00mL亚硝酸钠标准使用液（相当于0μg、1μg、2μg、3μg、4μg、5μg、7.5μg、10μg亚硝酸钠），分别置于50mL比色管中。于标准管与样品管中分别加入2mL 4g/L对氨基苯磺酸溶液，混匀，静置3~5min后各加入1mL 2g/L盐酸萘乙二胺溶液，加水至刻度，混匀，静置15min，用2cm比色皿，以零管调节零点，于波长538nm处测吸光度。

3. 数据记录及处理

1) 数据记录：将试验数据填入下表中。

① 标准吸收曲线。

NaNO₂标准使用液的体积/mL	0.00	0.20	0.40	0.60	0.80	1.00	1.50	2.00
NaNO₂含量/μg	0.0	1	2	3	4	5	7.5	10
吸光度								

② 测定。

测定次数	样品质量/g	样液总体积/mL	测定用样液体积/mL	吸 光 度
1				
2				

2）以各标准液中的亚硝酸钠含量为横坐标，测得各标准液的吸光度为纵坐标，绘制标准曲线。根据样品液的吸光度，从标准曲线上查出样品液中亚硝酸钠的含量。

3）按式(8-1)计算腌菜中亚硝酸盐的含量。在重复性条件下，获得的两次独立测定结果的绝对差值不得超过算术平均值的10%。

● 训练4 食醋中铵盐的测定

1. 仪器及试剂

（1）仪器 一般冷凝蒸馏装置。

（2）试剂 氧化镁、20g/L硼酸溶液、1g/L甲基红乙醇溶液1mL与1g/L溴甲酚绿乙醇溶液5mL的混合指示剂、0.1mol/L盐酸标准溶液。

2. 操作步骤

准确吸取食醋2mL，置于500mL蒸馏瓶中，加水约150mL、氧化镁约1g。接好蒸馏装置，并使冷凝管尖端插入接收瓶内的液面以下，瓶内预先放有20g/L硼酸溶液10mL及混合指示剂3滴，加热蒸馏。收集馏出溶液约150mL，用少量水洗涤冷凝管尖端，停止蒸馏，用0.1mol/L盐酸标准溶液滴定至灰红色为止。记录消耗0.1mol/L盐酸标准溶液的体积。

3. 数据记录及处理

1）数据记录：将试验数据填入下表中。

测定次数	样品体积/mL	$c(HCl)$/（mol/L）	样品滴定所耗HCl标准溶液的体积/mL	空白滴定所耗HCl标准溶液的体积/mL
1				
2				

2）按式(10-2)计算食醋中铵盐的含量。在重复性条件下，获得的两次独立测定结果的绝对差值不得超过算术平均值的10%。

● 训练5 食盐中亚铁氰化钾的测定

1. 仪器及试剂

（1）仪器 分析天平、500mL容量瓶、20mL及25mL移液管、500mL锥形瓶、10mL吸量管、50mL滴定管。

（2）试剂 （1+8）硫酸溶液、10g/L六氰合铁酸三钾溶液、pH值≈10的氨-氯化铵缓冲溶液、0.03mol/L乙二胺四乙酸二钠标准滴定溶液、0.03mol/L硫酸锌标准滴定溶液、5g/L 铬黑 T 指示液、10g/L 二苯胺指示液。

2. 操作步骤

称取约 5g 试样，精确至 0.0002g，置于 500mL 容量瓶中，加水溶解并稀释至刻度，摇匀。此溶液为试验溶液。

移取 25.00mL 试验溶液，置于 500mL 锥形瓶中，加 20mL 硫酸溶液，3~5 滴二苯胺指示液，3~5 滴六氰合铁酸三钾溶液，加水至 100mL，在剧烈搅拌下，用硫酸锌标准滴定溶液滴定至溶液由黄绿色变为紫蓝色为终点。

3. 数据记录及处理

1）数据记录：将试验数据填入下表中。

测定次数	试样的质量/g	$c(ZnSO_4)/(mol/L)$	滴定消耗的硫酸锌标准滴定溶液的体积/mL
1			
2			

2）按式（10-4）计算亚铁氰化钾的含量。

3）取平行测定结果的算术平均值为测定结果，两次平行测定结果的绝对差值不大于 0.3%。

● 训练 6   食盐中硫酸盐的测定

1. 仪器及试剂

（1）仪器   分光光度计。

（2）试剂   铬酸钡悬浮液、盐酸（1+4）、氨水（1+2）、硫酸盐标准溶液（1mg/mL）。

2. 操作步骤

（1）样品处理   称取食盐 20.00g，置于 500mL 烧杯中，加约 200mL 水，置沸水浴上加热，时刻用玻璃棒搅拌，使食盐全部溶解。将样液通过恒量滤纸过滤于 500mL 容量瓶内，用热水反复冲洗沉淀及滤纸，直至用 50g/L 硝酸银溶液检查无混浊为止，将洗液并入瓶内，冷却，加水至刻度。

（2）测定   取上述处理液 10~20mL 置于 150mL 锥形瓶中，加水至 50mL。准确吸取上述硫酸盐标准溶液 0.00mL、0.50mL、1.00mL、3.00mL、5.00mL 和 7.00mL，置于 150mL 锥形瓶中，各加水至 50mL。于每瓶中加入 3~5 粒玻璃珠（以防爆沸）及 1mL 盐酸（1+4），加热煮沸 5min。再各加入 2.5mL 铬酸钡悬浮液，再煮沸 5min 左右，使铬酸钡和硫酸盐生成硫酸钡沉淀。取下锥形瓶放冷，于每瓶内逐滴加入氨水（1+2），中和至溶液呈柠檬黄色为止。将溶液过滤于 50mL 比色管中，用水洗涤三次，收集滤液于比色管中，用水稀释至刻度。用 1cm 的比色皿以零管调节零点，于波长 420nm 处测吸光度。

3. 数据记录及处理

1）数据记录：将试验数据填入下表中。

① 标准吸收曲线。

硫酸盐标准溶液量/mL	0.00	0.50	1.00	3.00	5.00	7.00
硫酸盐含量/mg	0.00	0.50	1.00	3.00	5.00	7.00
吸光度						

② 测定。

测定次数	样品质量/g	样液总体积/mL	测定用样液体积/mL	吸光度
1				
2				

2）以各标准液中的硫酸盐含量为横坐标，测得各标准液的吸光度为纵坐标，绘制标准曲线。根据样品液的吸光度，从标准曲线上查出样品液中硫酸盐的含量。

3）按式（10-12）计算食盐中硫酸盐的含量。在重复性条件下获得的两次独立测定结果的绝对差值不得超过算术平均值的10%。

● 训练7　味精中谷氨酸钠的测定

1. 仪器及试剂

（1）仪器　pH计（附磁力搅拌器）、25mL碱式滴定管、100mL烧杯。

（2）试剂　磷酸盐(标准物质)缓冲液 pH 值=6.88、硼砂(标准物质)缓冲液 pH 值=9.22、甲醛(体积分数为36%~38%)、0.0500mol/L 氢氧化钠标准溶液。

2. 操作步骤

准确称取样品 0.50g，置于烧杯中，加蒸馏水 60mL，开动磁力搅拌器，用 0.05mol/L 氢氧化标准溶液滴定至 pH 值=8.20 时加入甲醛 10mL，开动磁力搅拌器，混匀，再用 0.05mol/L 氢氧化钠标准溶液滴定至 pH 值=9.20，记下加入甲醛后消耗 0.05mol/L 氢氧化钠标准溶液的体积，平行测定两次。同时做试剂空白试验。

3. 数据记录及处理

1）数据记录：将试验数据填入表中。

测定次数	样品质量/g	$c(NaOH)/$（mol/L）	加甲醛后所耗 NaOH 标准溶液的体积/mL	空白试验所耗 NaOH 标准溶液的体积/mL
1				
2				

2）按式（10-11）计算味精中谷氨酸钠的含量。在重复性条件下，获得的两次独立测定结果的绝对差值不得超过算术平均值的10%。

● 训练8　食醋中不挥发酸的测定

1. 仪器及试剂

（1）仪器　pH计、单沸式蒸馏装置、25mL碱式滴定管、250mL锥形瓶、200mL烧杯、10mL刻度吸量管、可调电炉。

（2）试剂 中性蒸馏水、0.1mol/L 氢氧化钠标准溶液。

2．操作步骤

将样品摇匀后，从中准确吸取 2.00mL 放入蒸馏管中，加入中性蒸馏水 8mL 后摇匀，然后将蒸馏管插入装有中性蒸馏水（其液面应高于蒸馏液液面而低于排气口）的蒸馏瓶中，连接蒸馏器和冷凝器，并将冷凝器下端的导管插入 250mL 锥形瓶内的 10mL 中性蒸馏水中。

待馏出液达 180mL 时，先打开排气口，然后切断电源，以防蒸馏瓶造成真空。然后，将残余的蒸馏液倒入 200mL 烧杯中，用中性蒸馏水反复冲洗蒸馏管及管上的进气孔，将洗液一并倒入烧杯，再补加中性蒸馏水至烧杯中溶液总量约为 120mL。开动磁力搅拌器，用 0.1mol/L 氢氧化钠标准溶液滴定至 pH 计指示 pH 值 =8.20，记录耗用氢氧化钠标准溶液的体积。同时做空白试验。

3．数据记录及处理

1）数据记录：将试验数据填入下表中。

测定次数	样品体积/mL	c(NaOH)/（mol/L）	滴定残留样品耗用 NaOH 标准溶液的体积/mL	空白试验耗用 NaOH 标准溶液的体积/mL
1				
2				

2）按式(10-5)计算食醋中不挥发酸的含量。在重复性条件下，获得的两次独立测定结果的绝对差值不得超过算术平均值的 10%。

复习思考题

1. 试述测定酱腌制品中氨基态氮的操作要点。

2. 测酱油中总酸时，如何提高测定结果的准确度？

3. pH 计使用中必须注意哪些问题？

4. 简述调味品、酱腌制品中亚硝酸盐的测定原理及操作要点。

5. 简述调味品、酱腌制品中铵盐的测定原理及操作要点。

6. 简述调味品、酱腌制品中亚铁氰化钾测定的原理及操作要点。

7. 简述调味品、酱腌制品中谷氨酸钠的测定原理及操作要点。

8. 简述调味品、酱腌制品中硫酸盐的测定原理及操作要点。

9. 简述调味品、酱腌制品中细菌总数及大肠菌群的测定方法。

10. 简述调味品、酱腌制品中霉菌的测定方法。

第十一章

茶叶的检验

培训学习目标 掌握直接灰化法的测定原理和操作要点；掌握高温炉的使用、坩埚的处理、样品炭化、灰化等的基本操作方法；熟练掌握酸度、茶叶中粗纤维的测定原理及操作技能；掌握用平板菌落计数法测定霉菌、酵母菌的方法和检测技能。

茶叶中的粗纤维的测定方法见第二章第三节。

◇◇◇ 第一节　茶叶中水溶性灰分碱度的测定

茶叶中水溶性灰分的碱度是指100g干态磨碎样品所需的一定浓度盐酸的毫摩尔数，或换算为相当于干态磨碎样品中所含氢氧化钾的质量分数。

1. 测定原理

在(525 ± 25)℃下灰化制品，用热水浸出灰分，然后在甲基橙指示剂的存在下，用盐酸标准溶液中和水浸出物，由消耗的标准盐酸的量求得样品中水溶性灰分的碱度。

2. 试剂

全部试剂均为分析纯，均用不含二氧化碳的蒸馏水配制。

1）0.1mol/L盐酸标准溶液。

2）甲基橙指示剂：甲基橙0.5g，用热蒸馏水溶解后稀释至1L。

3. 仪器

1）坩埚：30mL高型石英坩埚或瓷坩埚。

2）马弗炉(muffle furnace)：温控525℃±25℃。

3）坩埚钳。

4）干燥器。

5）分析天平：感量0.0001g。

6）磨碎机：由不吸收水分的材料制成；死角尽可能小，易于清扫；使磨碎样品能完全通过孔径为600~1000μm的筛。

7）电热板。

4. 操作方法

（1）坩埚的恒重 用稀盐酸（1：4）将坩埚煮1~2h，洗净置于马弗炉内，在（525±25）℃下灼烧30min，待炉温降至200℃以下时，将坩埚移入干燥器中，冷却至室温，称重（准确至0.0001g），重复灼烧至恒重。

（2）试样的制备

1）紧压茶：用锤子和凿子将紧压茶分成4~8份，再在每份不同处取样，用锤子击碎，混匀，按上述方法制备试样。

2）除紧压茶以外的各类茶：先用磨碎机将少量试样磨碎，弃去，再磨碎其余部分，作为待测试样。

（3）炭化 称取混匀的磨碎试样2g（准确至0.0001g）置于坩埚内，在电热板上徐徐加热，使试样充分炭化至无烟。

（4）灰化 将坩埚移入（525±25）℃马弗炉内，灼烧至无炭粒（不少于2h）。待炉温降至200℃左右时，取出坩埚，置于干燥器内冷却至室温，称量。再移入高温炉内以上述温度灼烧1h，取出，冷却，称量。再移入高温炉内，灼烧30min，取出，冷却，称量。重复此操作，直至连续两次称量差不超过0.001g为止。

（5）水溶性灰分碱度的测定 用25mL沸蒸馏水，将灰分从坩埚中洗入100mL的烧杯中，加热至微沸（防溅），趁热用无灰滤纸过滤，然后用沸蒸馏水洗涤烧杯和滤纸上的残留物，直至洗液和滤液体积达150mL。待滤液冷却后加2滴甲基橙指示剂，用0.1mol/L盐酸溶液滴定至溶液由黄色变为红色，记录消耗标准盐酸溶液的体积。

5. 结果计算

（1）碱度用毫摩尔数表示（100g干态磨碎样品） 其计算公式为

$$A_{\mathrm{w}} = \frac{cV}{mw(\text{干物质})} \times 100 \tag{11-1}$$

式中　　A_{w}——水溶性灰分的碱度（mmol）；

　　　　c——盐酸标准溶液的物质的量浓度（mol/L）；

　　　　V——滴定时消耗盐酸标准溶液的体积（mL）；

$w(\text{干物质})$——试样干物质的质量分数（%）；

　　　　m——试样的质量（g）；

（2）碱度用氢氧化钾的质量分数表示 其计算公式为

$$w(\text{氢氧化钾}) = \frac{cV \times 0.05611}{mw(\text{干物质})} \times 100\% \tag{11-2}$$

式中　　c——盐酸标准溶液的物质的量浓度（mol/L）；

　　　　V——滴定时消耗盐酸标准溶液的体积（mL）；

$w(\text{干物质})$——试样干物质的质量分数（%）；

　　　　m——试样的质量（g）；

　　0.05611——氢氧化钾的摩尔质量（g/mmol）。

若符合重复性的要求，则取两次测定的算术平均值作为结果(保留小数点后一位)。

6. 说明及注意事项

在重复性条件下获得的两次独立测定结果的绝对差值不得超过算术平均值的10%。

◇◇◇ 第二节　茶叶中氟含量的测定

食品中氟的含量测定的常用方法有扩散-氟试剂比色法、灰化蒸馏-氟试剂比色法和氟离子选择电极法等。扩散-氟试剂比色法和氟离子选择电极法是测定茶叶中氟的国家标准分析方法，简便、准确，能克服色泽干扰。

一、扩散-氟试剂比色法

1. 原理

食品中的氟化物在扩散盒内与酸作用，产生氟化氢气体，经扩散被氢氧化钠吸收。氟离子与镧(Ⅲ)、氟试剂(茜素氨羧络合剂)在适宜pH值下生成蓝色三元络合物，颜色随氟离子浓度的增大而加深，用含或不含胺类的有机溶剂提取，与标准系列比较定量。

2. 试剂

本方法所用水均为不含氟的去离子水，试剂为分析纯，全部试剂贮于聚乙烯塑料瓶中。

1）丙酮。

2）硫酸银-硫酸溶液(20g/L)：称取2g硫酸银，溶于100mL硫酸(3∶1)中。

3）氢氧化钠-无水乙醇溶液(40g/L)：取4g氢氧化钠，溶于无水乙醇并稀释至100mL。

4）乙酸(1mol/L)：取3mL冰乙酸，加水稀释至50mL。

5）茜素氨羧络合剂溶液：称取0.19g茜素氨羧络合剂，加少量水及氢氧化钠溶液(40g/L)使其溶解，加0.125g乙酸钠，用1mol/L乙酸溶液调节pH值为5.0(红色)，加水稀释至500mL，置冰箱内保存。

6）乙酸钠溶液(250g/L)。

7）硝酸镧溶液：称取0.22g硝酸镧，用少量1mol/L乙酸溶液溶解，加水至约450mL，用乙酸钠溶液(250g/L)调节pH值为5.0，再加水稀释至500mL，置冰箱内保存。

8）缓冲液(pH值=4.7)：称取30g无水乙酸钠，溶于400mL水中，加22mL冰乙酸，再缓缓加冰乙酸调节pH值为4.7，然后加水稀释至500mL。

9）二乙基苯胺-异戊醇溶液(5∶100)：量取25mL二乙基苯胺，溶于500mL异戊醇中。

10）硝酸镁溶液(100g/L)。

11）氢氧化钠溶液(40g/L)：称取4g氢氧化钠，溶于水并稀释至100mL。

12）氟标准溶液：准确称取0.2210g经95~105℃干燥4h的氟化钠，溶于水后移入100mL容量瓶中，加水至刻度，混匀。置冰箱中保存。此溶液每毫升相当于1.0mg氟。

13）氟标准使用液：吸取1.0mL氟标准溶液，置于200mL容量瓶中，加水至刻度，混匀。此溶液每毫升相当于5.0μg氟。

14）圆滤纸片：把滤纸剪成直径为4.5cm圆，浸于氢氧化钠-无水乙醇溶液，于100℃烘干、备用。

3. 仪器

1）塑料扩散盒：内径4.5cm，深2cm，盖内壁顶部光滑，并带有凸起的圈（盛放氢氧化钠吸收液用），盖紧后不漏气。其他类型塑料盒亦可使用。

2）恒温箱：（55±1）℃。

3）可见分光光度计。

4）pH计：PHS—2型或其他型号。

5）马弗炉。

4. 分析步骤

（1）扩散单色法

1）样品处理：

① 谷类样品：稻谷去壳，其他粮食除去可见杂质，取有代表性样品50~100g，粉碎，过40目筛(孔径为0.45mm)。

② 蔬菜、水果：取可食部分，洗净、晾干、切碎、混匀，称取100~200g样品，以80℃鼓风干燥，粉碎，过40目筛(孔径为0.45mm)。结果以鲜重表示，同时要测水分。

③ 特殊样品(含脂肪高、不易粉碎过筛的样品,如花生、肥肉、含糖分高的果实等)：称取研碎的样品1.00~2.00g置于坩埚(镍、银、瓷等)内，加4mL硝酸镁溶液(100g/L)，加氢氧化钠溶液(100g/L)使其呈碱性，混匀后浸泡0.5h，将样品中的氟固定，然后在水浴上挥干，加热炭化至不冒烟，再于600℃马弗炉内灰化6h，待灰化完全，取出放冷，取灰分进行扩散。

2）测定

① 取塑料盒若干个，分别于盒盖中央加0.2mL氢氧化钠-无水乙醇溶液，在圈内均匀涂布，于(55±1)℃恒温箱中烘干，形成一层薄膜，取出备用；或把滤纸片贴于盒内备用。

② 称取1.00~2.00g处理后的样品置于塑料盒内，加4mL水，使样品均匀分布，不能结块。加4mL硫酸银-硫酸溶液(20g/L)，立即盖紧，轻轻摇匀。若样品经灰化处理，则先将灰分全部移入塑料盒内，用4mL水分数次将坩埚洗净，洗液均倒入塑料盒内，并使灰分均匀分散，若坩埚还未完全洗净，可加4mL硫酸银-硫酸溶液(20g/L)于坩埚内继续洗涤，将洗液倒入塑料盒内，立即盖紧，轻轻摇匀，置(55±1)℃恒温箱内保温20h。

③ 分别于塑料盒内加0.0mL、0.2mL、0.4mL、0.8mL、1.2mL、1.6mL氟标准使用液(相当于0、1.0μg、2.0μg、4.0μg、6.0μg、8.0μg氟)。补加水至4mL，各加硫酸银-硫酸溶液(20g/L)4mL，立即盖紧，轻轻摇匀(切勿将酸溅在盖上)置恒温箱内保温20h。

④ 将盒取出，取下盒盖，分别用20mL水，少量多次地将盖内氢氧化钠薄膜溶解，并用滴管小心完全地移入100mL分液漏斗中。

⑤ 分别于分液漏斗中加3mL茜素氨羧络合剂溶液、3.0mL缓冲液、8.0mL丙酮、

3.0mL硝酸镧溶液、13.0mL水，混匀，放置10min，各加入10.0mL二乙基苯胺-异戊醇溶液（5：100），振摇2min，待分层后，弃去水层，分出有机层，并用滤纸过滤于10mL带塞比色管中。

⑥ 用1cm比色皿于580nm波长处以标准零管调节零点，测吸光值，绘制标准曲线，用样品吸光值与标准曲线比较求得氟的含量。

3）结果计算：

样品中氟的含量为

$$X_1 = \frac{m_1 \times 10^{-3}}{m \times 10^{-3}} \tag{11-3}$$

式中 X_1——样品中氟的含量（mg/kg）；

m_1——测定用样品中氟的质量（μg）；

m——样品的质量（g）。

结果的表述：报告平行测定的算术平均值的二位有效数。

允许差：在重复性条件下获得的两次独立测定结果的绝对值不得超过算术平均值的10%。

（2）扩散复色法

1）样品处理：同扩散单色法。

2）测定：

① 取塑料盒若干个，分别于盒盖中央加0.2mL氢氧化钠-无水乙醇溶液（40g/L），在圈内均匀涂布，于（55±1）℃恒温箱中烘干，形成一层薄膜，取出备用；或把滤纸片贴于盒内备用。

② 称取1.00～2.00g处理后的样品置于塑料盒内，加4mL水，使样品均匀分布，不能结块。加4mL硫酸银-硫酸溶液（20g/L），立即盖紧，轻轻摇匀。若样品经灰化处理，则先将灰分全部移入塑料盒内，用4mL水分数次将坩埚洗净，洗液均倒入塑料盒内，并使灰分均匀分散，若坩埚还未完全洗净，可加4mL硫酸银-硫酸溶液（20g/L）于坩埚内继续洗涤，将洗液倒入塑料盒内，立即盖紧，轻轻摇匀，置（55±1）℃恒温箱内保温20h。

③ 分别于塑料盒内加0.0mL、0.2mL、0.4mL、0.8mL、1.2mL、1.6mL氟标准使用液（相当0μg、1.0μg、2.0μg、4.0μg、6.0μg、8.0μg氟）。补加水至4mL，各加硫酸银-硫酸溶液（20g/L）4mL，立即盖紧，轻轻摇匀（切勿将酸溅在盖上）置恒温箱内保温20h。

④ 取下盒盖，分别用10mL水分数次将盒盖内的氢氧化钠薄膜溶解，并用滴管小心完全地移入25mL带塞比色管中。

⑤ 分别于带塞比色管中加2.0mL茜素氨羧络合剂溶液、3.0mL缓冲液、6.0mL丙酮、2.0mL硝酸镧溶液，再加水至刻度，混匀，放置20min，用3cm比色皿于波长580nm处以零管调节零点，测各管吸光度，绘制标准曲线比较。

3）结果计算：同扩散单色法。

二、氟离子选择电极法

1. 测定原理

氟离子选择电极的氟化镧单晶膜对氟离子产生选择性的对数响应，氟电极和饱和甘汞电极在被测试液中，电位差可随溶液中氟离子活度的变化而改变，电位变化规律符合能斯特方程式，即

$$E = E^0 - \frac{2.303RT}{F} \times \lg C_{F^-} \tag{11-4}$$

式中　E——电池电动势（mV）；

　　　E^0——在一定实验条件下为某一定值（mV）；

　　　R——摩尔气体常数，8.31441J/（mol·K）；

　　　T——热力学温度（K）；

　　　F——法拉第常数，96486.70C/mol；

　　　C_{F^-}——氟离子浓度（mol/L）。

E 与 $\lg C_{F^-}$ 呈线性关系。$2.303RT/F$ 为该直线的斜率（25℃时为59.16）。

与氟离子形成络合物的 Fe^{3+}、Al^{3+} 及 SiO_3^{2-} 等离子干扰测定，其他常见离子无影响。测量溶液的酸度为 pH 值=5~6，用总离子强度缓冲剂，消除干扰离子及酸度的影响。

2. 试剂

本方法所用水均为去离子水，全部试剂贮于聚乙烯塑料瓶中。

1）乙酸钠溶液（3mol/L）：称取 204g 乙酸钠（$CH_3COONa \cdot 3H_2O$）溶于 300mL 水中，加乙酸（1mol/L），调节 pH 值至 7.0，加水稀释至 500mL。

2）柠檬酸钠溶液（0.75mol/L）：称取 110g 柠檬酸钠（$Na_3C_6H_5O_7 \cdot 2H_2O$）溶于 300mL 水中，加 14mL 高氯酸，再加水稀释至 500mL。

3）总离子强度调节缓冲液：乙酸钠溶液（3mol/L）与柠檬酸钠溶液（0.75mol/L）等量混合，临用时现配制。

4）乙酸（1mol/L）：取 3mL 冰乙酸，加水稀释至 50mL。

5）氟标准溶液：先将氟化钠经 100℃ 干燥 4h，冷却后精密称取 0.2210g 溶于水，移入 100mL 容量瓶中，加水至刻度，混匀，置4℃冰箱中保存。此溶液每毫升相当于 1.0mg 氟。

6）氟标准使用液：吸取 10.0mL 氟标准溶液置于 100mL 容量瓶中，加水稀释至刻度。如此反复稀释至此溶液每毫升相当于 1.0μg 氟。

3. 仪器

1）氟电极：PFJ 型或其他型号。

2）pH 计（或离子计）：±0.01pH 单位，PHS—2 型或电位计。

3）磁力搅拌器。

4）甘汞电极：232 型。

5）恒温水浴锅。

6）分析天平：感量 0.0001g。

4. 分析步骤

1) 称取 1.00g 粉碎过 40 目筛的样品,置于中,加 10mL 盐酸(1+11),密闭浸泡提取 1h(不时轻轻摇动),应尽量避免样品粘于瓶壁上。提取后加 25mL 总离子强度缓冲剂,加水至刻度,混匀,备用。

2) 称取 0.15g(精准到 0.0001g)磨碎试样,置于 100mL 三角瓶中,加 20mL 的沸水,在沸水浴上煮提 30min,取下冷却,用 25mL 总离子强度调节缓冲液将提取液转移至 50mL 容量瓶,加水定容,混匀,备用。同时做空白试验。

3) 吸取 0mL、1.0mL、2.0mL、5.0mL、10.0mL 氟标准使用液(相当于 0μg、1.0μg、2.0μg、5.0μg、10.0μg 氟),分别置于 50mL 容量瓶中,于各容量瓶中分别加入 25mL 总离子强度调节缓冲液,加水至刻度,混匀,备用。

4) 将氟电极和甘汞电极与测量仪器的负端与正端相联接。电极插入盛有水的 25mL 塑料杯中,杯中放有套聚乙烯管的铁搅拌棒,在电磁搅拌中,读取平衡电位值,更换 2～3 次水后,待电位值平衡后,即可进行样液与标准液的电位测定。

5) 以电极电位为纵坐标,氟离子浓度为横坐标,在半对数坐标纸上绘制标准曲线,根据样品电位值在曲线上求得含量。

5. 结果计算

样品中氟的含量为

$$X_3 = \frac{(\rho_1 - \rho_0) V_3 \times 1000}{m_3 \times 1000}$$

(11-5)

式中　X_3——样品氟的含量(mg/kg);

　　　ρ_1——测定用样液中氟的浓度(μg/mL);

　　　ρ_0——空白液中氟的浓度(μg/mL);

　　　m_3——样品质量(g);

　　　V_3——样液总体积(mL)。

6. 说明及注意事项

1) 同一样品氟含量的两次测定值相对误差应≤10%,若测定值相对误差在此范围,则取两次测定值的算术平均值为结果,保留整数位。

2) 最低检出含量为 0.25mg/kg。

3) 氟电极在每次使用前,先用水洗至电位为 340mV 以上。然后浸在含低浓度氟(0.1ppm 或 0.5ppm)的 0.4mol/L 柠檬酸钠溶液中适应 20min,再洗至 320mV 后进行测定。以后每次测定均应洗至 320mV,再进行下一次测定。在良好情况下,氟电极为 10～5mol/L,响应时间一般为 5min,搅拌 5min,放置 1min,在静置状态下读取电位值。

◇◇◇ 第三节　茶叶中霉菌和酵母菌的测定

霉菌和酵母菌广泛分布于外界环境中,它们在食品上可以作为正常菌相的一部分,或者作为空气传播性污染物，在消毒不适当的设备上也可被发现。各类食品和粮食由于遭受霉菌和酵母菌的侵染，常常发生霉坏变质，有些霉菌的有毒代谢产物引起各种急性和慢性中毒，特别是有些霉菌毒素具有强烈的致癌性，一次大量食入或长期少量食入，都能诱发癌症。目前，已知的产毒霉菌如青霉、曲霉和镰刀菌在自然界分布较广，对食品的侵染机会也较多。因此，对食品加强霉菌的检验，在食品卫生学上具有重要的意义。

霉菌和酵母菌菌数的测定是指食品检样经过处理，在一定条件下培养后，所得 1g 或 1mL 检样中所含的霉菌和酵母菌菌落数（粮食样品是指 1g 粮食表面的霉菌总数）。

1. 设备和材料

同第三章第五节霉菌的测定。

2. 培养基和试剂

1）马铃薯-葡萄糖-琼脂培养基（见附录 K）。

2）孟加拉红培养基（见附录 K）。

3）乙醇。

3. 检验程序

检验程序见图 3-4。

4. 操作步骤

（1）采样　取样时必须特别注意样品的代表性和避免采样时的污染。首先准备好灭菌容器和采样工具，如灭菌牛皮纸袋或广口瓶、金属刀或勺等。在卫生学调查基础上，采取有代表性的样品。样品采集后应尽快检验，否则应将样品放在低温干燥处保存。

（2）样品处理

1）以无菌操作称取检样 25g（或 25mL），放入含有 225mL 灭菌水的具塞三角瓶中，振摇 30min，即为 1∶10 稀释液。

2）用灭菌吸量管吸取 1∶10 稀释液 10mL，注入试管中，另用带橡胶乳头的 1mL 灭菌吸量管反复吹吸 50 次，使霉菌孢子充分散开。

3）取 1mL 1∶10 稀释液注入含有 9mL 灭菌水的试管中，另换一支 1mL 灭菌吸量管吹吸 5 次，此液为 1∶100 稀释液。

4）按上述操作顺序做 10 倍递增稀释液，每稀释一次，换用一支 1mL 灭菌吸量管。

（3）接种培养　根据对样品污染情况的估计，选择 3 个合适的稀释度，分别在做 10 倍稀释的同时，吸取 1mL 稀释液于灭菌平皿中，每个稀释度做 2 个平皿，及时将 15～20mL 冷却至 46℃的马铃薯-葡萄糖-琼脂或孟加拉红培养基（可放置于 46℃±1℃恒温水浴箱中保温）倾注平皿，并转动平皿使其混合均匀。待琼脂凝固后，将平板倒置，28℃±1℃培养 5d，观察并记录。待琼脂凝固后，将平板倒置，28℃±1℃培养 5d，观察并记录。

（4）菌落计数及结果与报告　见第三章第五节。

◆◆◆◆ 第四节　茶叶的检验技能训练实例

● 训练1　茶叶中水溶性灰分碱度的测定

1. 仪器及试剂

（1）仪器　瓷坩埚（30~50mL）、马弗炉、坩埚钳、干燥器、分析天平、磨碎机。

（2）试剂　0.1mol/L盐酸标准溶液、0.5g/L甲基橙指示剂。

2. 操作步骤

称取混匀的磨碎茶叶试样2g（准确至0.0001g），置于预先恒重的坩埚内。先以小火加热使样品充分炭化至无烟。将炭化完全的试样放入马弗炉中，于（525±25）℃下灰化直至无炭化物残留为止。待炉温降至200℃以下时，将坩埚移入干燥器中，冷却至室温称重，称准至0.0001g，重复灼烧至恒重。用25mL沸蒸馏水，将灰分从坩埚中洗入100mL的烧杯中，加热至微沸（防溅），趁热用无灰滤纸过滤，然后用沸蒸馏水洗涤烧杯和滤纸上的残留物，直至洗液和滤液体积达150mL。待滤液冷却后加2滴甲基橙指示剂，用0.1mol/L盐酸溶液滴定至溶液由黄色变为红色，记录消耗标准盐酸溶液的体积。

3. 数据记录及处理

1）数据记录：将试验数据填入下表中。

测定次数	试样质量/ g	$c(HCl)/$ (mol/L)	样品滴定所耗HCl 标准溶液的量/mL
1			
2			

2）按式(11-2)计算茶叶中的水溶性灰分碱度（用氢氧化钾质量分数表示）。同一样品的两次测定值之差，每100g试样不得超过0.2g。

● 训练2　茶叶中粗纤维的测定

1. 仪器及试剂

（1）仪器　恒温水浴箱、分析天平（感量0.0001g）、孔径为50μm的尼龙布（相当于300目）、玻质砂芯坩埚（微孔平均直径80~160μm，体积30mL）、高温炉（525℃±25℃）、鼓风电热恒温干燥箱（温控120℃±2℃）、干燥器（盛装有效干燥剂）。

（2）试剂　1.25%（体积分数）硫酸溶液、12.5g/L氢氧化钠溶液、1%（质量分数）盐酸溶液、95%（体积分数）乙醇、丙酮。

2. 操作步骤

（1）酸消化　称取制备好的试样约2.5g（准确至0.0001g）置于400mL烧杯中，加入约100℃的1.25%（体积分数）硫酸溶液200mL，放在电炉上加热（在1min内煮沸）。

准确微沸 30min，并随时补加热水，以保持原溶液的体积。移去热源，将酸消化液倒入内铺尼龙布的布氏漏斗中，缓缓抽气减压过滤，并用每次 50mL 沸蒸馏水洗涤残渣，直至中性，10min 内完成。

（2）碱消化　用约 100℃的 12.5g/L 氢氧化钠 200mL，将尼龙布上的残渣全部洗入原烧杯中，放在电炉上加热（在 1min 内煮沸）。准确微沸 30min，并随时补加热水，以保持原溶液的体积。将碱消化液连同残渣倒入连接抽滤瓶的玻质砂芯坩埚中，缓缓抽气减压过滤，用 50mL 左右沸蒸馏水洗涤残渣，再用 1%（质量分数）盐酸洗涤一次，然后用沸蒸馏水洗涤数次，直至中性，最后用乙醇洗涤二次，丙酮洗涤三次，并抽滤至干燥，除去溶剂。

（3）干燥　将上述坩埚及残留物移入干燥箱中，120℃烘 4h。放在干燥器中冷却，称量（准确至 0.0001g）。

（4）灰化　将已称量的坩埚，放在高温炉中，525℃±25℃下灰化 2h，待炉温降至300℃左右时，取出于干燥器中冷却，称量（精确至 0.0001g）。

3. 数据记录及处理

1）数据记录：将试验数据填入下表中。

测定次数	样品质量/g	坩埚、粗纤维、残渣中灰分的总质量/g	坩埚、残渣中灰分的总质量/g
1			
2			

2）按式（11-6）计算茶叶中粗纤维的质量分数（茶叶中粗纤维含量以干态质量分数表示），即

$$w(粗纤维) = \frac{m_1 - m_2}{m \times w(干物质)} \times 100\% \qquad (11\text{-}6)$$

式中　w（粗纤维）——茶叶中粗纤维的质量分数；

m_1——坩埚加粗纤维加残渣中灰分的质量（g）；

m_2——坩埚加残渣中灰分的质量（g）；

w（干物质）——试样干物质质量分数；

m——样品的质量（g）。

如果符合重复性的要求，取两次测定的算术平均值作为结果，结果保留小数点后一位数字。同一样品的两次测定值之差，每 100g 试样不得超过 0.5g。

● **训练3　茶叶中氟含量的测定**

1. 仪器及试剂

（1）仪器　氟电极、pH 计、磁力搅拌器、甘汞电极。

（2）试剂　3mol/L 乙酸钠溶液、0.75mol/L 柠檬酸钠溶液、盐酸（1∶11）、1.0μg/mL

氟标准使用液、总离子强度缓冲剂。

2. 操作步骤

称取1.00g粉碎过40目筛(孔径为0.45mm)的茶叶，置于50mL容量瓶中，加10mL盐酸(1：11)，密闭浸泡提取1h(不时轻轻摇动)，应尽量避免样品粘于瓶壁上。提取后加25mL总离子强度缓冲剂，加水至刻度，混匀，备用。吸取0.0mL、1.0mL、2.0mL、5.0mL、10.0mL氟标准使用液(相当于0μg、1.0μg、2.0μg、5.0μg、10.0μg氟)，分别置于50mL容量瓶中，于各容量瓶中分别加入25mL总离子强度缓冲剂，10mL盐酸(1：11)，加水至刻度，混匀，备用。将氟电极和甘汞电极与测量仪器的负端与正端相联接。电极插入盛有水的25mL塑料杯中，杯中放有套聚乙烯管的铁搅拌棒，在电磁搅拌中，读取平衡电位值，更换2~3次水后，待电位值平衡后，即可进行样液与标准液的电位测定。

3. 数据记录及处理

1) 数据记录：将试验数据填入下表中。

① 标准吸收曲线。

吸取氟标准溶液的体积/mL	0.00	1.0	2.0	5.0	10.0
标准液中氟的质量/μg	0.0	1.0	2.0	5.0	10.0
测得的电极电位					

② 测定。

测定次数	样品质量/g	样液总体积/mL	电极电位
1			
2			

2) 以氟离子浓度为横坐标，测得各标准液的电极电位为纵坐标，在半对数坐标纸上绘制标准曲线。根据样品电极电位值，从标准曲线上查出样液中氟的浓度。

3) 按式(11-5)计算茶叶中氟的含量。在重复性条件下，获得两次独立测定结果的绝对差值不得超过算术平均值的20%。

● 训练4　茶叶中霉菌、酵母菌的测定

1. 仪器及试剂

(1) 设备和材料　恒温箱(25~28℃)、振荡器、天平、显微镜、具塞三角瓶(300mL)、试管(15mm×150mm)、平皿(直径9cm)、吸量管(1mL及10mL)、酒精灯、载物玻片、盖玻片、广口瓶、牛皮纸袋(121℃灭菌20min)、金属勺、刀、试管架、接种针、橡胶乳头、烧杯、玻璃棒、折光仪、郝氏计测玻片(是一特制的，具有标准计测室的玻片)、测微器(具标准刻度的玻片)。

(2) 培养基和试剂　马铃薯-葡萄糖琼脂培养基、孟加拉红培养基。

2. 操作步骤

以无菌操作称取茶叶检样 25g(或 25mL),放入含有 225mL 灭菌水的具塞三角瓶中,振摇 30min,即为 1:10 稀释液。用灭菌吸量管吸取 1:10 稀释液 10mL,注入试管中,另用带橡胶乳头的 1mL 灭菌吸量管反复吹吸 50 次,使霉菌孢子充分散开。取 1mL 1:10 稀释液注入含有 9mL 灭菌水的试管中,另换一支 1mL 灭菌吸量管吹吸 5 次,此液为 1:100 稀释液。按上述操作顺序做 10 倍递增稀释液,每稀释一次,换用一支 1mL 灭菌吸量管。根据对样品污染情况的估计,选择 3 个合适的稀释度,分别在做 10 倍稀释的同时,吸取 1mL 稀释液于灭菌平皿中,每个稀释度做 2 个平皿,及时将 15~20mL 冷却至 46℃的马铃薯-葡萄糖-琼脂或孟加拉红培养基(可放置于 46℃±1℃ 恒温水浴箱中保温)倾注平皿,并转动平皿使其混合均匀。待琼脂凝固后,将平板倒置,28℃±1℃ 培养 5d,观察并记录。待琼脂凝固后,将平板倒置,28℃±1℃ 培养 5d,观察并记录。

3. 数据记录及处理

做平板菌落计数时,可用肉眼观察,必要时用放大镜检查,以防遗漏。在记下各平板的菌落数后,求出同稀释度的各平板平均菌落总数。

1)将各稀释平板上的菌落数填入下表中。

菌落数 稀释度 皿 号			
平皿 1			
平皿 2			
平均			

2)根据试验结果及参考第三章第五节中"菌落计数及结果与报告"报告检验结果:

每 1g 茶叶中所含霉菌、酵母菌的数目是_____。

复习思考题

1. 简述茶叶中水溶性灰分碱度的测定原理、方法及注意事项。
2. 简述茶叶中氟含量的测定原理及操作要点。
3. 简述茶叶中霉菌、酵母菌的测定原理及操作要点。
4. 简述茶叶的粗纤维的测定原理及操作要点。

试 题 库

知识要求试题

一、判断题(对的画√,错的画×)

1. 相对分子质量的法定计量单位有克、千克。 （　）
2. 1mol 氮气所含的氮分子数约是 $6.02×10^{23}$ 个。 （　）
3. 摩尔质量相等的两物质的化学式一定相同。 （　）
4. 物质的量浓度的国际标准单位是克/毫升。 （　）
5. mol/L 是物质的量浓度的法定计量单位。 （　）
6. 在化学反应中，催化剂的加入都是为了加快化学反应速度。 （　）
7. 氧化还原反应的方向取决于氧化还原能力的大小。 （　）
8. 化学分析中最常用的强酸有：硝酸、盐酸和乙酸。 （　）
9. 当离子积大于溶度积时，沉淀会溶解。 （　）
10. 标准电极电位值越高的电对，氧化型必是弱氧化剂，还原型必是强还原剂。 （　）
11. 某电对的氧化形可以氧化电位比它低的另一电对的还原形。 （　）
12. 某盐的水溶液呈中性，可判断该盐不水解。 （　）
13. 缓冲溶液的作用是在一定条件下将溶液 pH 值稳定在一定的范围内。 （　）
14. 缓冲溶液在任何 pH 值条件下都能起缓冲作用。 （　）
15. Na_2HPO_4 的水溶液可使 pH 试纸变红。 （　）
16. 以 0.01000mol/L 的 NaOH 溶液滴定 20.00mL 浓度为 0.01000mol/L 的 HCl 溶液，滴定前溶液的 pH 值 = 1。 （　）
17. 一般的多元酸有不止一个化学计量点。 （　）
18. 强碱滴定弱酸时，溶液化学计量点的 pH 值 > 7。 （　）
19. 组成缓冲体系的酸的 PKa 应等于或接近所需的 pH 值。 （　）
20. 标准溶液浓度的表示方法一般有物质的量浓度和滴定度两种。 （　）
21. 凡是基准物质，使用之前都需进行干燥(恒重)处理。 （　）
22. 酸碱滴定时是用酸作标准溶液测定碱及碱性物质，或以碱作标准溶液测定酸及酸性物质。 （　）

23. 氧化还原滴定法通常是用还原剂作标准溶液测定还原性物质，用氧化剂测定氧化性物质。 （　　）

24. 分析检验时，试剂的纯度越高，测定结果就越准确。 （　　）

25. 优级纯、分析纯的符号分别是 G. R. 和 A. R. ，而化学纯的符号是 C. P. 。 （　　）

26. 凡是优级纯的物质都可用于直接法配制标准溶液。 （　　）

27. 分析检验时，应根据对分析结果准确度的要求合理选用不同纯度的化学试剂。 （　　）

28. 通常被用来作为容量分析中的基准物，有时也用来直接配制标准溶液。 （　　）

29. 基准物是用于标定标准溶液的化学物质。 （　　）

30. 在分析化学试验中常用化学纯的试剂。 （　　）

31. 取出的试剂若尚未用完，应倒回试剂瓶。 （　　）

32. 混合指示剂通常比单一指示剂的变色范围更窄些，变色更敏锐。 （　　）

33. 由于指示剂的变色范围一般都在 1~2 个 pH 值单位之间，所以由它们指示的滴定结果与实际的结果相差较大。 （　　）

34. 指示剂的变色范围受滴定时的温度、滴定溶液的性质和浓度、指示剂浓度等多种因素的影响。 （　　）

35. 混合指示剂是将两种指示剂或一种指示剂和一种惰性染料混合而成的指示剂。 （　　）

36. 酸碱指示剂就是在特定 pH 值时颜色会发生稳定变化的有机弱酸或有机弱碱。 （　　）

37. 滴定分析中，指示剂选择不当会引起测量误差。 （　　）

38. 酸碱指示剂的变色与溶液中的氢离子浓度无关。 （　　）

39. 广泛 pH 试纸是用甲基红、溴百里酚蓝、百里酚蓝和酚酞按一定比例配成的混合指示剂。 （　　）

40. 滴定终点与反应的化学计量点不吻合是由指示剂选择不当所造成的。 （　　）

41. 配制标准溶液有直接法和间接法两种。 （　　）

42. 间接法配制溶液后，一般需要标准溶液进行标定。 （　　）

43. 直接法配制溶液后，一般不再需要进行标定。 （　　）

44. 准确称取分析纯的固体 NaOH，就可直接配制标准溶液。 （　　）

45. NaOH 标准溶液只能配成近似浓度，然后用基准物质进行标定，以获得准确浓度。 （　　）

46. 氢氧化钠极易吸水，若用邻苯二甲酸氢钾标定它，则所得结果会不准。 （　　）

47. 强碱滴定一元弱酸的条件是 $cKa \geq 10^{-8}$。 （　　）

48. $K_2Cr_2O_7$ 非常稳定，容易提纯，所以可直接法配制成标准溶液。 （　　）

49. 配制好的 $Na_2S_2O_3$ 应立即标定。 （　　）

50. 标定好的 $Na_2S_2O_3$ 中，若发现有混浊（S 析出）应重新配制。 （　　）

51. $KMnO_4$ 法所用的强酸通常是 H_2SO_4。 （　　）

52. $KMnO_4$ 标准溶液贮存在白色试剂瓶中。 （　　）

53. 络合滴定一般都在缓冲溶液中进行。 （　　）

54. 用络合滴定法测定 Mg^{2+} 时，用 NaOH 掩蔽 Ca^{2+}。 （　　）

55. 络合滴定所用蒸馏水，不需进行质量检查。 （　　）

56. 络合滴定无需控制溶液的 pH 值范围。 （　　）

57. 莫尔法中与 Ag^+ 形成沉淀或络合物的阴离子均不干扰测定。 （　）

58. 称量式的摩尔质量较大时，称量分析的准确度较高。 （　）

59. 水中 Cl^- 的含量可用 NH_4CNS 标准溶液直接滴定。 （　）

60. 称量分析一般不适用于微量组分的测定。 （　）

61. 用纯水洗涤玻璃仪器时，使其既干净又节约用水的方法原则是少量多次。 （　）

62. 分样器的作用是破碎掺合物料。 （　）

63. 移液管的使用不必考虑体积校正。 （　）

64. 容量瓶能够准确量取所容纳液体的体积。 （　）

65. 酸式滴定管活塞上凡士林涂得越多越有利于滴定。 （　）

66. 电水浴锅可用酸溶液代替水使用。 （　）

67. 铬酸洗液不可重复使用。 （　）

68. 分析试验室的管理仅包括仪器和药品的管理。 （　）

69. 电子天平较普通天平有较高的稳定性。 （　）

70. 分析天平的灵敏度越高，其称的准确度越高。 （　）

71. 加减砝码必须关闭天平，取放称量物可不关闭。 （　）

72. 使用分析天平时，不可将热物体放在托盘上直接称量。 （　）

73. 用分析天平称量完毕后应注意检查天平梁是否已托好。 （　）

74. 有腐蚀性或潮湿的物体能直接放在天平盘上称量。 （　）

75. 要求较高时，容量瓶在使用前应进行体积校正。 （　）

76. 为了使滴定简便和快捷，可用吸量管代替滴定管进行滴定。 （　）

77. 萃取是一种简单、快速、应用范围广的分析方法。 （　）

78. 被蒸馏液杂质含量很少时，应蒸干。 （　）

79. 蒸馏完毕，拆卸仪器过程应与安装顺序相反。 （　）

80. 定位试样是指在生产设备的不同部位采取的样品。 （　）

81. 显微镜放入箱内时，应使物镜、镜筒、目镜处于一条直线上。 （　）

82. 旋动显微镜的粗调节轮时，动作应轻缓。 （　）

83. 用显微镜观察细菌时，选用的目镜和物镜的放大倍数越大越好。 （　）

84. 误差的大小是衡量精密度高低的尺度。 （　）

85. 数据运算时，应先修约再运算。 （　）

86. 所有微生物的化学组成是一样的。 （　）

87. 用显微镜观察细菌、酵母时，选用的目镜和物镜的放大倍数越小越好。 （　）

88. 微生物对低温和高温的敏感性一样，一旦在最低温度以下或最高生长温度以上时，它们都立即死亡。 （　）

89. 消毒就是消除有毒的化学物质。 （　）

90. 灭菌是一种比消毒更彻底的消灭微生物的措施。 （　）

91. 食品的消毒是指采用物理或化学手段将食品中的细菌杀灭而制成的产品。 （　）

92. 消毒牛乳达到饮用安全要求，可直接饮用。 （　）

93. 食品的消毒指采用物理或化学手段将食品中的微生物杀灭的操作。 （　）

94. 经过消毒的食品不再含有生命的有机体。 （　）

95. 体积分数在 96% 以上的酒精也具有良好的消毒效果。　　　　　　　　　（　　　）

96. 细菌菌落计数时，取样前应对样品包装表面消毒。　　　　　　　　　　（　　　）

97. 为了确保食品的卫生质量，所有产品都应经过严格的灭菌处理。　　　　（　　　）

98. 沙门氏菌、志贺氏菌、金黄色葡萄球菌都是致病菌。　　　　　　　　　（　　　）

99. 微生物可分为细菌、放线菌、霉菌和酵母菌四大类。　　　　　　　　　（　　　）

100. 大肠菌群应包括在细菌总数内，出现大肠菌群比细菌总数多是不正常的。（　　　）

101. 细菌菌落计数时，如果两稀释度菌落数都大于 300，以低倍计数；如两稀释度菌落数都小于 30，则以高倍计数。　　　　　　　　　　　　　　　　　　　　　（　　　）

102. 根据最适生长温度的不同，可将微生物分为好氧微生物和厌氧微生物。（　　　）

103. 嗜热菌和耐热菌是同一概念的不同说法。　　　　　　　　　　　　　（　　　）

104. 低温菌是指在 20℃ 以下能生长的菌，而嗜冷菌是指在 7℃ 以下能繁殖的菌。（　　　）

105. 大肠杆菌的甲基红试验呈阴性。　　　　　　　　　　　　　　　　　（　　　）

106. 能产生蛋白酶分解蛋白质的菌群是蛋白质分解菌。　　　　　　　　　（　　　）

107. 微生物处于延迟期时，一般不会立即繁殖，细胞数目几乎保持不变，甚至稍有减少。　　　　　　　　　　　　　　　　　　　　　　　　　　　　　　　（　　　）

108. 微生物污染后的冷冻食品仍有传播疾病的可能。　　　　　　　　　　（　　　）

109. 微生物的最适生长温度是指不会引起菌体死亡的温度。　　　　　　　（　　　）

110. 直接测定法测定食品中还原糖含量时，费林氏液的用量为甲、乙液各 10mL。（　　　）

111. 能直接干扰病原菌的生长繁殖，并可用于治疗感染性疾病的化学药物即为化学疗剂。　　　　　　　　　　　　　　　　　　　　　　　　　　　　　　　（　　　）

112. 巴布科克法测定牛乳脂肪含量时，需经过两次离心。　　　　　　　　（　　　）

113. 凯氏定氮法测牛乳蛋白质含量时，蒸馏装置冷凝管应插入吸收液液面以下。（　　　）

114. 测定牛乳中灰分含量时，坩埚恒重是指前后两次称量之差不大于 2mg。（　　　）

115. 盖勃法测定牛乳脂肪含量时，所用的异戊醇无需鉴定便可直接使用。（　　　）

116. 测定牛乳乳糖含量的方法有热滴定法和旋光法。　　　　　　　　　　（　　　）

117. 测定甜乳粉中乳糖含量时，加入草酸钾-磷酸氢二钠的作用是为了沉淀蛋白质。（　　　）

118. 巴布科克法测定牛乳脂肪含量时，加热、离心的作用是形成重硫酸酪蛋白钙盐和硫酸钙沉淀。　　　　　　　　　　　　　　　　　　　　　　　　　　　　　（　　　）

119. 凯氏定氮法测牛乳蛋白质含量时，蒸馏装置冷凝管不应插入吸收液液面以下。（　　　）

120. 测定乳制品总糖含量时，应将样品中的蔗糖都转化成还原糖后测定。（　　　）

121. 测定甜乳粉中蔗糖含量时，要经过预滴和精滴两个步骤。　　　　　（　　　）

122. 测定乳制品总糖含量时，不需将样品中的蔗糖都转化成还原糖后测定。（　　　）

123. 测定酸性样品的水分含量时，不可以采用铝皿作为容器。　　　　　（　　　）

124. 测定酸性样品的水分含量时，可以采用铝皿作为容器。　　　　　　（　　　）

125. 测定菌落总数时，若菌落数在 100 以下则以实际数报告。　　　　　（　　　）

126. 测定大肠菌群时，若乳糖胆盐发酵管不产气，则可报告大肠菌群阴性。（　　　）

127. 测定食品中的灰分含量时，若样品炭化严重，可加入几滴橄榄油。　（　　　）

128. 大肠菌群测定的一般步骤是初发酵→分离→染色→复发酵。　　　　（　　　）

129. 水俣病和骨痛病是由慢性中毒引起的。　　　　　　　　　　　　　（　　　）

130. 凯氏定氮法测蛋白质含量时，在消化过程中加入硫酸钠的作用是提高消化液的温度。
（　　）

131. 凯氏定氮法测定食品中蛋白质含量的基本过程是：消化、蒸馏、吸收和滴定。（　　）

132. 测定食品中灰分含量时，坩埚恒重是指前后两次称量之差不大于 2mg。（　　）

133. 菌落计数时，若两个稀释度平均菌落均为 30～300，且两稀释度之比小于 2，则以高稀释倍数计数。
（　　）

134. 用乳糖标定费林氏液的目的是求出费林氏液标准溶液的校正值。（　　）

135. 电位滴定是根据电位的突跃来确定终点的滴定方法。（　　）

136. 普通 pH 计通电后可立即开始测量。（　　）

137. 显色条件是指显色反应的条件选择，包括显色剂浓度、显色的酸度、显色温度、显色时间、溶剂、缓冲溶液及其用量、表面活性剂及其用量等。
（　　）

138. 当入射光的波长、溶液的浓度及测定的温度一定时，溶液的吸光度与液层的厚度成正比。
（　　）

139. 在分光光度法中，当欲测物的浓度大于 0.01mol/L 时，可能会偏离光吸收定律。
（　　）

140. 721 型分光光度计的光源灯亮时就一定有单色光。（　　）

141. 若打开光源灯时光电比色计的光标可移动到吸光度"零"位，移动比色皿架时，光标迅速移动，说明光电系统基本正常。
（　　）

142. 阿贝折光仪不能测定强酸、强碱和氟化物。（　　）

143. 对于同一种物质，使用不同的光源，测得的折光率相同。（　　）

144. 试液中各组分分离时，各比移值相差越大，分离就越好。（　　）

145. 压缩气体钢瓶应避免日光或远离热源。（　　）

146. 产生剧毒气体的试验应戴防毒面具。（　　）

147. As_2O_3 是一种剧毒氧化物。（　　）

148. 电气仪器使用时若遇停电，应立即断开电闸。（　　）

149. 易燃液体的废液不得倒入下水道。（　　）

150. 洒落在试验台上的汞可采用适当措施收集在有水的烧杯中。（　　）

二、选择题（将正确答案的序号填入括号内）

1. mol/L 是（　　）的计量单位。
A. 浓度　　　　　　B. 压强　　　　　　C. 体积　　　　　　D. 功率

2. （　　）是质量常使用的法定计量单位。
A. 牛顿　　　　　　B. 吨　　　　　　　C. 千克　　　　　　D. 斤

3. CO_2 的摩尔质量相对于氧气的摩尔质量要（　　）。
A. 大　　　　　　　B. 小　　　　　　　C. 相等　　　　　　D. 无法判断

4. 物质的摩尔质量的数值与它的分子量相比是（　　）。
A. 大　　　　　　　B. 小　　　　　　　C. 相等　　　　　　D. 无法判断

5. 不同条件下，1mol 氧气与 1mol 氢气的（　　）一定相等。
A. 质量　　　　　　B. 体积　　　　　　C. 分子数　　　　　D. 密度

6. 同一溶液的物质的量浓度与质量分数浓度( )。

A. 正相关   B. 反比   C. 无关联   D. 无法判断

7. 已知：w 表示质量分数，ρ 表示溶液密度，M 表示溶质的摩尔质量，V 表示溶液的体积，则该溶液的物质的量浓度 c 为( )。

A. wV/M B. $w\rho/MV$ C. $w\rho V/M$ D. wM/V

8. ( )属于易挥发液体样品。

A. 发烟硫酸   B. 工业硫酸   C. 硫酸溶液   D. 水

9. 硫酸、硝酸和盐酸中，以( )腐蚀性最强。

A. 硝酸   B. 硫酸   C. 盐酸   D. 三种酸相同

10. 试验室中常用的强碱试剂是指( )。

A. 纯碱和氢氧化钠   B. 氢氧化钠和氢氧化钾

C. 盐酸和硼酸   D. 苏打和氢氧化钾

11. 试验室中常用的铬酸洗液是指( )。

A. $K_2Cr_2O_7$+浓 H_2SO_4 B. $K_2Cr_2O_7$+浓 HCl

C. K_2CrO_4+浓 H_2SO_4 D. K_2CrO_4+浓 HCl

12. 试验室中常用的铬酸洗液，用久后表示失效的颜色是( )。

A. 黄色   B. 绿色   C. 红色   D. 无色

13. 洗涤盛 $KMnO_4$ 溶液后产生的褐色污垢合适的洗涤剂是( )。

A. 有机溶剂   B. 碱性溶液   C. 工业盐酸   D. 草酸洗液

14. 试验室中用以保干仪器的变色硅胶，使用失效时的颜色是( )。

A. 红色   B. 蓝色   C. 黄色   D. 黑色

15. 根据我国国家标准，按纯度可将试剂分为( )级。

A. 3   B. 4   C. 5   D. 6

16. 我国现行的统一试剂规定等级和符号对应正确的是( )。

A. 优级纯 G. R.   B. 分析纯 C. R.

C. 化学纯 B. R.   D. 医用级 C. R.

17. 按照标准规定，我国的优级纯剂用的标签是( )。

A. 红色   B. 蓝色   C. 黄色   D. 绿色

18. 各种试剂按纯度从高到低的代号顺序是( )。

A. G. R. >A. R. >C. P.   B. G. R. >C. P. >A. R.

C. A. R. >C. P. >G. R.   D. C. P. >A. R. >G. R.

19. 常用分析纯试剂的标签色带是( )。

A. 蓝色   B. 绿色   C. 黄色   D. 红色

20. 基准物质的四个必备条件是( )。

A. 稳定，高纯度，易溶，相对分子质量大

B. 稳定，高纯度，相对分子质量大，化学组成与化学式完全符合

C. 易溶，高纯度，相对分子质量大，化学组成与化学式完全符合

D. 稳定，易溶，相对分子质量小，化学组成与化学式完全符合

21. 下列物质中，不能用作基准物质的是( )。

A. 邻苯二甲酸氢钠　　　　　　　　B. 草酸

C. 氢氧化钠　　　　　　　　　　　D. 高锰酸钾

22. 下列物质中，可用作基准物质的是(　　)。

A. 邻苯二甲酸氢钾　　　　　　　　B. 盐酸

C. 氢氧化钠　　　　　　　　　　　D. 碳酸氢钠

23. 下列物质中不能在烘箱内烘干的是(　　)。

A. 硼砂　　　　B. Na_2CO_3　　　　C. $K_2Cr_2O_7$　　　　D. 邻苯二甲酸氢钾

24. 用于直接法配制标准溶液的试剂必须具备几个条件，不属于这些条件的是(　　)。

A. 稳定

B. 纯度要合要求

C. 物质的组成与化学式应完全符合

D. 溶解性能好

25. 可用直接法配制成标准溶液的化合物是(　　)。

A. 氢氧化钠　　　B. 氯化钠　　　C. 普通盐酸　　　D. 用于干燥的无水硫酸铜

26. 以下物质必须用间接法制备标准溶液的是(　　)。

A. NaOH　　　B. $K_2Cr_2O_7$　　　C. Na_2CO_3　　　D. ZnO

27. 试验室中，常用于标定盐酸标准溶液的物质是(　　)。

A. 氢氧化钠　　　B. 氢氧化钾　　　C. 氨水　　　D. 硼砂

28. 酸碱滴定时，添加指示剂的量应少些，对此解释错误的是(　　)。

A. 指示剂的量过多会使其变色不敏锐

B. 指示剂是弱碱或弱酸，添加过多时会消耗一些滴定剂溶液

C. 对单色指示剂而言，它的加入量对其变色范围有一定的影响

D. 过量指示剂会稀释滴定液

29. 下列指示剂中，变色范围在酸性范围的是(　　)。

A. 酚酞　　　B. 百里酚酞　　　C. 酚红　　　D. 甲基红

30. 等量的1g/L酚酞乙醇溶液和1g/L百里酚酞乙醇溶液的变色点是(　　)。

A. pH 值=3.3　　B. pH 值=5.1　　C. pH 值=7.0　　D. pH 值=9.9

31. 各种指示剂的变色范围值的幅度一般是(　　)。

A. 大于2个pH值单位　　　　　　B. 介于1~2个pH值单位之间

C. 小于1个pH值单位　　　　　　D. 无法确定

32. 某酸碱指示剂的 $K_{HIn}=1.0\times10^{-6}$，则从理论上推算其变色范围是(　　)。

A. 4~5　　　B. 5~6　　　C. 4~6　　　D. 5~7

33. 下列指示剂中，变色范围在碱性范围的是(　　)。

A. 酚酞　　　B. 甲基红　　　C. 甲基黄　　　D. 甲基橙

34. 下列说法中，正确的是(　　)。

A. 被滴定溶液浓度越高，滴定曲线的pH值突跃越长，指示剂的选择也越方便

B. 被滴定溶液浓度越高，滴定曲线的pH值突跃越长，指示剂的选择越不方便

C. 被滴定溶液浓度越高，滴定曲线的pH值突跃越短，指示剂的选择也越方便

D. 被滴定溶液浓度越高，滴定曲线的pH值突跃越短，指示剂的选择越不方便

35. 有两个变色范围的指示剂是( )。

A. 甲基红　　　　B. 百里酚酞　　　　C. 酚酞　　　　D. 溴甲酚绿

36. 下列方法中，不能使滴定终点更明显的是( )。

A. 选用合适的指示剂　　　　　　B. 采用较浓的试液

C. 采用较浓的标准液　　　　　　D. 延长指示剂显色时间

37. 配制甲基橙指示剂选用的溶剂是( )。

A. 水-甲醇　　　　B. 水-乙醇　　　　C. 水　　　　D. 水-丙酮

38. 配制酚酞指示剂选用的溶剂是( )。

A. 水-甲醇　　　　B. 水-乙醇　　　　C. 水　　　　D. 水-丙酮

39. 不能用无色试剂瓶来贮存配好的标准溶液是( )。

A. H_2SO_4　　　　B. NaOH　　　　C. Na_2CO_3　　　　D. $AgNO_3$

40. 0.01mol/L NaOH 溶液中 $[H^+]$ 对 0.001mol/L NaOH 溶液中 $[H^+]$ 的倍数是( )。

A. 10^6　　　　B. 10^{-11}　　　　C. 10^{-1}　　　　D. 10^{10}

41. pH 值＝5 的盐酸溶液和 pH 值＝12 的氢氧化钠溶液等体积混合时 pH 值是( )。

A. 5.3　　　　B. 7　　　　C. 10.8　　　　D. 11.7

42. 将 0.30mol/L $NH_3 \cdot H_2O$ 100mL 与 0.45mol/L NH_4Cl 100mL 混合所得缓冲溶液的 pH 值是( )。设混合后总体积为混合前体积之和，$K_{NH_3 \cdot H_2O} = 1.8 \times 10^{-5}$。

A. 11.85　　　　B. 6.78　　　　C. 9.08　　　　D. 13.74

43. 欲配制 pH 值＝5 的缓冲溶液选用的物质组成是( )。

A. NH_3-NH_4Cl　　B. HAc-NaAc　　C. NH_3-NaAc　　D. HAc-NH_4

44. 欲配制 pH 值＝9 的缓冲溶液，应选( )弱碱或弱酸和它们的强碱或强酸的盐来配制。

A. $NH_2OH(K_b = 1 \times 10^{-9})$　　　　B. $HAc(K_a = 1 \times 10^{-5})$

C. $NH_3 \cdot H_2O(K_b = 1 \times 10^{-5})$　　　D. $HNO_2(K_a = 5 \times 10^{-4})$

45. NaH_2PO_4-Na_2HPO_4 组成的缓冲溶液能将 pH 值控制在( )。

A. 1.9~3.9　　B. 3.7~5.7　　C. 6.2~8.2　　D. 8.3~10.3

46. $NaHCO_3$-Na_2CO_3 组成的缓冲溶液能将 pH 值控制在( )。

A. 1.9~3.9　　B. 3.7~5.7　　C. 6.2~8.2　　D. 9.3~11.3

47. NH_3 与 NH_4Cl 组成的缓冲溶液能将 pH 值控制在( )。

A. 2.3~4.3　　B. 3.7~5.7　　C. 6.0~8.0　　D. 8.3~10.3

48. HAc 与 NaAc 组成的缓冲溶液能把 pH 值控制在( )。

A. 3.7~5.7　　B. 8.3~10.3　　C. 2.3~4.3　　D. 6.0~8.0

49. 在分析化学试验室常用的去离子水中，加入 1~2 滴酚酞指示剂，则应呈现( )。

A. 蓝色　　　　B. 紫色　　　　C. 红色　　　　D. 无色

50. 下列贮存试剂的方法中，错误的是( )。

A. P_2O_5 存放于干燥器中　　　　B. $SnCl_2$ 密封于棕色玻璃瓶中

C. $AgNO_3$ 密封于塑料瓶中　　　　D. KOH 密封于塑料瓶中

51. 分析用水的质量要求中，不用进行检验的指标是( )。

A. 阳离子　　　　B. 密度　　　　C. 电阻率　　　　D. pH 值

52 采取的固体试样进行破碎时，应注意避免( )。

A. 用人工方法　　　B. 留有颗粒裂　　　C. 破得太细　　　D. 混入杂质

53. 物料量较大时最好的缩分物料的方法是（　　）。

A. 四分法　　　B. 使用分样器　　　C. 棋盘法　　　D. 用铁铲平分

54. 固体化工制品，通常按袋或桶的单元数确定（　　）。

A. 总样数　　　B. 总样量　　　C. 子样数　　　D. 子样量

55. 制得的分析试样应（　　），供测定和保留存查。

A. 一样一份　　　B. 一样二份　　　C. 一样三份　　　D. 一样多份

56. 下列各种装置中，不能用于制备试验室用水的是（　　）。

A. 回馏装置　　　B. 蒸馏装置　　　C. 离子交换装置　　　D. 电渗析装置

57. 烘干基准物，可选用（　　）盛装。

A. 小烧杯　　　B. 研钵　　　C. 矮型称量瓶　　　D. 锥形瓶

58. 使用不久的等臂双盘电光天平的灵敏度不符合要求，则应以（　　）细致地调整重心。

A. 水平调整脚　　　B. 感量螺钉　　　C. 平衡螺钉　　　D. 调零杆

59. 要改变分析天平的灵敏度可调节（　　）。

A. 吊耳　　　B. 平衡螺钉　　　C. 拨杆　　　D. 感量螺钉

60. 根据电磁力补偿工作原理制造的天平是（　　）。

A. 阻尼天平　　　　　　　　　B. 全自动机械加码电光天平

C. 电子天平　　　　　　　　　D. 工业天平

61. 使分析天平较快停止摆动的部件是（　　）。

A. 吊耳　　　B. 指针　　　C. 阻尼器　　　D. 平衡螺钉

62. 下列天平能较快显示质量数字的是（　　）。

A. 全自动机械加码电光天平　　　　　B. 半自动电光天平

C. 阻尼天平　　　　　　　　　D. 电子天平

63. 使用分析天平前，首先应检查（　　）。

A. 天平是否清洁　　　　　　　B. 天平是否处于水平状态

C. 指针是否在零点　　　　　　D. 指针是否在平衡点

64. 分析天平使用完毕后应（　　）。

A. 关上砝码盒，盖上天平罩　　　B. 敞开天平门

C. 放下天平梁，关闭电源　　　D. 检查天平是否水平

65. 取放砝码和被称量物体时，一定要（　　）。

A. 先关门　　　　　　　　　B. 缓慢转动升降钮

C. 把天平梁托起　　　　　　D. 调零点

66. 砝码和被称量物体的取放，都应在（　　）进行。

A. 转动升降钮之后　　　　　　B. 架好天平梁后

C. 指针有偏移时　　　　　　D. 关上边门后

67. 打开分析天平的升降钮，静止时指针所指的位置即为（　　）。

A. 平衡点　　　B. 零点　　　C. 终点　　　D. 临界点

68. 应使用（　　）拂去天平盘的灰尘或杂物。

A. 湿抹布　　　B. 小毛刷　　　C. 吸尘器　　　D. 手

69. 不慎撒落在天平盘上的粉状试剂，可用(　　)清除。

A. 清洁的湿纱布　　　　　　　B. 脱脂棉球

C. 小毛刷　　　　　　　　　　D. 镊子

70. 可通过(　　)来用显微镜看到清晰的物体。

A. 旋动粗、细调节轮　　　　　B. 旋动目镜和物镜

C. 转动转换盘　　　　　　　　D. 转动反射光镜

71. 使用显微镜时，动作要(　　)。

A. 轻、慢　　　B. 轻、快　　　C. 用力、迅速　　　D. 用力、缓慢

72. 可通过(　　)来获得显微镜清晰明亮的视野。

A. 转动粗调节轮　　B. 转动目镜　　C. 转动集光镜　　D. 转动反光镜

73. 显微镜的油浸镜应保存在(　　)。

A. 油中　　　　B. 水中　　　　C. 干燥的镜盒中　　　D. 镜筒上

74. 显微镜的(　　)应用绸布或擦镜纸擦拭。

A. 镜头　　　　B. 反射镜　　　C. 调节轮　　　　D. 虹彩光阑

75. 显微镜使用完毕后，油镜介质可用(　　)擦净。

A. 纱布　　　　B. 绸布　　　　C. 擦镜纸　　　　D. 吸水纸

76. 称量易挥发液体样品用(　　)。

A. 称量瓶　　　B. 安瓿球　　　C. 锥形瓶　　　　D. 滴瓶

77. 称量易吸湿的固体样品应用(　　)盛装。

A. 研钵　　　　B. 表面皿　　　C. 小烧杯　　　　D. 高型称量瓶

78. 下面有关移液管的洗涤，正确的是(　　)。

A. 用自来水洗净后即可移液　　　B. 用蒸馏水洗净后即可移液

C. 用洗涤剂洗后即可移液　　　　D. 用移取液润洗干净后即可移液

79. 有关容量瓶的使用，正确的是(　　)。

A. 通常可以用容量瓶代替试剂瓶使用

B. 先将固体药品转入容量瓶后加水溶解配制标准溶液

C. 用后洗净用烘箱烘干

D. 定容时，无色溶液弯月面下缘和标线相切即可

80. 下列容量瓶的使用，不正确的是(　　)。

A. 使用前应检查是否漏水　　　　B. 瓶塞与瓶应配套使用

C. 使用前在烘箱中烘干　　　　　D. 容量瓶不宜代替试剂瓶使用

81. 能准确量取一定量液体体积的仪器是(　　)。

A. 试剂瓶　　　B. 刻度烧杯　　C. 吸量管　　　D. 量筒

82. 下面移液管的使用，正确的是(　　)。

A. 一般不必吹出残留液　　　　　B. 用蒸馏水淋洗后即可移液

C. 用后洗净，加热烘干后可再用　　D. 移液管只能粗略地量取一定液体体积

83. 不宜用碱式滴定管盛装的溶液是(　　)。

A. NH_4SCN　　　B. KOH　　　C. $KMnO_4$　　　D. $NaCl$

84. 有关滴定管的使用，错误的是(　　)。

A. 使用前应洗干净，并检漏　　　　　　　B. 滴定前应保证尖嘴部分无气泡

C. 要求较高时，要进行体积校正　　　　　D. 为保证标准溶液浓度不变，使用前可加热烘干

85. 下列仪器不能加热的是(　　)。

A. 锥形瓶　　　　　B. 容量瓶　　　　　C. 坩埚　　　　　D. 试管

86. 宜用棕色滴定管盛装的标准溶液是(　　)。

A. NaCl　　　　　B. NaOH　　　　　C. $K_2Cr_2O_7$　　　　　D. $KMnO_4$

87. 沉淀的(　　)是使沉淀和母液分离的过程。

A. 过滤　　　　　B. 洗涤　　　　　C. 干燥　　　　　D. 分解

88. 有关布氏漏斗及抽滤瓶的使用，不正确的是(　　)。

A. 不能直接加热

B. 滤纸要略小于漏斗的内径

C. 过滤完毕后，先关抽气管，后断开抽气管与抽滤瓶的连接处

D. 使用时宜先开抽气管，后过滤

89. 布氏漏斗及抽滤瓶的作用是(　　)。

A. 用于两种互不相溶液体的分离　　　　　B. 气体发生器装置中加液用

C. 用于滴加溶液　　　　　　　　　　　　D. 用于晶体或沉淀的减压过滤

90. 用气化法测定某固体样中的含水量可选用(　　)。

A. 矮型称量瓶　　　B. 表面皿　　　　　C. 高型称量瓶　　　D. 研钵

91. 不属于蒸馏装置的仪器是(　　)。

A. 蒸馏器　　　　　B. 冷凝器　　　　　C. 干燥器　　　　　D. 接受器

92. 蒸馏某种很低沸点的液体应选用(　　)。

A. 空气冷凝管　　　B. 直形冷凝管　　　C. 蛇形冷凝管　　　D. 球形冷凝管

93. 蒸馏装置的安装使用中，不正确的选项是(　　)。

A. 温度计水银球应插入蒸馏烧杯内液面下

B. 各个塞子孔道应尽量做到紧密套进各部件

C. 各个铁夹不要夹得太紧或太松

D. 整套装置应安装合理端正、气密性好

94. 下列选项中，蒸馏无法达到目的的是(　　)。

A. 测定液体化合物的沸点　　　　　　　　B. 分离两种沸点相近互不相溶的液体

C. 提纯，除去不挥发的杂质　　　　　　　D. 回收溶剂

95. 装配蒸馏装置的一般顺序是(　　)。

A. 由下而上，由左而右　　　　　　　　　B. 由大而小，由右而左

C. 由上而下，由左而右　　　　　　　　　D. 由小而大，由右而左

96. 有关蒸馏操作不正确的是(　　)。

A. 加热前应加入数粒止暴剂　　　　　　　B. 应在加热前向冷凝管内通入冷水

C. 应用大火快速加热　　　　　　　　　　D. 蒸馏完毕应先停止加热，后停止通水

97. 下面几种冷凝管，蒸馏乙醇宜选用的是(　　)。

A. 空气冷凝管　　　B. 直形冷凝管　　　C. 蛇形冷凝管　　　D. 球形冷凝管

98. 冷凝过程的目的是(　　)。

A. 将馏分稀释　　　B. 溶解馏分　　　C. 使馏分更纯　　　D. 使馏分由气态变为液态

99. 适用于滴定分析法的化学反应必须具备的条件是(　　)。

A. 反应放热　　　B. 反应吸热　　　C. 反应完全　　　D. 可以有副反应

100. 下列不属于滴定分析所必需的条件是(　　)。

A. 反应完全　　　B. 反应迅速　　　C. 平衡反应　　　D. 反应定量

101. 下列是有关滴定分析的化学反应必备的条件：①反应完全；②反应迅速；③等当点易判别；④无干扰性杂质；⑤反应有沉淀；⑥一级反应。

上述条件中，正确的有(　　)个。

A. 3　　　　　　　B. 4　　　　　　　C. 5　　　　　　　D. 6

102. 滴定分析可分为以下四类，正确的是(　　)。

A. 酸碱滴定法、沉淀滴定法、称量法、络合滴定法

B. 酸碱滴定法、沉淀滴定法、称量法、氧化还原滴定法

C. 酸碱滴定法、沉淀滴定法、络合滴定法、氧化还原滴定法

D. 酸碱滴定法、称量法、络合滴定法、氧化还原滴定法

103. 下列有关滴定分析方法的说法中，错误的是(　　)。

A. 酸碱滴定法的原理是酸碱反应

B. 最常用的沉淀滴定法是银量法

C. 氧化还原滴定法又分为碘量法、重铬酸钾法等

D. 用氨羧络合剂测定多种金属离子的含量是最常用的络合滴定法

104. 滴定误差的实质是(　　)。

A. 操作失误　　　B. 终点失误　　　C. 个人主观误差　　　D. 标准溶液的浓度误差

105. 下列方法中，不能使滴定终点更明显的是(　　)。

A. 选用合适的指示剂　　　　　　　B. 采用较浓的试液

C. 采用较浓的标准液　　　　　　　D. 延长指示剂显色时间

106. 滴定分析用标准溶液是(　　)。

A. 确定了浓度的溶液　　　　　　　B. 用基准试剂配制的溶液

C. 用于滴定分析的溶液　　　　　　D. 确定了准确浓度、用于滴定分析的溶液

107. 滴定分析时，常用(　　)表示溶液的浓度。

A. 百分比浓度　　　B. 质量浓度　　　C. 体积百分比　　　D. 物质的量浓度

108. 标准溶液采用(　　)表示其浓度。

A. 体积百分比　　　B. 质量百分比　　　C. 物质的量浓度　　　D. 质量体积比

109. 制备的标准溶液浓度与规定浓度相对误差不得大于(　　)。

A. 1%　　　　　　　B. 3%　　　　　　　C. 5%　　　　　　　D. 8%

110. 用于直接法制备标准溶液的试剂是(　　)。

A. 专用试剂　　　B. 基准试剂　　　C. 分析纯试剂　　　D. 化学纯试剂

111. 试验室中的仪器和试剂应(　　)存放。

A. 混合　　　　　　B. 分开　　　　　　C. 对应　　　　　　D. 任意

112. 在滴定分析中，一般利用指示剂颜色的突变来判断化学计量点的到达，在指示剂变色时停止滴定，这一点称为(　　)。

A. 化学计量点　　　　B. 滴定终点　　　　C. 滴定　　　　D. 滴定误差

113. 在滴定分析中，指示剂变色时停止滴定的点，与化学计量点的差值，称为（　　）。

A. 滴定终点　　　　B. 滴定　　　　C. 化学计量点　　　　D. 滴定误差

114. 以直接滴定法测定固体试样中某组分含量时，用同一标准溶液，一次在 10℃ 进行，另一次在 30℃ 时进行，其他条件相同，测得的结果是（　　）。

A. 与温度无关　　B. 与温度成反比　　C. 30℃ 时较高　　D. 10℃ 时较高

115. 下面有关废气的处理，错误的是（　　）。

A. 少量有毒气体可通过排风设备排出试验室

B. 量大的有毒气体必须经过处理后再排出室外

C. 二氧化硫气体可以不排出室外

D. 一氧化碳可点燃转化成二氧化碳再排出

116. 标准溶液与待测组分按 aA+bB＝cC+dD 反应，在化学计量点时，待测组分 B 物质的量应为（　　）。

A. $n_B = \dfrac{a}{b} n_A$　　　B. $n_B = \dfrac{b}{a} n_A$　　　C. $n_B = \dfrac{c}{b} n_C n_A$　　　D. $n_B = \dfrac{c}{b} n_C \dfrac{a}{b} n_A$

117. 在滴定分析中，一般要求滴定误差是（　　）。

A. ≤0.1%　　　B. >0.1%　　　C. 0.2%　　　D. >0.5%

118. 质量为 mg，摩尔质量为 M g/mol 的物质 A，溶于水后移至 VL 的容量瓶中，稀释到刻度，则其物质的量浓度 c_A 等于（　　）。

A. $\dfrac{M}{m} \dfrac{1}{V}$　　　B. $\dfrac{m}{M} V$　　　C. $\dfrac{m}{M} \dfrac{1}{V}$　　　D. $\dfrac{M}{m} V$

119. 计算化学试剂用量时所用的相对分子质量要根据（　　）提供的数据。

A. 参考书　　　B. 操作规程　　　C. 试剂标签　　　D. 以上都错

120. 物质的量浓度相同的下列物质的水溶液，其 pH 值最高的是（　　）。

A. Na_2CO_3　　　B. NaAc　　　C. NH_4Cl　　　D. NaCl

121. 用 0.1mol/L NaOH 滴定 0.1mol/L CH_3COOH(pKa＝4.74)对此滴定适用的指示剂是（　　）。

A. 酚酞　　　　B. 溴酚蓝　　　　C. 甲基橙　　　　D. 百里酚蓝

122. 配制 HCl 标准溶液宜用的试剂规格是（　　）。

A. HCl(A. R.)　　B. HCl(G. R.)　　C. HCl(L. R.)　　D. HCl(C. P.)

123. 配制好的 HCl 需贮存于（　　）中。

A. 棕色橡皮塞试剂瓶　　　　　　B. 白色橡皮塞试剂瓶

C. 白色磨口塞试剂瓶　　　　　　D. 塑料瓶

124. 下列说法中，正确的是（　　）。

A. 强酸滴定弱碱时的等量点大于 7　　B. 强碱滴定弱酸时的等量点大于 7

C. 强碱滴定弱酸时的等量点等于 7　　D. 强酸滴定弱碱时的等量点等于 7

125. 浓硫酸极易吸水，若已敞口放置许久的浓硫酸标定 NaOH 溶液，所得结果会（　　）。

A. 偏高　　　B. 偏低　　　C. 无影响　　　D. 无法判断

126. 常用于滴定氢氧化钙的酸是（　　）。

A. 磷酸　　　B. 硫酸　　　C. 乙酸　　　D. 盐酸

127. 标定 NaOH 溶液常用的基准物是（　　）。

A. 无水 Na_2CO_3 B. 邻苯二甲酸氢钾   C. $CaCO_3$ D. 硼砂

128. 以 0.1000mol/L 的 NaOH 溶液滴定 20.00mL 浓度为0.1000mol/L的 HCl 溶液，加入 20.00mL 的 NaOH 后，溶液的 pH 值是(   )。

A. 0   B. 1   C. 7   D. 14

129. 以 0.1000mol/L 的 NaOH 溶液滴定 20.00mL 浓度为0.1000mol/L的 HCl 溶液，加入 20.02mL 的 NaOH 后，溶液的 pH 值是(   )。

A. 9.70   B. 4.30   C. 2.28   D. 11.72

130. 用邻苯二甲酸氢钾标定 NaOH 时，宜选的指示剂是(   )。

A. 甲基橙   B. 甲基红   C. 溴酚蓝   D. 酚酞

131. 用 0.1mol/L HCl 滴定 $NaHCO_3$ 至有 CO_2 生成时，可选用的指示剂是(   )。

A. 甲基红   B. 甲基橙   C. 酚酞   D. 中性红

132. 配制好的 NaOH 需贮存于(   )中。

A. 白色磨口试剂瓶   B. 棕色磨口试剂瓶

C. 白色橡胶塞试剂瓶   D. 大烧杯

133. 下列物质中，能用 NaOH 标准溶液直接滴定的是(   )

A. 苯酚   B. NH_4Cl C. NaAc   D. $H_2C_2O_4$

134. 某优级纯酸($H_2C_2O_4 \cdot 2H_2O$)长期保存在放有硅胶的干燥器中，用它作基准物质标定 NaOH 溶液的浓度时，其结果是(   )。

A. 不变   B. 偏高   C. 偏低   D. 无法判断

135. 酸碱滴定中，一般分别选用(   )来滴定强碱、弱碱时。

A. 强酸、弱酸   B. 强酸、强酸   C. 弱酸、弱酸   D. 弱酸、强酸

136. 下列误差中不属于酸碱滴定的系统误差的是(   )。

A. 滴定误差   B. 仪器误差   C. 个人误差   D. 操作错误

137. 下列说法中，错误的是(   )。

A. 强酸、弱酸的等量点的 pH 值不同   B. 强酸的等量点的 pH 值不大于7

C. 弱酸的等量点的 pH 值小于7   D. 强碱的等量点的 pH 值不小于7

138. 下列说法中，正确的是(   )。

A. 强酸滴定弱碱时的等量点大于7   B. 强碱滴定弱酸时的等量点大于7

C. 强碱滴定弱酸时的等量点等于7   D. 强酸滴定弱碱时的等量点等于7

139. 某碱样为 NaOH 和 Na_2CO_3 的混合液，用 HCl 标准溶液滴定，先以酚酞为指示剂，耗去 HCl V_1mL，继以甲基橙为指示剂，又耗去 V_2mL，V_1 与 V_2 的关系是(   )。

A. $V_1 = V_2$ B. $V_1 > V_2$ C. $V_1 < V_2$ D. $2V_1 = V_2$

140. 某碱液可能为 NaOH、$NaHCO_3$、Na_2CO_3 或它们的混合物，用标准 HCl 滴定至酚酞终点时，耗去酸 V_1mL，继以甲基橙为指示剂，又耗去 V_2mL，且 $V_1 < V_2$，由此碱液为(   )。

A. $NaHCO_3 + Na_2CO_3$ B. $Na_2CO_3 + NaOH$

C. $NaOH + NaHCO_3$ D. $NaOH + NaHCO_3 + Na_2CO_3$

141. 分析室常用的 EDTA 是(   )。

A. 乙二胺四乙酸   B. 乙二胺四乙酸二钠盐

C. 乙二胺四丙酸   D. 乙二胺

142. 分析室常用的 EDTA 水溶液呈( )性。

A. 强碱   B. 弱碱   C. 弱酸   D. 强酸

143. 国家标准规定的标定 EDTA 溶液的基准试剂是( )。

A. MgO   B. ZnO   C. Zn 片   D. Cu 片

144. 可用于测定水硬度的方法有( )。

A. EDTA 法   B. 碘量法   C. $K_2Cr_2O_7$ 法   D. 质量法

145. 水的硬度测定中，正确的测定条件包括( )。

A. Ca 硬度：$pH \geqslant 12$、二甲酚橙为指示剂

B. 总硬度：$pH = 10$、铬黑 T 为指示剂

C. 总硬度：NaOH 可任意过量加入

D. 水中微量 Cu^{2+} 可借加入三乙醇胺掩蔽

146. 某溶液主要含有 Ca^{2+}、Mg^{2+} 及少量 Fe^{3+}、Al^{3+}，今在 $pH = 10$ 时加入三乙醇胺，以 EDTA 滴定，用铬黑 T 为指示剂，则测出的是( )。

A. Mg^{2+} 量   B. Ca^{2+} 量   C. Ca^{2+}、Mg^{2+} 量   D. Fe^{3+}、Al^{3+}、Ca^{2+}、Mg^{2+} 总量

147. 与络合滴定所需控制的酸度无关的因素为( )。

A. 金属离子颜色   B. 酸效应   C. 羟基化效应   D. 指示剂的变色

148. EDTA 同阳离子结合生成( )。

A. 螯合物   B. 聚合物   C. 离子交换剂   D. 非化学计量的化合物

149. 以下关于 EDTA 标准溶液制备叙述错误的为( )。

A. 使用 EDTA 分析纯试剂先配成近似浓度再标定

B. 标定条件与测定条件应尽可能接近

C. EDTA 标准溶液应贮存于聚乙烯瓶中

D. 标定 EDTA 溶液须用二甲酚橙指示剂

150. 在络合滴定中，直接滴定法的条件包括( )。

A. $\lg CK'_{mY} \leqslant 8$ B. 溶液中无干扰离子

C. 有变色敏锐无封闭作用的指示剂   D. 反应在酸性溶液中进行

151. 在 Ca^{2+}、Mg^{2+} 混合液中，用 EDTA 法测定 Ca^{2+}，要消除 Mg^{2+} 的干扰，宜用( )。

A. 控制酸度法   B. 络合掩蔽法   C. 离子交换法   D. 沉淀掩蔽法

152. EDTA 与金属离子络合的主要特点有( )。

A. 因生成的络合物稳定性很高，故 EDTA 络合能力与溶液酸度无关

B. 能与所有的金属离子形成稳定的络合物

C. 无论金属离子有无颜色，均生成无色络合物

D. 生成的络合物大都易溶于水

153. 在 Fe^{3+}、Al^{3+}、Ca^{2+}、Mg^{2+} 的混合液中，用 EDTA 法测 Fe^{3+}、Al^{3+}，要消除 Ca^{2+}、Mg^{2+} 的干扰最简便的方法是( )。

A. 沉淀分离   B. 络合掩蔽   C. 氧化还原掩蔽   D. 控制酸度

154. 络合滴定中准确滴定金属离子的条件一般是( )。

A. $\lg C_m K_{mY} \geqslant 8$ B. $\lg C_m K'_{mY} \geqslant 6$ C. $\lg K'_{mY} \geqslant 6$ D. $\lg K_{mx} \geqslant 6$

155. 下列氧化还原滴定法中，不需另加指示剂就能进行滴定的是( )。

A. 高锰酸钾法　　　 B. 碘量法　　　　 C. 重铬酸钾法　　　 D. 溴酸钾法

156. 下列不属于氧化还原滴定方法的是(　　　)。

A. 高锰酸钾法　　 B. 银量法　　　　 C. 碘量法　　　　 D. 重铬酸钾法

157. 下列有关高锰酸钾法的说法，错误的是(　　　)。

A. 高锰酸钾不能用直接法配制　　　　　 B. 蒸馏水溶解高锰酸钾后，不可立即标定浓度

C. 常用草酸钠标定高锰酸钾　　　　　　 D. 配制好的高锰酸钾溶液应放入广口瓶

158. 下列有关高锰酸钾法的说法，正确的是(　　　)。

A. 滴定时，常用酚酞作指示剂　　　　　 B. 反应时，常用氢氧化钠调节溶液成碱性

C. 用草酸钠标定高锰酸钾溶液　　　　　 滴定前，要用滤纸过滤高锰酸钾溶液

159. 标定 $KMnO_4$ 溶液的基准试剂是(　　　)。

A. $Na_2C_2O_4$　　　 B. $(NH_4)_2C_2O_4$　　 C. Fe　　　　 D. $K_2Cr_2O_7$

160. 氯气常用(　　　)作吸收剂。

A. 碘标准溶液　　　 B. 盐酸标准溶液　　　 C. 碘化钾溶液　　　 D. 乙酸锌溶液

161. $K_2Cr_2O_7$ 法常用指示剂是(　　　)。

A. $Cr_2O_7^{2-}$　　　　 B. CrO_4^{2-}　　　　 C. 二苯胺磺酸钠　 D. Cr^{3+}

162. 以 0.01mol/L $K_2Cr_2O_7$ 溶液滴定 25.00mL Fe^{2+} 溶液，耗去 $K_2Cr_2O_7$ 25.00mL，每 mL Fe^{2+} 溶液含 $Fe(M_{Fe}=55.85g/mol)$ 的毫克数为(　　　)。

A. 3.351　　　 B. 0.3351　　　 C. 0.5585　　　 D. 1.676

163. 在酸性介质中，用 $KMnO_4$ 溶液滴定草酸盐，滴定应(　　　)。

A. 像酸碱滴定那样快进行　　　　　　　 B. 在开始时缓慢进行，以后逐渐加快

C. 开始时快，然后缓慢　　　　　　　　 D. 在近化学计量点时加快进行

164. $KMnO_4$ 标准溶液配制时，正确的是(　　　)。

A. 将溶液加热煮沸，冷却后用砂心、漏斗过滤贮于棕色试剂瓶中

B. 将溶液加热煮沸 1h，放置数日，用砂心、漏斗过滤贮于无色试剂瓶中

C. 将溶液加热煮沸 1h，放置数日，用砂心、漏斗过滤贮于棕色试剂瓶中

D. 将溶液加热，待完全溶解，放置数日，贮于棕色试剂瓶中

165. 在含有少量 Sn^{2+} 的 $FeSO_4$ 溶液中，用 $K_2Cr_2O_7$ 法测定 Fe^{2+}，应先消除 Sn^{2+} 的干扰，宜采用(　　　)。

A. 控制酸度法　　 B. 络合掩蔽法　　 C. 沉淀掩蔽法　　 D. 氧化还原掩蔽法

166. 增加反应酸度时，氧化剂的电极电位会增大的是(　　　)。

A. $K_2Cr_2O_7$　　　 B. I_2　　　 C. $Ce(SO_4)_2$　　　 D. Cu^{2+}

167. 在含有 H_3PO_4 的 HCl 溶液中，用 0.1mol/L $K_2Cr_2O_7$ 溶液滴定 0.1mol/L Fe^{2+} 溶液，其化学计量点的电位值为 0.86V，对此滴定最适宜的指示剂为(　　　)。

A. 亚甲基蓝，$E^{0'}=0.36V$　　　　　　 B. 二苯胺磺酸钠，$E^{0'}=0.84V$

C. 二苯胺，$E^{0'}=0.76V$　　　　　　　 D. 邻二氮菲，$E^{0'}=1.06V$

168. 以 $K_2Cr_2O_7$ 标定 $Na_2S_2O_3$ 溶液时，滴定前加水稀释是为了(　　　)。

A. 便于滴定操作　　　　　　　　　　　 B. 防止淀粉凝聚

C. 防止 I_2 挥发　　　　　　　　　　　 D. 减少 Cr^{3+} 绿色对终点的影响

169. 碘量法中为防止 I_2 挥发，不应(　　　)。

A. 加入过量 KI　　　B. 室温下反应　　　C. 降低溶液酸度　　　D. 使用碘量瓶

170. 间接碘量法中加入淀粉指示剂的适宜时间是(　　)。

A. 滴定开始时　　　　　　　　　　B. 滴定至近终点时

C. 滴定至红棕色褪尽，溶液呈无色时　　D. 在标准溶液滴定了近 50% 时

171. 碘量法滴定的酸度条件为(　　)。

A. 弱酸　　　　　　B. 强酸　　　　　　C. 弱碱　　　　　　D. 强碱

172. 可用于沉淀滴定法的沉淀反应应具备的条件是(　　)。

A. 反应放热、反应迅速、滴定终点易确定、沉淀物的溶解度小

B. 反应放热、反应迅速、反应完全、滴定终点易确定

C. 反应迅速、反应完全、滴定终点易确定、沉淀物的溶解度小

D. 反应完全、反应放热、平衡反应、沉淀物的溶解度小

173. 下列离子中，对莫尔法不产生干扰的离子是(　　)。

A. Pb^{2+}　　　　B. NO_2^-　　　　C. S^{2-}　　　　D. Cu^{2+}

174. 莫尔法确定终点的指示剂是(　　)。

A. 荧光黄　　　　B. $K_2Cr_2O_7$　　　　C. $NH_4Fe(SO_4)_2$　　　D. K_2CrO_4

175. 莫尔法测 NaCl 的含量，要求介质的 pH 值在 6.5～10.0 范围，若酸度过高，则(　　)。

A. AgCl 沉淀不完全　　　　　　　B. AgCl 沉淀易胶溶

C. AgCl 沉淀吸附 Cl^- 能力增强　　　D. Ag_2CrO_4 沉淀不易形成

176. 莫尔法不适于测定(　　)。

A. Cl^-　　　　B. Br^-　　　　C. I^-　　　　D. Ag^+

177. 莫尔法则 Cl^- 含量的酸度条件为(　　)。

A. pH=6.5～10.0　　B. pH=1～2　　C. pH=4～6　　D. pH=10～12

178. 莫尔法测 Cl^-，终点时溶液的颜色为(　　)色。

A. 砖红　　　　B. 黄绿　　　　C. 纯蓝　　　　D. 橙黄

179. 莫尔法滴定中，指示剂 K_2CrO_4 的实际浓度为(　　)mol/L。

A. 1.2×10^{-2}　　B. 0.015　　C. 3×10^{-5}　　D. 5×10^{-3}

180. 佛尔哈德法测 NaCl 的含量，其酸度条件为(　　)。

A. 中性弱碱性　　B. 强酸性　　　C. 弱酸性　　　D. 强碱性

181. 最常用的称量分析法是(　　)。

A. 沉淀法　　　B. 气化法（挥发法）　C. 电解法　　　D. 萃取法

182. 按微生物营养类型划分，多数微生物属于(　　)。

A. 化能自养型　　B. 化能异养型　　C. 光能自养型　　D. 光能异养型

183. 微生物细胞中含量最多的成分是(　　)。

A. 蛋白质　　　B. 核酸　　　　C. 碳水化合物　　　D. 水

184. 微生物细胞的主要组成元素是(　　)。

A. 碳、氢、氧、氮、磷　　　　B. 碳、氧、氮、磷、钙

C. 碳、氢、氮、钙、铁　　　　D. 碳、氢、氧、钠、磷

185. 细菌细胞中含量最丰富的干物质是(　　)。

A. 碳水化合物　　B. 脂肪　　　　C. 蛋白质　　　D. 无机盐

186. 下列微生物中，属于原核生物的一组是(　　)。

A. 细菌、霉菌　　　　　　　　B. 酵母菌、放线菌

C. 细菌、放线菌　　　　　　　D. 霉菌、酵母菌

187. 下列微生物中，属于真核生物的一组是(　　)。

A. 放线菌、霉菌　　　　　　　B. 霉菌、酵母菌

C. 细菌、放线菌　　　　　　　D. 酵母菌、细菌

188. 下列细菌中，属于低温菌的是(　　)。

A. 保加利亚乳杆菌　B. 无色杆菌　　C. 双歧杆菌　　D. 大肠杆菌

189. 下列有关微生物营养的说法，不正确的是(　　)。

A. 地球上的有机物几乎都能被微生物利用

B. 微生物不能利用重金属

C. 根据微生物所需营养和能源不同，可将它们分为自养型、异养型

D. 自养型微生物能以二氧化碳或碳酸盐作为碳源

190. 下列四种微生物中，属于乳酸菌的是(　　)。

A. 丙酸菌　　　　B. 保加利亚乳杆菌　C. 大肠杆菌　　　　D. 丁酸菌

191. 无机盐是微生物生命活动中不可缺少的物质，下列选项中不属于它们的功能的是(　　)。

A. 作为自养菌的能源　　　　　B. 调节体温

C. 构成菌体成分　　　　　　　D. 作为酶的组成成分或激活剂

192. 下列有关盐类对微生物影响的说法，正确的是(　　)。

A. 盐类的特性、浓度、pH 值、作用时的温度都会影响盐类的作用效果

B. 一般而言，盐类浓度高时对微生物是有益的

C. 盐浓度的高低对微生物的作用效果是一样的

D. 阳离子的价键高低对作用效果无影响

193. 以氧化有机物获得能量的微生物属于(　　)。

A. 异养型　　　　B. 兼性自养　　　C. 自养型　　　　D. 化能型

194. 下列属于非细胞形态的微生物是(　　)。

A. 病毒　　　　　　B. 细菌　　　　　C. 藻类　　　　　D. 原生动物

195. 下列有关影响微生物生长的物理因素描述中，错误的是(　　)。

A. 细胞芽孢较营养体更耐恶劣环境

B. 所有微生物都需在有氧条件下培养

C. 菌膜的形成完全取决于培养基的表面张力

D. 影响微生物遗传性能的射线有紫外线、X 射线等

196. 下列元素中，不属于微生物生长所需的微量元素是(　　)。

A. 铜　　　　　　　B. 铁　　　　　　C. 钙　　　　　　D. 锌

197. 下列说法中，正确的是(　　)。

A. 测定微生物生长的指标是细胞个体的增大量

B. 测定微生物生长的指标是细胞体积的变化量

C. 微生物的生长是指它将营养物质转变成细胞物质并引起体重增加的过程

D. 以上都错

198. 下列有关温度对微生物影响的描述，错误的是（   ）。

A. 高温引起菌体内酶失活和蛋白质变性是加热杀菌方法的理论基础

B. 微生物在超过最高生长温度以上的环境中会死亡，且温度越高死亡越快

C. 幼龄菌、中龄菌和老龄菌对低温的敏感性是一致的

D. 在低温时，一部分微生物死亡，但大部分只是代谢活动减弱和降低

199. 下列有关渗透压对微生物影响的描述中，错误的是（   ）。

A. 突然改变和逐步改变渗透压对微生物的影响是相同的

B. 腌渍菜、加糖炼乳都是利用微生物不耐高渗透压的特性而采取的措施

C. 平皿计数法所用的稀释液应为等渗溶液，如质量分数为 8.5% 的盐溶液

D. 高渗和低渗溶液对微生物细胞作用方式不同，但都能导致菌体死亡

200. 金属离子对微生物的生命活动有重要作用，下列说法错误的是（   ）。

A. 金属离子对微生物无毒害作用

B. 某些金属离子是酶活性的组分或者是酶的激活剂

C. 金属离子参与细胞的组成

D. 铁和铜等是某些酶的活性基团

201. 下列因素中，不会影响微生物化学成分的是（   ）。

A. 微生物的种类   B. 菌龄   C. 培养基   D. 菌体大小

202. 水在微生物中有重要功能，下列选项中不属于这些功能的是（   ）。

A. 调节体温   B. 直接参与代谢   C. 作为能源   D. 作为溶剂

203. 观察微生物动力学试验所用的接种方法是（   ）。

A. 划线接种   B. 液体接种   C. 穿刺接种   D. 涂布接种

204. 细菌生长曲线共分四个阶段，按时间先后排序正确的是（   ）。

A. 延迟期、稳定期、衰亡期、对数期

B. 对数期、衰亡期、稳定期、延迟期

C. 延迟期、对数期、稳定期、衰亡期

D. 衰亡期、对数期、延迟期、稳定期

205. 下列有关细菌生长处于稳定期特点的描述，错误的是（   ）。

A. 细胞净增量趋于零   B. 整个微生物处于动态平衡

C. 微生物不进行新的繁殖   D. 细胞的增殖量与死亡数几乎相等

206. 细菌生长曲线中，第一阶段是（   ）。

A. 延迟期   B. 稳定期   C. 衰亡期   D. 对数期

207. 下列关于细菌生长曲线对数期特点的描述，错误的是（   ）。

A. 它是生长曲线的第二阶段

B. 处于该阶段的微生物的净增速度最快，甚至以几何级数增加

C. 在此阶段，细胞代谢最旺盛

D. 微生物中没有死亡的细胞

208. 微生物细胞在分裂时会发生某些变化，下列描述正确的是（   ）。

A. 细胞物质保持稳定   B. 体积减小

C. 形成一横隔膜   D. 细胞变短

209. 下列关于细菌衰亡期特点的描述，错误的是(   )。

A. 细胞数以几何级数下降　　　　　　B. 微生物不再繁殖

C. 群体中活细胞数目急剧下降　　　　D. 细胞死亡数大于增殖数

210. 下列各组中属于细胞特殊结构的是(   )。

A. 细胞壁、荚膜、鞭毛　　　　　　　B. 细胞质、鞭毛、芽孢

C. 细胞膜、荚膜、芽孢　　　　　　　D. 荚膜、芽孢、鞭毛

211. 进行微生物接种前，一般选用70%(体积分数)的酒精擦手，该措施属于(   )。

A. 防腐　　　　B. 消毒　　　　C. 杀菌　　　　D. 杀死微生物

212. 大肠菌群的生物学特性是(   )。

A. 发酵乳糖、产酸、不产气　　　　　B. 不发酵乳糖、产酸、产气

C. 发酵乳糖、产酸、产气　　　　　　D. 发酵乳糖、不产酸、不产气

213. 大肠菌群的生物学特征是(   )。

A. 革兰氏阳性、需氧和兼性厌氧　　　B. 革兰氏阴性、需氧和兼性厌氧

C. 革兰氏阳性、厌氧　　　　　　　　D. 革兰氏阳性、需氧

214. 大肠菌群在EMB平板上的菌落特征是(   )。

A. 白色针尖状　　B. 金黄色葡萄球菌　C. 黑色　　　　D. 红色

215. MPN是指(   )。

A. 100g样品中大肠菌群确切数　　　　B. 1g样品中大肠菌群确切数

C. 1g样品中大肠菌群近似数　　　　　D. 100g样品中大肠菌群近似数

216. 测定大肠菌群时，经EMB平板分离后要确定是否为大肠菌群，还要经过(   )。

A. 三糖铁试验　　　　　　　　　　　B. V-P试验

C. 复发酵和革兰氏染色　　　　　　　D. 硫化氢试验

217. 大肠菌群测定的一般步骤是(   )。

A. 初发酵→分离→染色→复发酵　　　B. 初发酵→分离→复发酵→染色

C. 初发酵→复发酵→分离　　　　　　D. 初发酵→复发酵

218. 大肠菌群初发酵的培养条件是(   )。

A. 36℃，24h　　B. 25℃，一周　　C. 36℃，48h　　D. 36℃，4h

219. 大肠菌群复发酵的培养条件是(   )。

A. 36℃，24h　　B. 36℃，4h　　C. 36℃，48h　　D. 36℃，12h

220. 最常用的活菌计数法是(   )。

A. 称量法　　　　B. 血球计数法　　C. 平皿计数法　　D. 测细胞中某些生理活性的变化

221. 平皿稀释法测定活菌数时，下列操作正确的是(   )。

A. 将吸有溶液的吸量管插入稀释液　　B. 稀释液一般是蒸馏水

C. 所有稀释都用同一支吸量管　　　　D. 每次稀释后，应将样品充分摇匀

222. 平皿计数法测定活菌数时，一般将待测菌液作一系列(   )倍稀释。

A. 5　　　　　　B. 10　　　　　　C. 50　　　　　　D. 100

223. 测定菌落总数时采用的培养基是(   )。

A. EMB琼脂　　　B. 营养琼脂　　　C. B-P琼脂　　　D. 三糖铁琼脂

224. 测定菌落总数的营养琼脂的pH值应为(   )。

A. 7.0～8.0　　　　B. 7.2～8.4　　　　C. 5.0～7.0　　　　D. 7.2～7.4

225. 下列不属于培养基的 pH 值对微生物活动影响的项目是（　　）。

A. 影响微生物体内外的渗透压差

B. 影响微生物对营养物质的吸收、酶的形成和活力

C. 影响微生物代谢途径

D. 影响环境因素，如对氧的溶解和氧化还原电位等

226. 下列关于培养基的氧化还原电位，说法正确的是（　　）。

A. 氢的分压高，氧化还原电位低　　　B. pH 值低时，氧化还原电位低

C. 氧的分压高，氧化还原电位低　　　D. pH 值对氧化还原电位无影响

227. 测定微生物繁殖的指标是（　　）。

A. 细胞个体的大小　　　　　　　　　B. 细胞数目的增加

C. 细胞体积的增大　　　　　　　　　D. 以上都对

228. 下列有关湿热灭菌法的描述，错误的是（　　）。

A. 煮沸也是湿热灭菌法的一种

B. 巴氏灭菌法采用 62℃ 加热 30min 或 70℃ 加热 15min

C. 间歇灭菌法是最常用的湿热灭菌法

D. 高压蒸汽灭菌法是利用高压获得高温蒸汽，并利用蒸汽的高温杀死微生物

229. 下列有关湿热灭菌法的描述，正确的是（　　）。

A. 同一温度下，它的效果不如干热灭菌法

B. 针对不同物品有不同的灭菌温度和灭菌时间

C. 湿热时，蛋白质受蒸汽保护，不易变性

D. 高压蒸汽灭菌法是通过强大的压力将微生物杀死

230. 利用物理或化学因子使存在于物体中的所有微生物（包括最耐热的芽孢）永久性地丧失其生存能力，这就是（　　）。

A. 消毒　　　　　　B. 灭菌　　　　　　C. 防腐　　　　　　D. 以上都错

231. 目前常用干热灭菌的方法所采用的温度和时间是（　　）。

A. 100℃，1h　　　　　　　　　　　B. 100～110℃，1～2h

C. 180～190℃，1～2h　　　　　　　D. 160～170℃，1～2h

232. 烧开水是一种（　　）措施。

A. 防腐　　　　　　B. 消毒　　　　　　C. 灭菌　　　　　　D. 致死

233. 用于菌落总数测定的营养琼脂的灭菌条件是（　　）。

A. 115℃，15min　　B. 121℃，15min　　C. 110℃，30min　　D. 95℃，30min

234. 紫外灯照射是（　　）措施。

A. 防腐　　　　　　B. 消毒　　　　　　C. 灭菌　　　　　　D. 以上都错

235. 下列有关大肠杆菌的描述中，错误的是（　　）。

A. 革兰氏反应呈阴性　　　　　　　　B. 菌体形态是短杆状

C. 菌体排列为一个或两个　　　　　　D. 会形成孢子

236. 下列有关大肠杆菌的描述，错误的是（　　）。

A. 它属于肠道菌群　　　　　　　　　B. 60℃ 加热 30min 可被杀死

C. 10℃以下仍能生长　　　　　　　　D. 不产生 β-羟基丁酮

237. 下列各项中，不是嗜热微生物耐高温的原因的是(　　)。

A. 嗜热微生物体内的酶对热较稳定

B. 嗜热微生物的鞭毛具有抗热性

C. 嗜热微生物所含的饱和脂肪酸较多，不饱和脂肪酸较少

D. 嗜热微生物体内含水量高

238. 一般而言，嗜热微生物的最适生长温度较嗜温微生物的最适生长温度(　　)。

A. 低　　　　　　B. 高　　　　　　C. 相似　　　　　　D. 无法评估

239. 绝大多数微生物处于最低生长温度时的状态是(　　)。

A. 代谢活动正常，呈休眠状态

B. 代谢活动已减弱到极低程度，呈正常状态

C. 代谢活动已减弱到极低程度，呈休眠状态

D. 与处于最高生长温度时的状态相同

240. 目前菌落总数的测定多用(　　)。

A. 平皿计数法　　　B. 血球计数法　　　C. 稀释法　　　　　D. 涂布法

241. 试验室中不属于危险品化学试剂的是(　　)。

A. 易燃易爆物　　　　　　　　　　　B. 放射性、有毒物品

C. 干冰、纯碱　　　　　　　　　　　D. 氧化性、腐蚀性物品

242. 下列关于废液的处理，错误的是(　　)。

A. 废酸液可用生石灰中和后排放

B. 废酸液用废碱液中和后排放

C. 少量的含氰废液可先用 NaOH 调节 pH 值大于 10 后再氧化

D. 量大的含氰废液可用酸化的方法处理

243. 测定菌落总数时，若各稀释度均无细菌生长，则报告为(　　)。

A. 0　　　　　　　　　　　　　　　B. 未检出

C. <1 乘以最低稀释倍数　　　　　　D. 以上都不是

244. 根据国标规定，特级甜炼乳细菌总数指标为(　　)个/g。

A. ≤15000　　　B. ≤25000　　　C. ≤30000　　　D. ≤40000

245. 细菌菌落计数时，发现 10^{-2}、10^{-3} 稀释度的菌落分别为 230、38，那么该检样细菌数为(　　)个/g。

A. 46000　　　B. 23000　　　C. 69000　　　D. 20000

246. 菌落总数测定时，若 10^{-2} 的稀释度平皿上的菌落数为 295 个，10^{-3} 稀释度平皿上的菌落数为 46 个，那么该样品中实际菌落数为(　　)个/g。

A. 24000　　　B. 48000　　　C. 38000　　　D. 56000

247. 从液体样品中取出 0.2mL 进行了 7 次稀释，每次稀释倍数是 10，最后取最终稀释液 0.2mL 进行平板涂布，经保温培养后，测得 3 个平板的菌落数分别是 36、42 和 33，则由此得出原样品中该菌的浓度为(　　)个/mL。

A. $7.4×10^8$　　　B. $3.7×10^7$　　　C. $1.85×10^8$　　　D. $1.85×10^9$

248. 根据国标的规定，特级全脂甜炼乳的大肠菌群的指标为(　　)。

A. ≤140 个/100g B. ≤160 个/g C. ≤90 个/g D. ≤40 个/100g

249. 根据国标的规定，鸡全蛋粉的大肠菌群指标为(　　)。

A. ≤200 个/g B. ≤150 个/g C. ≤110 个/g D. ≤40 个/g

250. 理化检验选用的试剂，其标签上必须有的标注项目是(　　)。

A. 纯度、状态和杂质含量等　　　　B. 品级、纯度和价格等

C. 纯度、价格和杂质含量等　　　　D. 品级、纯度和杂质含量等

251. 乳糖结晶水的蒸发温度是(　　)。

A. 80℃ B. 94℃ C. 120℃ D. 300℃

252. 以下各化合物中，不可能存在于灼烧残留物中的是(　　)。

A. 氯化钠 B. 碳酸钙 C. 蛋白质 D. 氧化铁

253. 测定牛乳中的灰分含量时，所用的灼烧温度是(　　)。

A. 450℃ B. 550℃ C. 650℃ D. 750℃

254. 测定牛乳中的灰分含量时，放入干燥器的坩埚温度不得高于(　　)。

A. 200℃ B. 300℃ C. 410℃ D. 350℃

255. 测定牛乳中灰分含量时，坩埚恒重是指前后两次称量之差不大于(　　)。

A. 2mg B. 0.2mg C. 5mg D. 0.5mg

256. 测定牛乳中脂肪含量的基准方法是(　　)。

A. 盖勃法　　　　　　　　　　　　B. 罗紫-哥特里法

C. 巴氏法　　　　　　　　　　　　D. 索氏提取法

257. 以下测定牛乳中脂肪含量的各种方法中，属于质量法是(　　)。

A. 盖勃法　　　　　　　　　　　　B. 罗紫-哥特里法

C. 巴氏法　　　　　　　　　　　　D. 红外扫描法

258. 以下测定脂肪的方法中，不适于牛乳脂肪测定的是(　　)。

A. 巴氏法　　　　　　　　　　　　B. 罗紫-哥特里法

C. 盖勃法　　　　　　　　　　　　D. 酸水解法

259. 用罗紫-哥特里法测定牛乳中的脂肪含量时，加入石油醚的作用是(　　)。

A. 易于分层　　　　　　　　　　　B. 分解蛋白质

C. 分解糖类　　　　　　　　　　　D. 增加脂肪极性

260. 用罗紫-哥特里法测定牛乳中的脂肪含量时，溶解乳蛋白所用的试剂是(　　)。

A. 盐酸 B. 乙醇 C. 乙醚 D. 氨水

261. 罗紫-哥特利法测定牛乳中的脂肪含量时，烘干温度为(　　)。

A. 90~100℃ B. 80~90℃ C. 100~102℃ D. 110℃

262. 测定甜牛乳蔗糖含量时，转化温度为(　　)。

A. 75℃ B. 35℃ C. 67℃ D. 100℃

263. 巴布科克法测定牛乳中脂肪含量时，加入硫酸的量为(　　)。

A. 17.5mL B. 20mL C. 10.0mL D. 15.0mL

264. 巴布科克法测定牛乳脂肪含量时，取样量为(　　)。

A. 17.6mL B. 20mL C. 10.75mL D. 15mL

265. 巴布科克法测定牛乳中脂肪含量时，离心速度为(　　)r/min。

A. 2000　　　　　B. 1500　　　　　C. 1000　　　　　D. 500

266. 腐蚀性试剂宜放在(　　)的盘或桶中。

A. 塑料或搪瓷　　　　　　　　　B. 玻璃或金属

C. 橡胶或有机玻璃　　　　　　　D. 棕色或无色

267. 盖勃法测定牛乳脂肪含量时，加异戊醇的作用是(　　)。

A. 调节样品比重　　　　　　　　B. 形成酪蛋白钙盐

C. 破坏有机物　　　　　　　　　D. 促进脂肪从水中分离出来

268. 如果用盖勃法测定牛乳的脂肪含量，应选用的乳脂计型号是(　　)。

A. 1%　　　　　B. 7%　　　　　C. 35%　　　　　D. 40%

269. 盖勃法测牛乳脂肪含量时，水浴温度是(　　)。

A. 约65℃　　　　B. 约80℃　　　　C. 约50℃　　　　D. 约100℃

270. 盖勃法测定牛乳中脂肪的含量时，乳脂计的读数方法是(　　)。

A. 读取酸层和脂肪层的最高点

B. 读取酸层和脂肪层的最低点

C. 读取酸层和脂肪层最高和最低点的平均数

D. 以上都不是

271. 盖勃法测定牛乳中脂肪的含量时，离心机转速为(　　)r/min。

A. 2000　　　　　B. 1500　　　　　C. 1100　　　　　D. 2500

272. 下列关于盖勃法测定脂肪含量的叙述，不正确的是(　　)。

A. 对于不同样品，选用不同的乳脂计　　B. 试剂使用前应鉴定

C. 直接使用分析纯硫酸　　　　　　　　D. 全过程包括两次保温，一次离心

273. 凯氏定氮法测牛乳中蛋白质的含量时，消化液中的氮以(　　)形式馏出。

A. 氯化铵　　　　B. 硫酸钠　　　　C. 氢氧化铵　　　　D. 硝酸铵

274. 测定牛乳中乳糖含量时，会干扰测定的离子是(　　)。

A. 钙离子　　　B. 磷酸根离子　　　C. 草酸根离子　　　D. 磷酸氢根离子

275. 测定甜牛乳蔗糖含量时，转化温度为(　　)。

A. 75℃　　　　B. 35℃　　　　C. 67℃　　　　D. 100℃

276. 热滴定法测定牛乳中乳糖和蔗糖的含量时，用(　　)的颜色指示滴定终点。

A. 酒石酸钾钠　　B. 葡萄糖　　　C. 氧化铜　　　D. 硫酸铜

277. 测定牛乳中乳糖含量时，费林氏液必须控制在(　　)内沸腾。

A. 5min　　　　B. 4min　　　　C. 3min　　　　D. 2min

278. 测定牛乳中的水分时，加入海砂的作用是(　　)。

A. 加大蒸发面积　　　　　　　　B. 提高加热强度

C. 减小烘干时间　　　　　　　　D. 保护易挥发成分

279. 凯氏定氮法测牛乳中蛋白质的含量时，消化液中的蛋白质是以(　　)形式存在的。

A. 氯化铵　　　　B. 碳酸铵　　　　C. 硫酸铵　　　　D. 氢氧化铵

280. 凯氏定氮法测牛乳中蛋白质的含量时不可用作助消化剂的是(　　)。

A. 过氧化氢　　　B. 硝酸　　　　C. 硫酸铜　　　　D. 硫酸钾

281. 凯氏定氮法测食品中蛋白质的含量时，蒸馏时间一般为(　　)。

A. 5min　　　　　B. 30min　　　　　C. 60min　　　　　D. 120min

282. 莱因-埃农氏法测定总糖含量的原理是（　　）。

A. 氧化还原滴定　　B. 沉淀滴定　　　　C. 酸碱滴定　　　　D. 络合滴定

283. 莱因-埃农氏法测定总糖含量所用的指示剂是（　　）。

A. 结晶紫　　　　　B. 甲基红　　　　　C. 次甲基蓝　　　　D. 溴甲酚绿

284. 根据规定，特级全脂乳粉细菌总数指标应为（　　）个/g。

A. ≤50000　　　　B. ≤20000　　　　C. ≤30000　　　　D. ≤4000

285. 现有如下反应：$C_{12}H_{22}O_{11}$（乳糖）$+H_2O \longrightarrow 2C_6H_{12}O_6$（葡萄糖），$C_6H_{12}O_6 \longrightarrow 2C_2H_5OH+2CO_2$。请问：该反应是（　　）。

A. 乳酸发酵　　　　B. 酒精发酵　　　　C. 丙酸发酵　　　　D. 丁酸发酵

286. 下列过程，不属于乳品正常发酵的是（　　）。

A. 乳酸发酵　　　　B. 酒精发酵　　　　C. 丙酸发酵　　　　D. 丁酸发酵

287. 样品总糖含量若以蔗糖计算，则最后乘以系数（　　）。

A. 1.05　　　　　B. 0.95　　　　　C. 1.10　　　　　D. 1.15

288. 在测定食品中的灰分含量时，灼烧残留物中不可能存在的是（　　）。

A. 蔗糖　　　　　B. 钠　　　　　　C. 钾　　　　　　D. 氯

289. 测定食品中的灰分时，不能采用的助灰化方法是（　　）。

A. 加过氧化氢　　　　　　　　　　B. 提高灰化温度至 800℃

C. 加水溶解灰化残渣后继续灰化　　D. 加助灰化剂

290. 测定食品中蛋白质含量的仲裁方法是（　　）。

A. 双缩脲法　　　　　　　　　　　B. 凯氏定氮法

C. 紫外法　　　　　　　　　　　　D. 考马斯亮蓝染色法

291. 凯氏定氮法测蛋白质含量时，所用的消化剂是（　　）。

A. 硫酸钠-硫酸钾　　　　　　　　B. 硝酸钠-硫酸钾

C. 硫酸铜-硫酸钡　　　　　　　　D. 硫酸铜-硫酸钾

292. 凯氏定氮法测蛋白质含量的试验中，混合指示剂是由 1g/L 溴甲酚绿和 1g/L 甲基红按（　　）的比例配比而成的。

A. 1：5　　　　　B. 1：2　　　　　C. 2：1　　　　　D. 5：1

293. 标定费林氏液时，基准乳糖的干燥温度为（　　）。

A. 110℃　　　　B. 130℃　　　　C. 80℃　　　　　D. 95℃

294. 标定费林氏液时，基准蔗糖的干燥温度是（　　）。

A. 105℃　　　　B. 115℃　　　　C. 121℃　　　　D. 90℃

295. 若要测定水的总含量，应采用（　　）。

A. 烘干法　　　　B. 减压干燥法　　C. 卡尔费休法　　D. 加热法

296. 水分测定时，铝皿在干燥器中的干燥时间一般为（　　）。

A. 1h　　　　　　B. 2h　　　　　　C. 3h　　　　　　D. 0.5h

297. 乳粉水分检验中，恒重是指铝皿前后两次称量之差不大于（　　）。

A. 5mg　　　　　B. 2mg　　　　　C. 0.5mg　　　　D. 0.2mg

298. 测定乳粉水分含量时所用的干燥温度为（　　）。

A. 80~90℃   B. 95~105℃   C. 60~70℃   D. 115~120℃

299. 萃取分离方法基于各种不同物质在不同溶剂中(　　)不同这一基本原理。

A. 分配系数   B. 分离系数   C. 萃取百分率   D. 溶解度

300. 通常使用(　　)来进行溶液中物质的萃取。

A. 离子交换柱   B. 分液漏斗   C. 滴定管   D. 柱中色谱

301. 纸层析是在滤纸上进行的(　　)分析法。

A. 色层   B. 柱层   C. 薄层   D. 过滤

302. 使用 pH 计前,必须熟悉其使用说明书,其目的在于(　　)。

A. 掌握仪器性能,了解操作规程   B. 了解电路原理图

C. 掌握仪器的电子构件   D. 了解仪器结构

303. 用 pH 计以浓度直读法测试液的 pH 值,先用与试液 pH 相近的标准溶液(　　)。

A. 调零   B. 消除干扰离子   C. 定位   D. 减免迟滞效应

304. pH 计测量出的是(　　),而刻度指的是 pH 值。

A. 电池的电动势   B. 电对的强弱   C. 标准电极电位   D. 离子的活度

305. 用 pH 计测定试液的 pH 值之前,要先用标准(　　)溶液进行定位。

A. 酸性   B. 碱性   C. 中性   D. 缓冲

306. 分光光度法的吸光度与(　　)无关。

A. 入射光的波长   B. 液层的高度   C. 液层的厚度   D. 溶液的浓度

307. 符合比耳定律的有色溶液在稀释时,其最大吸收峰的波长(　　)。

A. 向长波方向移动   B. 向短波方向移动

C. 不移动,但峰高值降低   D. 不移动,但峰高值增大

308. (　　)不属于显色条件。

A. 显色剂浓度   B. 参比液的选择   C. 显色酸度   D. 显色时间

309. 721 型分光光度计的检测器是(　　)。

A. 光电管   B. 光电倍增管   C. 硒光电池   D. 测辐射热器

310. 在分光光度法中,(　　)不会导致偏离朗伯-比尔定律。

A. 实际样品的混浊   B. 蒸馏水中有微生物

C. 单色光不纯   D. 测量波长的区域

311. 分光光度法中,摩尔吸光系数与(　　)有关。

A. 液层的厚度   B. 光的强度   C. 溶液的浓度   D. 溶质的性质

312. 721 型分光光度计单色器的色散元件是(　　)。

A. 滤光片   B. 玻璃棱镜   C. 石英棱镜   D. 光栅

313. 721 型分光光度计使用前,仪器应予热(　　)min。

A. 0   B. 5   C. 10   D. 20

314. 反射镜或准直镜脱位,将造成 721 型分光光度计光源灯亮但(　　)的故障。

A. 无法调零   B. 无法调"100%"   C. 无透射光   D. 无单色光

315. 测量折光率的仪器是(　　)。

A. 自动电导仪   B. 阿贝折光仪

C. 气相色谱仪   D. 分光光度计

316. 折光率是指光线在空气（真空）中传播的速度与在其他介质中传播速度的（   ）。

A. 比值   B. 差值   C. 正弦值   D. 平均值

317. 为防止蒸馏过程中的（   ），须加沸石或无釉小瓷片到蒸馏烧瓶中。

A. 沸腾现象   B. 爆沸现象   C. 爆炸现象   D. 过热现象

318. 纯净物料的沸程，一般在（   ）左右。

A. 1℃   B. 3℃   C. 5℃   D. 0.1℃

319. 蒸馏法测定沸程，温度计插入支管蒸馏烧瓶位置正确的是（   ）。

A. 使温度计水银球接近所蒸馏的液面

B. 使温度计水银球靠近蒸馏烧瓶瓶口

C. 使温度计水银球上边缘与支管上边缘在同一水平面上

D. 使温度计水银球上边缘与支管下边缘在同一水平面上

320. 个别测定值减去平行测定结果平均值，所得的结果是（   ）。

A. 绝对偏差   B. 绝对误差   C. 相对偏差   D. 相对误差

321. 测定值减去真实值结果是（   ）。

A. 相对误差   B. 相对偏差   C. 绝对误差   D. 绝对偏差

322. 在滴定分析法测定中出现的下列情况，哪种导致系统误差（   ）。

A. 滴定时有液滴溅出   B. 砝码未经校正

C. 滴定管读数读错   D. 试样未经混匀

323. 分析测定中出现的下列情况，何种属于偶然误差（   ）。

A. 滴定时所加试剂中含有微量的被测物质

B. 滴定管读取的数值偏高或偏低

C. 所用试剂含干扰离子

D. 室温升高

324. 对同一样品分析，采取同样的方法，测得的结果为 37.44%、37.20%、37.30%、37.50%、37.30%，则此次分析的相对平均偏差为（   ）。

A. 0.30%   B. 0.54%   C. 0.26%   D. 0.18%

325. 质量法测定脂肪的含量结果分别是 37.40%、37.20%、37.30%、37.50%、37.30%，其绝对平均偏差是（   ）。

A. 0.088%   B. 0.24%   C. 0.010%   D. 0.122%

326. 对同一样品分析，采取一种相同的分析方法，每次测得的结果依次为 31.27%、31.26%、31.28%，其第一次测定结果的相对偏差是（   ）。

A. 0.03%   B. 0.00%   C. 0.06%   D. -0.01%

327. $\dfrac{0.0234 \times 4.303 \times 71.07}{127.5}$ 的计算结果是（   ）。

A. 0.0561259   B. 0.056   C. 0.0561   D. 0.05613

328. 由计算器算得 $\dfrac{2.236 \times 1.1124}{1.036 \times 0.2000}$ 的结果为 12.004471，按有效数字运算规则，应将结果修约为（   ）。

A. 12.00   B. 12.0045   C. 12   D. 12.0

329. 12.26+7.21+2.1341 三位数相加，由计算器所得结果为 21.6041，按有效数字运算规则，应将结果修约为(   )。

    A. 21　　　　　　B. 21.6　　　　　　C. 21.60　　　　　　D. 21.604

330. 在一组平行测定中，测得试样中钙的质量分数分别为 22.38%、22.39%、22.36%、22.40% 和 22.48%，用 Q 检验判断，应弃去的是(   )。（已知：$Q_{0.90}=0.64,n=5$）

    A. 22.38%　　　　B. 22.40%　　　　C. 22.48%　　　　D. 22.39%

331. 当煤中水的质量分数在 5%~10% 之间时，规定平行测定结果的允许绝对偏差不大于 0.3%，对某一煤试样进行 3 次平行测定，其结果分别为 7.17%、7.31% 及 7.72%，应弃去的是(   )。

    A. 7.72%　　　　B. 7.17%　　　　C. 7.72%、7.31%　　D. 7.31%

332. 某人根据置信度为 95% 对某项分析结果计算后，写出如下报告，合理的是(   )。

    A. 25.48%±0.1%　　　　　　　　　B. 25.48%±0.135%

    C. 25.48%±0.1348%　　　　　　　D. 25.48%±0.13%

333. 称量法测定黄铁矿中硫的质量分数，称取样品 0.3853g，下列结果合理的是(   )。

    A. 36%　　　　　B. 36.41%　　　　C. 36.4%　　　　D. 36.4131%

334. 下列有关高压气瓶的操作，正确的选项是(   )。

    A. 气阀打不开用铁器敲击　　　　B. 使用已过检定有效期的气瓶

    C. 冬天气阀冻结时，用火烘烤　　D. 定期检查气瓶、压力表、安全阀

335. 下列操作高压气瓶的措施，不正确的是(   )。

    A. 运输时气瓶帽应旋紧，要轻装轻卸

    B. 发现高压气瓶有泄漏，立即停止使用

    C. 操作者穿有油污的衣服使用氧气瓶

    D. 高压气瓶每次使用都应留有余地

336. 高压气瓶的使用，不正确的是(   )。

    A. 化验室内的高压气瓶要制定管理制度和操作规程

    B. 使用高压气瓶的人员，必须正确操作

    C. 开阀时速度要快

    D. 开关瓶的气阀时，应在气阀接管的侧面

337. 违背电气设备安全使用规则的是(   )。

    A. 电气设备起火，应立即切断电源

    B. 电气设备着火应用泡沫灭火器灭火

    C. 高温电炉在最高温度不宜工作时间太长

    D. 不宜在电气设备附近堆放易燃易爆物

338. 下列叙述正确的是(   )。

    A. 新购的电气设备一定能正常使用

    B. 固体药品可直接放入烘箱隔板上烘烤

    C. 电水浴锅水量不足时，应停电补加

    D. 电气设备仪器着火时，立即用水扑灭

339. 有关用电操作正确的是(   )。

    A. 人体直接触及电气设备带电体

    B. 用湿手接触电源

C. 使用超过电气设备额定电压的电源供电

D. 电气设备安装良好的外壳接地线

340. 违背剧毒品管理的选项是（　　）。

A. 使用时应熟知其毒性以及中毒的急救方法

B. 未用完的剧毒品应倒入下水道，用水冲掉

C. 剧毒品必须由专人保管，领用必须经领导批准

D. 不准用手直接去拿取毒物

341. 下列物质有毒的是（　　）。

A. 硅　　　　　　　B. 铝　　　　　　　C. 汞　　　　　　　D. 碳

342. 下列氧化物有剧毒的是（　　）。

A. Al_2O_3　　　　　　B. As_2O_3　　　　　　C. SiO_2　　　　　　D. ZnO

343. 下列钠盐有剧毒的是（　　）。

A. NaCN　　　　　　B. Na_2CO_3　　　　　　C. $NaHCO_3$　　　　　D. NaCl

344. 误服氢氧化钾中毒，可用下列方法处理（　　）。

A. 洗胃　　　　　　B. 催吐剂　　　　　C. 服用稀乙酸　　　D. 服用稀盐酸

345. 下列中毒急救方法错误的是（　　）。

A. 呼吸系统急性中毒时，应使中毒者离开现场，使其呼吸新鲜空气或做抗休克处理

B. H_2S 中毒立即进行洗胃，使之呕吐

C. 误食了重金属盐溶液应立即洗胃，使之呕吐

D. 皮肤、眼、鼻受毒物侵害时立即用大量自来水冲洗

346. 有关汞的处理错误的是（　　）。

A. 汞盐废液先调节 pH 值至 8~10，加入过量 Na_2S 后再加入 $FeSO_4$ 生成 HgS、FeS 沉淀，再作回收处理

B. 洒落在地上的汞可用硫磺粉盖上，干后清扫

C. 试验台上的汞可采用适当措施收集在有水的烧杯

D. 散落过汞的地面可喷洒 20%（质量分数）$FeCl_2$ 水溶液，干后清扫

347. 常用酸的中毒其急救不妥的是（　　）。

A. 溅到皮肤上立即用大量水或 2%（质量分数）$NaHCO_3$ 溶液冲洗

B. 误食盐酸可用 2%（质量分数）小苏打溶液洗胃

C. 口腔被酸灼伤可用 NaOH 溶液含漱

D. HF 酸溅到皮肤上，立即用大量水冲洗，再用 5%（质量分数）小苏打水冲洗，再涂甘油-氧化镁糊

348. 下列强腐蚀性，剧毒物保管不妥的是（　　）。

A. 容器必须密封好放于专用的柜子里并锁好

B. 强酸、强碱要分开存放

C. 氢氟酸应用陶瓷罐密封保存

D. 浓 H_2SO_4 不要与水接触

349. 下列有关毒物特性的描述，错误的是（　　）。

A. 越易溶于水的毒物其危害性也就越大　　　B. 毒物颗粒越小，危害性越大

C. 挥发性越小，危害性越大　　　　　　　　D. 沸点越低，危害性越大

350. 违背了易燃易爆物使用规则的是( )。

A. 贮存易燃易爆物品，要根据种类和性质设置相应的安全措施

B. 遇水分解或发生燃烧爆炸的危险品，不准与水接触或存放在潮湿的地方

C. 试验后含有燃烧、爆炸的废液、废渣应倒入废液缸

D. 蒸馏低沸点的液体时，装置应安装紧固、严密

351. 检查可燃气体管道或装置气路是否漏气，禁止使用( )。

A. 火焰   B. 肥皂水

C. 十二烷基硫酸钠水溶液   D. 部分管道浸入水中的方法

352. 下列操作正确的是( )。

A. 制备氢气时，装置旁同时做有明火加热的试验

B. 将强氧化剂放在一起研磨

C. 用四氯化碳灭火器扑灭金属钠、钾着火

D. 黄磷保存在盛水的玻璃容器里

353. 蒸馏或回流易燃低沸点液体时，操作错误的是( )。

A. 在烧瓶内加数粒无氟小玻璃珠，防止液体暴沸

B. 加热速度宜慢不宜快

C. 用明火直接加热烧瓶

D. 烧瓶内液体不宜超过 1/2 体积

354. ( )能直接用火焰加热。

A. 操作易燃液体   B. 加热易燃溶剂

C. 易燃物瓶塞打不开   D. 拉制毛细管

355. 分析试验室的试剂药品不应按( )分类放。

A. 酸、碱、盐等   B. 官能团   C. 基准物、指示剂等   D. 价格的高低

三、计算题

1. 称取豆饼样品 0.5000g，滴定时耗用 0.0980mol/L 盐酸溶液 26.70mL，空白试验中耗用盐酸溶液的体积为 0.20mL。试计算此豆饼中粗蛋白质的质量分数?

2. 准确称取面粉 1.000g，加 2%(质量分数)盐酸 100mL，加热水解，中和后定容至 250mL，过滤，然后准确吸取费林氏甲、乙液各 5mL 以滤液滴定至终点，耗用滤液 16.25mL。求面粉中淀粉的质量分数(每毫升费林氏混合液相当于葡萄糖 0.0050g)。

3. 欲配制 0.2600mol/L 硫酸溶液 5000mL，需要量取浓硫酸(密度为 1.84g/L,体积分数为 98%)多少毫升?

4. 欲配制 0.3080mol/L 氢氧化钠溶液 2000mL，需要固体氢氧化钠多少克?

5. 吸取 25.00mL 浓度为 0.2550mol/L 硫酸溶液置于三角瓶中，加入甲基橙指示剂两滴，用氢氧化钠溶液滴定至终点，耗用氢氧化钠溶液的体积为 17.50mL。求氢氧化钠溶液的浓度是多少?

6. 吸取酱油样品 2.00mL 置于三角瓶中，用盐酸标准溶液滴定。滴定时消耗 0.1076mol/L 盐酸标准溶液 20.85mL，空白试验消耗盐酸标准溶液 0.15mL。试计算酱油样品中全氮含量?

7. 取 10%(体积分数)酱油样品 10mL，用 0.1005mol/L NaOH 标准溶液滴至 pH 值=8.20 时，耗用 NaOH 标准溶液 4.10mL，加入甲醛 10mL 后继续用 0.1005mol/L NaOH 标准溶液滴定，共耗

用 NaOH 标准溶液 11.30mL，10mL 甲醛滴定耗用 NaOH 标准溶液 1.20mL。试计算酱油样品中氨基酸态氮含量。

8. 取 10%（体积分数）酱油样品 2mL，用 0.1010mol/L AgNO₃ 标准溶液滴定耗用体积为 2.95mL，空白滴定耗用 AgNO₃ 标准溶液的体积为 0.15mL。该酱油中总固形物含量为 19.80g/100mL。试计算该酱油样品中可溶性无盐固形物的含量？

9. 浓盐酸的质量分数为 37%，密度为 1.19g/mL，问多少毫升浓盐酸中含有 HCl 3.65g？

10. 取 2mL 食醋进行蒸馏，收集溶液 180mL。滴定馏出液耗 0.0988mol/L NaOH 标准溶液 10.13mL，空白滴定耗用 NaOH 标准溶液 0.10mL。求食醋中挥发酸的含量。

11. 称取花生油样品 2.9687g，样品经处理后，以 0.1017mol/L 氢氧化钠标准溶液滴定，耗用 2.01mL。求此花生油的酸价？

12. 测定某样品的还原糖含量，吸取样液 50.00mL，定容至 250mL，再吸取 10.00mL，稀释定容至 100mL，用以滴定 10mL 碱性酒石酸铜溶液，耗用 10.35mL，另取标准葡萄糖溶液（1mg/mL）滴定 10mL 碱性酒石酸铜溶液，耗用 9.85mL，求样品的还原糖含量？

13. 测定豆油的过氧化值，称取样品 2.6537g，以 0.0019mol/L 硫代硫酸钠滴定，耗用体积为 13.51mL，试剂空白滴定耗用 0.38mL。求该物质的过氧化值？

14. 测定大豆的蛋白质含量，称取捣碎均匀的样品 0.6502g（含水分为 10.85g/100g），样品经消化处理后定容至 100mL，吸取消化稀释液 10.00mL 进行碱化蒸馏，以 0.04850mol/L 盐酸标准溶液滴定硼酸吸收液，耗用 6.05mL；试剂空白耗用 0.10mL。求大豆蛋白质的含量？

15. 吸取罐头汁液 20.00mL，加水定容至 250mL，吸取 10.00mL 样品稀释液置于 250mL 锥形瓶中。加 50mL 水及 1mL 50g/L 铬酸钾指示剂，用 0.09841mol/L 硝酸银标准溶液滴至终点，耗用标准滴定溶液 10.30mL，空白试验不耗硝酸银标准溶液。求样液的氯化钠含量。

技能要求试题

一、果酒中二氧化硫的测定

1. 准备要求

1）可见分光光度计应处于稳定的工作状态，其他测定用仪器齐全。

2）所用试剂及溶液均配制好。

2. 考核内容

（1）考核要求

1）正确、熟练使用可见分光光度计、吸量管、容量瓶。

2）正确绘制标准曲线，并能准确查出测定结果。

3）两次测定的结果之差，不得超过平均值的 10%。

4）遵守操作规程，操作现场整洁。

（2）时间定额　120min。

（3）安全文明生产

1）正确执行安全技术操作规程。

2）按企业有关文明生产规定进行操作。

3. 配分、评分标准（见表 1）

表 1　果酒中二氧化硫含量的配分、评分标准

序号	考核内容	考核要点	配分	评分标准	得分
1	吸量管、容量瓶的操作使用	吸量管、容量瓶使用正确、规范	10 分	吸量管洗涤正确 1 分	
				吸量管移液操作正确 2 分	
				吸量管调零、放液准确 4 分	
				容量瓶洗涤正确 1 分	
				容量瓶定容准确 2 分	
2	测定原理及操作步骤	测定原理及操作步骤熟悉、清楚	10 分	测定原理及操作步骤清楚 10 分 测定原理及操作步骤基本清楚 6 分 测定原理及操作步骤不清楚不得分	

（续）

序号	考核内容	考核要点	配分	评分标准	得分
3	分光光度计的使用	分光光度计使用正确、操作熟练	20分	分光光度计的工作原理清楚5分	
				仪器校正准确5分	
				吸收池洗涤、使用正确5分	
				吸光度测定正确5分	
4	数据处理	数据处理合理、准确	15分	工作曲线绘制正确8分	
				从工作曲线上查找结果正确3分	
				结果计算正确4分	
5	分析结果	分析结果准确	15分	测定结果与真实值接近8分	
				平行测定结果偏差符合要求7分	
6	操作规程	按操作规程正确操作	10分	能完全按照操作规程进行正确操作10分 基本能按照操作规程进行操作6分 不能按照操作规程进行操作不得分	
7	安全技术	正确执行安全技术操作规程	10分	能正确执行安全技术操作规程10分 基本能正确执行安全技术操作规程6分 不能正确执行安全技术操作规程不得分	
8	现场整洁	做到操作现场整洁	10分	试验过程中能保持操作现场整洁5分	
				试验结束后仪器清洗干净，现场整洁5分	
合　计			100分		

二、硬糖中还原糖的测定

1. 准备要求

1）所用测定仪器准备齐全。

2）所用试剂及溶液均配制好。

2. 考核内容

（1）考核要求

1）正确、熟练使用分析天平、滴定管、吸量管、容量瓶、可调电炉。

2）过滤、定容、滴定操作正确、熟练。

3）平行测定两次，两次测定的结果之差不得超过平均值的10%。

4）遵守操作规程，操作现场整洁。

（2）时间定额　120min。

（3）安全文明生产

1）正确执行安全技术操作规程。

2）按企业有关文明生产规定进行操作。

3. 配分、评分标准（由选题人员编制）

三、麦乳精中脂肪含量的测定

1. 准备要求

1）所用测定仪器准备齐全。

2）所用试剂及溶液均配制好。

2. 考核内容

（1）考核要求

1）正确、熟练使用分析天平、吸量管、具塞量筒、索氏抽提器、恒温水浴锅、恒温烘箱。

2）提取、回收溶剂操作正确、熟练。

3）平行测定两次，两次测定的结果之差不得超过平均值的5%。

4）遵守操作规程，操作现场整洁。

（2）时间定额　360min。

（3）安全文明生产

1）正确执行安全技术操作规程。

2）按企业有关文明生产规定进行操作。

3. 配分、评分标准（由选题人员编制）

四、豆乳中蛋白质含量的测定

1. 准备要求

1）所用测定仪器准备齐全。

2）所用试剂及溶液均配制好。

2. 考核内容

（1）考核要求

1）正确、熟练使用滴定管、吸量管、容量瓶。

2）消化、蒸馏、滴定操作正确、熟练。

3）平行测定两次，两次测定的结果之差不得超过平均值的10%。

4）遵守操作规程，操作现场整洁。

（2）时间定额　360min。

（3）安全文明生产

1）正确执行安全技术操作规程。

2）按企业有关文明生产规定进行操作。

3. 配分、评分标准（由选题人员编制）

五、青刀豆罐头中亚硝酸盐的测定

1. 准备要求

1）可见分光光度计应处于稳定的工作状态，其他测定用仪器齐全。

2）所用试剂及溶液均配制好。

2. 考核内容

（1）考核要求

1）正确、熟练使用可见分光光度计、吸量管、容量瓶、组织捣碎机。

2）正确绘制标准曲线，并能准确查出测定结果。

3）两次测定的结果之差，不得超过平均值的10%。

4）遵守操作规程，操作现场整洁。

（2）时间定额　180min。

（3）安全文明生产

1）正确执行安全技术操作规程。

2）按企业有关文明生产规定进行操作。

3. 配分、评分标准(由选题人员编制)

六、食盐中硫酸盐的测定

1. 准备要求

1）可见分光光度计应处于稳定的工作状态，其他测定用仪器齐全。

2）所用试剂及溶液均配制好。

2. 考核内容

（1）考核要求

1）正确、熟练使用分光光度计、吸量管、容量瓶。

2）正确绘制标准曲线，并能准确查出测定结果。

3）两次测定的结果之差，不得超过平均值的10%。

4）遵守操作规程，操作现场整洁。

（2）时间定额　120min。

（3）安全文明生产

1）正确执行安全技术操作规程。

2）按企业有关文明生产规定进行操作。

3. 配分、评分标准(由选题人员编制)

七、饮料中细菌总数的测定

1. 准备要求

1）所用测定仪器及无菌操作台准备齐全。

2）所用试剂及溶液均配制好。

2. 考核内容

（1）考核要求

1）能正确配制检验所需的培养基。

2）熟悉细菌的菌落特征，结果判断正确。

3）仪器设备使用规范、熟练，能正确进行无菌操作。

4）遵守操作规程，操作现场整洁。

（2）时间定额　根据鉴定内容要求自行确定。

（3）安全文明生产

1）正确执行安全技术操作规程。

2）按企业有关文明生产规定进行操作。

3. 配分、评分标准（由选题人员编制）

八、啤酒中大肠菌群的测定

1. 准备要求

1）所用测定仪器及无菌操作台准备齐全。

2）所用试剂及溶液均配制好。

2. 考核内容

（1）考核要求

1）能正确配制检验所需的培养基。

2）熟悉大肠菌群的生化特征，结果判断正确。

3）仪器设备使用规范、熟练，能正确进行无菌操作。

4）遵守操作规程，操作现场整洁。

（2）时间定额　根据鉴定内容要求自行确定。

（3）安全文明生产

1）正确执行安全技术操作规程。

2）按企业有关文明生产规定进行操作。

3. 配分、评分标准（由选题人员编制）

模拟试卷样例

一、单项选择题（第 1~50 题。选择一个正确的答案,将相应的字母填入题内的括号中。每题 1.0 分,满分 50 分）

1. 用 pH 计测定溶液的 pH 值时, 玻璃电极的(　　)。

A. 电极电位不随溶液 pH 值变化而变化

B. 电极电位始终不会变

C. 电极电位随溶液的 pH 值变化而变化

D. 电极电位始终在变

2. 下列分析属于仪器分析的是(　　)。

A. 食醋中总酸度测定　　　　　　B. 烘干法测食品中的水分

C. 兰—埃农法测定还原糖　　　　D. 电位法测定饮料中有效酸(pH)

3. 实验室用电安全, 下面做法正确的是(　　)。

A. 线路布置清楚, 负荷合理　　　B. 经常断熔丝后用铜丝代替

C. 接地塔在水管上　　　　　　　D. 开启烘箱或马弗炉过夜

4. 显微镜镜检完毕, 应上旋镜头, 先用试镜纸, 擦去镜头上的油, 再用试镜纸沾一点(　　)擦镜头。

A. 香柏油　　　　B. 二甲苯　　　　C. 甘油　　　　D. 75%乙醇

5. 白酒中固形物的测定应先在水浴上蒸干, 若直接在电炉上蒸干, 对检测结果的影响将(　　)。

A. 偏低　　　　B. 偏高　　　　C. 无影响　　　　D. 不能确定

6. NaCl 的化学键是(　　)。

A. 共价键　　　B. 配位键　　　C. 氢键　　　　D. 离子键

7. 下列关于系统误差的叙述中不正确的是(　　)。

A. 系统误差又称为可测误差, 是可以测量的

B. 系统误差使测定结果偏高或偏低

C. 系统误差一般都来自测定方法本身

D. 系统误差大小是恒定的

8. 在食品中加入苯甲酸的目的是(　　)。

A. 灭菌　　　　B. 消毒　　　　C. 防腐　　　　D. 无菌技术

9. 有关沉淀滴定法的限制条件叙述不正确的是(　　)。

A. 生成的沉淀的溶解度必须很小

B. 生成的沉淀应晶形大且不吸附杂质离子

C. 沉淀反应必须迅速、定量地进行

D. 能够用指示剂或其他方法判断滴定终点

10. 称量易吸湿固体样品应使用下列容器中的(　　)盛装。

A. 小烧杯　　　　B. 研钵　　　　C. 表面皿　　　　D. 高型称量瓶

11. 噬菌体侵入细菌时的接触器官是(　　)。

A. 头部　　　　B. 尾部　　　　C. 尾丝　　　　D. 尾刺

12. 对照实验是检验(　　)的有效方法。

A. 偶然误差　　　　　　　　B. 仪器试剂是否合格

C. 系统误差　　　　　　　　D. 回收率好坏

13. 下列玻璃仪器使用方法不正确的是(　　)。

A. 烧杯直接放在电炉上加热

B. 试管直接在酒精灯上烤

C. 坩埚直接放在电炉上加热

D. 蒸发皿放上石棉网在电炉上加热

14. 采用国际标准和国外先进标准必须符合(　　)。

A. 我国法律、法规规定　　　　B. 我国现在有关标准

C. 技术先进、经济合理　　　　D. 我国强制性标准

15. 0.1mol/LHCl 滴定 0.1mol/L $NH_3 \cdot H_2O$ 应选(　　)指示剂。

A. 酚酞　　　　B. 酚红　　　　C. 甲基橙　　　　D. 百里酚蓝

16. 玻璃器皿上附着的黄褐色铁锈斑点可用(　　)洗除。

A. 热碱水　　　B.10% 盐酸　　　C. 0.5% 草酸　　　D. 乙醇

17. 滴定分析的相对误差一般要求小于 0.1%，滴定时耗用标准溶液的体积应控制为(　　)。

A. ≤10mL　　B. 10~15mL　　C. 20~30mL　　D. 15~20mL

18. 0.1130mol/L 标准溶液稀释一倍后，其浓度为(　　)mol/L。

A. 0.06　　B. 0.055　　C. 0.05650　　D. 0.05515

19. 把一个 $1K\Omega$ 的电阻 R_1 和一个 $2K\Omega$ 的电阻 R_2 并联以后，它们的总电阻为(　　)。

A. $6k\Omega$　　B. $3k\Omega$　　C. $0.75k\Omega$　　D. $0.667k\Omega$

20. 用 pH 计测定溶液 pH 值时，应用(　　)校正仪器。

A. 标准酸溶液　　　　　　　　B. 标准缓冲溶液

C. 标准碱溶液　　　　　　　　D. 标准离子溶液

21. 分光光度计打开电源开关后，下一步的操作正确的是(　　)。

A. 预热 20min　　　　　　　B. 调节 "0" 电位器，使电表针指 "0"

C. 选择工作波长　　　　　　D. 调节 100% 电位器，使电表指针至透光 100%

22. 用马弗炉灰化样品时，下面操作不正确的是(　　)。

A. 用坩埚盛装样品　　　　　　B. 在电炉上小心炭化至无烟后放入

C. 让样品在马弗炉中灰化过夜　　D. 关闭电源后待温度降到小于 200℃ 时取出

23. 某样品经检验证实为大肠菌群阳性的管数为：$10mL \times 3$，0；$1mL \times 3$，0；$0.1mL \times 3$，0。该样品大肠菌群最可能数(MPN)是(　　)个/100mL。

A. 30　　B. 小于 30　　C. 3　　D. 小于 3

24. 某固体饮料检测霉菌及酵母菌时，取样 25g 放入含 225mL 灭菌水玻塞三角瓶中，振摇(　　)，此液即为 1：10 稀释液。

A. 30min　　B. 20min　　C. 10min　　D. 5min

25. 下列平板中，检测沙门氏菌常用的是(　　)。

A. BS 琼脂平板　　　　　　　　　　B. 麦康凯琼脂平板

C. 普通琼脂平板　　　　　　　　　　D. 血琼脂平板

26. 麦芽汁总氮测定中，消化样品所用的化学试剂和药品有(　　)。

A. 硝酸、硫酸镁、硫酸铁、二氧化钛

B. 硫酸、二氧化钛、硫酸铜、硫酸钾

C. 盐酸、硫酸铁、磷酸氢二钾、二氧化钛

D. 硼酸、硫酸铜、无水硫酸钠

27. 溶血性链球菌在血清肉汤中生长时，管中的现象是(　　)。

A. 块状沉淀　　　　　　　　　　　　B. 絮状或颗粒状沉淀

C. 均匀生长　　　　　　　　　　　　D. 混浊

28. 食品中的(　　)是低分子有机化合物，它们对调节物质代谢过程有重要的作用。

A. 蛋白质　　　　B. 脂肪　　　　C. 维生素　　　　D. 糖类

29. 砷斑法测砷时，与新生态氢作用生成砷化氢的是(　　)。

A. 砷原子　　　　B. 砷化合物　　　　C. 五价砷　　　　D. 三价砷

30. 二硫腙法光度法测铅，将二硫腙与 Pb^{2+} 生成的红色配合物溶于(　　)中进行比色。

A. 乙醇　　　　B. 乙醚　　　　C. 氯仿　　　　D. 甲醇

31. 在三糖铁琼脂斜面上呈现：乳糖、蔗糖不发酵，葡萄糖产酸不产气，H_2S 阴性，该培养物可能是(　　)。

A. 沙门氏菌　　　　B. 志贺氏菌　　　　C. 大肠杆菌　　　　D. 柠檬酸盐杆菌

32. 酿造用水的总固体的测定，当不易恒重时，可选用(　　)烘干温度。

A. 130±1℃　　　　B. 180±1℃　　　　C. 160±1℃　　　　D. 150±1℃

33. 水分测定中下列影响测定结果准确度的因素中最大的可能是(　　)。

A. 称量皿是前一天恒重过的　　　　　　B. 烘箱控温精度为±2.5℃

C. 未根据样品性质选择方法　　　　　　D. 前后两次称量之前为 0.3mg 即恒重

34. 食用酒精的硫酸试验结果为(　　)时符合普通级要求。

A. ≤80 号　　　　B. ≤60 号　　　　C. ≤40 号　　　　D. ≤20 号

35. 我国禁止使用的食品添加剂不包括下面所说的(　　)。

A. 甲醛用于乳及乳制品

B. 硼酸、硼砂，用于肉类防腐、饼干膨松

C. 吊白块用于食品漂白

D. 亚硝酸钠，用于肉制品护色

36. 黄酒中氨基酸态氮用酸度计法测定时，首先应选用 pH 值为(　　)的标准缓冲溶液校正 pH 计。

A. 4.00　　　　B. 6.86　　　　C. 6.86、9.18　　　D. 9.18

37. 杂醇油的比色测定中，由于显色剂是用浓硫酸配制的，所以加入显色剂于样品管和标准管中时应(　　)。

A. 缓缓加入　　　　　　　　　　　　B. 一滴一滴加入

C. 沿管壁慢慢加入　　　　　　　　　D. 边加边摇匀

38. 果酒中总浸出物的测定，蒸发样液至原体积 1/3 后，应( )。

A. 冷却至 20℃后测其密度

B. 冷却至 20℃，加入蒸馏水至 100g

C. 洗涤转移至原容量瓶，加蒸馏水至刻度

D. 用折光计测其总固形物含量

39. 乳中酪蛋白的等电点为( )。

A. 3.3　　　　　 B. 4.2　　　　　 C. 4.6　　　　　 D. 6.7

40. 酿造用水中的( )元素含量对黄酒品质影响很大。

A. Ca　　　　　 B. Mg　　　　　 C. Fe　　　　　 D. Na

41. 下列说法和做法不符合饮料酒标签标准要求的是( )。

A. 配制酒必须标明所使用的酒基

B. 果酒须标注原果汁含量

C. 产品标准中已分等级的，必须标明执行的质量等级

D. 所使用的色素只要按类别名称列出"着色剂"即可

42. 薄层色谱法测山梨酸含量，采用( )作为吸附剂。

A. 氧化铝 G　　 B. 聚酰胺粉　　 C. 硅胶 H　　　 D. CMC

43. 用索氏抽提法测量脂肪含量时，样品抽提完毕，将脂肪瓶放入 105℃干燥箱中，干燥至( )，称量计算脂肪含量。

A. 脂肪瓶重　　　　　　　　 B. 小于样品与脂肪瓶重

C. 小于样品重　　　　　　　 D. 恒重

44. 用马弗炉灰化样品时，下面操作正确的是( )。

A. 用小烧杯盛装样品放入

B. 样品滴加盐酸后直接放入

C. 样品灰化好后，关闭电源至温度低于 200℃取出

D. 样品在马弗炉中灰化过夜

45. 下列说法不正确的是( )。

A. 安培表的内阻一般都很小

B. 安培表使用时应串联在电路中

C. 为了扩大量程，应在安培表上串联一个电阻

D. 安培表是用来测量电流的

46. 实验室做萃取操作时，应选用下面( )组玻璃仪器。

A. 烧杯、漏斗、容量瓶　　　　 B. 烧杯、冷凝管、三角烧瓶

C. 烧杯、分液漏斗、玻璃棒　　 D. 三角烧瓶、回流管、容量瓶

47. B 的质量浓度 ρ_B 与物质的量浓度 C_B 关系为( )。

A. $C_B = \dfrac{\rho_B}{M_B}$　　 B. $C_B = \rho_B M_B$　　 C. $C_B = \dfrac{\rho_B}{n_B}$　　 D. $C_B = \rho_B n_B$

48. 下列分析方法，不属于仪器分析的是( )。

A. 光度分析法　　 B. 电化学分析法　　 C. 色谱法　　 D. 化学沉淀称重法

49. 一组测定结果，有个别值的相对偏差较大，应该( )。

A. 先删去该测定值，再计算平均值　　　B. 先检验，再决定是否剔除

C. 计算标准偏差，若小，可以保留　　　D. 计算变异系数，若小，可以保留

50. 根据有效数字运算规则，计算式 $\dfrac{45.00\times(24.00-1.32)\times0.1245}{1.000\times1000}$ 的结果为（　　）。

A. 0.12706　　　B. 0.1271　　　C. 0.127　　　D. 0.13

二、多项选择题（第51~70题。选择二个以上正确的答案，将相应的字母填入题内的括号中。每题1.0分，满分20分）

51. 属于自养型微生物的是（　　）。

A. 铁细菌　　　B. 乳酸杆菌　　　C. 氢细菌

D. 毛霉　　　E. 硝化细菌

52. 下列孢子中属于霉菌无性孢子的是（　　）。

A. 孢囊孢子　　　B. 子囊孢子　　　C. 卵孢子

D. 接合孢子　　　E. 分生孢子

53. 常用的细菌生化反应包括（　　）。

A. 糖发酵试验　　　B. V·P试验　　　C. 甲基红试验

D. 硫化氢试验　　　E. 硝酸盐还原试验

54. 革兰氏染色中用到的染液有（　　）。

A. 伊红　　　B. 刚果红　　　C. 草酸铵结晶紫

D. 番红　　　E. 孔雀绿

55. 微生物的纯培养可用：（　　）。

A. 平板倾注法　　　B. 平板划线法　　　C. 单个细胞技术

D. 平板涂布法　　　E. 分批培养法

56. 饮用天然矿泉水中的限量指标有（　　）。

A. 砷　　　B. 钠　　　C. 镉

D. 汞　　　E. 铬

57. 淀粉具有如下化学性质。（　　）。

A. 水解反应　　　B. 与碘反应　　　C. 糊化和老化

D. 氧化反应　　　E. 还原反应

58. 属于细菌细胞基本结构的有（　　）。

A. 荚膜　　　B. 细胞壁　　　C. 芽孢

D. 鞭毛　　　E. 细胞膜

59. 强酸滴定弱碱，以下指示剂中能够使用的是（　　）。

A. 甲基橙　　　B. 酚酞　　　C. 甲基红

D. 溴甲酚绿　　　E. 刚果红

60. 沉淀重量法中对沉淀的要求是（　　）。

A. 沉淀的溶解度必须很小

B. 沉淀必须是无机物

C. 沉淀吸附杂质少

D. 沉淀容易转化为称量式

E. 沉淀易于洗涤和过滤

61. 采用密度瓶法测定啤酒中酒精度时,需要的试验仪器包括(   )。

A. 全玻璃蒸馏器　　B. 高精度恒温水浴箱

C. 容量瓶　　　　　D. 酒精比重计　　E. 密度瓶

62. 下列各数值中,有效数字为 3 位的是(   )。

A. 0.152　　　　　B. 1.54　　　　　C. 0.09

D. 18.8　　　　　　E. 688.0

63. 下列说法中不正确的是(   )。

A. 偶然误差是可以测量的

B. 精密度高,则该测定的准确度就一定会高

C. 精密度高,则该测定的准确度不一定会高

D. 系统误差没有重复性,不可减免

E. 误差是以真实值为标准的,偏差是以平均值为标准的

64. 食品检验人员应了解(   )等相关的基本法律法规,依法工作,以保护个人及他人的健康与安全。

A. 质量法　　　　　B. 标准化法　　　　　C. 计量法

D. 食品卫生法　　　E. 劳动法

65. 下列(   )能组成缓冲溶液。

A. HAC+NaAc　　　B. NH_4OH+NH_4Cl　　C. $H_3PO_4+NaH_2PO_4$

D. $NaH_2PO_4+Na_2HPO_4$　　　　E. $Na_2CO_3+NaHCO_3$

66. 在下面表示分析结果的精密度中,其中使用普遍又较灵敏的是(   )。

A. 偏差　　　　　　B. 相对偏差　　　　　C. 相对平均偏差

D. 标准偏差　　　　E. 变异系数

67. 麦汁碘值过高的危害有(   )。

A. 表明糖化不完全,导致过滤缓慢和澄清较差

B. 随着发酵的进行和酒精含量的增高,使高分子糊精的溶解度下降而产生混浊

C. 导致发酵终止,啤酒气味和口味发生变化

D. 导致啤酒保质期变短

E. 容易导致污染微生物

68. 用于氧化还原滴定的指示剂可分为(   )。

A. 酸碱指示剂　　　B. 自身指示剂　　　　C. 专属指示剂

D. 氧化还原指示剂　E. 沉淀指示剂

69. 蛋白质消化过程中使用的试剂有(   )。

A. 浓硫酸　　　　　B. 硫酸钾　　　　　C. 硫酸铜

D. 浓盐酸　　　　　E. 氢氧化钠

70. 食品安全国家标准(GB 5009.3—2010)中规定,测定乳粉中乳糖的国标方法有(   )。

A. 高效液相色谱法　　　　　　　B. 紫外分光光度法

C. 722 分光光度法　　　　　　　D. 莱因—埃农氏法　　　　　E. 高锰酸钾法

三、判断题（第 71~100 题。正确的填"√"，错误的填"×"。每题 1.0 分，满分 30 分）

71. 国家标准和行业标准由国务院标准化行政主管部门制定。　　　　（　　）

72. 法定计量单位是国家以法令的形式，明确规定并且允许在全国范围内统一实行的计量单位
　　　　（　　）

73. 采样时必须注意样品的生产日期、批号、代表性和均匀性。　　　　（　　）

74. 所有指示反应等当点的指示剂用量都要少些，否则会过多消耗滴定剂，引起正偏差。
　　　　（　　）

75. 与大多数的酸碱反应一样，显色反应都是在瞬间完成的。　　　　（　　）

76. 一种生物在生命活动过程中产生了不利于其他生物的生活条件，这种关系叫拮抗。
　　　　（　　）

77. 一组平行测定中，结果一致性好，即互相很接近，表明分析结果的精密度和准确度好。
　　　　（　　）

78. 物质的量是 SI 基本单位，其单位符号为摩尔，单位名称为 mol。　　　　（　　）

79. 分子里由烃基与醛基相连而构成的化合物叫作醛。　　　　（　　）

80. 用 $Na_2C_2O_4$ 基准物标定 $KMnO_4$ 溶液时，应将溶液加热至 75~85℃后，再进行滴定。　（　　）

81. 外界因素对微生物的影响，仅指物理因素和化学因素。　　　　（　　）

82. 二乙硫代氨甲酸钠比色法测 Cu，选择测定波长为 440nm。　　　　（　　）

83. 同一种沉淀，晶体颗粒大时，溶解度小；颗粒小时，溶解度大。　　　　（　　）

84. GB601 标准中规定标定标准溶液时两人测定结果平均值之差应≤0.1%。　　　　（　　）

85. 滴定管读数时，应双手持管，保持与地面垂直。　　　　（　　）

86. 使用高压灭菌器时，在冷气排尽后，压力上升至 15 磅，温度是 121℃。　　　　（　　）

87. 在对食品进行霉菌与酵母菌数测定时，所用的稀释液是生理盐水。　　　　（　　）

88. 在进行菌落总数的检验中，在计数时，应选择菌落在 3~300 的平板进行计数，如果所有的平板的菌落数均为零，则检验报告菌落总数的数值也为零。　　　　（　　）

89. 葡萄球菌检验常用的增菌液是 7.5%NaCl 肉汤。　　　　（　　）

90. 氨基酸态氮的甲醛滴定法是利用氨基酸具有两性的化学性质。　　　　（　　）

91. 测酒花 α-酸含量用紫外分光光度法，其操作应迅速，目的是防止 α-酸的大量挥发。
　　　　（　　）

92. 生物培养基时，营养物质要比例合适，必须灭菌。　　　　（　　）

93. 实验室有机类溶剂着火不能用水和酸碱式灭火器灭火。　　　　（　　）

94. 食用酒精的硫酸试验应用氯化钴和氯化钾配制色度标准液。　　　　（　　）

95. 粮食样品淀粉的测定，转化条件是 1+1 盐酸 30mL，沸水浴 2h。　　　　（　　）

96. 葡萄酒的总酸通常以酒石酸计，其换算系数为 0.070g/L。　　　　（　　）

97. 预防微生物对食品污染，设备先清洗后消毒的效果比清洗消毒同时进行好。　　　　（　　）

98. 使用高压蒸汽灭菌锅时，密闭容器后，打开电源开关直接加热至 121℃，15min。（　　）

99. 晶体管的主要作用是放大电信号。　　　　（　　）

100. 甲醇的比色法测定中，加入品红—亚硫酸溶液后应放置 15min 后比色。　　　　（　　）

答 案 部 分

一、判断题

1. ✗   2. ✓   3. ✗   4. ✗   5. ✓   6. ✗   7. ✓   8. ✗   9. ✗   10. ✗
11. ✗   12. ✓   13. ✗   14. ✗   15. ✗   16. ✗   17. ✓   18. ✓   19. ✓   20. ✗
21. ✗   22. ✗   23. ✓   24. ✓   25. ✗   26. ✗   27. ✓   28. ✗   29. ✗   30. ✗
31. ✗   32. ✓   33. ✗   34. ✓   35. ✓   36. ✓   37. ✗   38. ✗   39. ✓   40. ✓
41. ✓   42. ✓   43. ✓   44. ✗   45. ✓   46. ✗   47. ✓   48. ✓   49. ✗   50. ✓
51. ✓   52. ✗   53. ✓   54. ✓   55. ✓   56. ✓   57. ✗   58. ✓   59. ✗   60. ✓
61. ✓   62. ✗   63. ✗   64. ✓   65. ✓   66. ✗   67. ✗   68. ✓   69. ✗   70. ✗
71. ✗   72. ✓   73. ✓   74. ✗   75. ✓   76. ✗   77. ✗   78. ✗   79. ✓   80. ✗
81. ✗   82. ✓   83. ✗   84. ✗   85. ✓   86. ✗   87. ✗   88. ✗   89. ✗   90. ✓
91. ✗   92. ✓   93. ✗   94. ✗   95. ✗   96. ✓   97. ✓   98. ✓   99. ✗   100. ✗
101. ✗   102. ✗   103. ✗   104. ✗   105. ✗   106. ✓   107. ✓   108. ✓   109. ✗   110. ✗
111. ✓   112. ✓   113. ✓   114. ✗   115.   116. ✓   117. ✗   118. ✗   119. ✗   120. ✓
121. ✓   122. ✗   123. ✓   124. ✓   125.   126. ✓   127. ✓   128. ✓   129. ✓   130.
131. ✓   132. ✗   133. ✗   134. ✓   135. ✓   136. ✗   137. ✓   138. ✓   139. ✓   140. ✗
141. ✓   142. ✓   143. ✗   144. ✓   145. ✓   146. ✓   147. ✓   148. ✓   149. ✓   150. ✓

二、选择题

1. A   2. C   3. A   4. C   5. C   6. A   7. C   8. A   9. B   10. B
11. A   12. B   13. D   14. A   15. C   16. A   17. D   18. A   19. A   20. B
21. C   22. A   23. B   24. D   25. B   26. A   27. D   28. D   29. D   30. D
31. B   32. D   33. A   34. A   35. B   36. D   37. C   38. B   39. D   40. C
41. D   42. C   43. B   44. C   45. C   46. D   47. D   48. A   49. D   50. C
51. B   52. D   53. A   54. C   55. B   56. A   57. C   58. B   59. D   60. C
61. C   62. D   63. B   64. A   65. C   66. B   67. A   68. B   69. C   70. A
71. A   72. D   73. C   74. A   75. C   76. B   77. D   78. D   79. D   80. C
81. C   82. A   83. C   84. D   85. B   86. D   87. A   88. C   89. D   90. A
91. C   92. A   93. A   94. B   95. A   96. C   97. B   98. D   99. C   100. C
101. B   102. C   103. C   104. B   105. D   106. D   107. D   108. C   109. C   110. B

111. B 112. B 113. D 114. C 115. C 116. B 117. A 118. C 119. C 120. A
121. A 122. A 123. C 124. B 125. A 126. D 127. B 128. C 129. A 130. D
131. B 132. C 133. D 134. C 135. B 136. D 137. C 138. B 139. B 140. A
141. B 142. C 143. B 144. A 145. B 146. C 147. A 148. A 149. D 150. B
151. D 152. D 153. D 154. B 155. C 156. B 157. D 158. C 159. A 160. C
161. C 162. A 163. B 164. C 165. D 166. A 167. B 168. D 169. C 170. B
171. A 172. C 173. B 174. D 175. D 176. C 177. A 178. D 179. D 180. B
181. A 182. B 183. D 184. A 185. C 186. C 187. B 188. B 189. B 190. B
191. B 192. A 193. A 194. A 195. B 196. C 197. C 198. C 199. A 200. A
201. D 202. C 203. C 204. C 205. C 206. A 207. D 208. C 209. C 210. D
211. B 212. C 213. B 214. D 215. D 216. C 217. A 218. A 219. C 220. C
221. D 222. B 223. B 224. D 225. A 226. A 227. B 228. C 229. B 230. B
231. D 232. B 233. B 234. B 235. D 236. C 237. D 238. B 239. C 240. A
241. C 242. D 243. C 244. A 245. B 246. C 247. C 248. D 249. C 250. D
251. B 252. C 253. B 254. A 255. D 256. B 257. B 258. D 259. A 260. D
261. C 262. C 263. A 264. A 265. C 266. A 267. D 268. B 269. A 270. A
271. C 272. C 273. C 274. A 275. C 276. C 277. D 278. A 279. C 280. B
281. B 282. A 283. C 284. B 285. B 286. D 287. B 288. A 289. B 290. B
291. D 292. D 293. D 294. B 295. C 296. D 297. A 298. B 299. A 300. B
301. A 302. A 303. C 304. A 305. D 306. B 307. C 308. B 309. A 310. D
311. D 312. B 313. D 314. D 315. B 316. A 317. B 318. A 319. D 320. A
321. C 322. B 323. D 324. C 325. A 326. B 327. C 328. A 329. C 330. C
331. A 332. D 333. B 334. D 335. C 336. C 337. B 338. C 339. D 340. B
341. C 342. B 343. A 344. C 345. B 346. D 347. C 348. C 349. C 350. D
351. A 352. D 353. C 354. D 355. D

三、计算题

1. 解　豆饼中粗蛋白质的质量分数为

$$w(粗蛋白质)=\frac{c(V_1-V_2)\times\dfrac{M}{1000}}{m}F\times100\%$$

$$=\frac{0.09800\times126.70-0.201\times0.014\times6.25}{0.5000}\times100\%$$

$$=45.45\%$$

答　豆饼中粗蛋白质的质量分数为 45.45%。

2. 解　面粉中淀粉的质量分数为

$$w(\text{淀粉}) = \frac{m_1}{m \times \dfrac{V}{250}} \times 100\%$$

$$= \frac{0.0050 \times 10}{1.000 \times \dfrac{16.25}{250}} \times 100\% = 76.92\%$$

答　面粉中淀粉的质量分数为 76.92%。

3. 解　需要量取浓硫酸的体积为

$$V = \frac{0.2600 \times \dfrac{5000}{1000}}{\dfrac{1.84 \times 98\%}{98}} \text{mL} = 70.62 \text{mL}$$

答　需要量取浓硫酸的体积为 70.62mL。

4. 解　需要固体氢氧化钠的质量为

$$m = 0.3080 \times \frac{2000}{1000} \times 40 \text{g} = 24.64 \text{g}$$

答　需要固体氢氧化钠的质量为 24.64g。

5. 解　氢氧化钠溶液的浓度为

$$c = \frac{25.00 \times 0.2550}{17.50} \text{mol/L} = 0.3643 \text{mol/L}$$

答　氢氧化钠溶液的浓度为 0.3643mol/L。

6. 解　酱油样品中全氮的含量 $= \dfrac{c(V_1 - V_2) \times \dfrac{M}{1000}}{V} \times 100 \text{g}/100 \text{mL} =$

$$\frac{0.1076 \times (20.85 - 0.15) \times \dfrac{14}{1000}}{2.00} \times 100 \text{g}/100 \text{mL} = 1.56 \text{g}/100 \text{mL}$$

答　酱油样品中全氮的含量为 1.56g/mL。

7. 解　酱油样品中氨基态氮的含量 $= \dfrac{c(V - V_1 - V_2) \times \dfrac{M}{1000}}{V_3} \times 100 \text{g}/100 \text{mL} =$

$$\frac{0.1005 \times (11.30 - 1.20 - 4.10) \dfrac{14}{1000}}{10 \times 10\%} \times 100 \text{g}/100 \text{mL} = 0.84 \text{g}/100 \text{mL}$$

答　酱油样品中氨基态氮的含量为 $0.84 \text{g}/100 \text{mL}$。

8. 解　酱油样品中可溶性无盐固形物的含量 $= \left(\text{总固形物含量} - \dfrac{c(V_1 - V_2) \times \dfrac{M}{1000}}{V} \times \right.$

$$100 \Big) g/100mL = \left(19.8 - \frac{0.1010 \times (2.95-1.05) \times \frac{58.5}{1000}}{2 \times 10\%} \right) g/100mL = 11.53g/100mL$$

答　酱油样品中可溶性无盐固形物的含量为11.53g/100mL。

9. 解　设VmL浓盐酸中含有HCl 3.65g，则有

$$V = \frac{3.65}{1.19 \times 37\%} mL = 8.29mL$$

答　8.29mL浓盐酸中含有HCl 3.65g。

10. 解　食醋中挥发酸的含量 $= \dfrac{c(V_1-V_2) \times \frac{M}{1000}}{m} \times 100g/100mL = \dfrac{0.0988 \times (10.13-0.10) \times \frac{60}{1000}}{2}$

$\times 100g/100mL = 2.97g/100mL$

答　食醋中挥发酸的含量为2.97g/100mL。

11. 解　花生油的酸价 $= \dfrac{cVm}{m} mg/g = \dfrac{0.1017 \times 2.01 \times 56.1}{2.9687} mg/g = 3.86mg/g$

答　花生油的酸价为3.86mg/g。

12. 解　样品的还原糖含量 $= \dfrac{m_1}{m \times \frac{V}{250} \times 1000} \times 100g/100g = \dfrac{\frac{1 \times 9.85}{1000}}{\frac{10.35}{100} \times \frac{10}{250} \times 50.00} \times 100g/$

$100g = 4.76g/100g$

答　样品中还原糖的含量为4.76g/100g。

13. 解　豆油的过氧化值 $= \dfrac{c(V_1-V) \times 0.1269}{m} \times 78.8mmol/kg$

$= \dfrac{0.0019 \times (13.51-0.38) \times 0.1269}{2.6537} \times 78.8 \times 1000mmol/kg = 94mmol/kg$

答　豆油的过氧化值为94mmol/kg。

14. 解　大豆蛋白质的含量 $= \dfrac{c(V_1-V_2) \times \frac{M}{1000}}{m} \times F \times 100g/100g$

$= \dfrac{0.04850 \times (6.05-0.10) \times \frac{14}{1000} \times 6.25}{0.6502 \times (1-10.85\%) \times \frac{10}{100}} \times 100g/100g = 43.57g/100g$

答　大豆蛋白质的含量为43.57g/100g。

15. 解　样液中氯化钠的含量 $= \dfrac{cV \times \frac{M}{1000}}{m} \times 100g/100mL = \dfrac{0.09841 \times 10.30 \times \frac{58.5}{1000}}{20.00 \times \frac{10.00}{250}} \times$

100g/100mL＝7.41g/100mL

答　样液中氯化钠的含量为7.41g/100mL。

模拟试卷样例答案

一、单项选择题

1. C　2. D　3. A　4. B　5. A　6. D　7. C　8. C　9. B　10. D
11. B　12. C　13. A　14. A　15. C　16. B　17. C　18. D　19. D　20. B
21. C　22. C　23. D　24. A　25. A　26. B　27. B　28. C　29. D　30. C
31. B　32. B　33. C　34. A　35. D　36. C　37. C　38. C　39. C　40. C
41. D　42. B　43. D　44. C　45. C　46. C　47. A　48. D　49. B　50. B

二、多项选择题

51. ACE　　52. AE　　53. ABCDE　　54. CD　　55. ABCD　　56. ACDE
57. ABC　　58. BE　　59. ACDE　　60. ACDE　61. ABCE　　62. ABD
63. ABD　　64. ABCDE 65. ABD　　66. DE　　67. ABCDE　68. BCD
69. ABC　　70. AD

三、判断题

71. ×　72. √　73. √　74. ×　75. ×　76. √　77. ×　78. ×　79. √　80. √
81. ×　82. √　83. √　84. √　85. ×　86. √　87. ×　88. ×　89. √　90. √
91. ×　92. √　93. √　94. ×　95. √　96. ×　97. √　98. ×　99. √　100. ×

附 录

附录A 部分食品中微生物限量国家标准

一、肉及肉制品

肉及肉制品微生物限量(GB 2726—2005)

项目	指标
菌落总数/(CFU/g)	
烧烤肉、肴肉、肉灌肠	≤50000
酱卤肉	≤80000
熏煮火腿、其他熟肉制品	≤30000
肉松、油酥肉松、肉粉松	≤30000
肉干、肉脯、肉糜脯、其他熟肉干制品	≤10000
大肠菌群/(MPN/100g)	
烧烤肉、肴肉、肉灌肠	≤30
酱卤肉	≤90
熏煮火腿、其他熟肉制品	≤150
肉松、油酥肉松、肉粉松	≤40
肉干、肉脯、肉糜脯、其他熟肉干制品	≤30
致病菌(沙门氏菌、志贺氏菌、金黄色葡萄球菌)	不得检出

二、乳及乳制品

1. 生乳微生物限量(GB 19301—2010)

项目	限量〔CFU/g(mL)〕	检验方法
菌落总数	≤2×10^6	GB 4789.2

2. 发酵乳微生物限量(GB 19302—2010)

项目	采样方案及限量[①](若非指定,均以 CFU/g 表示)				检验方法
	n	c	m	M	
大肠菌群	5	2	1	5	GB 4789.3 平板计数法
金黄色葡萄球菌	5	0	0/25g(mL)	—	GB 4789.10 定性检验
沙门氏菌	5	0	0/25g(mL)		GB 4789.4

（续）

项目	采样方案及限量①（若非指定,均以 CFU/g 表示）				检验方法
	n	c	m	M	
酵母			≤100		GB 4789.15
霉菌			≤30		

① 样品的分析及处理按 GB 4789.1 和 GB 4789.18 执行

3. 干酪微生物限量（GB 5420—2010）

项目	采样方案及限量①（若非指定,均以 CFU/g 表示）				检验方法
	n	c	m	M	
大肠菌群	5	2	100	1000	GB 4789.3 平板计数法
金黄色葡萄球菌	5	2	100	1000	GB 4789.10 平板计数法
沙门氏菌	5	0	0/25g	—	GB 4789.4
单核细胞增生李斯特氏菌	5	0	0/25g	—	GB 4789.30
酵母②			≤50		GB 4789.15
霉菌②			≤50		

① 样品的分析及处理按 GB 4789.1 和 GB 4789.18 执行

② 不适用于霉菌成熟干酪

4. 再制干酪微生物限量（GB 25192—2010）

项目	采样方案及限量①（若非指定,均以 CFU/g 表示）				检验方法
	n	c	m	M	
菌落总数	5	2	100	1000	GB 4789.2
大肠菌群	5	2	100	1000	GB 4789.3 平板计数法
金黄色葡萄球菌	5	2	100	1000	GB 4789.10 平板计数法
沙门氏菌	5	0	0/25g	—	GB 4789.4
单核细胞增生李斯特氏菌	5	0	0/25g	—	GB 4789.30
酵母[b]			≤50		GB 4789.15
霉菌[b]			≤50		

① 样品的分析及处理按 GB 4789.1 和 GB 4789.18 执行

5. 稀奶油、奶油和无水奶油微生物限量（GB 19646—2010）

项目	采样方案及限量①（若非指定,均以 CFU/g 表示）				检验方法
	n	c	m	M	
菌落总数②	5	2	10000	100000	GB 4789.2
大肠菌群	5	2	10	100	GB 4789.3 平板计数法
金黄色葡萄球菌	5	1	10	100	GB 4789.10 平板计数法
沙门氏菌	5	0	0/25g(mL)	—	GB 4789.4
霉菌			≤90		GB 4789.15

① 样品的分析及处理按 GB 4789.1 和 GB 4789.18 执行

② 不适用于以发酵稀奶油为原料的产品

6. 乳粉微生物限量（GB 19644—2010）

项目	采样方案及限量①（若非指定，均以 CFU/g 表示）				检验方法
	n	c	m	M	
菌落总数②	5	2	50000	200000	GB 4789.2
大肠菌群	5	2	10	100	GB 4789.3 平板计数法
金黄色葡萄球菌	5	1	10	100	GB 4789.10 平板计数法
沙门氏菌	5	0	0/25g	—	GB 4789.4

① 样品的分析及处理按 GB 4789.1 和 GB 4789.18 执行

② 不适用于添加活性菌种（好氧和兼性厌氧益生菌）的产品

7. 炼乳微生物限量（GB 13102—2010）

项目	采样方案及限量①（若非指定，均以 CFU/mL 表示）				检验方法
	n	c	m	M	
菌落总数	5	2	30000	100000	GB 4789.2
大肠菌群	5	1	10	100	GB 4789.3 平板计数法
金黄色葡萄球菌	5	0	0/25g(mL)	—	GB 4789.10 定性检验
沙门氏菌	5	0	0/25g(mL)	—	GB 4789.4

① 样品的分析及处理按 GB 4789.1 和 GB 4789.18 执行

8. 乳清粉和乳清蛋白粉微生物限量（GB 11674—2010）

项目	采样方案及限量①（若非指定，均以 CFU/mL 表示）				检验方法
	n	c	m	M	
金黄色葡萄球菌	5	2	10	100	GB 4789.10 平板计数法
沙门氏菌	5	0	0/25g	—	GB 4789.4

① 样品的分析及处理按 GB 4789.1 和 GB 4789.18 执行

9. 巴氏杀菌乳微生物限量（GB 19645—2010）

项目	采样方案及限量①（若非指定，均以 CFU/g 或 CFU/mL 表示）				检验方法
	n	c	m	M	
菌落总数	5	2	50000	100000	GB 4789.2
大肠菌群	5	2	1	5	GB 4789.3 平板计数法
金黄色葡萄球菌	5	0	0/25g(mL)	—	GB 4789.10 平板计数法
沙门氏菌	5	0	0/25g(mL)	—	GB 4789.4

① 样品的分析及处理按 GB 4789.1 和 GB 4789.18 执行

10. 调制乳微生物限量（GB 25191—2010）

项目	采样方案及限量①（若非指定，均以 CFU/g 或 CFU/mL 表示）				检验方法
	n	c	m	M	
菌落总数	5	2	5000	100000	GB 4789.2
大肠菌群	5	2	1	5	GB 4789.3 平板计数法
金黄色葡萄球菌	5	0	0/25g(mL)	—	GB 4789.10 平板计数法
沙门氏菌	5	0	0/25g(mL)	—	GB 4789.4

① 样品的分析及处理按 GB 4789.1 和 GB 4789.18 执行

三、食盐、调味品

1. 酱油微生物限量（GB 2717—2003）

项目	指标
细菌总数（适用于餐桌酱油）/（CFU/mL）	≤30000
大肠菌群/（MPN/100mL）	≤30
致病菌（系指肠道致病菌）	不得检出

2. 食醋微生物限量（GB 2719—2003）

项目	指标
细菌总数/（CFU/mL）	≤10000
大肠菌群/（MPN/100mL）	≤3
致病菌（系指肠道致病菌）	不得检出

四、蛋及蛋制品

蛋及蛋制品微生物限量（GB 2749—2003）

品 种 \ 项 目	菌落总数/（CFU/g）	大肠菌群/（MPN/100g）	致病菌（系指沙门氏菌、志贺氏菌）
巴氏杀菌冰全蛋	≤5000	≤1000	不得检出
冰蛋黄	≤1×10^6	≤1.1×10^6	
冰蛋白	≤1×10^6	≤1.1×10^6	
巴氏杀菌全蛋粉	≤1×10^4	≤90	
蛋黄粉	≤5×10^4	≤40	
糟蛋	≤100	≤30	
皮蛋	≤500	≤30	

五、糕点、糖果制品

1. 糖果微生物限量（GB 9678.1—2003）

项 目	品 种	指标
菌落总数/（CFU/g）	硬质糖果、抛光糖果	≤750
	焦香糖果、充气糖果	≤20000
	夹心糖果	≤2500
	凝胶糖果	≤1000
大肠菌群/（MPN/100g）	硬质糖果、抛光糖果	≤30
	焦香糖果、充气糖果	≤440
	夹心糖果	≤90
	凝胶糖果	≤90
致病菌		不得检出

2. 糕点面包微生物限量（GB 7099—2003）

项　目	指　标	
	热　加　工	冷　加　工
细菌总数/（CFU/g）	≤1500	≤10000
大肠菌群/（MPN/100g）	≤30	≤300
霉菌计数/（CFU/g）	≤100	≤150
致病菌(沙门氏菌、志贺氏菌、金黄色葡萄球菌)	不得检出	

3. 饼干微生物限量（GB 7100—2003）

项　目	指　标	
	非夹心饼干	夹心饼干
细菌总数/（CFU/g）	≤750	≤2000
大肠菌群/（MPN/100g）	≤30	
霉菌计数/（CFU/g）	≤50	
致病菌(沙门氏菌、志贺氏菌、金黄色葡萄球菌)	不得检出	

六、酒、饮料、冷饮食品

1. 发酵酒及配制酒微生物限量（GB 2758—2012）

项　目	采样方案及限量[①]			检验方法
	n	c	m	
沙门氏菌	5	0	0/25mL	GB/T 4789.25
金黄色葡萄球菌	5	0	0/25mL	

① 样品的分析及处理按 GB 4789.1 执行

2. 冷冻饮品微生物限量（GB2759.1—2003）

项　目	指　标		
	菌落总数/（CFU/mL）	大肠菌群/（MPN/100mL）	致病菌[①]
食用冰块	≤100	≤6	不得检出
含淀粉或果类的冷冻饮品	≤3000	≤100	不得检出
含豆类冷冻饮品	≤20000	≤450	不得检出
含乳蛋白的冷冻食品	≤25000	≤450	不得检出

① 致病菌指沙门氏菌、志贺氏菌、金黄色葡萄球菌。

3. 碳酸饮料微生物限量（GB 2759.2—2003）

项　目	指　标
菌落总数/（CFU/mL）	≤100
大肠菌群/（MPN/100mL）	≤6
霉菌/（CFU/mL）	≤10
酵母/（CFU/mL）	≤10
致病菌(沙门氏菌、志贺氏菌、金黄色葡萄球菌)	不得检出

附录 B 元素相对原子质量表

元素	符号	相对原子质量	元素	符号	相对原子质量	元素	符号	相对原子质量
银	Ag	107.87	铪	Hf	178.49	铷	Rb	85.468
铝	Al	26.982	汞	Hg	200.59	铼	Re	186.21
氩	Ar	39.948	钬	Ho	164.93	铑	Rh	102.91
砷	As	74.922	碘	I	126.90	钌	Ru	101.07
金	Au	196.97	铟	In	114.82	硫	S	32.066
硼	B	10.811	铱	Ir	192.22	锑	Sb	121.76
钡	Ba	137.33	钾	K	39.098	钪	Sc	44.956
铍	Be	9.0122	氪	Kr	83.80	硒	Se	78.96
铋	Bi	208.98	镧	La	138.91	硅	Si	28.086
溴	Br	79.904	锂	Li	6.941	钐	Sm	150.36
碳	C	12.011	镥	Lu	174.97	锡	Sn	118.71
钙	Ca	40.078	镁	Mg	24.305	锶	Sr	87.62
镉	Cd	112.41	锰	Mn	54.938	钽	Ta	180.95
铈	Ce	140.12	钼	Mo	95.94	铽	Tb	158.9
氯	Cl	35.453	氮	N	14.007	碲	Te	127.60
钴	Co	58.933	钠	Na	22.990	钍	Th	232.04
铬	Cr	51.996	铌	Nb	92.906	钛	Ti	47.867
铯	Cs	132.91	钕	Nd	144.124	铊	Tl	204.38
铜	Cu	63.546	氖	Ne	20.180	铥	Tm	168.93
镝	Dy	162.50	镍	Ni	58.693	铀	U	238.03
铒	Er	167.26	镎	Np	237.05	钒	V	50.942
铕	Eu	151.96	氧	O	15.999	钨	W	183.84
氟	F	18.998	锇	Os	190.23	氙	Xe	131.29
铁	Fe	55.845	磷	P	30.974	钇	Y	88.906
镓	Ga	69.723	铅	Pb	207.2	镱	Yb	173.04
钆	Gd	157.25	钯	Pd	106.42	锌	Zn	65.39
锗	Ge	72.6l	镨	Pr	140.91	锆	Zr	91.224
氢	H	1.0079	铂	Pt	195.08			
氦	He	4.0026	镭	Ra	226.03			

附录 C 常用酸和碱溶液的密度和浓度

酸 或 碱	化 学 式	密度/(g/mL)	溶质的质量分数	浓度/(mol/L)
冰醋酸	CH₃COOH	1.05	99.5%	17
稀醋酸		1.04	34%	6
浓盐酸	HCl	1.18	36%	12
稀盐酸		1.10	20%	6
浓硝酸	HNO₃	1.42	72%	16
稀硝酸		1.19	32%	6
浓硫酸稀硫酸	H₂SO₄	1.84	96%	18
		1.18	25%	3
磷酸	H₃PO₄	1.69	85%	15
浓氨水稀氨水	NH₃·H₂O	0.90	28%~30%(NH₃)	15
		0.96	10%	6
稀氢氧化钠	NaOH	1.22	20%	6

附录 D 相当于氧化亚铜质量的
葡萄糖、果糖、乳糖、转化糖质量表

（单位：mg）

氧化亚铜	葡萄糖	果糖	乳糖（含水）	转化糖	氧化亚铜	葡萄糖	果糖	乳糖（含水）	转化糖
11.3	4.6	5.1	7.7	5.2	27.0	11..	12.5	18.4	12.3
12.4	5.1	5.6	8.5	5.7	28.1	11.9	13.1	19.2	12.8
13.5	5.6	6.1	9.3	6.2	29.3	12.3	13.6	19.9	13.3
14.6	6.0	6.7	10.0	6.7	30.4	12.8	14.2	20.7	13.8
15.8	6.5	7.2	10.8	7.2	31.5	13.3	14.7	21.5	14.3
16.9	7.0	7.7	11.5	7.7	32.6	13.8	15.2	22.2	14.8
18.0	7.5	8.3	12.3	8.2	33.8	14.3	15.8	23.0	15.3
19.1	8.0	8.8	13.1	8.7	34.9	14.8	16.3	23.8	15.8
20.3	8.5	9.3	13.8	9.2	36.0	15.3	16.8	24.5	16.3
21.4	8.9	9.9	14.6	9.7	37.2	15.7	17.4	25.3	16.8
22.5	9.4	10.4	15.4	10.2	38.3	16.2	17.9	26.1	17.3
23.6	9.9	10.9	16.1	10.7	39.4	16.7	18.4	26.8	17.8
24.8	0.4	11.5	16.9	11.2	40.5	17.2	19.0	27.6	18.3
25.9	10.9	12.0	17.7	11.7	41.7	17.7	19.5	28.4	18.9
42.8	18.2	20.1	29.1	19.4	84.4	36.5	40.1	57.5	38.4
43.9	18.7	20.6	29.9	19.9	85.6	37.0	40.7	58.2	38.9
45.0	19.2	21.1	30.6	20.4	86.7	37.5	41.2	59.0	39.4
46.2	19.7	21.7	31.4	20.9	87.8	38.0	41.7	59.8	40.0
47.3	20.1	22.2	32.2	21.4	88.9	38.5	42.3	60.5	40.5
48.4	20.6	22.8	32.9	21.9	90.1	39.0	42.8	61.3	41.0
49.5	21.1	23.3	33.7	22.4	91.2	39.5	43.4	62.1	41.5
50.7	21.6	23.8	34.5	22.9	92.3	40.0	43.9	62.8	42.0
51.8	22.1	24.4	35.2	23.5	93.4	40.5	44.5	63.6	42.6
52.9	22.6	24.9	36.0	24.0	94.6	1.0	45.0	64.4	43.1
54.0	23.1	25.4	36.8	24.5	95.7	41.5	45.6	65.1	43.6
55.2	23.6	26.0	37.5	25.0	96.8	42.0	46.1	65.9	44.1
56.3	24.1	26.6	38.3	25.5	97.9	42.5	46.7	66.7	44.7
57.4	24.6	27.1	39.1	26.0	99.1	43.0	47.2	67.4	45.2
58.5	25.1	27.6	39.8	26.5	100.2	43.5	47.8	68.2	45.7
59.7	25.6	28.2	40.6	27.0	101.3	44.0	48.3	69.0	46.2
60.8	26.1	28.7	41.4	27.6	102.5	44.5	48.9	69.7	46.7
61.9	26.5	29.2	42.1	28.1	103.6	45.0	49.4	70.5	47.3
63.0	27.0	29.8	42.9	28.6	104.7	45.5	50.0	71.3	47.8
64.2	27.5	30.3	43.7	29.1	105.8	46.0	50.5	72.1	48.3
65.3	28.0	30.9	44.4	29.6	107.0	46.5	51.1	72.8	48.8

（续）

氧化亚铜	葡萄糖	果糖	乳糖（含水）	转化糖	氧化亚铜	葡萄糖	果糖	乳糖（含水）	转化糖
66.4	28.5	31.4	45.2	30.1	108.1	47.0	51.6	73.6	49.4
67.6	29.0	31.9	46.0	30.6	109.2	47.5	52.2	74.4	49.9
68.7	29.5	32.5	49.7	31.2	110.3	48.0	52.7	75.1	50.4
69.8	30.0	33.0	47.5	31.7	111.5	48.5	53.3	75.9	50.9
70.9	30.5	33.6	48.3	32.2	112.6	49.0	53.8	76.7	51.5
72.1	13.0	34.1	49.0	32.7	113.7	49.5	54.4	77.4	52.0
72.2	31.5	34.7	49.8	33.2	114.8	50.0	54.9	78.2	52.5
74.3	32.0	35.2	50.6	33.7	116.0	50.6	55.5	79.0	53.0
75.4	32.5	35.8	51.3	34.3	117.1	51.1	56.0	79.7	53.6
76.6	33.0	36.3	52.1	34.8	118.2	51.6	56.6	80.5	54.1
77.7	33.5	36.8	52.9	35.3	119.3	52.1	57.1	81.3	54.6
78.8	34.0	37.4	53.6	35.8	120.5	52.6	57.7	82.1	55.2
79.9	34.5	37.9	54.4	36.3	121.6	53.1	58.2	82.8	55.7
81.1	35.0	38.5	55.2	36.8	122.7	53.6	58.8	83.6	56.2
82.2	35.5	39.0	55.9	37.4	123.8	54.1	59.3	84.4	56.7
83.3	36.0	39.6	56.7	37.9	125.0	54.6	59.9	85.1	57.3
126.1	55.1	60.4	85.9	57.8	167.8	74.2	81.1	114.4	77.6
127.2	55.6	61.0	86.7	58.3	168.9	74.7	81.6	115.2	78.1
128.3	56.1	61.6	87.4	58.9	170.0	75.2	82.2	116.0	78.6
129.5	56.7	62.1	88.2	59.4	171.1	75.7	82.8	116.5	79.2
130.6	57.2	62.7	89.0	59.9	172.3	76.3	83.3	117.5	79.7
131.7	57.7	63.2	89.8	60.4	173.4	76.8	83.9	118.3	80.3
132.8	58.2	63.8	90.5	61.0	174.5	77.3	84.4	119.3	80.8
134.0	58.7	64.3	91.3	61.5	175.6	77.8	85.0	119.9	81.3
135.1	59.2	64.9	92.1	62.0	176.8	78.3	85.6	120.6	81.9
136.2	59.7	65.4	92.8	62.6	177.9	78.9	86.1	121.4	82.4
137.4	60.2	66.0	93.6	63.1	179.0	79.4	86.7	122.2	83.0
138.5	60.7	66.5	94.4	63.6	180.1	79.9	87.3	122.9	83.5
139.6	61.3	67.1	95.2	64.2	181.3	80.4	87.8	123.7	84.0
140.7	61.8	67.7	95.9	64.7	182.4	81.0	88.4	124.5	84.6
141.9	62.3	68.2	96.7	65.2	183.5	81.5	89.0	125.3	85.1
143.0	62.8	68.8	97.5	65.8	184.5	82.0	89.5	126.0	85.7
144.1	63.3	69.3	98.2	66.3	185.8	82.5	90.1	126.8	86.2
145.2	63.8	69.9	99.0	66.8	186.9	83.1	90.6	127.6	86.3
146.4	64.3	70.4	99.8	67.4	188.0	83.6	91.2	128.4	87.3
147.5	64.9	71.0	100.6	67.9	189.1	84.1	91.8	129.1	87.8
148.6	65.4	71.6	101.3	68.4	190.3	84.6	92.3	129.9	88.4
149.7	65.9	72.1	102.1	69.0	191.4	85.2	92.9	130.7	88.9
150.9	66.4	72.7	102.9	69.5	192.5	85.7	93.5	131.5	89.5
152.0	66.9	73.2	103.6	70.0	193.6	86.2	94.0	132.2	90.0

（续）

氧化亚铜	葡萄糖	果糖	乳糖 （含水）	转化糖	氧化亚铜	葡萄糖	果糖	乳糖 （含水）	转化糖
153.1	67.4	73.8	104.4	70.6	194.8	86.7	94.6	133.0	90.6
154.2	68.0	74.3	105.2	71.1	195.9	87.3	95.2	133.8	91.1
155.4	68.5	74.9	106.0	71.6	197.0	87.8	95.7	134.6	91.7
156.5	69.0	75.5	106.7	72.2	198.1	88.3	96.3	135.3	92.2
157.6	69.5	76.0	107.5	72.7	199.3	88.9	96.9	136.1	92.8
158.7	70.0	76.6	108.3	73.2	200.4	89.4	97.4	136.9	93.3
159.9	70.5	77.1	109.0	73.8	201.5	89.9	9.0	137.7	93.8
161.0	71.1	77.7	109.8	74.3	202.7	90.4	98.6	138.4	94.4
162.1	71.6	78.3	110.6	74.9	203.8	91.0	99.2	139.2	94.9
163.2	72.1	78.8	111.4	75.4	204.9	61.5	99.7	140.0	95.5
164.4	72.6	79.4	112.1	75.9	206.0	92.0	100.3	140.8	96.0
165.5	73.1	80.0	112.9	76.5	207.2	92.6	100.9	141.5	96.6
166.6	73.7	80.5	113.7	77.0	208.3	93.1	101.4	142.3	97.1
209.4	93.6	102.0	143.1	97.7	211.7	94.7	103.1	144.6	98.8
210.5	94.2	102.6	143.9	98.2	212.8	95.2	103.7	145.4	99.8

附录 E　实验室技术及安全要点

一、实验室安全要点

1. 防止中毒

1）剧毒性药品必须制订保管、使用制度，并严格遵守。这类药品应专人、专柜加锁保管。

2）一切盛装药品的试剂瓶，要有完整的标签。

3）严禁在实验室内喝水、进食和抽烟。

4）严禁试剂入口，用移液管吸取有毒溶液时应该用橡胶球操作，不得用嘴吸取；若需以鼻鉴别试剂时，应将试剂远离鼻子，以手轻轻扇动，稍嗅其味即可，切勿以鼻子接近瓶口；若需对样品尝味，应该用玻璃棒蘸取样品少许尝味，疑为有毒的样品或试剂，严禁尝其味道。

5）对于有毒气体或蒸气的操作处理，应在毒气柜中进行，毒气柜应有良好的通风设施。

6）若不慎发生中毒，应立即将中毒者移离现场，并送医院急救。

7）实验完毕要洗手后才能离开实验室，不得将工作服带出实验室。

2. 防止燃烧和爆炸

1）挥发性药品应该存放在通风良好、温度较低的地方，易燃药品在贮藏和使用时都应远离火源。

2）开启易挥发的试剂瓶时，不可使瓶口对着自己或他人的脸部，以免引起伤害事故。当室温较高时，打开密封的、盛装易挥发试剂瓶的瓶塞前，应先把试剂瓶放在冷水中冷却。

3）实验过程中，若需加热蒸除易挥发和易燃的有机溶剂，应在水浴锅或密封式电热板上缓缓进行，严禁用火焰或电炉直接加热。

4）严禁将氧化剂与可燃物质一起研磨。爆炸性药品，如苦味酸、高氯酸和高氯酸盐、过氧化氢以及高压气体瓶等，应放在低温处保管，不得与其他易燃物放在一起，移动时不得剧烈振动。

5）盛装压缩气或液化气的钢瓶在装气前应该经过试压，试压有效期为三年。各种气瓶必须按规定漆上颜色和标明气体名称。瓶身应具备减振橡胶圈，运输时要旋紧瓶帽，轻装，轻卸，严禁抛、滑、撞贮气钢瓶，并不能放在高温处或暴晒。

6）贮气钢瓶的出气口不准对着人。未装减压阀，不能打开钢瓶阀门。开启钢瓶阀门的动作必须缓慢。钢瓶中的气体尚未全部用完，即需重新灌气。气瓶不应放在用气室内，不能用普通钢瓶盛装乙炔，乙炔钢瓶瓶口阀门系特种钢材制成，以防乙炔与铜、铁等金属化合生成易爆炸物。

3. 防止腐蚀和其他伤害

1）腐蚀和刺激性药品，如强酸、强碱、氨水、过氧化氢、冰醋酸等，取用时尽可能带上橡胶手套和防护眼镜，倾倒时切勿直对容器口俯视，吸取时，应该使用橡胶球。

2）往玻璃管上套橡胶管（塞）时，管端应烧圆滑，并用水或甘油浸湿橡胶管（塞）内部，用布裹手，以防玻管破碎时割伤手。尽量不要使用薄壁玻璃管。

4. 安全使用电气设备

1）同时使用多个电气设备时，总电流强度不应超过该试验室电路设计的最大负荷。

2）各种电器应该安装在稳固妥善的台上，电热器与木制桌、架应隔开一定距离。电器接线应牢固，并且应安装可靠的地线，用前检查是否漏电。

3）线路和电器（特别是控制部件）应保持干燥。实验室内不得有裸露的电线头。

4）不得用铜丝代替熔丝，不得任意加粗熔丝，不得任意私自拆修电器。

5）工作完毕，离开实验室前应切断电源。

二、实验室技术

1. 器皿的洗涤

（1）洗涤方法　进行检验工作前必须将所需器皿仔细洗净，洗净的器皿内壁应能被水均匀润湿而无条纹及水珠。一般玻璃器皿，可用刷子蘸去污粉、肥皂液或合成洗涤剂刷洗，此后再用自来水冲净、蒸馏水淋洗三次后备用。若刷洗后，器皿仍有污垢，可根据污垢的性质选择合适的洗涤液浸泡，浸泡前应将器皿内的水液倒尽，浸泡后，洗涤液可收回贮存，以备下次再用。洗涤液浸泡的方法特别适宜于不能用刷子刷洗的器皿的清洁，如容量瓶、移液管和比色管等。

塑料器皿不能用强氧化剂洗涤。其洗涤方法除用去污粉、肥皂液或合成洗涤剂刷洗外，还可用1∶1盐酸浸泡一周，用水冲洗后，再用1∶1硝酸浸泡一周，用水冲净，再以水浸泡数日（要定期换水）即可使用。

（2）常用洗涤液

1）铬酸洗涤液：称取工业品重铬酸钾5g置于烧杯中，加水10mL并加热溶解，放冷，小心缓缓加入80mL浓硫酸，边加边搅拌。冷却后贮于小口玻塞磨口试剂瓶中，防止被水稀释而降低洗涤效果。本洗涤液氧化能力强，适宜于洗涤无机物污垢。

2）氢氧化钠高锰酸钾洗涤液：称取高锰酸钾4g溶于少量水中，缓缓加入100mL 100g/L氢氧化钠溶液即成。该溶液用于洗涤油腻及有机物污垢。洗后在玻璃上留下的二氧化锰沉淀可用硫酸或亚硫酸钠溶液洗去。

3）肥皂液、碱液（质量分数为30%~40%）或合成洗涤剂：用于洗涤油脂污垢。该洗涤液经加热后的洗涤效果更好。

4）酸性硫酸亚铁溶液、草酸或盐酸洗涤液：用于洗涤留在器皿上的高锰酸钾、二氧化锰、多数不溶于水的无机物质。灼烧、过滤沉淀的瓷坩埚，用热盐酸洗涤效果更好。

5）硝酸洗涤液：适用于测定金属元素（如汞、镉、铅等）所用器皿的浸泡，一般用5%（体积分数）或更浓的浓度。

6）各种有机溶剂（如氯仿、乙醚,丙酮等）：专门用于洗涤油腻污垢。

2. 坩埚和蒸发皿的编号

在洗净的瓷坩埚和瓷蒸发皿的编号位置处，用加有少许铁盐的蓝墨水书写编号，晾干后放入高温电炉中，于600~800℃灼烧30 min以上，用酒精喷灯灼烧亦可，冷却即成。

玻璃器皿（包括玻璃蒸发皿）编号前，应洗净晾干，在编号位置处涂上一层熔化石蜡，待凝固后用针将薄层石蜡刻透，反复多次向刻有编号的位置处涂氢氟酸，久置，刮去石蜡，洗净玻璃器皿即可。

3. 各种实验用水及其制备

（1）普通蒸馏水　可供一般实验使用，但其质量不固定，不适用于微量分析。影响蒸馏水纯度的原因，可能是受冷凝器及容器的污染、空气中灰尘及各种气体和蒸汽的污染，也可能是受蒸汽携带溅出的液滴所污染。通过重蒸馏或离子交换可使其纯化。

（2）重蒸馏水　普通蒸馏水经硬质全玻蒸馏器重蒸馏所得，其中的重金属含量极低，可供微量分析用。将蒸馏水以高锰酸钾或其他氧化剂处理后重蒸馏，可得到不含有机还原性物质的重蒸馏水。如加入硫酸酸化后重蒸馏可除去氨；加入氢氧化钠溶液碱化后重蒸馏可除去碘和酚；加入氢氧化钠溶液和三氯化铝后重蒸馏可除去氟；先使普通蒸馏水通过活性炭过滤，再重蒸馏可得到无汞蒸馏水。

（3）离子交换水　将经沉淀过滤的自来水或普通蒸馏水经过阴、阳离子交换树脂，可有效地除去多种离子，但可能会含有微量有机物。当交换树脂处理不合格时，水更容易受到其他污染。

4. 垂熔滤器的使用注意事项

垂熔滤器又称玻砂滤器，是利用玻璃粉末烧结制成多孔性滤片，再焊接在具有相同或相似膨胀系数的玻壳或玻管上。按滤片平均孔径大小分为六个号，用以过滤不同的沉淀物，见下表。

编　　号	平均孔径/μm	一　般　用　途
1	80~120	滤除粗颗粒沉淀
2	40~80	滤除较粗颗粒沉淀
3	15~40	滤除一般结晶沉淀和杂质，过滤水根
4	5~15	滤除细颗粒沉淀
5	2~5	滤除极细颗粒沉淀，滤除较大细菌
6	<2	滤除细菌

1）新滤器使用前要用热盐酸或铬酸洗液抽滤，并立即用水洗净，除去滤器中的灰尘等杂质。

2）禁止过滤浓氢氟酸、热浓磷酸及浓碱液，因为这些试剂可溶解滤片的微粒，使滤孔增大并造成滤片脱裂。

3）每次用毕或使用一段时间后，必须进行及时而有效地清洗，洗涤方法有机械冲洗法和化学洗涤法。机械冲洗法是将滤器倒置，在过滤的相反方向用蒸馏水反复冲洗，若采用减压方法，更可提高洗涤效率。化学洗涤法是针对不同的沉淀物，采用各种有效洗涤液洗涤或浸泡，再用水冲净、晾干即可。常用洗涤液列表如下。

沉　淀　物	有效洗涤液
脂肪	四氯化碳
蛋白质、葡萄糖	盐酸、热氨水、热硫酸硝酸混合液
有机物及碳化物	热铬酸洗涤液或硝酸钾硫酸液
铜、铁化合物	加有氯酸钾的热盐酸
硫酸钡	100℃硫酸
汞渣	热硝酸
硫化汞	热工水
氯化银	氨水或硫代硫酸钠溶液
铝质、硅质残渣	先用2%（体积分数）氢氟酸，继用硫酸洗涤，立即用水冲洗至不检出酸

附录 F　常用指示剂的配制

1. 甲基紫指示剂

称取甲基紫 10mg，加水 100mL 溶解即得。第一变色范围 pH 值 = 0.13~0.5，颜色由黄至绿；第二变色范围 pH 值 = 1.0~1.5，颜色由绿至蓝；第三变色范围 pH 值 = 2.0~

3.0颜色由蓝至紫色。

2. 麝香草酚蓝(百里酚蓝)指示剂

称取麝香草酚蓝0.1g溶于100mL 20%(体积分数)乙醇中；或称取麝香草酚蓝0.1g溶于100mL水中，加入0.05mol/L氢氧化钠溶液4.3mL。第一变色范围pH值=1.2~2.8，颜色由红至黄；第二变色范围pH值=8.0~9.6，颜色由黄至蓝色。

3. 甲基橙指示剂

称取甲基橙0.1g，溶解于100mL水中。变色范围pH值=3.1~4.4，颜色由红至黄色。

4. 溴甲酚绿(溴甲酚蓝)指示剂

称取溴甲酚绿0.1g，溶于100mL 20%(体积分数)乙醇中；或称取溴甲酚绿0.1g，溶于100mL水中，加入0.05mol/L氢氧化钠溶液2.9mL。变色范围pH值=3.8~5.4，颜色由黄至蓝色。

5. 甲基红指示剂

称取0.1g或0.2g甲基红，溶于100mL 60%(体积分数)乙醇中；变色范围pH值=4.4~6.2，颜色由红至黄色。

6. 酚红指示剂

称取酚红0.1g，溶于100mL 20%(体积分数)乙醇中；或称取酚红0.1g。溶于100mL水中，加入0.05mol/L氢氧化钠溶液5.7mL。变色范围pH值=6.8~8.0，颜色由黄至红色。

7. 酚酞指示剂

称取酚酞0.1g或1g溶于100mL 60%(体积分数)乙醇中。变色范围pH值=8.2~10.0，颜色由无色至紫红。

8. 甲基红溴甲酚绿混合指示剂

量取1g/L溴甲酚绿乙醇溶液50mL与1g/L甲基红乙醇溶液10mL混合即得。变色点pH值=5.1，酸色为酒红色，碱色为绿色。

9. 甲基红亚甲基蓝混合指示剂

将2g/L甲基红乙醇溶液与1g/L亚甲基蓝乙醇溶液等体积混合即得。变色点pH值=5.4，酸色为红紫色，碱色为绿色。pH值=5.2时为红紫色，pH值=5.4时为暗蓝色，pH值=5.6时为绿色。

10. 5g/L铬酸钾指示剂

称取铬酸钾5g，溶于100mL水中即得。

11. 试银灵(对二甲氨基苄叉罗丹宁)指示剂

称取试银灵20mg，溶于100mL丙酮中即得。终点颜色变化由灰至红。

12. 淀粉指示剂

称取1g可溶性淀粉，加10mL冷水调成悬浮液，倒入正在沸腾的100mL水中，放冷备用。

13. 铬黑 T 指示剂

称取铬黑 T 0.5g，溶于 pH 值 = 10.1 的 10mL 氨性缓冲溶液中，用乙醇稀释至 100mL，置于冰箱中保存，可稳定一个月。或称取干燥氯化钠 10g，研细，加 0.1g 铬黑 T 混合研匀，贮于棕色小广口瓶中备用，可长期保存。

14. 钙红指示剂

称取钙红 0.1g，加水 100mL 或 1 : 1 乙醇 100mL 溶解即得。

附录 G 标准溶液的配制和标定

1. 直接配制的标准溶液

编号	标 准 溶 液	配 制 方 法
I	0.05000 mol/L Na_2CO_3	5.300g 基准 Na_2CO_3 溶于去 CO_2 的蒸馏水中，稀释至 1L(容量瓶)
II	0.05000 mol/L $Na_2C_2O_4$	6.700g 基准 $Na_2C_2O_4$，用蒸馏水溶解，稀释至 1L(容量瓶)
III	0.01700 mol/L $K_2Cr_2O_7$	5.001g 基准 $K_2Cr_2O_7$ 溶于蒸馏水，稀释至 1L(容量瓶)
IV	0.02500 mol/L As_2O_3	4.946g 基准 As_2O_3、15g Na_2CO_3 在加热条件下溶于 150mL 蒸馏水中，加 25mL 0.5 mol/L H_2SO_4，稀释至 1L(容量瓶)
V	0.01700 mol/L KIO_3	3.638g KIO_3 溶于蒸馏水，稀释至 1L(容量瓶)
VI	0.01700 mol/L $KBrO_3$	2.839g 基准 $KBrO_3$ 溶于蒸馏水，稀释至 1L(容量瓶)
VII	0.1000 mol/L NaCl	5.844g 基准 NaCl 溶于蒸馏水，稀释至 1L(容量瓶)
VIII	0.01000 mol/L $CaCl_2$	一级 $CaCO_3$ 在 110℃ 下干燥，称取 1.001g，用少量稀 HCl 溶解，煮沸赶去 CO_2，稀释至 1 L(容量瓶)
IX	0.01000 mol/L $ZnCl_2$	0.6538g 基准 Zn 加少量稀 HCl 溶解，加几滴溴水，煮沸赶去过剩的溴，稀释至 1L(容量瓶)
X	0.1000mol/L 邻苯二甲酸氢钾	20.423g 基准邻苯二甲酸氢钾溶于去 CO_2 的蒸馏水中，稀释至 1L(容量瓶)

2. 需要标定的标准溶液

编号	标 准 溶 液	配 制 方 法	标 定 方 法
		酸 碱 滴 定	
1	0.1mol/L HCl	浓 HCl 10mL 加水稀释至 1L	取 0.05000mol/L Na_2CO_3 标准溶液 25mL，用本溶液滴定，指示剂：甲基橙。近终点时煮沸赶走 CO_2，冷却，滴定至终点

（续）

编号	标 准 溶 液	配 制 方 法	标 定 方 法
	酸 碱 滴 定		
2	0.05mol/L $H_2C_2O_4$	6.4g $H_2C_2O_4$ · $2H_2O$ 加水稀释至1L	用 0.1mol/L NaOH 滴定，指示剂：酚酞
3	0.1mol/L NaOH	5g 分析纯 NaOH 溶于 5mL 蒸馏水中，离心沉降，用干燥的滴管取上层清液，用去 CO_2 的蒸馏水稀释至1L	准确称取 2~2.5g 基准氨基磺酸，用容量瓶稀释至 250mL，取 25mL，用本溶液滴定，指示剂：甲基橙。或：取 [x] 25mL，加热至沸加 1~2 滴 10g/L 酚酞指示剂，用本溶液滴定
	氧 化 还 原 滴 定		
4	0.02mol/L $KMnO_4$	约 3.3g $KMnO_4$ 溶于 1L 蒸馏水中，煮沸 1~2h，放置过夜，用四号玻璃砂漏斗过滤，贮于棕色瓶中，暗处保存	取 0.05000mol/L $Na_2C_2O_4$ 标准溶液 25mL 加水 25mL，9mol/L H_2SO_4 10mL，加热到 60~70℃，用本溶液滴定，近终点时逐滴加入至微红，30s 不褪色为止
5	0.1mol/L $FeSO_4$	28g $FeSO_4$ · $7H_2O$ 加水 300mL，浓 H_2SO_4 30mL，稀至 1L	取本溶液 25mL，加 25mL 0.5mol/L H_2SO_4，5mL 85%（质量分数）H_3PO_4，用本表中 0.02mol/L $KMnO_4$ 标准溶液滴定
6	0.1mol/L $(NH_4)_2Fe(SO_4)_2$	40g $(NH_4)_2Fe(SO_4)_2$ · $6H_2O$ 溶于 300mL 2mol/L H_2SO_4 中，稀至 1L	标定方法同编号 5
7	0.05mol/L I_2	12.7g I_2 加 40g KI，溶于蒸馏水，稀释至 1L	a. 本溶液 25mL，用 0.1mol/L $Fe(SO_4)_2$ 标准溶液滴定，指示剂：淀粉 b. 取 0.02500mol/L As_2O_3 标准溶液 25mL，稀释一倍，加 1g NaHCO$_3$，用本溶液滴定，指示剂：淀粉
8	0.1mol/L $Na_2S_2O_3$	25g $Na_2S_2O_3$ · $5H_2O$ 用煮沸冷却后的蒸馏水 1L 溶解，加少量 Na_2CO_3，贮于棕色瓶中，放置 1~2天后标定	25mL 0.01700mol/L $K_2Cr_2O_7$ 标准溶液，加 5mL 3mol/L H_2SO_4、2g KI，以本溶液滴定，指示剂：淀粉（要进行空白试验）
9	0.1mol/L $Ce(SO_4)_2$	42g $Ce(SO_4)_2$ · $4H_2O$ 加水 50mL、浓 H_2SO_4 30mL，稀释至 1L	取 0.1mol/L $FeSO_4$ 或 0.1mol/L $(NH_4)_2Fe(SO_4)_2$ 标准溶液加 5mL H_3PO_4，用本溶液滴定，指示剂：邻菲罗啉-Fe

（续）

编号	标准溶液	配 制 方 法	标 定 方 法
		氧化还原滴定	
10	0.05mol/L $K_3Fe(CN)_6$	17g $K_3Fe(CN)_6$ 溶于水，稀释至 1L，暗处保存	取本溶液 50mL 加 2g K、5mL 4mol/L HCl，用 0.1mol/L $Na_2S_2O_3$ 标准溶液滴定生成的 I2
11	0.1mol/L $NaNO_2$	称取 7.2g $NaNO_2$、0.1gNaOH 及 0.2g 无水 Na_2CO_3，溶于 1L 水中	准确称量 0.55~0.6g 氨基磺酸基准试剂，溶于 200mL 水及 3mL $NH_3 \cdot H_2O$ 中，加 20mL HCl 及 1gKBr，冷却。保持温度 0~5℃，用本溶液滴定，近终点时，取出一小滴溶液，以淀粉-KI 试纸试验，至产生明显蓝色。放置 5 min，再试，仍产生明显蓝色，即为终点
12	0.05mol/L $NaHSO_3$	5.2gNaHSO₃ 溶于水，稀释至 1L	取 0.05mol/L I₂ 标准溶液 50mL，加本溶液 25mL，放置 5min，加入 1mL 浓 HCl，用 0.1mol/L $Na_2S_2O_3$ 标准溶液反滴过剩的 I_2。指示剂：淀粉
13	0.05mol/L $SnCl_2$	80mL 浓 HCl 加入 4~5g $CaCO_3$ 赶走空气，加入 12g $SnCl_2 \cdot 2H_2O$，稀释至 1L	20mL 0.01700mol/L KIO₃ 标准溶液加 2mL 浓 HCl，立即用本溶液滴定。指示剂：淀粉
14	0.05mol/L 抗坏血酸	8.806g 抗坏血酸溶于水，稀释至 1L。加 0.5g EDTA 作稳定剂，在 CO_2 气氛中保存	20mL 0.01700mol/L KIO₃ 标准溶液加 1gKI、5mL 2mol/L HCl，用本溶液滴定至颜色消失不必加淀粉指示剂
15	0.1mol/L $AgNO_3$	17g $AgNO_3$ 加水溶解，稀释至 1L，贮于棕色瓶中，放置暗处保存	25mL 0.1000mol/L NaCl 标准溶液加 25mL 水，5mL 20g/L 糊精，用本溶液滴定，指示剂：荧光黄
16	0.1mol/L KSCN	9.7g KSCN 溶于煮沸并冷却的水中，稀释至 1L	取 0.1mol/L $AgNO_3$ 标准溶液 25mL，加入 5mL 6mol/L HNO₃，用本溶液滴定。指示剂：$(NH_4)Fe(SO_4)_2 \cdot 12H_2O$ 饱和溶液 1mL
17	0.1mol/L NH_4SCN	8g NH_4SCN 溶于水，稀释至 1L	标定方法同编号 16
18	0.1mol/L $Hg(NO_3)_2$	34g $Hg(NO_3)_2 \cdot 1/2H_2O$ 加 5mL 6mol/L HNO₃，加水溶解，稀释至 1L	取本溶液 25mL，3mol/L H_2SO_4 5mL，在 20℃ 以下用 0.1mol/L KSCN 标准溶液滴定。指示剂：$(NH_4)Fe(SO_4)_2 \cdot 12H_2O$ 饱和溶液 1mL

（续）

编号	标准溶液	配制方法	标定方法
氧化还原滴定			
19	0.1mol/L $K_4Fe(CN)_6$	42g $K_4Fe(CN)_6\cdot3H_2O$ 溶于水，稀释至1L。贮于棕色瓶中，暗处保存	准确称取基准锌 0.15~0.2g，用 8mol/L HCl 溶解，用6mol/L $NH_3\cdot H_2O$ 中和，滴加 8mol/L HCl 至微酸性后，再加入 3mL。然后加水 200mL，煮沸冷却，用本溶液滴定。指示剂：钼酸铵溶液
配位滴定			
20	0.01mol/L EDTA	3.8g $Na_2H_2Y\cdot2H_2O$ 溶于水，稀释至1L	25mL 0.01000mol/L $CaCl_2$ 或 0.01000mol/L $ZnCl_2$ 标准溶液，加 1mol/L NaOH 中和，加 3mL pH 值 = 10 的缓冲溶液（70gNH_4Cl 溶于 570mL $NH_3\cdot H_2O$，稀释至 1L）、1mL 0.1mol/L Mg-EDTA。用本溶液滴定，指示剂：铬黑T
21	0.01mol/L $CaCl_2$	1.1g 无水 $CaCl_2$ 溶于水，稀释至1L	同上，用 0.01mol/L EDTA 标准溶液滴定
22	0.01mol/L $MgCl_2$	1.0g 无水 $MgCl_2$ 溶于水，稀释至1L	本溶液 10mL，用水稀释至 50mL，加入 2mL pH 值=10 的缓冲液，用 0.01mol/L EDTA 标准溶液滴定，指示剂：铬黑T
23	0.1mol/L Mg-EDTA	配制约 0.1mol/L $MgCl_2$ 溶液和 0.1mol/L EDTA 溶液	取 20mL 0.1mol/L $MgCl_2$ 溶液加入 30mL 水、5mL pH 值=10 的缓冲液以铬黑T为指示剂，加热到60℃，用 0.1mol/L EDTA 溶液滴定，反复数次，求平均值。按体积比混 0.1mol/L $MgCl_2$ 溶液、0.1mol/L EDTA 溶液，用 0.01mol/L EDTA 标准溶液或分别在滴定条件下滴定刚配制好的溶液，最后一滴指示剂不变色即可
24	0.1mol/L Zn-EDTA		同上，不必加热到60℃

附录 H　基准试剂的干燥条件

基准试剂	使用前的干燥条件
碳酸钠	在坩埚中加热到 270~300℃，干燥至恒重
氨基磺酸	在抽真空的硫酸干燥器中放置约 48h
邻苯二甲酸氢钾	在 105~110℃下干燥至恒重
草酸钠	在 105~110℃下干燥至恒重
重铬酸钾	在 140℃下干燥至恒重
碘酸钾	在 105~110℃下干燥至恒重
溴酸钾	在 180℃干燥 1~2h

（续）

基 准 试 剂	使用前的干燥条件
氧化砷	在硫酸干燥器中干燥至恒重
铜	在硫酸干燥器中放置24h
氯化钠	在500~600℃下灼烧至恒重
氟化钠	在铂坩埚中加热到600~650℃，灼烧至恒重
锌	用6mol/L HCl冲洗表面，再用水、乙醇、丙酮冲洗，在干燥器中放置24h

附录 I 大肠菌群最可能数(MPN)检索表

阳性管数			MPN	95%可信限		阳性管数			MPN	95%可信限	
0.10	0.01	0.001		下限	上限	0.10	0.01	0.001		下限	上限
0	0	0	<3.0	—	9.5	2	2	0	21	4.5	42
0	0	1	3.0	0.15	9.6	2	2	1	28	8.7	94
0	1	0	3.0	0.15	11	2	2	2	35	8.7	94
0	1	1	6.1	1.2	18	2	3	0	29	8.7	94
0	2	0	6.2	1.2	18	2	3	1	36	8.7	94
0	3	0	9.4	3.6	38	3	0	0	23	4.6	94
1	0	0	3.6	0.17	18	3	0	1	38	8.7	110
1	0	1	7.2	1.3	18	3	0	2	64	17	180
1	0	2	11	3.6	38	3	1	0	43	9	180
1	1	0	7.4	1.3	20	3	1	1	75	17	200
1	1	1	11	3.6	38	3	1	2	120	37	420
1	2	0	11	3.6	42	3	1	3	160	40	420
1	2	1	15	4.5	42	3	2	0	93	18	420
1	3	0	16	4.5	42	3	2	1	150	37	420
2	0	0	9.2	1.4	38	3	2	2	210	40	430
2	0	1	14	3.6	42	3	2	3	290	90	1,000
2	0	2	20	4.5	42	3	3	0	240	42	1,000
2	1	0	15	3.7	42	3	3	1	460	90	2,000
2	1	1	20	4.5	42	3	3	2	1100	180	4,100
2	1	2	27	8.7	94	3	3	3	>1100	420	

注：1：本表采用3个稀释度，即0.1g(mL)、0.01g(mL)和0.001g(mL)，每个稀释度接种3管。

2：表内所列检样量如改用1g(mL)、0.1g(mL)和0.01g(mL)，表内数字应相应降低10倍；如改用0.01g(mL)、0.001g(mL)、0.0001g(mL)，则表内数字应相应增高10倍，其余类推。

附录 J 相对密度与浸出物含量对照表

相对密度 20℃/20℃	浸出物含量/ (g/100g)	相对密度 20℃/20℃	浸出物含量/ (g/100g)	相对密度 20℃/20℃	浸出物含量/ (g/100g)
1	2	1	2	1	2
1.0000	0.000	1.0013	0.334	1.0026	0.668
1.0001	0.026	1.0014	0.360	1.0027	0.693
1.0002	0.052	1.0015	0.386	1.0028	0.719
1.0003	0.077	1.0016	0.411	1.0029	0.745
1.0004	0.103	1.0017	0.437	1.0030	0.770
1.0005	0.129	1.0018	0.463	1.0031	0.796
1.0006	0.154	1.0019	0.468	1.0032	0.821
1.0007	0.180	1.0020	0.514	1.0033	0.847
1.0008	0.206	1.0021	0.540	1.0034	0.872
1.0009	0.231	1.0022	0.565	1.0035	0.898
1.0010	0.257	1.0023	0.591	1.0036	0.924
1.0011	0.283	1.0024	0.616	1.0037	0.949
1.0012	0.390	1.0025	0.642	1.0038	0.975
1.0039	1.001	1.0071	1.820	1.0103	2.636
1.0040	1.026	1.0072	1.846	1.0104	2.661
1.0041	1.052	1.0073	1.872	1.0105	2.687
1.0042	1.078	1.0074	1.897	1.0106	2.712
1.0043	1.103	1.0075	1.923	1.0107	2.738
1.0044	1.129	1.0076	1.948	1.0108	2.763
1.0045	1.155	1.0077	1.973	1.0109	2.788
1.0046	1.180	1.0078	1.999	1.0110	2.814
1.0047	1.206	1.0079	2.025	1.0111	2.839
1.0048	1.232	1.0080	2.053	1.0112	2.864
1.0049	1.257	1.0081	2.078	1.0113	2.890
1.0050	1.283	1.0082	2.101	1.0114	2.915
1.0051	1.308	1.0083	2.127	1.0115	2.940
1.0052	1.334	1.0084	2.152	1.0116	2.966
1.0053	1.360	1.0085	2.178	1.0117	2.991
1.0054	1.385	1.0086	2.203	1.0118	3.017
1.0055	1.411	1.0087	2.229	1.0119	3.042
1.0056	1.437	1.0088	2.254	1.0120	3.067
1.0057	1.462	1.0089	2.280	1.0121	3.093
1.0058	1.488	1.0090	2.305	1.0122	3.118
1.0059	1.514	1.0091	2.330	1.0123	3.143
1.0060	1.539	1.0092	2.356	1.0124	3.169
1.0061	1.565	1.0093	2.381	1.0125	3.194
1.0062	1.590	1.0094	2.407	1.0126	3.219
1.0063	1.616	1.0095	2.432	1.0127	3.245
1.0064	1.641	1.0096	2.458	1.0128	3.270

（续）

相对密度 20℃/20℃	浸出物含量/ （g/100g）	相对密度 20℃/20℃	浸出物含量/ （g/100g）	相对密度 20℃/20℃	浸出物含量/ （g/100g）
1	2	1	2	1	2
1.0065	1.667	1.0097	2.483	1.0129	3.295
1.0066	1.693	1.0098	2.508	1.0130	3.321
1.0067	1.718	1.0099	2.534	1.0131	3.346
1.0068	1.744	1.0100	2.560	1.0132	3.371
1.0069	1.769	1.0101	2.585	1.0133	3.396
1.0070	1.795	1.0102	2.610	1.0134	3.421
1.0135	3.447	1.0167	4.253	1.0209	5.055
1.0136	3.472	1.0168	4.278	1.0100	5.080
1.0137	3.497	1.0169	4.304	1.0101	5.106
1.0138	3.523	1.0170	4.329	1.0102	5.130
1.0139	3.548	1.0171	4.354	1.0103	5.155
1.0140	3.573	1.0172	4.379	1.0104	5.180
1.0141	3.598	1.0173	4.404	1.0105	5.205
1.0142	3.642	1.0174	4.429	1.0106	5.230
1.0143	3.649	1.0175	4.454	1.0107	5.255
1.0144	3.674	1.0176	4.479	1.0108	5.280
1.0145	3.699	1.0177	4.505	1.0109	5.305
1.0146	3.725	1.0178	4.529	1.0200	5.080
1.0147	3.750	1.0179	4.555	1.0201	5.106
1.0148	3.775	1.0180	4.580	1.0202	5.130
1.0149	3.800	1.0181	4.605	1.0203	5.155
1.0150	3.826	1.0182	4.630	1.0204	5.180
1.0151	3.851	1.0183	4.655	1.0205	5.205
1.0152	3.876	1.0184	4.680	1.0206	5.230
1.0153	3.901	1.0185	4.705	1.0207	5.255
1.0154	3.926	1.0186	4.730	1.0208	5.280
1.0155	3.951	1.0187	4.755	1.0209	5.305
1.0156	3.977	1.0188	4.780		
1.0157	4.002	1.0189	4.805		
1.0158	4.027	1.0200	4.830		
1.0159	4.052	1.0201	4.855		
1.0160	4.077	1.0202	4.880		
1.0161	4.102	1.0203	4.905		
1.0162	4.128	1.0204	4.930		
1.0163	4.153	1.0205	4.955		
1.0164	4.178	1.0206	4.980		
1.0165	4.203	1.0207	5.005		
1.0166	4.228	1.0208	5.030		

附录 K　常用培养基及试剂的制备

一、平板计数琼脂（Plate Count Agar，PCA）培养基

（1）成分　胰蛋白胨 5.0g，酵母浸膏 2.5g，葡萄糖 1.0g，琼脂 15.0g，蒸馏水 1000mL，pH 值 = 7.0±0.2。

（2）制法　将上述成分加于蒸馏水中，煮沸溶解，调节 pH 值。分装试管或锥形瓶，121℃高压灭菌 15min。

二、磷酸盐缓冲液

（1）成分　磷酸二氢钾（KH$_2$PO$_4$）34.0g，蒸馏水 500mL，pH 值 = 7.2。

（2）制法

贮存液：称取 34.0g 的磷酸二氢钾溶于 500mL 蒸馏水中，用大约 175mL 的 1 mol/L 氢氧化钠溶液调节 pH 值，用蒸馏水稀释至 1000mL 后贮存于冰箱。

稀释液：取贮存液 1.25mL，用蒸馏水稀释至 1000mL，分装于适宜容器中，121℃高压灭菌 15min。

三、无菌生理盐水

（1）成分　氯化钠 8.5g，蒸馏水 1000mL。

（2）制法　称取 8.5g 氯化钠溶于 1000mL 蒸馏水中，121℃高压灭菌 15min。

四、月桂基硫酸盐胰蛋白胨（LST）肉汤

（1）成分　胰蛋白胨或胰酪胨 20.0g，氯化钠 5.0g，乳糖 5.0g，磷酸氢二钾（K$_2$HPO$_4$）2.75g，磷酸二氢钾（KH$_2$PO$_4$）2.75g，月桂基硫酸钠 0.1g，蒸馏水 1000mL，pH 值 = 6.8±0.2。

（2）制法　将上述成分溶解于蒸馏水中，调节 pH 值。分装到有玻璃小导管的试管中，每管 10mL。121℃高压灭菌 15min。

五、煌绿乳糖胆盐（BGLB）肉汤

（1）成分　蛋白胨 10.0g，乳糖 10.0g，牛胆粉（Oxgall 或 Oxbile）溶液 200mL，0.1%煌绿水溶液 13.3mL，蒸馏水 800mL，pH 值 = 7.2±0.1。

（2）制法　将蛋白胨、乳糖溶于约 500mL 蒸馏水中，加入牛胆粉溶液 200mL（将 20.0g 脱水牛胆粉溶于 200mL 蒸馏水中，调节 pH 值至 7.0~7.5），用蒸馏水稀释到 975mL，调节 pH 值，再加入 0.1%煌绿水溶液 13.3mL，用蒸馏水补足到 1000mL，用棉花过滤后，分装到有玻璃小导管的试管中，每管 10mL。121℃高压灭菌 15min。

六、结晶紫中性红胆盐琼脂(VRBA)

(1)成分 蛋白胨 7.0g,酵母膏 3.0g,乳糖 10.0g,氯化钠 5.0g,胆盐或 3 号胆盐 1.5g,中性红 0.03g,结晶紫 0.002g,琼脂 15g～18g,蒸馏水 1000mL,pH 值 = 7.4±0.1。

(2)制法 将上述成分溶于蒸馏水中,静置几分钟,充分搅拌,调节 pH 值。煮沸 2min,将培养基冷却至 45～50℃倾注平板。使用前临时制备,不得超过 3h。

七、无菌 1 mol/L NaOH

(1)成分 NaOH 40.0g,蒸馏水 1000mL。

(2)制法 称取 40g 氢氧化钠溶于 1000mL 蒸馏水中,121℃高压灭菌 15min。

八、无菌 1 mol/L HCl

(1)成分 HCl 90mL,蒸馏水 1000mL。

(2)制法 移取浓盐酸 90mL,用蒸馏水稀释至 1000mL,121℃高压灭菌 15min。

九、马铃薯-葡萄糖-琼脂

(1)成分 马铃薯(去皮切块)300g,葡萄糖 20.0g,琼脂 20.0g,氯霉素 0.1g,蒸馏水 1000mL。

(2)制法 将马铃薯去皮切块,加 1000mL 蒸馏水,煮沸 10min～20min。用纱布过滤,补加蒸馏水至 1000mL。加入葡萄糖和琼脂,加热溶化,分装后,121℃灭菌 20min。倾注平板前,用少量乙醇溶解氯霉素加入培养基中。

十、孟加拉红培养基

(1)成分 蛋白胨 5.0g,葡萄糖 10.0g,磷酸二氢钾 1.0g,硫酸镁(无水)0.5g,琼脂 20.0g,孟加拉红 0.033g,氯霉素 0.1g,蒸馏水 1000mL。

(2)制法 上述各成分加入蒸馏水中,加热溶化,补足蒸馏水至 1000mL,分装后,121℃灭菌 20min。倾注平板前,用少量乙醇溶解氯霉素加入培养基中。

十一、马铃薯-葡萄糖-琼脂

(1)成分 马铃薯(去皮切块)300g,葡萄糖 20.0g,琼脂 20.0g,氯霉素 0.1g,蒸馏水 1000mL。

(2)制法 将马铃薯去皮切块,加 1000mL 蒸馏水,煮沸 10～20min。用纱布过滤,补加蒸馏水至 1000mL。加入葡萄糖和琼脂,加热溶化,分装后,121℃灭菌 20min。倾注平板前,用少量乙醇溶解氯霉素加入培养基中。

十二、孟加拉红培养基

（1）成分　蛋白胨 5.0g，葡萄糖 10.0g，磷酸二氢钾 1.0g，硫酸镁（无水）0.5g，琼脂 20.0g，孟加拉红 0.033g，氯霉素 0.1g，蒸馏水 1000mL。

（2）制法　上述各成分加入蒸馏水中，加热溶化，补足蒸馏水至 1000mL，分装后，121℃灭菌 20min。倾注平板前，用少量乙醇溶解氯霉素加入培养基中。

十三、MRS 培养基

（1）成分　蛋白胨 10.0g，牛肉粉 5.0g，酵母粉 4.0g，葡萄糖 20.0g，吐温 80 1.0mL，$K_2HPO_4 \cdot 7H_2O$ 2.0g，醋酸钠·$3H_2O$ 5.0g，柠檬酸三铵 2.0g，$MgSO_4 \cdot 7H_2O$ 0.2g，$MnSO_4 \cdot 4H_2O$ 0.05g，琼脂粉，pH 值 = 6.2，15.0g。

（2）制法　将上述成分加入到 1000mL 蒸馏水中，加热溶解，调节 pH 值，分装后 121℃高压灭菌 15~20min。

十四、莫匹罗星锂盐(Li-Mupirocin) 改良 MRS 培养基

（1）莫匹罗星锂盐(Li-Mupirocin)储备液制备 称取 50mg 莫匹罗星锂盐(Li-Mupirocin)加入到 50mL 蒸馏水中，用 0.22 μm 微孔滤膜过滤除菌。

（2）制法　将上述成分加入到 950mL 蒸馏水中，加热溶解，调节 pH 值，分装后于 121℃高压灭菌 15~20min。临用时加热熔化琼脂，在水浴中冷至 48℃，用带有 0.22 μm 微孔滤膜的注射器将莫匹罗星锂盐(Li-Mupirocin)储备液加入到熔化琼脂中，使培养基中莫匹罗星锂盐(Li-Mupirocin)的浓度为 50μg/mL。

十五、MC 培养基

（1）成分　大豆蛋白胨 5.0g，牛肉粉 3.0g，酵母粉 3.0g，葡萄糖 20.0g，乳糖 20.0g，碳酸钙 10.0g，琼脂 15.0g，蒸馏水 1000mL，1%中性红溶液 5.0mL，pH 值=6.0。

（2）制法　将前面 7 种成分加入蒸馏水中，加热溶解，调节 pH 值，加入中性红溶液。分装后 121℃高压灭菌 15~20min。

十六、乳酸杆菌糖发酵管

（1）基础成分　牛肉膏 5.0g，蛋白胨 5.0g，酵母浸膏 5.0g，吐温 80 0.5mL，琼脂 1.5g，1.6%溴甲酚紫酒精溶液 1.4mL，蒸馏水 1000mL。

（2）制法　按 0.5%加入所需糖类，并分装小试管，121℃高压灭菌 15~20min。

十七、七叶苷培养基

（1）成分　蛋白胨 5.0g，磷酸氢二钾 1.0g，七叶苷 3.0g，枸橼酸铁 0.5g，1.6%溴甲酚紫酒精溶液 1.4mL，蒸馏水 100mL。

（2）制法　将上述成分加入蒸馏水中，加热溶解，121℃高压灭菌 15~20min。

十八、革兰氏染色液

1. 结晶紫染色液

（1）成分　结晶紫 1.0g，95%乙醇 20mL，1%草酸铵水溶液 80mL。

（2）制法　将结晶紫完全溶解于乙醇中，然后与草酸铵溶液混合。

2. 革兰氏碘液

（1）成分　碘 1.0g，碘化钾 2.0g，蒸馏水 300mL。

（2）制法　将碘与碘化钾先进行混合，加入蒸馏水少许，充分振摇，待完全溶解后，再加蒸馏水至 300mL。

3. 沙黄复染液

（1）成分　沙黄 0.25g，95%乙醇 10mL，蒸馏水 90mL。

（2）制法　将沙黄溶解于乙醇中，然后用蒸馏水稀释。

4. 染色法

（1）将涂片在酒精灯火焰上固定，滴加结晶紫染色液，染 1min，水洗。

（2）滴加革兰氏碘液，作用 1min，水洗。

（3）滴加 95% 乙醇脱色，约 15~30s，直至染色液被洗掉，不要过分脱色，水洗。

（4）滴加复染液，复染 1min。水洗、待干、镜检。

参 考 文 献

［1］ 于世林，苗凤琴. 分析化学［M］. 北京：化学工业出版社，2001.

［2］ 陈立春. 仪器分析［M］. 北京：中国轻工业出版社，2002.

［3］ 沈萍. 微生物学［M］. 北京：高等教育出版社，2000.

［4］ Harrigan W F. 食品微生物实验手册［M］. 李卫华，等译. 北京：中国轻工业出版社，2004.

［5］ 张青，等. 微生物学［M］. 北京：科学出版社，2004.

［6］ 张英. 食品理化与微生物检测实验［M］. 北京：中国轻工业出版社，2004.

［7］ 马佩选. 葡萄酒质量与检验［M］. 北京：中国计量出版社，2002.

［8］ 杨桂馥. 软饮料工业手册［M］. 北京：中国轻工业出版社，2002.

［9］ 靳敏，夏玉宇. 食品检验技术［M］. 北京：化学工业出版社，2003.

［10］ 张意静. 食品分析技术［M］. 北京：中国轻工业出版社，2001.

［11］ 牛天贵，张宝芹. 食品微生物检验［M］. 北京：中国计量出版社，2003.

［12］ 蔡静平. 粮油食品微生物学［M］. 北京：中国轻工业出版社，2002.

国家职业资格培训教材

丛书介绍：深受读者喜爱的经典培训教材，依据最新国家职业标准，按初级、中级、高级、技师(含高级技师)分册编写，以技能培训为主线，理论与技能有机结合，书末有配套的试题库和答案。所有教材均免费提供 PPT 电子教案，部分教材配有 VCD 实景操作光盘(注：标注★的图书配有 VCD 实景操作光盘)。

读者对象：本套教材是各级职业技能鉴定培训机构、企业培训部门、再就业和农民工培训机构的理想教材，也可作为技工学校、职业高中、各种短训班的专业课教材。

- ◆ 机械识图
- ◆ 机械制图
- ◆ 金属材料及热处理知识
- ◆ 公差配合与测量
- ◆ 机械基础(初级、中级、高级)
- ◆ 液气压传动
- ◆ 数控技术与 AutoCAD 应用
- ◆ 机床夹具设计与制造
- ◆ 测量与机械零件测绘
- ◆ 管理与论文写作
- ◆ 钳工常识
- ◆ 电工常识
- ◆ 电工识图
- ◆ 电工基础
- ◆ 电子技术基础
- ◆ 建筑识图
- ◆ 建筑装饰材料
- ◆ 车工(初级★、中级、高级、技师和高级技师)
- ◆ 铣工(初级★、中级、高级、技师和高级技师)
- ◆ 磨工(初级、中级、高级、技师和高级技师)
- ◆ 钳工(初级★、中级、高级、技师和高级技师)
- ◆ 机修钳工(初级、中级、高级、技师和高级技师)
- ◆ 锻造工(初级、中级、高级、技师和高级技师)
- ◆ 模具工(中级、高级、技师和高级技师)
- ◆ 数控车工(中级★、高级★、技师和高级技师)
- ◆ 数控铣工/加工中心操作工(中级★、高级★、技师和高级技师)
- ◆ 铸造工(初级、中级、高级、技师和高级技师)
- ◆ 冷作钣金工(初级、中级、高级、技师和高级技师)
- ◆ 焊工(初级★、中级★、高级★、技师和高级技师★)
- ◆ 热处理工(初级、中级、高级、技师和高级技师)
- ◆ 涂装工(初级、中级、高级、技师和高级技师)
- ◆ 电镀工(初级、中级、高级、技师和高级技师)
- ◆ 锅炉操作工(初级、中级、高级、技师和高级技师)
- ◆ 数控机床维修工(中级、高级和技师)
- ◆ 汽车驾驶员(初级、中级、高级、技师)
- ◆ 汽车修理工 (初级★、中级、高级、技师和高级技师)
- ◆ 摩托车维修工 (初级、中级、高级)
- ◆ 制冷设备维修工(初级、中级、高级、技

师和高级技师）
- ◆ 电气设备安装工（初级、中级、高级、技师和高级技师）
- ◆ 值班电工（初级、中级、高级、技师和高级技师）
- ◆ 维修电工（初级★、中级★、高级、技师和高级技师）
- ◆ 家用电器产品维修工（初级、中级、高级）
- ◆ 家用电子产品维修工（初级、中级、高级、技师和高级技师）
- ◆ 可编程序控制系统设计师（一级、二级、三级、四级）
- ◆ 无损检测员（基础知识、超声波探伤、射线探伤、磁粉探伤）
- ◆ 化学检验工（初级、中级、高级、技师和高级技师）
- ◆ 食品检验工（初级、中级、高级、技师和高级技师）
- ◆ 制图员（土建）
- ◆ 起重工（初级、中级、高级、技师）
- ◆ 测量放线工（初级、中级、高级、技师和高级技师）
- ◆ 架子工（初级、中级、高级）
- ◆ 混凝土工（初级、中级、高级）
- ◆ 钢筋工（初级、中级、高级、技师）
- ◆ 管工（初级、中级、高级、技师和高级技师）
- ◆ 木工（初级、中级、高级、技师）
- ◆ 砌筑工（初级、中级、高级、技师）
- ◆ 中央空调系统操作员（初级、中级、高级、技师）
- ◆ 物业管理员（物业管理基础、物业管理员、助理物业管理师、物业管理师）
- ◆ 物流师（助理物流师、物流师、高级物流师）
- ◆ 室内装饰设计员（室内装饰设计员、室内装饰设计师、高级室内装饰 设计师）
- ◆ 电切削工（初级、中级、高级、技师和高级技师）
- ◆ 汽车装配工
- ◆ 电梯安装工
- ◆ 电梯维修工

变压器行业特有工种国家职业资格培训教程

丛书介绍：由相关国家职业标准的制定者——机械工业职业技能鉴定指导中心组织编写，是配套用于国家职业技能鉴定的指定教材，覆盖变压器行业5个特有工种，共10种。

读者对象：可作为相关企业培训部门、各级职业技能鉴定培训机构的鉴定培训教材，也可作为变压器行业从业人员学习、考证用书，还可作为技工学校、职业高中、各种短训班的教材。

- ◆ 变压器基础知识
- ◆ 绕组制造工（基础知识）
- ◆ 绕组制造工（初级 中级 高级技能）
- ◆ 绕组制造工（技师 高级技师技能）
- ◆ 干式变压器装配工（初级、中级、高级技能）
- ◆ 变压器装配工（初级、中级、高级、技师、高级技师技能）
- ◆ 变压器试验工（初级、中级、高级、技师、高级技师技能）

- ◆ 互感器装配工(初级、中级、高级、技师、高级技师技能)
- ◆ 绝缘制品件装配工(初级、中级、高级、

- ◆ 技师、高级技师技能)
- ◆ 铁心叠装工(初级、中级、高级、技师、高级技师技能)

国家职业资格培训教材——理论鉴定培训系列

丛书介绍：以国家职业技能标准为依据，按机电行业主要职业(工种)的中级、高级理论鉴定考核要求编写，着眼于理论知识的培训。

读者对象：可作为各级职业技能鉴定培训机构、企业培训部门的培训教材，也可作为职业技术院校、技工院校、各种短训班的专业课教材，还可作为个人的学习用书。

- ◆ 车工（中级）鉴定培训教材
- ◆ 车工(高级)鉴定培训教材
- ◆ 铣工(中级)鉴定培训教材
- ◆ 铣工 （高级） 鉴定培训教材
- ◆ 磨工(中级)鉴定培训教材
- ◆ 磨工 （高级） 鉴定培训教材
- ◆ 钳工(中级)鉴定培训教材
- ◆ 钳工 （高级） 鉴定培训教材
- ◆ 机修钳工(中级)鉴定培训教材
- ◆ 机修钳工 （高级） 鉴定培训教材
- ◆ 焊工(中级)鉴定培训教材
- ◆ 焊工(高级)鉴定培训教材
- ◆ 热处理工(中级)鉴定培训教材
- ◆ 热处理工(高级)鉴定培训教材
- ◆ 铸造工(中级)鉴定培训教材
- ◆ 铸造工(高级)鉴定培训教材
- ◆ 电镀工(中级)鉴定培训教材
- ◆ 电镀工(高级)鉴定培训教材
- ◆ 维修电工(中级)鉴定培训教材
- ◆ 维修电工(高级)鉴定培训教材
- ◆ 汽车修理工(中级)鉴定培训教材
- ◆ 汽车修理工(高级)鉴定培训教材
- ◆ 涂装工(中级)鉴定培训教材
- ◆ 涂装工(高级)鉴定培训教材
- ◆ 制冷设备维修工(中级)鉴定培训教材
- ◆ 制冷设备维修工(高级)鉴定培训教材

国家职业资格培训教材——操作技能鉴定试题集锦 与考点详解系列

丛书介绍：用于国家职业技能鉴定操作技能考试前的强化训练。特色：
- ● 重点突出，具有针对性——依据技能考核鉴定点设计，目的明确。
- ● 内容全面，具有典型性——图样、评分表、准备清单，完整齐全。
- ● 解析详细，具有实用性——工艺分析、操作步骤和重点解析详细。
- ● 练考结合，具有实战性——单项训练题、综合训练题，步步提升。

读者对象：可作为各级职业技能鉴定培训机构、企业培训部门的考前培训教材，也可供职业技能鉴定部门在鉴定命题时参考，也可作为读者考前复习和自测使用的复习用书，还可作为职业技术院校、技工院校、各种短训班的专业课教材。

- ◆ 车工（中级）操作技能鉴定试题集锦与考点详解
- ◆ 车工（高级）操作技能鉴定试题集锦与考点详解
- ◆ 铣工（中级）操作技能鉴定试题集锦与考点详解
- ◆ 铣工（高级）操作技能鉴定试题集锦与考点详解
- ◆ 钳工（中级）操作技能鉴定试题集锦与考点详解
- ◆ 钳工（高级）操作技能鉴定实战详解
- ◆ 数控车工（中级）操作技能鉴定实战详解
- ◆ 数控车工（高级）操作技能鉴定试题集锦与考点详解
- ◆ 数控车工（技师、高级技师）操作技能鉴定试题集锦与考点详解
- ◆ 数控铣工/加工中心操作工（中级）操作技能鉴定实战详解
- ◆ 数控铣工/加工中心操作工（高级）操作技能鉴定试题集锦与考点详解
- ◆ 数控铣工/加工中心操作工（技师、高级技师）操作技能鉴定试题集锦与考点详解
- ◆ 焊工（中级）操作技能鉴定实战详解
- ◆ 焊工（高级）操作技能鉴定实战详解
- ◆ 焊工（技师、高级技师）操作技能鉴定实战详解
- ◆ 维修电工（中级）操作技能鉴定试题集锦与考点详解
- ◆ 维修电工（高级）操作技能鉴定试题集锦与考点详解
- ◆ 维修电工（技师、高级技师）操作技能鉴定实战详解
- ◆ 汽车修理工（中级）操作技能鉴定实战详解
- ◆ 汽车修理工（高级）操作技能鉴定实战详解

技能鉴定考核试题库

丛书介绍：根据各职业（工种）鉴定考核要求分级编写，试题针对性、通用性、实用性强。

读者对象：可作为企业培训部门、各级职业技能鉴定机构、再就业培训机构培训考核用书，也可供技工学校、职业高中、各种短训班培训考核使用，还可作为个人读者学习自测用书。

- ◆ 机械识图与制图鉴定考核试题库
- ◆ 机械基础技能鉴定考核试题库
- ◆ 电工基础技能鉴定考核试题库
- ◆ 车工职业技能鉴定考核试题库
- ◆ 铣工职业技能鉴定考核试题库
- ◆ 磨工职业技能鉴定考核试题库
- ◆ 数控车工职业技能鉴定考核试题库
- ◆ 数控铣工/加工中心操作工职业技能鉴定考核试题库
- ◆ 模具工职业技能鉴定考核试题库
- ◆ 钳工职业技能鉴定考核试题库
- ◆ 机修钳工职业技能鉴定考核试题库
- ◆ 汽车修理工职业技能鉴定考核试题库
- ◆ 制冷设备维修工职业技能鉴定考核试题库
- ◆ 维修电工职业技能鉴定考核试题库
- ◆ 铸造工职业技能鉴定考核试题库
- ◆ 焊工职业技能鉴定考核试题库

◆ 冷作钣金工职业技能鉴定考核试题库　　　◆ 涂装工职业技能鉴定考核试题库
◆ 热处理工职业技能鉴定考核试题库

机电类技师培训教材

丛书介绍：以国家职业标准中对各工种技师的要求为依据，以便于培训为前提，紧扣职业技能鉴定培训要求编写。加强了高难度生产加工，复杂设备的安装、调试和维修，技术质量难题的分析和解决，复杂工艺的编制，故障诊断与排除以及论文写作和答辩的内容。书中均配有培训目标、复习思考题、培训内容、试题库、答案、技能鉴定模拟试卷样例。

读者对象：可作为职业技能鉴定培训机构、企业培训部门、技师学院培训鉴定教材，也可供读者自学及考前复习和自测使用。

◆ 公共基础知识
◆ 电工与电子技术
◆ 机械制图与零件测绘
◆ 金属材料与加工工艺
◆ 机械基础与现代制造技术
◆ 技师论文写作、点评、答辩指导
◆ 车工技师鉴定培训教材
◆ 铣工技师鉴定培训教材
◆ 钳工技师鉴定培训教材
◆ 焊工技师鉴定培训教材
◆ 电工技师鉴定培训教材

◆ 铸造工技师鉴定培训教材
◆ 涂装工技师鉴定培训教材
◆ 模具工技师鉴定培训教材
◆ 机修钳工技师鉴定培训教材
◆ 热处理工技师鉴定培训教材
◆ 维修电工技师鉴定培训教材
◆ 数控车工技师鉴定培训教材
◆ 数控铣工技师鉴定培训教材
◆ 冷作钣金工技师鉴定培训教材
◆ 汽车修理工技师鉴定培训教材
◆ 制冷设备维修工技师鉴定培训教材

特种作业人员安全技术培训考核教材

丛书介绍：依据《特种作业人员安全技术培训大纲及考核标准》编写，内容包含法律法规、安全培训、案例分析、考核复习题及答案。

读者对象：可用作各级各类安全生产培训部门、企业培训部门、培训机构安全生产培训和考核的教材，也可作为各类企事业单位安全管理和相关技术人员的参考书。

◆ 起重机司索指挥作业
◆ 企业内机动车辆驾驶员
◆ 起重机司机
◆ 金属焊接与切割作业
◆ 电工作业

◆ 压力容器操作
◆ 锅炉司炉作业
◆ 电梯作业
◆ 制冷与空调作业
◆ 登高作业

读者信息反馈表

亲爱的读者：

　　您好！感谢您购买《食品检验工（中级）第 2 版》（黄高明　主编）一书。为了更好地为您服务，我们希望了解您的需求以及对我社教材的意见和建议，愿这小小的表格在我们之间架起一座沟通的桥梁。另外，如果您在培训中选用了本教材，我们将免费为您提供与本教材配套的电子课件。

姓　　名		所在单位名称	
性　　别		所从事工作（或专业）	
通信地址		邮　　编	
办公电话		移动电话	
E-mail		QQ	

1. 您选择图书时主要考虑的因素(在相应项后面画"✓")
    出版社 （　　） 内容 （　　） 价格 （　　） 其他：＿＿＿＿＿

2. 您选择我们图书的途径(在相应项后面画"✓")
    书目 （　　） 书店 （　　） 网站 （　　） 朋友推介 （　　）其他：＿＿＿＿＿

希望我们与您经常保持联系的方式：
　　　　　　　　　□ 电子邮件信息　　□ 定期邮寄书目
　　　　　　　　　□ 通过编辑联络　　□ 定期电话咨询

您关注(或需要)哪些类图书和教材：

您对本书的意见和建议(欢迎您指出本书的疏漏之处)：

您近期的著书计划：

　　非常感谢您能抽出宝贵的时间完成这张调查表的填写并回寄给我们，我们愿以真诚的服务回报您对我社的关心和支持。

　　请联系我们——

地　　址　北京市西城区百万庄大街 22 号　机械工业出版社技能教育分社

邮　　编　100037

社长电话　（010）88379083，88379080，68329397（带传真）

E-mail jnfs@ mail. machineinfo. gov. cn

机械工业出版社网址：http：//www. cmpbook. com

教材网网址：http：//www. cmpedu. com